[本书翻译受到教育部哲学社会科学研究重大课题攻关项目"海外汉学中的中国哲学文献翻译与研究"(18JZD014)经费资助]

海外中国研究丛书
刘 东 主编

［德］顾有信 著
陈志伟 译

中国逻辑的发现

THE DISCOVERY OF CHINESE LOGIC

江苏人民出版社

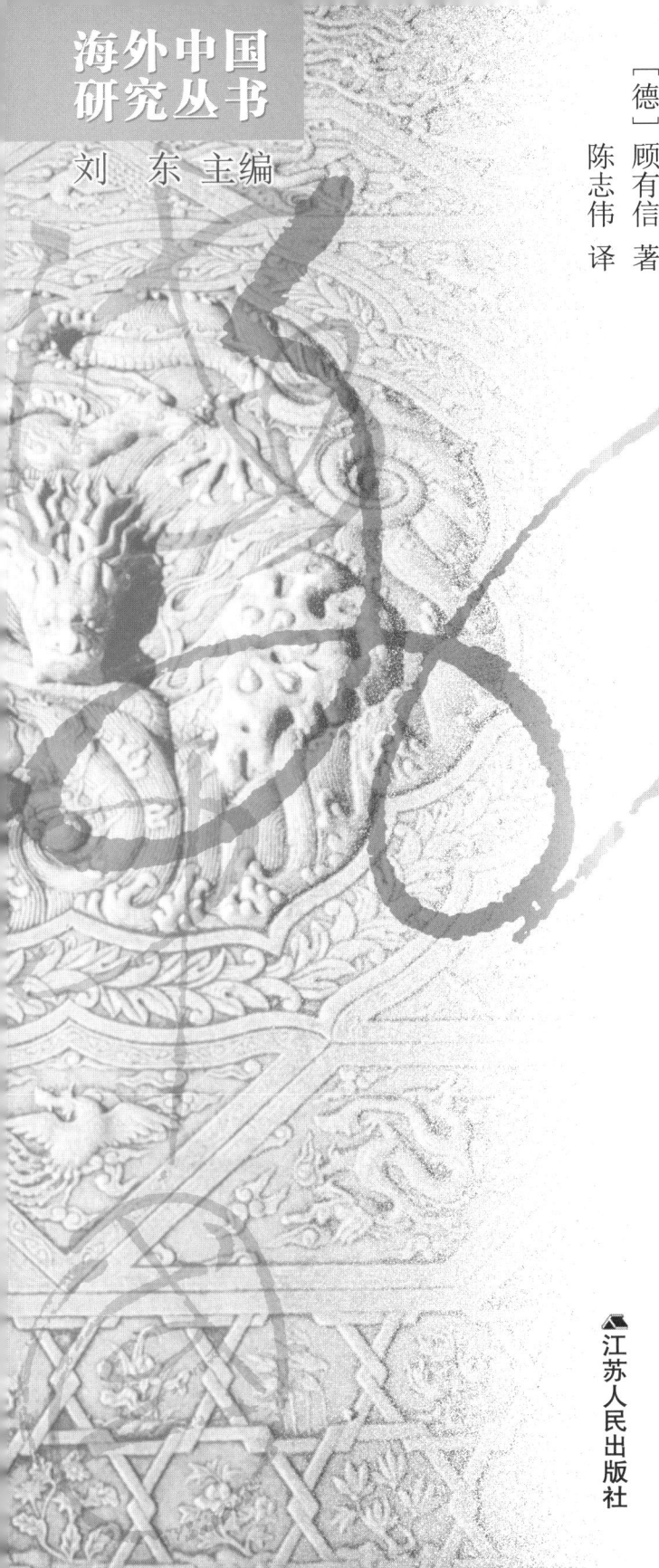

图书在版编目(CIP)数据

中国逻辑的发现/(德)顾有信著;陈志伟译. ——南京:江苏人民出版社,2020.4(2021.8重印)
(海外中国研究丛书/刘东主编)
书名原文:The Discovery of Chinese Logic
ISBN 978-7-214-24709-4

Ⅰ.①中… Ⅱ.①顾… ②陈… Ⅲ.①逻辑史-研究-中国-古代 Ⅳ.①B81-092

中国版本图书馆 CIP 数据核字(2020)第 058225 号

The Discovery of Chinese Logic by Joachim Kurtz
Original English version of *The Discovery of Chinese Logic* by Joachim Kurtz © (2011) by Koninklijke Brill NV, Leiden, The Netherlands. Koninklijke Brill NV incorporates the imprints Brill | Nijhoff, Hotei and Global Oriental. The Chinese version of *The Discovery of Chinese Logic* is published with the arrangement of Brill.
英文原版:博睿学术出版社(BRILL);地址:荷兰莱顿;网址:http://www.brillchina.cn
Simplified Chinese edition copyright © 2020 by Jiangsu People's Publishing House. All rights reserved.
江苏省版权局著作权合同登记号:图字 10-2016-125 号

书　　　名	中国逻辑的发现
著　　　者	[德]顾有信
译　　　者	陈志伟
责 任 编 辑	卞清波　洪　扬
特 约 编 辑	张万强　孟　璐
装 帧 设 计	陈　婕
责 任 监 制	王　娟
出 版 发 行	江苏人民出版社
出版社地址	南京市湖南路1号A楼,邮编:210009
出版社网址	http://www.jspph.com
照　　　排	江苏凤凰制版有限公司
印　　　刷	江苏凤凰通达印刷有限公司
开　　　本	625毫米×960毫米　1/16
印　　　张	37.5　插页4
字　　　数	421千字
版　　　次	2020年6月第1版
印　　　次	2021年8月第2次印刷
标 准 书 号	ISBN 978-7-214-24709-4
定　　　价	98.00元

(江苏人民出版社图书凡印装错误可向承印厂调换)

序"海外中国研究丛书"

　　中国曾经遗忘过世界,但世界却并未因此而遗忘中国。令人嗟讶的是,20世纪60年代以后,就在中国越来越闭锁的同时,世界各国的中国研究却得到了越来越富于成果的发展。而到了中国门户重开的今天,这种发展就把国内学界逼到了如此的窘境:我们不仅必须放眼海外去认识世界,还必须放眼海外来重新认识中国;不仅必须向国内读者迻译海外的西学,还必须向他们系统地介绍海外的中学。

　　这个系列不可避免地会加深我们150年以来一直怀有的危机感和失落感,因为单是它的学术水准也足以提醒我们,中国文明在现时代所面对的绝不再是某个粗蛮不文的、很快就将被自己同化的、马背上的战胜者,而是一个高度发展了的、必将对自己的根本价值取向大大触动的文明。可正因为这样,借别人的眼光去获得自知之明,又正是摆在我们面前的紧迫历史使命,因为只要不跳出自家的文化圈子去透过强烈的反差反观自身,中华文明就找不到进入其现代形态的入口。

当然,既是本着这样的目的,我们就不能只从各家学说中筛选那些我们可以或者乐于接受的东西,否则我们的"筛子"本身就可能使读者失去选择、挑剔和批判的广阔天地。我们的译介毕竟还只是初步的尝试,而我们所努力去做的,毕竟也只是和读者一起去反复思索这些奉献给大家的东西。

刘　东

目 录

插图目录 1

图表目录 1

前言 1

导论 1
1. "中国逻辑"和逻辑学在中国 2
2. 论证 6
3. 发现与翻译 11

第一章 首度邂逅:明末清初耶稣会士的逻辑学 23
1. 耶稣会教育中的逻辑学 24
2. 融合与翻译 29
3. 早期耶稣会士作品中的逻辑学 34
4. 作为名理的逻辑学 55
5. 逻辑学的内容和运用 76
6. 作为推理罗网的逻辑学 86

1

结束语 118

第二章 偶然的序曲：十九世纪新教徒作品中的逻辑学 121

1. 新教作者与西方知识 122
2. 《新工具》与论证的老方法 129
3. 作为辩论之学的逻辑学 141
4. 作为辨别真理的科学的逻辑学 159
5. 作为理性科学的逻辑学 169

结束语 184

第三章 灿烂的前景：严复与欧洲逻辑学的发现 197

1. 对确定性的寻求 198
2. 作为一切科学之科学的逻辑学 200
3. 作为一种新的推理形式的逻辑学 205
4. 严复：逻辑学翻译家 221
5. 边缘化的逻辑学 234

结束语 239

第四章 传播信息：晚清教育和大众话语中的逻辑学 251

1. 新式学校课程中的逻辑学 252
2. 新式教科书中的逻辑学 263
3. 符号、图表和图式中的逻辑学 289
4. 说出真理的新术语 307
5. 逻辑，抑或在这个名字中隐藏了什么？ 320

结束语 339

第五章 被开掘出来的遗产：中国逻辑的发现 343

1. 向先驱致意！ 344

2. 作为古典语言学的中国逻辑 *358*

3. 作为佛教论辩法的中国逻辑 *370*

4. 作为欧洲逻辑学的中国逻辑 *382*

5. 作为古董档案的中国逻辑 *399*

结束语 *408*

结语 *411*

1. 转化与断裂 *412*

2. 从发现到创造 *417*

3. 祛现代性的中国逻辑 *435*

附录 *441*

A. 改编自日本的逻辑学教科书,1902—1911年 *441*

B. 二十世纪早期教科书中的逻辑术语目录 *444*

参考文献 *522*

1. 原始文献 *522*

2. 二手资料 *538*

译后记 *572*

插图目录

4.1 范迪吉《论理学问答》,30a *293*

4.2 范迪吉《论理学问答》,31a *293*

4.3 杨荫杭《名学》,第51页 *295*

4.4 杨荫杭《名学》,第39页 *296*

4.5 胡茂如《论理学》,第146页 *296*

4.6 过耀庚《最新论理学纲要》,第70页 *297*

4.7 林可培《论理学通义》,第182—183页 *297*

4.8 钱家治《名学》,第30页 *299*

4.9 钱家治《名学》,第31页 *299*

4.10 周敦颐,《太极图》 *299*

4.11 田吴炤《论理学纲要》,18b *301*

4.12 《论理学表解》,第7页 *301*

4.13 范迪吉《论理学问答》,39b *302*

4.14 范迪吉《论理学问答》,40a *302*

4.15　陈文《名学教科书》,第61页　*303*

4.16　《论理学初步》,4b　*303*

4.17　钱家治《名学》,第138—139页　*303*

4.18　杨荫杭《名学》,第6—7页　*304*

4.19　王柏《研几图》,1:4b　*305*

4.20　许谦《读四书丛说》,4:5a-b　*305*

4.21　汤祖武《论理学剖解图说》,7a-b　*306*

图表目录

1.1 《名理探》(1631/1639)中的音译　*67*

1.2 《名理探》(1631/1639)中的谓项相关术语　*73*

1.3 《名理探》(1631/1639)中的范畴相关术语　*73*

1.4 《名理探》(1631/1639)中的基本逻辑术语　*74*

2.1 十九世纪新教徒著作中的逻辑学术语　*187*

3.1 严复译著中的逻辑学术语　*242*

4.1 译自日语的逻辑概念术语,1902—1911　*315*

4.2 "Logic"一词的汉语翻译:按年代顺序的概观,1623—1921年　*326*

B.1 二十世纪初教科书中的逻辑术语(1)　*446*

B.2 二十世纪初教科书中的逻辑术语(2)　*452*

B.3 二十世纪初教科书中的逻辑术语(3)　*460*

B.4 二十世纪初教科书中的逻辑术语(4)　*466*

B.5 二十世纪初教科书中的逻辑术语(5)　*473*

B. 6 二十世纪初教科书中的逻辑术语(6) *480*

B. 7 二十世纪初教科书中的逻辑术语(7) *488*

B. 8 二十世纪初教科书中的逻辑术语(8) *496*

B. 9 日汉词典中的逻辑术语 *503*

B. 10 近代汉语词典中的逻辑术语 *512*

前 言

像很多书一样,我大概想让自己确信,这项研究开始于一项 [xi] 远比作者最终在头脑中认识到的更华而不实的计划。传统中国思想可以非常轻松和确定地以现代术语予以解释,这令人困惑——似乎在古代中国观念和最近的现代学术流行语之间理所当然地存在对等关系,或者为了保护中国文明的尊严,需要不惜一切代价地捍卫这种对等关系——带着这种困惑,我着手重建一种话语领域的历史,在此领域内,这种实践看起来尤其冒险:有关"中国逻辑"的话语,它出现于二十世纪的最初几年里,迄今为止在中国和海外已经产生了大量文献,维持着相当数量的学术研究。

我最初的想法是,顺着一种传记的数条隐喻线索,介绍这一话语叙事。那样的话,似乎自然而然地应该以其在1900年之前不久诞生的简短宣告为开端,由此追溯中国逻辑在整个二十世纪的冒险历程,详细叙述在1920年左右新文化运动时代尚处于幼年期的充满不确定性的路途;紧接着是成熟期,在疯狂研究和胡乱猜测之间来回振荡,这段时期赢得了课题学术研究的声誉,并在中国逻辑思想最初的历史阶段里的出版业中达到高潮;接下来度过了长达数十年令人担忧的成年期,经历了战争、革命和意识形态压力诸多变幻莫测的阴云,对这一领域的完整性形成了持续的威胁,许多个人投入到对它的维护之中;而最终,伴随着缓冲或退隐的相对平静期的结束,如同许多其他学术专业一样,在过去的二十多年时间里,中国逻辑的话语一直占据着中国大陆和其他汉语地区。

然而,似乎对我而言,我阅读的产生于整个二十世纪、以汉语和其他语言撰写的有关中国逻辑的文献数量越多,关于此一话题被提及的最有趣的问题就越加不是它是如何产生和发展的,而是它是如何在最初成立的。随后的章节将试图回答这个更为谦逊[xii]的问题,但却正如我希望表明的那样,它仍旧是一个复杂的课题。像我最初所设想的那样,与其说中国逻辑的变迁史,其目的是去重建这一话题持续的产前艰辛和分娩痛苦,这种艰辛和痛苦直到十九世纪末还全部保留,但已不可想象,倒不如说它在今天更展现为对两千多年的回顾。

在与中国逻辑的复杂谱系做斗争的过程中,我得以仰仗很多老师、同事和朋友的激励和帮助,在此不可能一一提及。没有朗宓榭(Michael Lackner)的持续支持、鼓励和信任——正是他首次指导我注意到历史和语言之间复杂的相互作用——下面那些章节将永无面世的可能。我对冯曼德(Erling von Mende)的感激无以言表,感谢他持续不断地安慰我,并提出不少温婉的劝告,这些劝告甚至跨越了大陆的鸿沟。艾乐桐(Viviane Alleton)的批判眼光对于阻止行文中的更多语言错误是极其必要的,这些错误要比我怡然自得地承认的还要多。在一个重要阶段上,傅佛果

(Joshua A. Fogel)提供了价值无可估量的机会,与某些我们这个领域内最优秀的学者来讨论我的那些粗糙想法。而季家珍(Joan Judge)尽其全力来指导我,尽管在对帝制中国晚期文献的分析上,理论的使用和限制并不能确定会成功。我在哥廷根、柏林和埃朗根的朋友和同事阿梅龙(Iwo Amelung),也在很多与此有关或与其他计划有关的方面给了我帮助,我认为每一方面都要向他表达最诚挚的感谢。

此书主要内容撰写于在两个科研机构做访问之时,这两个机构为历史学家们获取知识提供了理想的工作条件。普林斯顿高等研究院——我在那里度过 2002—2003 学术年,为我提供了所需要的修道院隐居式的生活,无论何时,当在启蒙之地单枪匹马开疆拓土失败时还给我提供了批判性对话的机会。我将永远珍惜那里的同事给予我的同道之谊和友爱之情,包括但不限于 Josh 和 Joan、夏互辉(Hugh Shapiro)、胡影(音译)(Hu Ying)与柯马丁(Martin Kern),后者似乎知道任何问题的恰切答案——文本的、哲学的,或世俗生活的。在普林斯顿期间,我还受益于本杰明·艾尔曼(Benjamin A. Elman)的建议,他对我的计划的诸多方面提供了建设性批评。2009 年受邀到柏林历史与科学普朗克研究所工作,这使我在这个独一无二的跨学科研究中心生动活泼的氛围里,能够对这份手稿再次做最终的润色。我对于尔根·雷恩(Jürgen Renn)和洛琳·达斯顿(Lorraine Daston)两位心存感激,他们使我居住在达雷姆成为可能。另外对我的朋友 Rui Magone,Martina Siebert 和 Dagmar Schäfer 也要表示感谢,他们欢迎我加入他们之中,在有创意的紧张时刻里慷慨地分享他们的观点、时间和专业知识,这种时刻总是不经意间就迅速包围了我们。

在这两个紧张写作时期之前和之间,这部作品的部分内容都是在我有规律的教授生活的更为平凡的环境下形成的,首先是在埃朗根,然后是在埃默里大学。在埃朗根,我享用了沃尔夫冈·李伯特(Wolfgang Lippert)、舒秦玉凤(Yvonne Schulz Zinda)和 Liu Yishan 的支持和帮助。我在亚特兰大时,在那些意气相投、足智多谋的同事 Cheryl A. Crowley, Cai Rong, Li Hong, 艾利克(Eric Reinders), Juliette Stapanian Apkarian, 以及无与伦比的 Betty Leathers 的耐心指导下,我重温了我的教师和研究员职业,感谢他们!我很感激埃默里大学艺术与科学学院支持了我所有的研究努力,并在我最需要的时候给了我一年的休假。

由于任何与我的主题相关的资料都很难说易于获取,在亚洲、北美洲和欧洲各图书馆所做的延长期研究对此项课题的进展和最终完成都是至关重要的。我要衷心感谢我有可能在上海、北京、巴黎、罗马、普林斯顿、香港、台北、东京和大阪做短暂逗留时给我提供帮助的各个组织,最值得一提的是大众基金、德意志学术交流中心、高等研究院的希罗多德基金,还有一些个人,若没有他们的款待和指导,我的学术之旅将一无所获。在上海,周振鹤、熊月之、邹振环引导我穿过很多公共、私人图书馆的迷宫,教会我如何识别在他们的帮助前没有找到的资料。在北京,我最要感谢的是我的朋友王扬宗、韩琦、田淼、苏荣誉,他们在每一学术和实践方面都给予了帮助。还要感谢大阪的沈国威和内田庆市,香港的邹嘉彦,以及鲁汶的钟鸣旦(Nicolas Standaert)和戴卡琳(Carine Defoort)。

多年来,我很享受在很多著名的研究机构与挑剔的听众就我的作品的各个方面进行讨论的机会,我也感谢他们和很多学者邀请我到他们的科系所、研讨会和工作坊展示我的观点,尤其是巴黎的程艾兰（Anne Cheng）、施维叶（Yves Chevrier）和克里斯蒂安·雅各布（Christian Jacob），上海的章清，罗马的马西尼[xiv]（Federico Masini），阿姆斯特丹的弗里茨·斯塔尔（Frits Staal），埃朗根的克里斯蒂安·塞尔（Christian Thiel），香港的张隆溪，台北的沙培德（Peter Zarrow）。戴维·莱特（David Wright）、赫兰德（Douglas Howland）、詹嘉玲（Catherine Jami）、何莫邪（Christoph Harbsmeier）、栗山茂久（Shigehisa Kuriyama）和沈松侨承担了评论这份手稿的不同部分的痛苦，而韦小蕾（Rachel Weine）阅读并大大提升了第一稿的整个稿件。最后，感谢文字编辑 Gene McGarry，在一切方面都堪称典范，作为其助手的 Jens Cram 编译了索引。还要感谢梅约翰（John Makeham）和艾伯特·霍夫斯塔特（Albert Hoffstädt）对此项计划的信任，以及他们等待其最终完成的圣徒般的耐心。不用说，我将单独对任何遗留的疏漏和错误负责。

导 论

> 阅读过去的作者,在其自身方面会夸大其原创性,而不是用不可避免的歪曲隐默不宣地将他们不熟悉的成见转变成我们自己所熟悉的观念。
>
> ——洛琳·达斯顿(Lorraine Daston)和彼特·加里森(Peter Galison):《客观性》(*Objectivity*)

[1]

哲学家、文学评论家和考古学家王国维(1877—1927)是第一个将围绕二十世纪初的数十年称为"发现时代"的人,这样的时代在中国历史上前所未有。[1] 他的这一重要评估在多种意义上被证实。王国维自己指的是中国悠久历史流传下来的文字的披露和物质证据,它们通过河南甲骨文的出土,敦煌内部及周边竹简和帛简,还有在其他各地通常是清帝国周边发现的年久失传的文

---

[1] 王国维:"最近二三十年中中国新发现之学问",《清华周刊》350(1925),重印于《王国维文集》,姚淦铭、王燕编(北京:中国文史出版社,1997年),第4卷,第33—38页,第33页。

献和历史文物而逐渐被获取。但也可不用引证有形发现来证实他的评价。与"西方知识"(西学)的相遇激起中国术语和概念词典的大规模扩张,引发了对中国散漫零乱景观的彻底重新排序,这些"西方知识"是通过翻译从欧洲语言和日语引介过来的,因此上述相遇是重构了的相遇。对源自西方的术语和观念的适应逐渐取代了型构数个世纪以来中国学术话语的概念网格。同时,它们又刺激了对中国思想史中未知的或被忽略了的那些方面的发现或再发现,随后又转变成新的历史叙述并被用于某种替代物的重建或可能被遗忘的传统的复兴。

1. "中国逻辑"①和逻辑学在中国

[2] 二十世纪早期"中国逻辑"话语的出现是这第二种发现的典范性案例——"中国逻辑"这一术语被贯穿于本项研究之中,用来指中国古典文献中明确的对逻辑加以理论化的证据,而不是指任何特殊的中国人思维方式。直到1890年代晚期,还没有人听说中国逻辑,之后在短短不到二十年的时间里中国逻辑就开启了一段超过两千年的历史,中国古典文献最初的碎片化认识随之被以逻辑术语加以尝试性的理解。二十世纪的学术就此建立起来,类似于传统欧洲逻辑学中所讨论的那些问题的明确反思至少能够被追溯到中国的公元前五世纪。② 就像在古希腊和古印度那样,

---

① [译案]Chinese logic,译者统一译为"中国逻辑",正如本书作者所说,他在书中用"中国逻辑"不是特指反讽意义上的中国人所特有的思维方式,而是指中国逻辑思想、话语和理论,尤其是自先秦以来中国传统的逻辑理论。
② 关于一个广泛的书目总览,参见 Anna Ghiglione, "Lo studio dellalogica cinese pre-Qin nel xx secolo" (unpublished *tesi di laurea*, University of Venice, 1987), 207–423.

2

导论

中国人对逻辑问题的兴趣是从对辩论方法的思考演变而来的。这种兴趣的最早证据可在"名辩家"(dialecticians)或"辩论家"(debaters)(辩者)那里发现,在公元100年左右,他们被《汉书·艺文志》的编纂者用一个与众不同的概念"名家"归为一类。① 在这一成分复杂多样的学派中,最重要的思想家有惠施(约公元前370—前310),他论证了关于时空无穷的十个悖论,②以及著名的公孙龙(约公元前320—前250),他通过对"白马非马"之类矛盾命题和大量类似惊人诡辩的巧妙辩护来谋生。③

在一个由确定性危机定义的年代里,中国古代哲学所谓的百家,其中任何一家都不可能忽略由辩者的论辩技巧所提出的问[3]题。像"名称"(名)与"对象"(实)之间的关系问题,抑或真假(是非)的标准问题,都跨越了所有意识形态划分而得到讨论。④ 道家文献《庄子》(约公元前320年,包括后来附加的内容)指责辩者对他们内在洞见的必然结果闭目塞听,也就是说,所有的辩论都

---

① Kidder Smith, "Sima Tan and the Invention of Daoism, 'Legalism', *etcetera*," *The Journal of Asian Studies* 62, no. 1 (2003): 129 - 156; 142 - 144. 对这一学派的一般性综述,例如参见葛瑞汉(Angus C. Graham):《论道者:中国古代哲学论辩》(*Disputers of the Dao: Philosophical Argument in Ancient China*)(LaSalle, Ill.: Open Court, 1989),第370—382页。[译按]中译本参见张海晏译,中国社会科学出版社,2003年。
② 同上,第76—82页。另参见 Ralf Moritz, *Hui Shi und die Entwicklung des philosophischen Denkens im alten China* (Berlin-Ost: Akademie-Verlag, 1973)。
③ 例如,参见何莫邪(Christoph Harbsmeier):《中国古代的语言和逻辑》(*Language and Logic in Traditional China*),第7卷第1部分,关于《中国的科学与文明》(*Science and Civilisation in China*)[也即《中国科学技术史》],李约瑟(Joseph Needham)主编(Cambridge: Cambridge University Press, 1998),第298—321页;以及卢卡斯(Thierry Lucas),"惠施与公孙龙:从现代逻辑的路径看"(Hui Shih and Kung Sun Lung: An Approach from Contemporary Logic),载《中国哲学季刊》(*Journal of Chinese Philosophy*)20,1993年第2期:第211—255页。
④ 古代的"真"(truth)概念即是"如其所是"(thusness),还有它们的口语表达及其与充满着道德意味像"正确"(right)和"错误"(wrong)之类术语的紧密相关性,参见何莫邪:《中国古代的语言和逻辑》,第193—209页。

是无效的,因为人们的观点依道的视角来看都是"持平的"(leveled out)。① 与这种怀疑论观点相反,后期墨家将目标指向对他们学派的道德和政治教诲的正面辩护。《墨经》,又以《墨子》(公元前四到前三世纪晚期)中的"墨辩"部分而闻名,内中含有一系列简短定义和解释,列出程序以检查相互冲突的断言、一种描述理论和关联于连续声明的"可接受的"(acceptable)(可)的细目表的有效性。② 荀子(约公元前313—前238)在他散乱无章的"正名篇"里挪用了后期墨家的逻辑发现以为儒家的国家和社会理念进行辩护,③ 而他的法家弟子韩非子(约公元前280—前233)充分利用累积起来的"名辩"知识,提出最初的专制主义意识形态构想,这种专制主义意识形态在公元前221年秦国统一天下之后不久就帮助结束了中国哲学和逻辑反思的黄金时代。④

接近五百年后出现了一条裂隙,逻辑问题的早期兴趣在公元三世纪和四世纪由神秘主义的玄学或"玄学学派"所复兴。由《墨辩》和其他被遗忘文献的重新发现所激发,玄学家们对"名"和"(事物之)形"(理)之间关系的早期理解加以提炼,并在学术辩论中分析了有说服力的论辩的模型。⑤ 到了七世纪和八世纪,中国的逻辑思想由于受到来自印度的佛教推理复杂形式之运用的刺激而达到一个新高度。在西天取经的和尚玄奘及其后学的翻译

---

① 参见葛瑞汉:《论道者》,第176—186页,第199—202页。
② 何莫邪:《中国古代的语言和逻辑》,第286—348页。
③ 英文译本参见约翰·诺布洛克(John Knoblock):《荀子》(*Xunzi: A Translation and Study of the Complete Works*)(Stanford: Stanford University Press, 1994),第3卷,第22章。
④ 葛瑞汉:《论道者》,第267—285页。
⑤ 这方面进展的有用阐述是周文英的《中国逻辑思想史稿》(北京:人民出版社,1979年),第89—109页;以及温公颐的《中国中古逻辑史》(上海:上海人民出版社,1989年),第247—270页。

中有讨论佛教 hetuvidyā（因明）的论文，将因明重新阐述为"知识推理"的巧妙系统，并将之作为首次形式化的设计提供给中国僧侣和文人，显示了他们论证的有效性，更重要的是，也显示了反驳其论敌的有效性。① 然而，即使因明的出现也并没有导致专用于逻辑导入问题的独立学科的形成。在佛教寺院之外，宗教性的因明逻辑从未引起多少兴趣，而在非宗教领域有关名称与对象（名实）的沉思，从未流露出它们的创造者被贴上的那种道德易变性的耻辱，却在从十一世纪起一直延续的强有力的儒家复兴势头的余波中丧失了它们的知性诉求残留的东西。

尽管中国逻辑思想的多样开端被保留在了古代元典的外围文献中，但欧洲逻辑学当其最初在十七世纪以及后来再次在十九世纪被中国人所知道时，它仍被看作是智识探究的完全异质的领域。② 在此期间，中国学者，甚至是那些涉及逻辑文本翻译的学者中，都没有人发现这种秘传的外国科学和辩者及其智识后学的理论洞见之间存在任何密切关系或联系。在二十世纪之交，即使是西方知识方面专业的书目编纂者在被迫从事于这一主题的时候都会感到无所适从。迟至 1898 年的作品，黄庆澄（1863—1904）把那个时候所发现的仅有的关于逻辑学的汉语专著放在了"方

---

① 乌维·弗朗肯豪瑟尔（Uwe Frankenhauser）：《中国佛教逻辑导论》（*Die Einführung der buddhistischen Logik in China*）（Wiesbaden: Harrassowitz, 1996）。另参见何莫邪：《中国古代的语言和逻辑》，第 358—407 页。
② 两个较早而仍然有用的论述是：坂出祥伸《清末中国对西欧论理学的接受》("Shinmatsuni okeru Seiō ronrigaku no juyō ni tsuite" 清末にける西欧论理学の受容について, The reception of European logic in late Qing China), *Nippon Chūgoku gakkaihō* 12(1965)：第 155—163 页；以及高田淳（Takada Atsushi）：《中国近代的"论理"研究》（Chūgoku kindai no 'ronri' kenkyū）, *Kōza Tōyō shisō* 讲座东洋思想 4, Series 2: *Chōgoku shisō* 中国思想 3(1967)，第 215—227 页。这两项研究中一个颇具讽刺意味的局限性是，他们都忽略了日本教师、文献和术语在现代中国逻辑话语形成中的作用，几乎没有提到这方面的翻译和挪用。

言"类,也就是说,有关外国语言类的书籍里,①而梁启超(1873—1929),他被认为是有关新知识方面的最重要的权威,把同样的文本列为"无可归类"之书——置于博物馆导览和烹饪书之侧。②

然而,这种不重视或不理解一旦被解除,不到十年,逻辑学不仅成为中国高等学术研究机构课程中的强制性主题,而且通常在学术和政治辩论中还或多或少地被引用。新出的逻辑概念术语渗透进学者的写作中是如此之深,以至于文学史家发明出"逻辑文"这样的称谓来描述他们最多产的追随者的散文。③ 此外,这一时期几个最有名望的学者,其中就有刚刚提到的梁启超,已经开始着手开拓迄今为止"中国逻辑"的未知领域,以令人惊异的自信将其概念化,而它们几乎还没有开始传播。有些学者甚至发起比较性探究,考察"世界上三种伟大的逻辑传统",欧洲的、印度的——以及中国的逻辑传统的独有特征,似乎它们不久就将被全世界所知道。④

2. 论证

[6]　下面的章节重现了中国逻辑突然而意外的发现是如何可能的。它们论证了二十世纪初叶,一种中国逻辑话语的形成必须被理解为双重转化过程的结果,这一双重转化过程不仅在逻辑领域

---

① 黄庆澄:《中西普通书目表》(n. p., 1898), 1:7a。
② 梁启超:《西学书目表》(上海:时务报,1896 年),3:20a。在一篇附录文章里,梁启超为逻辑学发现了一个仍旧不同寻常的位置,逻辑学在一种相当神秘的西方科学背景中是"专论脑气管往来之事"。梁启超:"读西学书法",同上,《西学书目表》附录,1a - 18b;5a。
③ 钱基博:《现代中国文学史》(上海:上海书店出版社,2004 年),第 317—381 页。
④ 曾祥云:《中国近代比较逻辑思想研究》(哈尔滨:黑龙江教育出版社,1992 年),第 29—43 页。

塑造了中国思想史的现代解释。比如，就像现在同样普遍存在的"中国哲学"、"中国科学"或"中国宗教"的历史，对中国逻辑遗产的叙述取决于一种新的学术语言的开端，这种新的学术语言是从源自西方概念的翻译以及它们随后在中国话语中的移植中出现的。这种新语言的形成可追溯到十七世纪中国与欧洲观念的第一次真正遭遇，不过，只是在1900年左右的十几年时间里，当中华帝国得以建立的象征性资源逐渐丧失了它们的权威性的时候，它才获得其全部力量。一旦帝国秩序的坍塌日益临近，中国的文人墨客迅即就抛弃了本土的概念工具，而转向从欧洲语言或日语翻译引介来的术语和概念，似乎后者承诺了一种新的知识可能性，这种新的知识可能性与不稳定的新时代之紧急状态更趋一致。

运用新语言现象的出现从这种最初形态，即对古代中国文献解释中的跨文化转译过程——这在二十世纪最初的十年里成为一种学术时尚①，在很多实例中达到了第二种形态，即在新的欧化习语和古代汉语词汇之间的文化内翻译（intracultural translation）。这在逻辑学领域内是确然无疑的事实。中外翻译家不得不为逻辑学教材的编写创造出数百个词汇，这种创新证明，即使是这一领域内最基本的概念都还没有确定下来，更遑论那些不证自明的、帝国晚期或古汉语中的那些对等词。因此，某种独创性就要与新词汇相匹配，这些新词汇是作为用古代观念对

---

① 张灏：《危机中的中国知识分子：寻求秩序与意义》(*Chinese Intellectuals in Crisis: Search for Order and Meaning, 1890 – 1911*)（Berkeley and Los Angeles: University of California Press, 1987），第9页。[译按]中译本参见张灏：《危机中的中国知识分子：寻求秩序与意义》，王跃、高力克、毛小林译，北京：新星出版社，2006年。

逻辑概念的尝试性转译而创建的,而那样的古代观念几个世纪以来都是被以非常不同的术语理解的。

[7]　　本项研究的目的是重构这一转译的双重过程,即从最早十七世纪的预期到1911年清朝灭亡前最后十年的顶点。后面五章中,前两章分析有被扩大的前史插曲,这段前史导致了对帝国时代最后十年中"欧洲的"和"中国的"逻辑几乎成为同时的中国发现。第一章将以文献来证明十七世纪耶稣会传教士的无用尝试,他们试图通过后来的学术逻辑的一种中国化版本引诱中国士大夫信仰基督教。这虽然并没有直接促成更晚时代的发现,但耶稣会士对亚里士多德文献和概念的改编是与我们的问题相关的,因为他们证明了欧洲逻辑学的概念词汇通过有足够创造力的翻译家的努力是可以用中国术语来表达的,因此,逻辑学的传播就不会受中文和西方语言或两者思维方式之间通常所认为的那种不可通约性所阻碍。同时,耶稣会士努力的无效也强有力地表明,成功的语言表征不会必然导致在一个新文化环境中迄今还是完全陌生的知识体的毫无罅隙的直接移植。置任何有意义的中国文献于不顾,耶稣会士的翻译显得似乎还不如优雅的基督教学者的金圆券更有诱惑力,正如它们的作者所意指的那样,它们只是封闭的文本畸形物。

　　第二章分析中国逻辑与欧洲逻辑学的第二次遭遇,它发生于非常不同的环境中。伴随着欧美的暴力扩张,与他们的耶稣会士前辈们相比,十九世纪下半期向中国推销信仰和知识的新教徒作者们处于一种无限的更强有力的地位。然而在他们"有用知识"的表达中并不包含有多少逻辑学内容,而且他们也几乎不太在意去搭建将其主题与现代关切相连接的概念桥梁。此外,尽管有西方列强的军事与经济优势,从欧洲和北美汹涌而来的外国人不久就了解到,他们的读者保持着高度的选择性。与全球其他地区的殖民国家相反①,中国精英从未丧失对政治和学术话语于其中相互交织的概念空间的支配。直到二十世纪之交,无论如何,这一空间还在由一种概念框架继续形构着,此种概念框架定位于传统儒家元典中的真实与权威资源中,没有给宣称决定了所有论证有效性的外来科学留下多少余地,包括那些拥有复杂思想含义的外来科学,如果不考虑它们的圣经背景的话。[8]

然而,准确地说,这种宣称激起了1900年代左右的中国人对逻辑学态度的巨大变化,那时候古代元典的权威正在逐渐衰退。1894—1895年中日战争中,中国战败的心理冲击致使很多相关学者去探寻确定性的替代性资源,这一确定性要承诺一种新的政治和象征秩序获得合法性,以保证作为一个主权国家的中国之保存。逻辑学,现在被大肆宣扬为"科学之科学",被发现成为这样一种提供合法性的资源,在很大程度上这要归功于受过英式教育的改良者严复(1853—1921)的创造力和坚持不懈的毅力。第三章追溯了作为一个翻译家的严复的活动,他将逻辑学作为他所希望的基石来加以传播,这个基石将成为某种类似于新的推理型的东西,以对抗世纪末政治和方向性危机的背景,并重新评价严复为这个新学科在中国知识地图上获得一

---

① 例如参见 Vicente L. Rafael, *Contracting Colonialism: Translation and Christian Conversion in Tagalog Society under Early Spanish Rule* (Ithaca: Cornell University Press, 1988); Eric Cheyfitz, *The Poetics of Imperialism: Translation and Colonization from "The Tempest" to "Tarzan"* (New York: Oxford University Press, 1991);以及特贾斯维利·尼兰贾娜(Tejaswini Niranjana), *Sitting Translation: History, Post-Structuralism, and the Colonial Context* (Berkeley: University of California Press, 1992).

席之地而做出的贡献。①

第四章论证了逻辑学被融合进受日本启发的教育系统之中,这一教育系统是作为二十世纪最初几年里清政府不顾一切尝试的"新政"的一部分而被创立的,②这种融合与此学科的训练同等重要。虽然实践中的教学尚有问题,但是全国范围内大学和师范学校课程中编入逻辑学刺激了几十种新教科书的翻译,它们中的绝大多数都改编自日本,这是中国新发现的现代化捷径。在这些提倡这一学科及其用处的手册和许多期刊论文里,一种新的词汇表浮现出来,很快就被移植进公共话语之中,并且,有时还以相当令人震惊的效果被运用于学术、文化和政治的辩论之中。

欧洲逻辑学的快速移植,对于几乎同时的在古代中国文献中明确的逻辑理论化的发现来说,只是一个必要条件,而非充分条件。进一步的先决条件包括对"子学"中的文献学兴趣的复兴和日本学者的努力,后者在1890年代末发起了以逻辑术语对中

[9]

---

① 关于"推理型"(style of reasoning)这个概念,参见阿诺德·戴维森(Arnold I. Davidson),"推理型:从艺术史到科学认识论"(Styles of Reasoning: From the History of Art to the Epistemology of Science),前揭,《性的出现:历史认识论和概念形成》(*The Emergence of Sexuality: Historical Epistemology and the Formation of Concepts*)(Cambridge, Mass.: Harvard University Press, 2001),第125—141页;前揭,"推理型、概念史和精神病学的出现"(Styles of Reasoning, Conceptual History, and the Emergence of Psychiatry),载《科学的非统一:边界,语境,权力》(*The Disunity of Science: Boundaries, Contexts, Power*),彼特·加里森(Peter Galison)和戴维·斯顿普(David J. Stump)(Stanford: Stanford University Press, 1995),第75—100页;以及伊恩·哈金(Ian Hacking),"历史学家和哲学家的'型'"('Style' for Historians and Philosophers),前揭,《历史本体论》(*Historical Ontology*)(Cambridge, Mass.: Harvard University Press, 2002),第178—199页。
② 参见任达(Douglas R. Reynolds):《中国,1898—1912:新政革命与日本》(*China, 1898-1912: The Xinzheng Revolution and Japan*)(Cambridge, Mass.: Harvard University Press, 1993),第131—150页。

国古代文献进行解释的第一步。要是没有清代文献学家的重构,很多被认为是中国逻辑学史上的关键文献的断简残篇将仍会是难以理解的,而如果没有日本研究作为范例,甚至更少中国学者会振奋勇气去认领他们的文化遗产。虽然如此,还要有相当的想象力将新近进口的逻辑概念与中国古典文献以令人信服的方式关联起来。回顾了几个早期拓荒者的工作之后,第五章分析了四位杰出学者的开创性努力——刘师培(1884—1919)、章炳麟(1869—1936)、梁启超和王国维——通过将其转变成新学科的习语,来恢复古代中国逻辑学遗产。尽管不同意他们的解释策略,并且他们的目标和结论也千差万别,但是这些作者中的每一个都为一种新的概念空间的形成做出了持续的贡献,后来的作者将为这种新概念空间提供更为复杂也远为自信的中国逻辑思想的历史,以继续形构直到今天的中国逻辑学图像。最后是一个简短的后记,讨论早期发现者的工作是如何为一种跨越2500多年未曾中断的中国逻辑学传统的连续发明准备基础的,并反思了我们所发现的中国逻辑学和知识史解释的更为普遍的意义和影响。

3. 发现与翻译

除了其错综复杂的概念之外,中国逻辑的传统形象很少被质疑。目前的研究,如果它们并不直白地否认"中国逻辑"的确需要被发现,通常会忽略如下明显事实,即欧洲逻辑学的翻译[10]和移植是这一发现之可能性的必要条件,后来我们逐渐将这一发现理解为它的中国副本。这种持续的不情愿的一个原因似乎是,这样一种承认意味着在传统中国思想与它的现代解释之间的不连续——一种真实的以及随之而来的知识上的断裂——这对着迷于国家和文化连续性建构的历史编纂学来说是一种诅咒。这种连续性范式在中华人民共和国中尤其强烈，1950年代，那里的人们将其尊奉为中国历史的"正确"观点。① 大量文献坚持这一范式，这说明，从先秦时期经过二十世纪，完整的连续性主张仍被鼓励，且不惜以文献学的精确性和历史编纂的真实性为代价。中国逻辑方面的通史，例如在李匡武、周云之、刘培育以及其他人，②还有以不容质疑的口吻宣称是经验丰富的历史学家们，如汪奠基、周文英，或者更近的孙中原③等的指导下，中国社会科学院编译的自称是标准的著作，在一些章节里却暴露出对这两个转化重建阶段的历史惊人的毫无兴趣。在所有

[11] 这些著作中，中国对西方逻辑学的挪用被视为或多或少是偶然的，并且无论如何是无关紧要的事件，因此几乎没有改变自足自信的传统进程，这一进程自古代就以其自身的术语稳步前进。④ 甚至现当代中国明确致力于逻辑学历史的研究大多都没有审查欧洲逻辑学的引进与随后中国逻辑的发现或"重新发

---

① 对这一范式之出现的批判性说明，参见林铭钧和曾祥云：《名辩学新探》（广州：中山大学出版社，2000年），第9—18页。
② 李匡武等：《中国逻辑史》（兰州：甘肃人民出版社，1989年）；以及周云之、刘培育等主编：《中国逻辑史资料选》6卷（兰州：甘肃人民出版社，1991年）。亦参见周云之：《中国逻辑史》（太原：山西教育出版社，2004年）。
③ 汪奠基：《中国逻辑思想史分析》（北京：中华书局，1961年）；以及《中国逻辑思想史》（上海：上海人民出版社，1979年）；周文英：《中国逻辑思想史稿》（北京：人民出版社，1979年）；孙中原：《中国逻辑史（先秦）》（北京：中国人民大学出版社，1987年）；以及《诸子百家的逻辑智慧》（北京：机械工业出版社，2004年）；还有《中国逻辑研究》（北京：商务印书馆，2006年）。
④ 两本有用的教材提供了更少意识形态的描述：杨沛荪编：《中国逻辑思想史教程》（兰州：甘肃人民出版社，1988年）；以及温公颐和崔清田：《中国逻辑史教程（修订本）》（天津：南开大学出版社，2001年）。

现"之间的密切关系。① 促成这一发现的新语言和运用于古代中国文献的语境都没有被严肃考察。中国逻辑最初的发现者提供的相当牵强附会的建议也许是令人尴尬的,大多数作者在这一研究中很快将所讨论的尝试性努力轻描淡写地处理掉,而是集中于更连贯得多、更具目标导向的接受过国外训练的逻辑学家的著作,如胡适(1891—1962)、②章士钊(1881—1973)、③郭湛波,④或者虞愚(1909—1989),⑤它们均写于新文化运动结束后的时期,现代中国的第一次"文化革命"。⑥ 只是在最近二十年里才有更多对历史感兴趣的学者,像崔清田、林铭钧、曾祥云和程仲棠,开始批评正统的理解,并提倡对本土逻辑历史的当代中国研究进行

[12]

---

① 最具相关性的专题著作除了李匡武的《中国逻辑史》第 4 卷之外,还有彭漪涟:《中国近代逻辑思想史论》(上海:上海人民出版社,1991 年);郭桥:《逻辑与文化——中国近代时期西方逻辑传播研究》(北京:人民出版社,2006 年);以及张晴:《20 世纪的中国逻辑史研究》(北京:中国社会科学出版社,2007 年)。相关文章有:董志铁,"20 世纪中国名辩(逻辑)研究",载《中国哲学史》1995 年第 1 期:第 111—117 页;周文英,"中国传统逻辑在近、现、当代的升华与发展",载《江西教育学院学报》19,1998 年第 1 期:第 1—6 页,以及 19, no. 2(1998);第 1—8 页;赵总宽(编),《逻辑学百年》(北京:北京出版社,1999 年),第 5—131 页;孙中原,"中国逻辑研究百年要论",载《东南学术》2001 年第 1 期:第 29—39 页。
② 胡适:《中国哲学史大纲》(上海:商务印书馆,1919 年),重印于胡适:《胡适学术文集:中国哲学史》,姜义华主编,2 卷本,(北京:中华书局,1991 年),第 1 卷,第 1—269 页;以及胡适:《古代中国逻辑方法的发展》(上海:亚东图书馆,1922 年)。
③ 章士钊:《逻辑指要》(重庆:时代精神社,1943 年[1939 年]),重印于前揭《章士钊全集》,章含之、白吉庵编,10 卷本(上海:文汇出版社,2000 年),第 7 卷,第 283—609 页。初版手稿完成于 1917 年。
④ 郭湛波:《中国辩学史》(上海:中华书局,1932 年)。
⑤ 虞愚:《中国名学》(南京:正中书局,1937 年)。
⑥ 在台湾和香港,从事于本学科的一般问题的逻辑学家和中国思想史学家之间的划分甚至是更为严格的,但关于晚期中华帝国的逻辑学进程的追溯,尚没有任何细节研究。相反,出版商继续重印标准的大陆著作,如王奠基的《中国逻辑思想史》(台北:明文书局,1993 年[1979 年]),以弥补这方面的空白。

重新评价。① 不过,用这些作者自己的话来说,因为他们基于直迄今日已然根深蒂固被舒服地发明出来的传统的修正主义"攻击",最初指向了庸俗马克思主义或明显是民族主义的术语对古代文献的滥用,②他们的研究也集中于更近期的发展,而很少触及清朝最后十年中国话语空间的剧烈转型,若是没有这种转型,他们所批判的研究将是不可想象的。不幸的是,这种忽视伴随着对欧洲语言的极少相关研究,③不仅是因为它置不可挑战的连续性这种毫无根据的主张于不顾,而且还由于现代中国的逻辑学事业,正如梅约翰所表明的,是更一般而言的现代中国哲学之确立的"基石和尺度"。④ 对这一事业的重构可以作为剧烈知识转型的一种典范性例证,正是这一转型形成了中国知识史的现代视

[13]

---

① 参见同一作者群的其他著作里,崔清田:《名学与辩学》(太原:山西教育出版社,1997年);林铭钧和曾祥云:《名辩学新探》;以及程仲棠:《"中国古代逻辑学"解构》(北京:中国社会科学文献出版社,2009年)。

② 林铭钧和曾祥云:《名辩学新探》,第8—9页。另参见晋荣东在《逻辑何为——当代中国逻辑的现代性反思》(上海:上海古籍出版社,2005年)一书中的论述,第168—172页。

③ 最有洞见的一般性说明是由乌维·弗朗肯豪瑟尔在"Logik und nationales Selbstverständnis in China zu Beginn des 20. Jahrhunderts,"一文中作出的,载于 *Chinesisches Selbstverständnis und kulturelle Identität—"Wenhua Zhongguo,"* ed. Christiane Hammer and Bernhard Führer (Dortmund: Projekt Verlag, 1996), 69-80;以及前揭,*Buddhistische Logik*, 205-218. 我们的问题的个别方面还在如下文章中被提及,Shuo Yu, "L'introduction de la philosophie de la logique en Chine," *Archives européennes de sociologie* 34, no. 1 (1993): 139-151;罗伯特·沃迪(Robert Wardy), "Chinese Whispers," *Proceedings of the Cambridge Philological Society* 38 (1992): 149-170;及其《亚里士多德在中国:语言、范畴和翻译》(*Aristotle in China: Language, Categories, and Translation*) (Cambridge: Cambridge University Press, 2000)。更雄心勃勃但却与我们的语境更少相关性的研究是,成中英,"中国古典逻辑探究"(Inquiries into Classical Chinese Logic),载《东西方哲学》(*Philosophy East and West*) 15, 1965年第3—4期:第195—216页,一项为尚未撰写的古代中国新逻辑学"系统"史的规划纲要。

④ 梅约翰,"诸子学与论理学:中国哲学建构的基石与尺度",载《学术月刊》39,2007年第4期,第62—67页。

14

图。中国逻辑谱系被抛进更为尖锐突出的平行转变中,并且在许多情况下这些转变依旧剧烈,而中国哲学和同类领域的话语在此转变中逐渐浮现。

此处这类设想的谱系学研究,它的一项重要任务是确定和理解形构那一概念空间——渐次浮现的话语在其中被清晰描述——的术语和概念。① 此项一般性要求仍然适用于从跨文化互动中脱颖而出的话语转变。在中国逻辑的事例中,几乎所有的相关术语和概念,包括"中国逻辑"自身,都是在被用来揭示古代中国文献中被遗忘了的意义之前由对欧洲语言或日语的改造形塑出来的。因此,若没有对这一转变过程及其两个确切阶段——为了逻辑学而创造出一种新的汉语,以及它随后为了替代性传统而在研究中的运用——的细节重构,这一领域内没有任何谱系能够是完整的。

在最近的历史编纂学中,"翻译"(translation)这一概念的使用已经逐渐被赋予各种不同的意义,远远超过了"按照双语词典的模式,单纯从一种语言向另一种语言的语词转换"②。在某种程度上,这种宽泛的使用是由翻译研究的进展来保证的,后者表明,翻译活动不仅仅涉及词汇替换,相反,翻译必须被视为跨语际脉络中"意义生成和话语构造的创造性活动"③。目标指向转变(translation)活动之重构的历史研究不能忽略那些活动在其中

---

① 戴维森,"Emergence of Psychiatry," 85 - 94. See also Idem, "Styles of Reasoning," 134 - 138.
② 赫兰德(Douglas R. Howland),"文化观念的困境:翻译与历史编纂学"(The Predicament of Ideas in Culture:Translation andHistoriography),载《历史与理论》(*History and Theory*),2003 年第 42 期:第 45—60 页;第 45—46 页。
③ Idem, *Personal Liberty and Public Good:The Introduction of John Stuart Mill to China and Japan* (Toronto:University of Toronto Press, 2005), 21.

得以产生的特殊条件。然而,正如某些研究所主张的——这些研究将翻译仅仅运用为一种使一切种类的跨文化交流概念化的隐喻,注意语境的要求并不意味着它们在其中得以建立的文本和语言是无关紧要的。在知识穿越文化和语言的边界的挪用中,引进新观念的文本拥有一种症候性功能。它们背叛了挪用过程中必然出现的概念上的不一致在细节上非常明显的证据。同时,它们还要忍受在译者、文本和读者之间当其尝试适应或克服这种不一致并驯化新的概念词汇时复杂交涉的明显印迹。

利用这种证据,当前的研究对翻译(translation)一词的使用既是一种广义的或上下文语脉上的,也是一种狭义的、非隐喻性的理解。把这两种视角结合在一起,这迫使我们的探究要跨越传统的学科边界。尽管主要是由近来历史知识学和概念的跨文化史的研究所激发,① 以下章节在探索新逻辑词汇的发明时也吸收了翻译研究和历史语义学的洞见,并肆意地借鉴了科学社会学、传教研究和印刷文化史以追溯事主、网络和媒体等逻辑学知识传播所依赖的东西。当只要有可能提供出"层层叠叠厚重的繁杂语境"②时,此项研究坚持为非常切近的,并且有时还有可能是近乎

---

① 除了戴维森的著作之外,历史知识学领域中的典范性研究包括洛林・达斯顿和彼特・加里森:《客观性》(*Objectivity*)(New York: Zone Books, 2007);热维尔・内兹(Reviel Netz):《希腊数学中减法的形成:一项认识史的研究》(*The Shaping of Deduction in Greek Mathematics: A Study in CognitiveHistory*)(Cambridge: Cambridge University Press, 1999);以及克劳德・罗森塔尔(Claude Rosental):《编织自明性:社会学的逻辑》(*Weaving Self-Evidence: A Sociology of Logic*)(Princeton: Princeton University Press, 2008)。关于概念史,或 *Begriffsgeschichte*,特别参见 Hans Ulrich Gumprecht, *Dimensionen und Grenzen der Begriffsgeschichte* (Munich: Wilhelm Fink, 2006).
② Lorraine Daston, "The Historicity of Science," in *Historicization—Historisierung*, ed. Glenn W. Most (Göttingen: Vandenhoeck & Ruprecht, 2001), 201–221; 201.

痛苦地缺乏远见的文本阅读保留充足空间,正是这些文本使得逻辑学翻译进入帝制中国晚期话语成为可能。① 即使在这个词的[15]最狭窄意义上,这种翻译也需要付出努力,这样的努力与查找双语词典没有什么共同之处——不仅是由于如下简单的理由,即没有哪本词典能够促进中国逻辑学教材的改编。② 相反,它们要依赖于自觉的概念活动,既涉及译者也涉及其读者,他们将不熟悉的概念与当代关切以一种有意义的方式关联起来。正如彼得·高什(Peter Ghosh)所表明的,对这种概念活动的重构,至少在例如逻辑学这样的形式科学的例子中,并不需要分析被翻译文本的"全部语言的表面意思"。③ 与学者检审文献作品不同,关注知识的历史学家必须集中于新学科概念词汇的样本地图,诚然,不是为了评价个人翻译对它们那总是难以捉摸的原文的忠诚度,而是为了追踪那些信息,这些信息必然通向新的语言、文化和思想环境中合适的陌生概念。

在此项研究各个不同的点上,当讨论欧洲逻辑学的概念词汇中的关键术语在中国翻译中所采用的方式时,我将用文献证明这样的样本地图。在这些地图中经过深思熟虑而对这些术语的挑

---

① 此处所设想的类似于那种在欧洲语境下对翻译的有意缺乏远见的阅读,有几个好例子,参见 Michèle Goyens, Pieter deLeemans, and An Smets (eds.), *Science Translated: Latin Vernacular Translations of Scientific Treatises in Medieval Europe* (Leuven: Leuven University Press, 2008).
② 参见沈国威,"十九世纪以来英汉词典中技术词汇的创造"(The Creation of Technical Terms in English-Chinese Dictionaries from the Nineteenth Century),载《新词语新概念:西学译介与晚清汉语词汇之变迁》(*New Terms for New Ideas: Western Knowledge and Lexical Change in Late Imperial China*)朗宓榭(Michael Lackner)、阿梅龙(Iwo Amelung)和顾有信(Joachim Kurtz)编(Leiden: Brill, 2001),第287—304页。
③ 彼得·高什,"作为概念行动的翻译"(Translation as a Conceptual Act),载《马克斯·韦伯研究》(*Max Weber Studies*)2,2001年第1期:第59—63页。

选反映了这一学科正在变化着的完全形态。尽管在基本的逻辑学术语中某种连续性仍然是明显的,但十七世纪用以建立耶稣会士逻辑的概念全然不同于1900年左右的十几年间到达中国的各种逻辑学的那种结构化。为核心的基督教-亚里士多德概念而创建的术语,像"五公称"(five predicables)和"十伦府"(ten categories)(参见第1章表1.1—1.5),不久就被从逻辑学思考中排除掉了。虽然并不是在结构上或观点上都是一致的,但产生于1860年和1911年之间的翻译作品表现出更大的一致性。因此,

[16] 对在第2章和第4章中被讨论的文本作为129个英文术语的样本予以扫描就是可能的,这些术语对清帝国晚期形成这一学科形象的那些种类的逻辑学是至关重要的(参见表2.1,3.1,4.1和B.1-10)。为了清晰起见,我们把这些术语每五组安排到一个表格之内,对应于这一时期内出版的逻辑学引介中代表性发现的五个部分。A组包括这一领域的一般术语,例如"逻辑学"(logic)、"推理"(reasoning)、"思维"(thought)、"判断"(judgment)和"论证"(argument),它们通常在引导性的章节里被讨论,还有为了"思维规律"而创立的术语。B组包含与术语及其属性相关的词项,比如"项"(term)、"概念"(concept)或"观念"(idea)、"内涵"(intension)、"外延"(extension)和"定义"(definition)等,还包括描述不同类型术语的词项,像"单称"(singular)和"全称"(general),"肯定"(positive)和"否定"(negative),或者"抽象"(abstract)和"具体名词"(concrete term)。C组包括与命题及其构成部分相关的术语,如"主词"(subject)、"谓词"(predicate)和"系词"(copula);各种类型命题的名称;以及某些描述换位法(conversions)的术语。D组致力于推理中的演算、三段论和谬论。最后,E组将与科学探究方法论相关的术语的多少有点折中

的选择集合在一起。并不是所有来自这一时期的文本都提供了这五组被审查的全部术语的等价物,在许多情况下,不止一个译文被认为是对单一英文术语的偏离。

总之,这个样本地图为此项研究的文献编译了大约四千多个方法实例,欧洲逻辑学的概念词汇就是以这些方法被改编进了帝制中国晚期的话语之中。历时性语言学家(Diachronic linguists)能够很好地开发这一广阔的符号学新天地,采集其中的贝壳,以提炼现代中国外来词的类型学,或者补充在帝制晚期被发明出来的新词的不完整库存。然而,从我们的角度来看,这种关切将只是有限兴趣。词汇创新的价值不会来自于任何内在固有的品质,或者个人机会的缺乏。在所建立的学术科目的框架中,专业术语只是其意义由专业辩论中的专家所提炼的任意能指(arbitrary signifiers)罢了。① 对关注知识的历史学家们而言,使得这一数据库有价值的是,词汇创新提供了关于如下问题的导向,即不同的作者和读者如何在不同的时间里运转,在不同的环境下,以不同的日程,将新的概念词汇与现存的词汇表相关联,以及[17]他们共同的努力如何重新组合相关的符号学领域。尤其是在改编过程的早期阶段,对术语建议的发明、采纳或拒绝独特地揭示了由新理念的挪用而激发出来的概念变化的深刻理解。在那个短促、短暂的时刻,更通常的情况是,被创造或精炼出来以表达新观念的那些术语,不仅仅偏离和符合原意的语境之间的具体界面,而且同样还有它们的分析,对我们理解两者都是不可或缺的。

---

① 参见艾乐桐,"中国术语:论偏见"(Chinese Terminologies: On Preconceptions),载朗宓榭等主编:《新词语新概念:西学译介与晚清汉语词汇之变迁》,第15—34页。

对它们造成很大损害的是,逻辑学和其他领域的历史学家们忽略了词汇创新的考察,后者为帝制中国晚期和中华民国早期的知识转变作了准备并伴随着这一转变过程,对其不断进行反思。以艾达(Ada H. Mateer)和莫安仁(Evan Morgan)目光敏锐的研究著作开始①,对新术语的研究——自晚清以降,中国话语就在这些术语中逐渐得到表达——已经成为过去那个世纪大多数时间里语言学家的专有领域。② 这一规律的早期例外包括由黎宇宁(Yu-ning Li)和李伯特(Wolfgang Lippert)做出的先驱研究,他们探察了中国和日本马克思主义术语学的历史以理解社会主义观念在东亚的早期接受。③ 更近一些,刘禾(Lydia Liu)考察了"跨语际实践"也即极其宽泛意义上的翻译在现代中国文学、文

---

① 参见狄丁氏(Ada Haven Mateer,[译按]狄考文继世夫人):《新词语新概念:中文报纸研究》(*New Terms for New Ideas: A Study of the Chinese Newspaper*)(上海:美华书馆[Presbyterian Mission Press],1922 [1913]年);以及莫安仁:《中国的新词语和新表达》(*Chinese New Terms and Expressions*)(上海:别发印书局[Kelly & Walsh],1913年)。

② 从历史学家视角进行的研究,最令人感兴趣的是由马西尼(Federico Masini)做出的历时性研究:《现代中国语汇的形成及其向民族语言的转化:1840—1898年之间》(*The Formation of Modern Chinese Lexicon and Its Evolution toward a National Language: The Period from 1840 to 1898*)(Berkeley: Journal of Chinese Linguistics Monograph Series, 1993);以及沈国威:《近代日中语汇交流史——新汉语的生成与接受》(*Kindai Nitchū goi kōryūshi: Shin Kango no seisei to juyō* 近代日中语汇交流史—新汉语の生成と受容)(A history of lexical exchanges between China and Japan in the modern era: The formation and reception of new Chinese words) (Tōkyō: Kasama shoin, 1994; new and revised ed., 2008)。

③ 黎宇宁:《中国社会主义的引入》(*The Introduction of Socialism into China*)(New York: Columbia University Press, 1971);以及李伯特:《汉语马克思主义概念的来源与功能:日本和中国在词汇概念上对马克思主义的接受》(*Entstehung und Funktion einiger chinesischer marxistischer Termini. Der lexikalisch-begriffliche Aspekt der Rezeption des Marxismus in Japan und China*) (Wiesbaden: Franz Steiner, 1979)。

化、政治和法律话语中的作用。① 孟悦和韩依薇（Larissa Heinrich）的研究追随刘禾的理论引导，并颠倒了她对额外的话语场域的认识。② 此处采取的更接近这一视角的是，罗芙芸（Ruth Rogaski）和戴维·莱特（David Wright）展示的研究，即翻译分析和语汇变化能够被转换为科学的跨文化史的有用工具，③ 以及鲁纳（Rune Svarverud）和白莎（Elisabeth Kaske）考察了研究新话语形成的浮现其历史语义学的可能性。④ 同样的，由朗宓榭等共同编辑的两卷本论文集通过语汇变化的棱镜探索了阐释帝制中国晚期知识史的方法。⑤ 所有这些研究都强调，严肃地将语义创新视为概念变化的标志和要素并不意味着忽略新术语和观念在其中得以被创造、传播、批评或拒绝的语言学和语言学之外的语境。新术语只有在使用的具体实例中才能变得有意义，这

[18]

---

① 刘禾：《跨语际实践：文学，民族文化与被译介的现代性（中国，1900—1937）》（Stanford: Stanford University Press, 1995）；另参见前揭论文集：《交换符号：全球交流中的翻译问题》（Tokens of Exchange: The Problem of Translation in Global Circulations）（Durham: Duke University Press, 1999）。[译按]刘禾的著作中译本参见宋伟杰等译，北京：生活·读书·新知三联书店，2014年修订译本。
② 孟悦：《上海与帝国的边缘》（Shanghai and the Edges of Empires）（Minneapolis: University of Minnesota Press, 2006）。
③ 罗芙芸（Ruth Rogaski）：《卫生的现代性：中国通商口岸卫生与疾病的含义》（Hygienic Modernity: Meanings of Health and Disease in Treaty-Port China）（University of California Press, 2004），[译按]中译本罗芙芸：《卫生的现代性：中国通商口岸卫生与疾病的含义》，向磊译，南京：江苏人民出版社，2007年；以及戴维·莱特（David Wright）：《翻译科学：中华帝国晚期西方化学的传入，1840—1900年》（Translating Science: The Transmission of Western Chemistry into Late Imperial China, 1840-1900）（Leiden: Brill, 2000）。
④ 鲁纳（Rune Svarverud）：《中华帝国晚期作为世界秩序的国际公法》（International Law as World Order in Late Imperial China）（Leiden: Brill, 2007）；以及白莎（Elisabeth Kaske）：《汉语教育中的政治语言，1895—1919年》（The Politics of Language in Chinese Education, 1895-1919）（Leiden: Brill, 2008）。
⑤ 朗宓榭等主编：《新词语新概念：西学译介与晚清汉语词汇之变迁》；以及朗宓榭和费南山（Natascha Vittinghoff）主编：《意义地图：晚清中国的新学术领域》（Mapping Meanings: The Field of New Learning in Late Qing China）（Leiden: Brill, 2004）。

种使用外在于其所处的多重语境就不可能被理解。因此,从一位历史学家的视角来看,新术语永远不会在其自身中结束,而只是混杂于其他很多证据类型中的一种,这些证据类型必须在尝试重构语言和知识共同体之中和之间的意义迁移时被细致考察。

  应该强调的最后一点是我们考察的开端。通过表明中国逻辑的出现既非是自明的也不是一种完美无瑕观念的结果,这项研究并不想去争议此类话语作为一个整体的合法性,正如我将在结语里更为详细地讨论的那样。意外或污染的来源,就像洛琳·达斯顿提醒她的读者注意事实和客观的历史,"可能听起来是一种警告,迫使我们用挑剔的眼光检查被感染的信念和论证,但是它[19]们并不是一种根据事实本身(*ipso facto*)而赋予的无资格"①。因此,以下章节的目标并非还要去揭露或揭穿另一个虚构的传统。相反,它们努力去阐明使得这样的虚构得以可能的或多或少有些微妙的概念操作,并帮助铺设一条这样的道路,沿着这条道路,在我们对古代中国文献和知识史的理解中评估那种虚构的益处和代价。同样地,它们追寻阐明中国现代化的入口处概念变化的动态过程,并向那些受到赞扬和被遗忘了的作者中的探索性天才人物致敬,这些作者们勇敢地冒险用未经检验的概念工具重新描画中国的知识地图,尽管还不是那么完美。

---

① 达斯顿,"科学的历史性",第218页。另参见达斯顿和加里森《客观性》,第376页。

第一章 首度邂逅：明末清初耶稣会士的逻辑学

> 逻辑学引导人们推进其智力，明辨是非，阻止过失和欺骗，并将他们引向那条唯一的真理之路。①
>
> ——李次彪，《名理探》"又序"

对欧洲扩张的研究已经证明，异质文化之间的初次邂逅往往被以一种复杂的他异性来加以描绘，这种他异性为好奇心以及最终对他者（the Other）的真正兴趣铺就了道路。② 十七世纪中国人与欧洲逻辑学的首次邂逅在少数文人中明显激发了与这种彻底的他异性（*étrangeté radicale*）相类似的情感，那些文人逐渐接

[21]

---

① [译按]这段话是作者将《名理探》李次彪"又序"中的两段话糅合在一起，一处原文为："此则推论名理，迪人开通明悟，洞彻是非虚实，然后因性以达夫超性。"另一处原文为："讵古经籍所载，明德明命，精微奥蕴，遂靡实地所践，定序可循，本元可探，以祈返于一真之路哉！"参见《名理探》李次彪"又序"，傅汎际译义，李之藻达辞，上海：商务印书馆，1935年，第8页，第7页，另参北京：生活·读书·三联书店，1959年，第5—6页，第5页。李次彪是李之藻之子。

② See, e. g., Tzvetan Todorov, *La conquête de l'Amérique. La question de l'autre* (Paris: Seuil, 1982), 12–15.

触到由耶稣会传教士及其本地合作者引进的逻辑学观念。然而，中国学者对这一可能是令人不安的认识观念的反应几乎是全体一致的漠不关心，而不是充满好奇或兴趣。这种漠不关心其原因是蔑视过分简单化的解释。在历史记录中没有任何迹象表明，特有的"中国思维模式"与"欧洲理性"标准在任何显著方面是不可通约的①，我们也没有发现什么线索，在语言上或"文化上"有不能超越的障碍，会阻止理解或接受。② 相反，这种旷日持久的不关心是历史上一连串坐标性理由的结果，这些理由使得拥有任何潜在吸引力的耶稣会士们所展示的逻辑学碎片最终都丧失了。因而，与其他学科——最突出的是数学和天文学——形成对照，

[22] 欧洲逻辑学的初次引进必定会被看作是或多或少彻底的失败。它做得极少，如果说还做了一点的话，以便去扩展或转变明末清初话语的概念清单。尽管如此，对这段插曲仔细查看一番也是有益的，因为涉及在帝制中国晚期的知识环境中翻译和传播像耶稣会士那种相异且是秘传的多种晚近的学术逻辑一样的一门学科，它突出显示了多重困难。

1. 耶稣会教育中的逻辑学

亚里士多德逻辑学在耶稣会教育课程中占据着显著的地位。自从依纳爵·罗耀拉(Ignatius Loyola, 1491 - 1556)时代起，颁布

---

① 关于这一点的论证线索，参见 Jacques Gernet, *Chine et Christianisme. Action etréaction* (Paris: Gallimard, 1982).
② 参见钟鸣旦(Nicolas Standaert)主编:《中国基督教史研究手册第一卷: 635—1800 年》(*Handbook of Christianity in China. Volume One: 635 - 1800*)(Leiden: Brill, 2001), 第 711—751 页。

的法令就裁决哲学研究应该完全基于亚里士多德的著作,只要这些著作没有抵触或危害到基督教教义。① 耶稣会的课程计划(*Ratio studiorum*),或"学习计划",从其1581年最初的手稿版本起就规定,在学习亚里士多德哲学的三年制课程里,逻辑学必须于第一个学年期间在教团的学院和大学里被教授,从而为学生们进一步学习专业科学如民法和教会法或神学做好准备。② 在小学那一年的训练是加强型的。根据课程,逻辑学每天要被讲授两次,早上一小时,下午一小时,要经过听写、亚里士多德的文本讲义和实际练习。③ 完成基础入门课程之后,学生们还要通过有规律的定期练习来完善他们的论辩技巧,包括各种"争论"、公共辩论等,在其中他们要用其已逐渐获得的逻辑和修辞的手法驳倒任何与给出的科学、哲学或教条的命题相对立的论证。④ 三段论

---

① 艾利森·西蒙斯(Alison Simmons),"耶稣会士的亚里士多德主义教育:《论灵魂》注疏"(Jesuit Aristotelian Education: The *De Anima* Commentaries),载《耶稣会士:文化、科学与艺术,1540—1773》(*The Jesuits: Cultures, Sciences, and the Arts, 1540 - 1773*),约翰·W·奥马利(John W. O'Malley)等编(Toronto: University of Toronto Press, 1999),第 522—537 页;第 523—525 页。

② 查理·H.劳尔(Charles H. Lohr),"耶稣会士与十六世纪的亚里士多德主义"(Les jésuites et l'aristotélisme du XVIe siècle),载《耶稣会士的复兴:教育系统与知识生产》(*Les jésuites à larenaissance. Système éducatif et production du savoir*),吉雅德(Luce Giard)编(Paris: Presses Universitaires de France, 1995),第 79—92 页;第 80 页。关于耶稣会士课程计划的各种版本及其先驱,参见《耶稣会士的教育学:历史与现状》(*La pedagogía de los Jesuitas, ayer y hoy*),尤西比奥·吉尔(Eusebio Gil)编(Madrid: Universidad Pontificia, 1999),第 33—45 页。

③ 同上,第 111—112 页。另参见威廉·沃勒斯(William A. Wallace):《伽利略及其根源:伽利略科学中的罗马学院遗产》(*Galileo and His Sources: The Heritage of the Collegio Romano in Galileo's Science*)(Princeton: Princeton University Press, 1984),第 6—10 页。

④ Riccardo G. Villoslada:《罗马学院史:从创建(1551)到耶稣会的压制(1773)》(*Storia del Collegio Romano dal suo inizio (1551) alla soppressione della Compagnia di Gesù (1773)*)(Rome: Apud aedes Universitatis Gregorianae, 1954),第 89—90 页,第 107—108 页。

[23] 的论证形式构成了这些技巧的重要部分,这种形式也被引进到许多在耶稣会学校里使用的数学和科学教科书中。① 结果,任何在十六或十七世纪期间从耶稣会学院或大学里毕业的学生,都将完全熟悉这种围绕着受亚里士多德激发的概念和论证策略而建立起来的较新型的学术推理模式的理论和实践。

这一时期在耶稣会高等教育机构里所教授的逻辑学想要捍卫教理,但就其方法而言,它绝不是教条的。② 尽管受到教廷规章的约束要严格维护亚里士多德自然哲学的观点,很多耶稣会学者都在形而上学、逻辑学和修辞学领域对文艺复兴人文主义理念保持开放。③ 在教团存在的早年间,最有影响的哲学教师,弗朗西斯科·德·托莱多(Francisco de Toledo,1532 - 1596)和佩德罗·达·丰塞卡(Pedroda Fonseca,1528 - 1599),创造了一种与托马斯主义传统十分不同的逻辑学,不是把他们的理论建基于流行的托马斯主义实体(*ens reale*)与理智(*entia rationis*)的思辨形而上学之上,他们都强调与亚里士多德心理学洞见的逻辑相关性。托莱多和丰塞卡不太关心为概念和推理提供基础的理想型

---

① 安国风(Peter M. Engelfriet):《欧几里得在中国:欧几里得"几何基础"第一个中译本的诞生第 1—4 卷("几何原本",北京,1607)及其直至 1723 年的被接受》(*Euclid in China*: *The Genesis of the First Translation of Euclid's "Elements" Book Ⅰ-Ⅵ ("Jihe yuanben," Beijing, 1607) and Its Reception up to* 1723)(Leiden: Brill, 1998),第 43—46 页。

② 威廉·里斯(Wilhelm Risse):《现代逻辑,第 1 卷:1500—1640》(*Die Logik der Neuzeit. Band 1*: *1500 - 1640*)(Stuttgart-Bad Cannstadt: Frommann-Holzboog, 1964),第 359 页。

③ 孟德卫(David E. Mungello):《好奇的大陆:耶稣会士的融合与汉学的起源》(*Curious Land*: *Jesuit Accommodation and the Origins of Sinology*),火奴鲁鲁:夏威夷大学出版社,1989 [1985] 年,第 27—28 页。另参见古德曼(Howard Goodman)和安东尼·格拉夫敦(Anthony Grafton):"利玛窦、中国人和精通《圣经》的工具包"(Ricci, the Chinese, and the Toolkits of Textualists),载《亚洲专刊》(*Asia Major*)第 3 系列,3,1990 年第 2 期:第 95—148 页。

式,却详细阐述了作为在心灵及其能力之运作中被表达的概念、判断和推理。① 这种小心谨慎的批评事业,主要在葡萄牙的科英布拉和埃沃拉大学,被一种新型的、可能是更纯粹的亚里士多德主义形而上学模式的构想所促进,它摒弃了任何设想拙劣、令人误解的虚构并以其作为逻辑学的伪本体论基础的尝试。

起因于这种努力的逻辑学教材主要是由对亚里士多德的《工具论》所作的系统讲义构成的。② 在倍受推崇的拉丁语版本里,[24]《工具论》由六个文本构成,想要阐明亚里士多德逻辑学的基本要素及其在科学和辩论中的应用:波菲利的《序言》(Porphyry's *Isagoge*),被认为是这门学科及其形而上学基础的一般性导论;《范畴篇》(the *Categories*),处理词项和定义;《解释篇》(*De interpretatione*),讨论命题(propositions)或前提(premises);《前分析篇》(the *Prior Analytics*),探讨三段论或三个命题即大前提(*major*)、小前提(*minor*)和结论(*conclusio*)的联结;以及最后,《后分析篇》(the *Posterior Analytics*)和《论题篇》(*Topics*)并它们的附录《辩谬篇》(*De sophisticis elenchis*),分别思考三段论在证明和论辩中的运用,以及对诡辩论证的反驳。③ 托莱多和丰塞卡对《工具论》所作的大量讲义被1599年出版的课程计划的最后

---

① Risse, *Logik der Neuzeit*, 359 - 360;363 - 370.
② 关于耶稣会士对《工具论》的独特注释,参见查理·H.劳尔(Charles H. Lohr),"耶稣会士的亚里士多德主义与十六世纪形而上学"(Jesuit Aristotelianism and Sixteenth-Century Metaphysics),载《悖论:对埃德温·奎因记忆的研究》(*Paradosis: Studiesin Memory of Edwin A. Quain*),哈利·G·弗莱彻三世(Harry G. Fletcher III)和玛丽·B·肖特 Mary B. Schulte)编(New York:Fordham University Press, 1974),第203—220页;第214—218页。
③ 例如参见 Robert Blanché and Jacques Dubucs:《逻辑学及其历史》(*La logique et son histoire*)(Paris:Armand Colin, 1996),第25—29页。关于波菲利及其《序言》,同上,第123—124页。

版本正式认可。① 托莱多的《亚里士多德论辩法入门》(*Introductio in dialecticam Aristotelis*)(1561)和《通用亚里士多德逻辑学中的问题讲义》(*Commentaria unacum quaestionibus in universam Aristotelis logicam*)(1572)这两本书构成了耶稣会高等教育的核心机构罗马学院逻辑学教育的基础,同时也是意大利、德国和法国绝大多数教团学校逻辑学教育的基础,②而丰塞卡的《论辩法阶梯手册》(*Institutionum dialecticarum libriocto*)(1564)一书主要在伊比利亚半岛被使用。③

绝大多数——若不是全部的话——耶稣会传教士都是在1583年之后进入中国的,正是在这一年里,罗明坚(Michele Ruggieri, 1543 - 1607)④和利玛窦(Matteo Ricci, 1552 - 1610)成功地在中国大陆定居下来,他们都将面对这些注释传统的一种,他们基于这种传统而受到教育。在积极地向中国介绍欧洲逻辑学的作者中,利玛窦本人在罗马学院修习了基本的逻辑学课程⑤和辩论班,⑥他的同事意大利人艾儒略(Giulio Alini, 1582 - 1649),⑦是在帕多瓦

---

① 吉尔:《耶稣会士的教育学:历史与现状》,第112页。由于它在1599年被正式采用,其后这个课程计划仅被修订了两次,第一次是1616年,第二次是1832年。
② Villoslada, *Collegio Romano*, 102; Wallace, *Galileo*, 10 - 12.
③ Friedrich Stegmüller, *Filosofia e teologia nas universidades de Coimbra e Évora no séculoXVI* (Coimbra: Universidade de Coimbra, 1959), 85 - 99.
④ 关于罗明坚的传记资料,参见方豪:《中国天主教史人物传》(北京:中华书局,1988),第1卷,第65—71页。
⑤ Mario Fois, "利玛窦研究时期的罗马学院"(Il Collegio Romano ai tempi degli studi del P. Matteo Ricci," in*Atti del convegno internazionale di studi Ricciani*) (Macerata: Centro studi Ricciani, 1984),第203—228页;第213—214页,以及第218—222页。另参见恩格弗里:《欧几里得在中国》,第19—20页。
⑥ 约瑟夫·塞比斯(Joseph Sebes);"利玛窦的先驱们"(The Precursors of Ricc),载《东方遇见西方:耶稣会士在中国,1582—1773》(*East Meets West: The Jesuits in China, 1582 - 1773*), Charles E. Ronan 和 Bonnie B. C. Oh 主编 (Chicago: Loyola University Press, 1988),第19—61页;第36—37页。
⑦ 方豪:《中国天主教史人物传》,第1卷,第185—197页。

大学接受的训练,①他们都在托莱多讲义的基础上学习了这门学科;葡萄牙教父傅泛际(Francisco Furtado,1587-1653)②在科英布拉大学用丰塞卡教本的一个修订版获得了逻辑学技艺。③

2. 融合与翻译

传教士们在欧洲训练中所接受的逻辑学理论和实践的扎实基础,在他们一旦拥有足够熟练的汉语古文的语言能力,从而开始创作时,就为他们的著作和翻译增添了色彩,正如下面所表明的那样。然而,逻辑学和逻辑观念在他们的传教策略中决不是核心因素。如同利玛窦所传播的,这种策略的目标是使基督教教义适应晚明时期支配社会和知识思潮的儒家学说与实践。深信"从上到下"的福音传播是对他们的传教事业而言最有前途的路线,利玛窦和他的同事们改变了他们的行为以适应文人精英的价值和生活方式,致力于学术习语和儒家经典的学习,显示出对儒家

---

① 梅欧金(Eugenio Menegon),《艾儒略(1582—1649)的一片天空:从欧洲到中国的地理、艺术、科学和宗教》(*Un solo cielo. Giulio Aleni S. J. (1582 - 1649): Geografia, arte, scienza, religione dall'Europa alla Cina*)(Brescia: Grafo, 1994),第30—31页。另参见 Mario Colpo,"艾儒略的文化和宗教背景"(Giulio Aleni's Cultural and Religious Background),载《"来自西方的学者":艾儒略(1582—1649)与基督教和中国的对话》("*Scholar from the West*": *GiulioAleni S. J. (1582 - 1649) and the Dialogue between Christianity and China*),李集雅(Tiziana Lippiello)与马雷凯(Roman Malek)主编(Nettetal: Steyler, 1997),第73—84页;第76页。
② 方豪:《中国天主教史人物传》,第1卷,第208—215页。
③ 柏理安(Liam M. Brockey):《东方之旅:1579—1724 耶稣会传教团在中国》(*Journey to the East: The Jesuit Mission to China, 1579 - 1724*)(Cambridge, Mass.: Harvard University Press, 2007),第211—214页。[译按]中译本参见毛瑞方译,南京:江苏人民出版社,2017年。

[26] 礼仪,尤其是对祭祀祖先的普遍的宽容态度。① 另外,为了证明他们并没有决定想要威胁或破坏中国国家的社会和政治秩序,他们有意回避在公开场合宣扬福音,并且主要通过与当地高官显宦的私人对话来传播他们的信仰。在这样的对话中,在他们有说服力的劝诱努力下,他们将其论证更多建立在与他们相对应的人的"自然理性"上,而不是尝试像他们在欧洲语境下被训练的那样,显示其陈述的形式有效性。

这种迁就方法的精英推动必须要有强烈的对知识分子的重视,而迁就的方法甚至在活动于中国的耶稣会士中都绝不是没有争议的。② 根据金尼阁(Nicolas Trigault,1577 - 1628),③那位利玛窦日记并不总是可靠的编辑者的描述,耶稣会的教父们在其与中国文人的接触中早就认识到,这些人"服用有益的精神药剂是很缓慢的,除非在其中加入知识上的调味品"。④ 向他们的教义中加入这样的调味品就成为耶稣会士努力的一个主要任务。利玛窦自己也意识到,他的文人谈话者不仅对他的道德操守感到惊异——他们发现在他所提倡的伦理准则的一致性上以及在他那无可挑剔的个人行为上,他的道德操守都是典范——而且对他政

---

① 关于此方面的简要总结,参见钟鸣旦:《中国基督教史研究手册》,第 310—311 页;以及孟德卫:《好奇的大陆》,第 44—73 页。
② 参见邓恩(George H. Dunne):《一代巨人:明末耶稣会士在中国的故事》(*Generation of Giants: The Story of the Jesuits in China in the Last Decades of the Ming Dynasty*)(Notre Dame: University of Notre Dame Press, 1962),第 282—310 页。[译按]中译本参见余三乐、石蓉译,北京:社会科学文献出版社,2014 年。
③ 方豪:《中国天主教史人物传》,第 1 卷,第 179—184 页。
④ 利玛窦:《16 世纪的中国:利玛窦 1583—1610 年日记》(*China in the 16th Century: The Journals of Matthew Ricci 1583 - 1610*),Louis J. Gallagher 译(New York: Random House, 1953),第 325 页。

治对话中的多才多艺和令人惊愕的记忆能力更是印象深刻。①然而,他也充分了解到,这些有用技艺和传教士都精通的口舌之利都不足以吸引多数文人那转瞬即逝的兴趣。为了争取更大数量的精英皈依者,耶稣会士们不得不证明,通常意义上的欧洲和特殊意义上的基督教已经达到了一个比得上中国的文明程度,因此,相对于晚期帝国文明建立于其上的诸多成文信仰来说,对这种外来信仰的皈依就提供了一种真正的可选择项,或至少是一个值得考虑的补充。实现这一目标的唯一方法就是,或者直截了当地,或者披上科学和道德知识的伪装,以文人的语言写出有说服力的和在文体上引人入胜的文本,展示传教士的理由。②比起几乎其他任何国家都更是如此,那个"以书本传教的使徒"(apostolate by the book)就成为耶稣会士中国事业的一个核心关切。③

尽管至少某些耶稣会士在那样一段没有任何教科书和语法书并且也几乎没有任何双语词汇表和词典存在的时期里,以令人钦佩的速度获得了对汉语的牢固掌握,④在将基督教启示翻译成文言文时,他们仍然必须克服大量的困难。即使最令人惊异的像利玛窦和艾儒略这样的语言天才,在他们写作时也需要依靠有能

---

① 关于中国耶稣会士的早期形象,参见李文潮(Wenchao Li):《17世纪基督教中国传教团:理解,不理解,误解——基督教、佛教和儒教精神史研究》(*Die christliche ChinaMission im 17. Jahrhundert. Verständnis, Unverständnis, Mißverständnis*)(Stuttgart: FranzSteiner, 2000),第242—249页。对利玛窦记忆术的钦佩,参见朗宓榭(Michael Lackner):《被遗忘的记忆:耶稣会助记文"西国记法"的翻译与评论》(*Das vergessene Gedächtnis: Die jesuitische mnemotechnische Abhandlung "Xiguo jifa." Übersetzung und Kommentar*)(Stuttgart: Franz Steiner, 1986),第2—3页。
② 孟德卫:《好奇的大陆》,第73页。
③ 钟鸣旦:《中国基督教史研究手册》,第600—601页。
④ 关于耶稣会士学习汉语的有用说明,参见柏理安:《东方之旅》,第243—286页。

力的中国合作者的帮助,以防止出现修辞上的浅陋、格式上的错误,以及可能不知不觉冒犯了他们的读者情感的文字。然而,与如下任务相比,所有这些陷阱都是小问题,即要创造出一个足以胜任的词汇表,以便呈现大量基本的,但却异于中国语境的概念,基督教教义以及耶稣会士们选择用来调剂它们的科学装备都要以这些概念为基础。

很自然地,汉语词汇,以其全部的丰富性,也不可能为用来表达欧洲宗教、哲学和科学的特殊术语提供现成的对等概念——事实上,甚至本来就没有"宗教"(religion)、"哲学"(philosophy)和"科学"(science)这样的术语。中国话语——西方观察者将其解释为与这些领域的任何一个都有关——是由与十七世纪欧洲的观念网格相抵触的独特清晰的概念串构成的。然而,它们之间又并非相互排斥,许多著名的中国术语表现出与相关欧洲概念相当大的语义重叠。这种语义重叠的实例是描述耶稣会士更为复杂的汉语书写的观念融合特征的基础。意识到那些重要基督教术语的音译,例如"布革多略","purgatorio",或"咽啡诺","inferno",①被认为是他们希望给读者以不雅野蛮的印象,②基督教教父和他们的合作者们将其翻译策略转变为重新定义或扩展著名古典学者(或"儒家学者")的术语。这种或多或少带点敌意的观念接收——我们可以这样称呼它们——其早期例子包括,用历史悠久的术语"上帝""高高在上的统治者"(Ruler on High),

[28]

---

① [译按]purgatorio,炼狱;inferno,地狱。
② Pasquale D'Elia,"哲学在中国的首次引介"(Prima introduzione della filosofia scolastica in Cina),载《历史语言研究所公报》(*Bulletin of the Institute for History and Philology*),1956年第28期:第141—196页;第145页,第147页。另参见邓恩:《一代巨人》,第282—283页。

来翻译"God";用"灵""精神能量"(spiritual energy)翻译"灵魂"(soul);用"心""心脏"(heart)翻译"心灵"(mind),以及用"体""主体"(body)"构造"(structure)来翻译"实体"(本质,本体,essence)。① 一旦这种策略收效显著,音译借词(phonemic loans)往往只用于地名、官衔或个别译者认为对只懂一种语言的中国读者来说具有特殊兴趣的欧洲词语的转录。②

古典主义色彩无疑有助于软化很多耶稣会士文本的他异性。另一方面,改编自儒家经典的术语,其丰富的历史也极易引起误解。在很多情况下,关键性的区别变得模糊不清,相似性却被过度扩展。当他们想要强调一个特殊欧洲概念的新奇性时,耶稣会士作者或译者就会避开语义借用,而诉诸翻译借词或借译(loan translations),模仿字面意义或其外来词语之发端的词源创造出新的术语。这第三种翻译策略的例子包括已被淘汰了的术语,像用"人学""the science of man"来翻译"humanities",用"共学""common school"译"university"等。③ 由于太多新词被引进会有

---

① 梅里斯(Giorgio Melis),"欧洲哲学在利玛窦《天主实义》中的主题"(Temi e tesi della filosofia europea nel 'Tianzhu Shiyi' di MatteoRicci),载《利玛窦国际研讨会会议记录》(Atti del convegno internazionale di studi Ricciani)(Macerata: Centro studi Ricciani,1984),第65—92页;第70—72页。
② 耶稣会士对中国语汇的贡献仍然是一个未经充分研究的课题。真正有所斩获的研究是由马西尼做出的:"十七世纪耶稣会士著作遗产:十九世纪中国的地理、数学和科学术语学"(The Legacy of Seventeenth Century Jesuit Works: Geography, Mathematics and Scientific Terminology in NineteenthCentury China),载《中国的欧洲:十七、十八世纪的科学、宗教和文化交流》(L'Europe en Chine. Interactions scientifiques, religieuses et culturelles auxXVII e et XVIII e siècles),詹嘉玲(Catherine Jami)和德罗绘(Hubert Delahaye)主编(Paris: Collège de France, 1993),第137—146页;以及马西尼:"艾儒略对中国语言的贡献"(Aleni's Contribution to the Chinese Language),载李集雅与马雷凯:《来自西方的学者》,第539—554页。
③ 马西尼:"艾儒略对中国语言的贡献",前揭,第548页,第551页。

影响文本可读性的风险,耶稣会士们通常改编现有的术语。尽管如此,分析引进欧洲逻辑学的早期作品将表明,在他们的书写中借译或音译的数量,随着文本题材与传统中国话语的距离而不断增加。

3. 早期耶稣会士作品中的逻辑学

[29] 考虑到涉及的语言困难,耶稣会传教士及其中国合作者的文本生产必须被看作是卓越的成就。根据最近的评价,大约有590本中文书籍是由耶稣会士和他们的支持者在十七世纪期间出版的。① 这些书籍中的大多数,有470篇之多,主要或专门致力于宗教和道德问题;大约120本作品展示了有关西方的更为一般的知识,以及欧洲科学和技术。总的来说,这些著作中最成功的作品是数学课本、世界地图、地理描写和托勒密的宇宙哲学论文。② 然而,在传教团的早期岁月里,有些受人文主义影响的作品,主张在"遥远西方"(泰西)的伦理原则和儒家美德之间具有共同性,这些作品也对确立传教士在文人精英中的良好形象做出了贡献。在这些文章中,第一批与欧洲逻辑学相关的概念被引进中国的话语世界。

耶稣会士们的译文所依赖的资源,不考虑他们的题材,是如此彻底地浸透了拉丁化的亚里士多德概念,以至于后者的回音几

---

① 钟鸣旦主编:《中国基督教史研究手册第一卷:635—1800年》,第600—601页。
② 詹嘉玲(Catherine Jami):"'欧洲学术在中国'抑或'西学'? 跨文化传播的代表,1600—1800"('European Science in China' or 'Western Learning'? Representations of Cross-Cultural Transmission, 1600 - 1800),载 Science in Context 12, no. 3(1999):414.

乎在每一个传教团背景下编译的汉语文本中都产生了共鸣。只有某些这种回音与逻辑学相关。亚里士多德概念在对人的灵魂和物理世界由之建立的元素数量的讨论中得到最明显的发挥,因此也在心理学和自然哲学领域内被充分运用。① 在早期例示适应策略的伦理作品中,像利玛窦的《交友论》(*On Friendship*, 1595)和《二十五言》(*Twenty-five Maxims*, 1599/1605),从拉丁化的斯多葛主义而来的伦理洞见被以简短的箴言方式呈现,不需要提及与推理机制相关的概念。② 更接近这一点的是利玛窦的 [30] 《西国记法》(*The Western Art of Memory*, 1595/1625)一书,其中包含着后来与欧洲记忆术的技术词汇表相并行的原因和结果、事件和实体这种学术概念的隐喻性暗示。③ 在他的传道著作《天主实义》(*The True Meaning of the Lord of Heaven*, 1603)一书中,利玛窦随后提供了对亚里士多德逻辑学的相关概念大量更具实质性意义的参考。④

---

① 参见尽管有明显争议但却十分有用的讨论,Qiong Zhang,"作为文化革新的翻译:耶稣会士经院心理学在儒家人性论话语中的转译"(Translation as Cultural Reform: Jesuit Scholastic Psychology in the Transformationof the Confucian Discourse on Human Nature),载《耶稣会士:文化、科学与艺术,1540—1773》(*The Jesuits: Cultures, Sciences, and the Arts, 1540 - 1773*),John W. O'Malley 等主编(Toronto: University of Toronto Press,1999),第 364—379 页。
② 这两篇文章现在都能很容易地在利玛窦的《利玛窦中文译著集》中找到,朱维铮主编(香港:香港城市大学出版社,2001 年),第 141—159 页,第 161—177 页。相关讨论,参见 Pasquale D'Elia,"利玛窦所著首部著作《论友谊》"(Il Trattato sull' Amicizia, primo libro scritto in cinese da Matteo Ricci),载《传教士研究》(*Studia Missionalia*),1952 年第 7 期:第 425—515 页;以及 Christopher Spalatin,"利玛窦对爱比克泰德缄言录的使用"(Matteo Ricci's Use of Epictetus' Encheiridion),载 *Gregorianum* 56, no. 3 (1975): 551 - 557.
③ 朗宓榭:《被遗忘的记忆:耶稣会助记文"西国记法"的翻译与评论》,第 8 页,第 41 页,以及其他各处。
④ 有关《天主实义》的各种版本,参见裴化行(Henri Bernard),"中国对欧洲作品的编译"(Les adaptationschinoises d'ouvrages européennes),载《华裔学志》(*Monumenta Serica*),1945 年第 10 期:第 324 页。

(1)《天主实义》

《天主实义》,被称为"中国基督教史上最重要的著作",[①]是由一位"中国学者"(中士)和一位"西方学者"(西士)的对话构成的。这场假想的跨文化交流讨论的主题包括造物主基督教上帝(天主,"Lord of Heaven")、灵魂不朽、动物与人的区别、鬼神和幽灵的存在、罪、善恶报应、来世、天堂、地狱、人性和西方人的风俗等。[②] 对话的双方都被描绘为完美的"理性"辩论者。然而,不足为奇,西士在几乎绝大多数争辩观点上都展示出更具说服力的论证,不仅仅因为在他的安排下西士拥有更精炼的概念装备。举例来说,在讨论宇宙是由独一的神圣行动创造出来的可能性时,利玛窦的西士能够引用亚里士多德的"四因"(四所以然)理论,后者因而首次出现于中国话语的语境之中:

[31]
> 世界上没有任何事物不是由这四种原因在其自身之内结合而成。这四种原因,形式因(模者)和质料因(质者)是在事物之内发现的,是这些事物的内在属性,或若果有人愿意那样说,那就是它们的阴和阳。动力因(作者)和目的因(为者)是在事物之外和超出于事物之先的,因此它们不能被称为事物的内在属性。我们所说的天主是事物之所以为其所是的原因,仅仅指他是动力因和目的因。他不是事物的形式因和质料因。因为天主是完美的整体,独一无二,在他之外

---

① 柯毅霖(Gianni Criveller):《晚明基督论》(*Preaching Christ in Late Ming China: The Jesuits' Presentation of Christ from Matteo Ricci to Giulio Aleni*)(台北:利氏学社,1997年),第109页。[译按]中译本参见王志成、思竹、汪建达译,成都:四川人民出版社,1999年。
② 利玛窦:《利玛窦中文译著集》,第4—139页。

没有任何其他存在者,他不能是事物的一个部分。①(《天主实义》原文:天下无有一物不具此四者。四之中,其模者、质者,此二者在物之内,为物之本分,或谓阴阳是也;作者、为者,此二者在物之外,超于物之先者也,不能为物之本分。吾按天主为物之所以然,但云作者、为者,不云模者、质者。盖天主浑全无二,胡能为物之分乎?②)

在随后的一段话里,西士通过用一种特定的逻辑导入实现的另一个区分精炼了他的论证,那就是在"普遍"(universal)和"特殊"(particular)之间的区分:

> 至于动力因和目的因,我们发现在它们之中有远和近、普遍(公)和特殊(私)的区别。远和普遍是更高更大的原因,近和特殊是更低更小的原因。天主是事物最普遍、最高最大的原因;所有其他原因都是近的和特殊的,因此是更低更小的原因。父母是孩子的原因;他们被称为父亲和母亲,而他们是近的和特殊的原因;但是如果没有天覆盖他们,没有地支撑他们,他们如何能产生并抚育孩子?如果没有天主监管天地,天地又如何能够产生和养育万物?③(《天主实义》原文:至论作与为之所以然,又有近远公私之别。公、远者,大也;近、私者,其小也。天主为物之所以然,至公到至大;而其

---

① 前揭,第13页。译文改编自利玛窦《天主实义》,ed. Douglas Lancashire and Peter Hu Kuo-chen (St. Louis: The Institute of Jesuit Sources, 1985 [1603]),这里是第85—86页。另参见梅里斯,"欧洲哲学在利玛窦《天主实义》中的主题",第72—74页。
② [译按]参见利玛窦撰,梅谦立(Thierry Meynard)注:《天主实义今注》,谭杰校勘,北京:商务印书馆2014年,第85页。
③ 利玛窦:《利玛窦中文译著集》,第13—14页;英译文改编自前揭,《天主实义》,第85—86页。

> 余之所以然,近私且小。私且小者,必统于大者、公者。夫双亲为子之所以然,称为父母,近也,私也,使无天地覆载之,安得产其子乎?使无天主掌握天地,天地安能生育万物乎?则天主固无上至大之所以然也。故吾古儒以为所以然之初所以然。①)

利玛窦对四因说和普遍与特殊概念的运用是从耶稣会士不仅限于宗教领域的适应策略中显露出来的混杂论证的完美范例。他把"原因"译成"所以然"(事物以之而成其所是的方式),从而将一个亚里士多德术语关联到儒家自然和道德哲学中具有丰富历史意味的一个概念上,因此暗中要求两者的平等地位。利玛窦还通过把"形式的"原因和"质料的"原因比拟为相互交错的阴阳两方面,而主张两者的共同基础。最后,他将"普遍的"和"特殊的"两个概念用"公"(公共的,公正的)和"私"(私人的,自私的)来对译,从而把一种最初的正规区分与儒家社会秩序中的自我证成领域相混合。

实体(substance)和偶性(accident)范畴,两个或多或少更直接与亚里士多德逻辑学相关的概念,以一种同样杂交的方式被引进。在这个例子中,杂交的印象并不太像是术语交汇的结果,在罗明坚的《天主圣教实录》(A True Account of the Lord of Heaven and the Holy Doctrine)②里这两个术语已经被杜撰出来,尽管未加解释,而毋宁说是挑选出来澄清其区别的实例之混合:

---

① [译按]参见利玛窦撰,梅谦立(Thierry Meynard)注:《天主实义今注》,第86页。
② 罗明坚(Michele Ruggieri):《天主圣教实录》(A true account of the Lord of Heaven and the Holy Doctrine,1584),重印于《天主教东传文献续编》(台北:台湾学生书局,1966年),第755—838页;第804—805页。

事物有两"类"（宗，categories，种类）：有"依其自身而立"者（自立者，substance，实体），有"依赖"者（依赖者，accidents，偶性）。事物之不依赖于他物而存在，像天地、鬼神、人、鸟兽、草木、金石、四种元素等之类，都被归为实体。事物之不能依其自身而立，而仅能从属于其他事物而确立，举例来说，像五常、五色、五音、五味、七情之类，都被归为偶性。①（《天主实义》原文：夫物之宗品有二：有自立者，有依赖者。物之不恃别体以为物，而自能成立，如天地、鬼神、人、鸟兽、草木、金石、四行等是也，斯属自立之品者；物之不能立，而托他体以为其物，如五常、五色、五音、五味、七情等是也，斯属依赖之品者。②）

为了展示这些概念的效用，利玛窦再一次凭借中国和西方的文献传统。因此，一方面，他模拟《物宗类图》(Arbor Porphyrii，"事物品属和种类[也即属种，genera，species]图表")仿制了一个简化了的中国版本，以便表明，实体和偶性考虑了现象世界的分类，这种分类比常见的中国分类法更细致，因此也要优于后者。③另一方面，他运用了被归于哲学家公孙龙的著名中国诡辩"白马非马"的分析中的两个术语：

让我们举白马为例加以说明。这里有两个事物：白和马。马是实体。白是一种偶性，因为即使没有它的白，马也

---

① 利玛窦：《利玛窦中文译著集》，第21页；英译文改编自前揭，《天主实义》，第109页。
② [译按]参见利玛窦撰，梅谦立(Thierry Meynard)注：《天主实义今注》，第95页。
③ 利玛窦：《利玛窦中文译著集》，第49页。参见D'Elia, "Prima introduzione,"第168—169页。根据利玛窦，他删掉了《物宗类图》中对属性的"九元宗"("nine categories"，九种分类)，因为它们"在图表中是难以展现的"(利玛窦：《利玛窦中文译著集》，第48页)。

能继续存在。然而,若是没有马,此马的白就将不能存在。因此,我们说它(白)是偶性。当我们比较这两个[种类]时,我们发现,实体拥有优先的存在和价值,而偶性是第二位的且是无关紧要的。在任何一个事物之中,有且仅有一个实体,但却有无数的偶性。①(《天主实义》原文:且以白马观之:曰白,曰马,马乃自立者,白乃依赖者。虽无其白,犹有其马;如无其马,必无其白,故以为依赖也。比斯两品:凡自立者,先也、贵也;依赖者,后也、贱也。一物之体,惟有自立一类;若其依赖之类,不可胜穷。如人一身固为自立,其间情声、貌色、彝伦等类,俱为依赖,其类甚多。②)

利玛窦是否希望这种即席分析被理解为解决中国学者世代困惑的逻辑难题的一种严肃尝试,这一点不可能得到确定。然而,他似乎深信,亚里士多德的概念是澄清人的认识的最佳工具,因此,它们应该被展示为明末中国的概念词汇的有用补充,只要使得他的读者更善于接受他的传教信息的奇特形式。

(2)《几何原本》

尽管对《天主实义》的反应普遍是友好的,但却没有证据表明中国学者由于介绍过来的亚里士多德方法而丢弃了他们继承下来的概念工具。这个文本也没有激发起中国人对利玛窦的第二项主要译作《几何原本》的那种敬畏,这是对欧几里得《几何基础》的克拉维斯(Christopher Clavius,1538-1612)版本的部分翻译。

---

① 利玛窦:《利玛窦中文译著集》,第21页;英译文改编自前揭,《天主实义》,第109页。另参见利玛窦:《利玛窦中文译著集》,第58页。
② [译按]参见利玛窦撰,梅谦立(Thierry Meynard)注:《天主实义今注》,第95页。

1607年，与杰出的学者、皈依者和翰林学士徐光启（1562—1633）①一起，利玛窦完成了对克拉维斯1574年第一个拉丁版本十五卷中的前六卷的改编。②

《几何原本》是耶稣会士使团期间编译的第一个也是最具影[34]响的一个数学课本译文。它引进了数学的一个分支，到那时为止这个分支在中国还没有被命名，而它的结构很大程度上偏离了中国的数学作品。在我们的上下文中，最重要的是它的文体风格的新颖性。③ 与传统著作不同，《几何原本》并不主张停留在对解决问题的"计算方法"（法）的概述上，而是同样注重为"原因"（所以然，再说一遍："事物以之而成其所是的方式"）奠基的"诠释"（义），除了解决问题之外，还要提供证据证明。

虽然这本书无庸置疑地在中国数学家中引起了持续的兴趣，④利玛窦和徐光启在他们的《几何原本》中传达了多少逻辑学知识，仍然是一个存在争议的问题。与长期持有的认为欧几里得是演绎严谨、逻辑清晰的独特模式的西方观点相一致，⑤很多逻辑史学家已经证明，伴随着《几何原本》，传统欧洲逻辑学的完整

---

① 方豪：《《中国天主教史人物传》，第1卷，第99—111页。
② 利玛窦和徐光启译：《几何原本》（Elements of geometry）（北京，1607年），重印于《天学初函》（First collection of heavenly studies），李之藻编撰（台北：台湾学生书局，1965[1629]年），第4卷，第1921—2522页。关于《几何原本》的文献史，参见彼得·恩格弗里：《欧几里得在中国》，第290—291页。
③ 钟鸣旦主编：《中国基督教史研究手册第一卷：635—1800年》，第742页。
④ 参见恩格弗里的《欧几里得在中国》一书中收集的大量证据，第289—448页。
⑤ 詹嘉玲，"从克拉维斯到帕尔迪：由耶稣会士传入中国的几何学（1607—1723）"（"From Clavius to Pardies: The Geometry Transmitted to China by Jesuits (1607-1723),"），载《由耶稣会士呈现给中国的西方人文文化（16世纪到18世纪）》（Western Humanistic Culture Presented to China by Jesuit Missionaries (16th-18th Centuries)），马西尼（Rome：Institutum Historicum S. I., 1996）编，第175—199页；第176页。

宝库在中国就变得触手可及了。① 它们的地位与李约瑟（Joseph Needham）的一般性主张产生了共鸣，后者认为，自 1600 年之后，"在世界科学和特殊的中国科学之间就再也没有任何实质性的区别了"，或者换句话说，由耶稣会士使团开始，中国和西方知识无缝地"熔合"成"一种普遍的科学"。②

另外，由数学史学家收集的证据至少在逻辑学领域里得到显示。《几何原本》几乎没有传达多少《几何基础》中介绍的公理演绎结构和元数学观念。准确地说，据称规定这本著作的逻辑学价值的那些方面在中国版本中是不被重视的。一个例子是利玛窦和徐光启在他们的改编中简化了欧几里得证明的结构。就定理的情况来说，编译者不是去复制根据普罗克鲁（Proclus）在《几何基础》中将个别的证据进一步细分成的所有五步或六步证明步骤，而是在《几何原本》中将这些证据仅仅以两个分项的方式加以安排，就问题介绍来说是"法"即"方法/设计"（methods/constructions）和"论"即"证明/论述"（proofs/discussions），就定理的情况来说是"解"即"释义"（explications）和"论"即"证明/论述"。③ 虽然他们的读者肯定对构成这些证据框架的概念感到陌

[35]

---

① 例如参见李匡武：《中国逻辑史》，第 4 卷，第 8—15 页；温公颐和崔清田：《中国逻辑史教程》，第 271—275 页。另参见李俨和杜石然：《中国古代数学简史》（*Chinese Mathematics: A Concise History*）（Oxford: Clarendon Press, 1987），第 194—195 页。
② 李约瑟：《中国的科学与文明第 3 卷：数学、天文学与地学》[也即《中国科学技术史》]（*Science and Civilisation in China. Vol. 3: Mathematics and the Sciences of the Heavens and the Earth*）（Cambridge: Cambridge University Press, 1959），第 437 页；以及李约瑟：《中国与西方的学者和工匠：关于科学技术史的讲座与演讲》，（*Clerks and Craftsmen in China and the West: Lectures and Addresses on the History of Science and Technology*）（Cambridge: Cambridge University Press, 1970），第 398 页。
③ 利玛窦和徐光启：《几何原本》，第 1979—1980 页，第 2073—2075 页，以及其他各处。参见恩格弗里：《欧几里得在中国》，第 151—153 页。

生,但编译者也不去定义或解释它们。① 而他们选择表达与逻辑运算相关的元数学概念的那些词语,其专业意义当然也不是不言自明的。举例来说,"论",《几何原本》中用来翻译"证明"的词语,通常指任何种类的论述、辩论、言论或观点。在缺乏进一步澄清说明的情况下,中国读者可能很难被期待掌握徐光启和利玛窦想要传达的相对狭窄的专业含义。② 编译者还将"论"这个字用作对"公论"("普遍的论述"[general discussion]但还是"普遍的说法/观点"[common saying/opinion])的一种简写形式,作为他们对"公理"(axiom)这个词的翻译,这就进一步使人们对"论"的理解变得模糊不清。③ 他们用"法"即"方法"来翻译"设计"这个词仍然是成问题的,因为这个词在中国算术中通常用来表示"计算方法"(computational methods)。④

尽管这些术语上的含糊不清可能会产生误解,然而它们不应该使我们对整体而言的《几何原本》的翻译不予理会。作为用汉语改编欧洲几何学的第一次尝试,这个作品展示了令人震惊的创造性和值得钦佩的一致性。我们发现,由徐光启和利玛窦建议的某些更幸运的词语是如此令人信服,以至于它们立即就在汉语词汇中扎下了根。就我们的语境来说,最著名的一个词是"界说",

---

① 钟鸣旦:《中国基督教史研究手册》,第 743 页。另见马若安(Jean-Claude Martzloff),"17 世纪到 18 世纪初期中国人对欧几里得证明方法的理解"(La compréhensionchinoise des méthodes démonstratives euclidiennes au cours du XVIIe siècle et au débutdu XVIIIe),载《第二届国际汉学研讨会论文集:启蒙时代中国与欧洲的关系》(Actes du IIe colloque internationale de sinologie. Les rapports entre la Chine et l'Europeau temps des Lumières)(Paris: Les Belles Lettres, 1980),第 125—143 页;第 135 页。
② 恩格弗里:《欧几里得在中国》,第 149—150 页,第 206 页。
③ 利玛窦和徐光启:《几何原本》,第 1970—1977 页,以及其他各处。
④ 恩格弗里:《欧几里得在中国》,第 206 页。

[36] "对词义边界之解释"(explanation of boundaries),用来翻译"定义"(definition)这个词,①一种基于拉丁语词源"*definire*"的借译,直到今天,作为二十世纪初源自于日语的新造词"定义"即"含义之确定"(determination of the meaning)的可供选择的替代词,它依旧在使用之中。然而,即使在这个例子里,利玛窦和徐光启仍然为某种不确定性敞开了大门,他们不仅将"界""边界"(boundary)或"界限"(limit),用作"界说"或"定义"的简化形式,而且还用作表示"一个图形的周长"或"一条线的终点"这种技术上的几何学术语。②

由这种不一致和含混区分引起的任何混淆,在耐心的指导者的帮助下都能够被解决。但《几何原本》既没被认可为一部教科书,也没被这样使用。因此,它就像一部传统的中国数学书一样被大量阅读,并主要被看作是一本算术方法集锦。像他们大多数欧洲同行一样,中国读者在使用这种集锦进行训练时都倾向于将欧几里得几何学的答案与证明的细节相分离。带着对这一实践的预期或反应,编译者和《几何原本》后来版本的注疏编辑者,都通过将其减化到计算结果的"本质核心"(essential core)上,而努力使这本内容丰富的著作更容易理解,因此更进一步地减弱了可能弥补其新奇性的形式结构。③ 明清之际的文学成规,即在技术和科学书写中重视简洁性胜过一切,这大大增强了上述倾向。按文学标准,遍及克拉维斯拉丁文版本全编的三段论和其他推理形

---

① 利玛窦和徐光启:《几何原本》,第 1949—1967 页,第 2069—2071 页,第 2113—2120 页,第 2249—2285 页以及其他各处。参见恩格弗里:《欧几里得在中国》,第 151—153 页。
② 同上,第 147—148 页。另参见马若安:《中国数学史》(*A History of Chinese Mathematics*)(Berlin: Springer, 1997),第 116 页。
③ 同上,第 112—113 页。

式所要求的大量重复和冗言赘语似乎显得过于笨拙。所以，它们在徐光启和利玛窦译本以及形形色色的后来版本中多半都被删除了。①

最后，也有人反对《几何原本》是标志欧洲逻辑学在中国运用的里程碑的主张，其中或许最有力的证据是如下事实：这个文本没有对一门被称为"逻辑学"或"论辩法"（dialectic）的学科或它的现代功能和运用中的任何一个有过无论何种形式的暗示。甚至在利玛窦撰写的长篇导言中，他也没有显出这种暗示的任何迹象。②《几何原本》中的数学艺术，他在那里论证道，是很多人类社会最有用领域中的知识的基础，从星体运动到农业、医疗、水力、粮食生产，以及最重要的军事防御。③ 但是他没有暗示这一艺术在数学、应用科学和技术的语境之外是重要的。同样的情况适用于耶稣会士使团期间产生的其他数学著作的译本，尽管数学和逻辑学之间的密切关系在欧洲的耶稣会教育中已经被确认了。④ 然而，这两门学科之间的关联，今天已被认为是自明的了，在十七世纪的中国却还没有确立起来。

(3)《西学凡》

存在一种被称为"逻辑学"的独立研究领域，并在西方哲学、

---

① 参见马若安，"译成中文的克拉维斯"（Clavius traduit en chinois），载吉雅德：《耶稣会士的复兴：教育系统与知识生产》，第309—322页；第313—315页。关于克拉维斯版本三段论形式的讨论，参见恩格弗里：《欧几里得在中国》，第43—46页。
② 利玛窦：《利玛窦中文译著集》，第343—353页。完整的英译，参见恩格弗里：《欧几里得在中国》，第454—464页。
③ 同上，第1页。
④ See Ugo Baldini, *Legem impone subactis. Studi su filosofia e scienza dei Gesuiti in Italia*, 1540 – 1632 (Rome: Bulzioni, 1992), 45 – 52; and idem, "Die Philosophie und die Wissenschaften im Jesuitenorden," in *Die Philosophie des 17. Jahrhunderts. Band 1: AllgemeineThemen, Iberische Halbinsel, Italien*, ed. Jean-Pierre Schobinger (Basel: Schwabe, 1998), 669 – 769; 707 – 711.

科学和教育中发挥着决定性的作用,关于这一点,是由艾儒略在1623年撰写的两本简短文本给中国读者第一声前奏的。在他的《职方外记》(Record of the Places Outside the Jurisdiction of the Office of Geography),一本有关世界地理的教导说明的书中,艾儒略概要地列举了欧洲学校所教授的课目。其中一个科目就是被称为"落日加"(logica)的一门科学。① 根据艾儒略,他如此通过音译介绍来的这门学科是"斐录所费亚"(philosophy,哲学)这门三年制课程的一部分,后者是所有学生在升入高等专科学校之前必须在"中学"(middle school)里修完的。关于这门国外科学的内容,艾儒略只是讲道,"落日加""可被转变为区分真假的方法(辨是非之法)"。②

[38] 受到皈依者杨廷筠(1562—1627)③的鼓励,在同一年里,艾儒略对欧洲教育体系作了一个更为详细的说明。这本专著以《西学凡》(General Outline of Western Knowledge)为标题出版,提供了能够在中国找到的最早的欧洲知识分类法。④ 它也包含有

---

① 艾儒略:《职方外记》(Record of the places outside the jurisdiction of the Office of Geography)(杭州:1623年),重印于《天学初函》,第3卷,第1269—1496页;第1360页。关于《职方外记》及其影响,参见陆鸿基:"艾儒略《职方外记》研究",载《亚非学院院刊》(Bulletin of the School of Oriental and African Studies)40,1977年第1期:第58—84页;讨论教育的一章在上引,第70—71页。
② 艾儒略:《职外方记》,第1361页。
③ 方豪:《中国天主教史人物传》,第1卷,第125—138页。另参见钟鸣旦:《杨廷筠:明末天主教儒者》(Yang Tingyun, Confucian and Christian in Late Ming China: His Life and Thought)(Leiden: Brill, 1988)。[译按]中译本参见钟鸣旦著,香港圣神研究中心译:《杨廷筠:明末天主教儒者》,社会科学文献出版社,2002年。
④ 钟鸣旦,"科学分类与明末耶稣会士使团"(The Classification of Sciences and the Jesuit Mission in Late Ming China),载《联合的信仰:中国宗教与传统文化——施舟人纪念文集》(Linked Faiths: Essays on Chinese Religions and Traditional Culture in Honour of Kristofer Schipper),简·德·梅耶尔(Jan A. M. De Meyer)和恩格弗里主编(Leiden: Brill, 2000),第287—317页;第293—298页。

关西方学科"落日加"的目的和内容稍微更值得注意的最初描述。总体而言,《西学凡》对贯穿欧洲的文艺复兴教育结构呈现了一份相当可靠的说明。然而,艾儒略提供的西方课程肖像的独特性最紧密地反映了耶稣会的课程计划和他上过的意大利学校组织的规定要求。① 忠实于这种模式,艾儒略将欧洲的学习和考试科目划分为六科:文科(rhetoric 或 letters),理科(philosophy),医科(medicine),法科(law),教科(canon law)和道科(theology)。② 文科的学习是所有高等教育必要的预备教育。分支学科都归到这一科目之下,在初中教授,包括对"古代哲学家的言论"(也就是语文学)、历史、诗歌和修辞得体——写作和说服性演讲的艺术——的学习。③ 之后,升入大学的学生,在继续前进去研究医学、民法(civil law)、教会法(canon law)或神学(theology)中的一门专业学科前,必须完成三到四学年的哲学课程。④

在这一课程之内,"落日伽"——此处音译为"落日伽"并定义为"明辩之道"(清晰明确的辨别方法,the way of clear discernment)——是哲学这门必修课程的第一学年里需要学习的内容。因此,逻辑学为以下课程的学习提供准备,即"费西伽"(physics,自然科[哲]学,被解释为"探究自然规律的方法"),在第二学年被教授;"默达费西伽"(metaphysics,形而上学,"考察超越于自然之上的原理的方法"),第三学年专用于对它的学习;

---

① 梅欧金,*Un solo cielo*,第 158—159 页。另参见陆鸿基,"艾儒略将西方学术传统引入十七世纪的中国:《西学凡》研究",载李集雅与马雷凯:《"来自西方的学者"》,第 479—518 页;第 481—487 页。
② 艾儒略:《西学凡》(*General outline of Western knowledge*)(杭州,1623 年),重印于《天学初函》,第 1 卷,第 1—60 页;第 27—28 页。
③ 艾儒略:《西学凡》,第 28—30 页。另参见陆鸿基,"艾儒略",第 487—492 页;钟鸣旦,"科学分类",第 294 页。
④ 艾儒略:《西学凡》,第 31—33 页。

[39]　"马得马第伽"(mathematics,数学,由算术、几何学、音乐和历法学习构成),还有"厄第家"(ethics,伦理学,"培育人格、管理家庭和平治王国的科学"),在第四学年里被教授并结束课程。①

艾儒略相当详细地评述了哲学的这五门分支学科。总体来说,他的说明或多或少忠实地反映了耶稣会的教育实践。然而,他对逻辑学的介绍也就他在这一特殊的哲学分支学科训练的彻底性上提出了问题,或在他创作其草图的严肃认真性上提出了问题。② 艾儒略以赞美"落日伽"实用的一般性陈述展开了他的概述:

> 落日伽……其目标是确立一切科学之基础。它区分物与事的是与非、虚与实、表与里。法学家和教义学家必须采用它的方法以作为他们的指导方针。③(《西学凡》原文:夫落日伽者,……以立诸学之根基。辩其是与非、虚与实、表与

---

① 艾儒略:《西学凡》,第 31—32 页。
② 在现存文献中,艾儒略对逻辑学的说明或者被完全忽略(尤其是逻辑史家),或者非常简要地处理。参见 Pasquale D'Elia,"艾儒略的《西学凡》"(Le Generalità sulle Scienze Occidentali di Giulio Aleni),载《东方学杂志》(*Rivista degli studi orientali*),1950 年第 25 期:第 58—76 页;陆鸿基:《因此是第二次相遇? 艾儒略的两个世界》(*Thus the Twain Did Meet? The Two Worlds of Giulio Aleni*)(Ann Arbor: University Microfilms, 1978 [Ph. D. diss., Indiana University 1977]),第 75—76 页;李文潮:《17 世纪基督教中国传教团:理解,不理解,误解——基督教、佛教和儒教精神史研究》,第 576—580 页;以及钟鸣旦,"科学分类",第 294 页,第 304—305 页。唯一较详细的分析是陆鸿基的"艾儒略"一文,第 493—495 页。我的译文与被给出的那些较晚的研究有很大不同。
③ 艾儒略:《西学凡》,第 31 页。艾儒略的定义几乎逐字抄袭了十七世纪另外几个提到逻辑学的耶稣会士的著作。参看高一志(Alfonso Vagnone, 1568/69 - 1640):《童幼教育》(*Education of youths*)(1628),重印于《徐家汇藏书楼明清天主教文献》(*Chinese Christian texts of the Ming and Qing periods from the Zikawei Library*),钟鸣旦等编(台北:辅仁大学神学院,1996 年),第 1 卷,第 239—422 页;第 377—378 页:"落热加,*Luorejia* 落热加可被翻译为明晰辨别之方法。它确立了一切科学之基础,区分是非、虚实、核心与表面。它启人心智,阻止对物体和事务中隐微之理的错误判断。"

里之诸法,即法家、教家必所借经者也。)①

通过把逻辑学与法学家和神学家的工作联系在一起,艾儒略为"落日伽"提供了一个虽然正确但却又有些不幸的背景,因为这两个职业在中国的复制品激起了极大的怀疑。随后他又解释了逻辑学课程还可以细分为六个部分:

> 第一[部分]是逻辑初步(预论),也就是对运用于哲学(理学)之中的所有术语(名目)的释义(解)。②(《西学凡》原文:一门是落日伽之诸预论,凡理学所用诸名目之解。)

在罗马学院和其他天主教学校被教授的逻辑学课程,确实是从三到四周学生记诵重要的逻辑学和哲学术语开始的。这种训练被认为是学习亚里士多德《工具论》及其相关讲义的必要准备。

逻辑初步之后要读的有关《工具论》的第一篇课文是波菲利的《序言》,对亚里士多德《范畴篇》的一个简明导论,后者发展出五种"谓项"(predicables,或"common universals""共名")的理论:属(genus)、种(species)、差异(difference)、性质(property)和偶性(accident)。③ 艾儒略介绍了这一理论,但没有提及原文根据或任何涉及到这一提法的哲学家:

> 第二[部分]是关于万物的五种"共名"(the five "universal designations",或 the five predicables,五种谓项)的学说,也就是一物之"普遍之类"(宗类,genus,属),比如生

---

① [译按]中文文言本参见艾儒略:《西学凡》,载李之藻编:《天学初函》,台北:湾学生书局,1965[1629]年,第1卷,第31页。
② 艾儒略:《西学凡》,第31页。
③ 对波菲利的《序言》和谓项理论的简明介绍,参见腓尼基人波菲利:《预言》,Edward W. Warren 编译 (Toronto: The Pontifical Institute of Medieval Studies, 1975),第9—25页。

物的、感觉的和理性的；及其"特殊之类"（本类，species，种），比如牛、马、人；还有其"分别之类"（分类，difference，差异），比如牛、马、人之所以相互不同的理由；"独一地单属于某一类事物"（物类之所独有，property，性质），比如人之能言说，马之能嘶鸣，鸟之能啼唱，狗之能吠叫，狮子能咆哮；以及最后，"一个事物所属之类的本质，无论有没有这一事物其本质都不会改变"（物类听所有无物体自若，accident，偶性），如一个人的技艺，一匹马的颜色之类。①（《西学凡》原文：一门是万物五公称之论，即万物之宗类。如生觉灵等，物之本类；如牛马人等，物之分类；如牛马人所以相分之理，物类之所独有，如人能言，马能嘶，鸟能啼，犬能吠，狮能吼等，物类听所有无物体自若，如艺于人，色于马等。）

当然，在中国自然哲学和训诂学的各种分支中，分类法已有悠久的历史，所以艾儒略就可以借鉴已经确立下来的术语"类"，即"类别"（class），"种类"（kind），为他呈现五种指称至少其中的三种创造相当清晰的、即使是不可避免地有所混合的术语。然而，由于他没有对"谓项"（predicable）这个词本身进行解释，中国读者或许只能从这段文字中学到，西方逻辑学学生以或多或少相对明确、颇具说服力的分类法分享他们的成见。

根据艾儒略，此项逻辑学课程的第三类主题是关于"理智存在者"（exists in reason）（entia rationis）的学说：

> 第三[部分]是有关"理智存在者"（理有，the *entia rationis*）的学说，也即是，并不明确地显现于外在，而只存在于人的理

[41]

---

① 艾儒略：《西学凡》，第 31—32 页。

智(明悟)之中,诸如道德原则(义理)之类。(《西学凡》原文:一门是理有之论,即不显形于外、而独在人明悟中义理之有者。)①

很难确定这段文字是否对读者有任何意义,那些读者并不了解为理智存在者理论提供基础的借自柏拉图的假设,而却习惯于将道德原则定位于儒家经传或每一个体都天然禀赋的"内在良知"之中。但是艾儒略以此所指也由于另一原因而导致困惑。如上所述,理智存在者是一个传统托马斯主义的教义,受到绝大多数杰出的耶稣会士逻辑学家像丰塞卡和托莱多的强有力反对。因此,不太容易看出艾儒略为什么要将这一学说包含于他的阐述之中。对此的一个解释是,他在罗马学院里接受的逻辑学训练是残缺不全的;另一个解释是,他通盘思考了理智存在者,或"旧逻辑"(logica vetus),认为这个概念,在他的中国读者看来,要比较为散漫的"新艺术"(ars nova)对加强"落日伽"的"知识品味"更有用。

在第四个主题上,艾儒略返回到更为传统的天主教地基,以及《工具论》的真实顺序上,亚里士多德的范畴论,他在引介这个内容时又一次没有提及传授它们的教材:

> 第四[部分]是关于"十种类型"(十宗,the categories,范畴)的学说,也即是,天地之间万物的十个"普遍的府库(general storehouses)"(宗府)。第一个[范畴]是"能够依其自身而成立的"(自立者,substance,实体),比如天、地、人或物。第二[类范畴]是那些"有所依赖的"(依赖者,诸偶性);

---

① 艾儒略:《西学凡》,第32页。

这些范畴不能依其自身而成立,因而必须依赖于其他某物才能完成[其存在]。

独有一类范畴为"依其自身而成立者",而"依赖者"被分为九种[范畴]:第一种是"量/多少"(quantity/how much)(几何),比如尺、寸、一或十;第二种是"关系"(relation)(相接),比如君主、臣属、父亲或儿子;第三种是"质/何种状态"(quality/what like)(何状),比如黑、白、冷、热、甜或苦;第四种是"行为/行动"(action/acting)(作为),比如转变、伤害、行走或言说;第五种是"感情/遭受"(passion/suffering)(抵受),比如被转变或受伤害;第六种是"时间/何时"(time/when)(何时),像白昼或黑夜,年岁或世代;第七种是"位置/场所"(place/where)(何所),例如乡村、房屋、厅堂或方位;第八种是"处境/情形"(situation/posture)(体势),如站立、落坐、隐伏或倚靠于某侧;以及第九种是"习性/所有"(habit/having)(得用),比如穿着袍裙,或得到田地池塘。①《西学凡》原文:一门是十宗论,即天地间万物十宗府。一谓自立者,如天地人物;一谓依赖者,不能自立而有所赖焉以成自立;独有一宗依赖,则分而为九,一为几何,如尺寸一十等;二为相接,如君臣父子等;三为何状,如黑白冷热甘苦等;四

[42]

---

① 艾儒略:《西学凡》,第32—33页。艾儒略的阐释以引人注目的方式,通过比较哲学家的努力,期待对亚里士多德的范畴说用文言文加以表达的那种方式进行理解。例如参见葛瑞汉,"汉以前中国思想中的关联于问题方式的诸范畴"(Relating Categories to Question Forms in Pre-Han Chinese Thought),载 *Studies in ChinesePhilosophy and Philosophical Literature* (Albany, N. Y.: State University of New York Press,1990), 360 - 411;以及让-保罗·雷丁(Jean-Paul Reding),"古希腊和中国的范畴"(Greek and Chinese Categories),载 *Comparative Essays in Early Greek and Chinese Rational Thinking* (Aldershot: Ashgate, 2004),65 - 92.

为作为,如化伤行言等;五为抵受,如被化受伤等;六为何时,如昼夜年世等;七为何所,如乡房厅位等;八为体势,如立坐伏侧等;九为得用,如用袍裙如得田池等。)

再次地,艾儒略没有提供有关这些"宗府"在人的理解中所发挥作用的任何解释。因此,他列的表单,在其详尽性方面可能显得有趣和新奇,但只能加强"落日伽"是一门目的在于分类体系的学科之印象,而这一分类体系与至少从公元前二世纪起就使中国哲学家因之而着迷的那套精致的相关性类似。

西方逻辑学的原创性进一步被如下事实所遮蔽,就是艾儒略对在他的考察中提及的最后两个主题,即"辩论的艺术"(the "art of discussion", *ars disserendi*)和"认知的方式"(the "modes of knowing", *modi sciendi*),仅仅提供了极为简短的说明。就这门科学的这两部分而言,他最终将其置于《范畴篇》的狭窄领域和它们的解释之后,并指向甚至在他那个时代被认为是主要的逻辑工具的东西。在耶稣会士的作品中,"辩论的艺术"指的是论证的艺术,开始包含命题、推论和谬论的理论,而"认知的方式"与认知的三种方式相关:定义、划分和推理。① 然而,艾儒略随随便便地处理了这些在《工具论》剩下的部分中被讲授的理论,只是对它们所谓的功能稍作提及:

---

① Gabriel Nuchelmans, "Logic in the Seventeenth Century: Preliminary Remarksand the Constituents of the Proposition," in *The Cambridge History of Seventeenth-CenturyPhilosophy*, ed. Daniel Garber and Michael Ayers (Cambridge: Cambridge UniversityPress, 1998), 103 – 117; 105 – 107; and Risse, *Logik der Neuzeit*, 363.

第五[部分]是关于"辩论的科学"(辩学,the ars disserendi)的学说,也就是,辨别是与非、功与过的正确方法。

第六是关于"认知的科学"(知学,the modi sciendi)的学说,也就是,在真正的知识、记忆或猜测和谬误之间进行区分的理论。①(《西学凡》原文:一门是辩学之论,即辩是非得失之诸确法。一门是知学之论,即论实在与忆度与差谬之分。)

[43] 对中国文人来说,艾儒略归之于"辩论艺术"和"认知方式"的功能必须表现为非常高贵的事业,这些文人在为"实学"而争论时受相同的关切所驱动。然而,由于缺乏关于这些功能如何形成的任何信息,读者根本没有办法去评价这些被贴上外国标签的理论和实践是否能够对他们的推理、论证和证明的个人习惯构成有用的补充。

正因为简短和残缺不全,艾儒略的简图没有激起中国人对有关"落日伽"这种外来科学产生任何值得注意的兴趣。其原因——我曾相当详细地加以讨论——是,直到十九世纪末,它仍然是用汉语对欧洲逻辑学所作的唯一的、或多或少易于理解的说明。② 然而,它决不是十七世纪耶稣会士有关这一主题的最后言说。

---

① 艾儒略:《西学凡》,第 33 页。马西尼错误地将"辩学"译为"逻辑学",而将"知学"译为"推理",参见马西尼,"艾儒略",第 546 页,第 553 页。
② 与《职方外记》相比,艾儒略的《西学凡》没有被包括进由皇帝赞助的《四库全书》之中。它在《天学初函》中还能被发现,后者是一部初印于 1629 年的基督教文献选。参见 Chen Minsun,"《天学初函》与《西学凡》:李之藻和艾儒略之间的共同纽带"(T'ienhsüeh ch'u-han and Hsi-hsüeh fan: The Common Bond between Li Chih-tsao and Giulio Aleni),载李集雅与马雷凯主编:《来自西方的学者》,第 519—525 页。

4. 作为名理的逻辑学

　　1620年，金尼阁（Nicolas Trigault）经过七年的欧洲游历，又重返中国，并带来了相当数量的各种西文著作选本。① 在他离开之前，龙华民（Niccolò Longobardo，1559 - 1654），天主教使团的上级，已经委任这位年轻的教父在其他工作之余为北京和各省驻地的耶稣会总部收集大量的藏书。② 这项颇富挑战性的计划，其目标之一是促进耶稣会士-亚里士多德哲学更系统的翻译工作。[44]由于获得了罗马教皇和耶稣会总会长书籍和基金的担保捐赠，金尼阁到访了几家十七世纪书籍制作和贸易中心，包括里昂、法兰克福和科隆，并以中国选民的名义购买了种类繁多的哲学、宗教、科学和技术专著。③ 在这些著作中就有由科英布拉大学在1592年和1606年编译的八卷本亚里士多德讲义集，此书一经出版就

---

① 传统解释认为金尼阁将"大约7000本"书带到中国，这个数量还偶尔被重提；参见本杰明·艾尔曼（Benjamin A. Elman）：《科学在中国（1550—1900）》（*On Their Own Terms: Sciencein China, 1550 - 1900*）（Cambridge, Mass.: Harvard University Press, 2005），第94页。[译按]中译本参见本杰明·艾尔曼：《科学在中国（1550—1900）》，原祖杰译，北京：中国人民大学出版社，2016年。）然而，最近的研究表明，这个数字被严重地夸大了，或许只是一种修辞性的说法。更谨慎细致的估计数量，金尼阁大约携带了800册书来到中国，这也是一个令人印象深刻的数量。参见罗瑞洛（Rui Manuel Loureiro），*Na Companhiados Livros: Manuscritos e Impressos nas Missões Jesuítas da Ásia Oriental*（1540 - 1620）（Camarate: Fundação Oriente, 2004），314 - 328。

② 钟鸣旦，"文艺复兴文化在十七世纪中国的传播"（The Transmission of Renaissance Culture in SeventeenthCentury China），载《文艺复兴研究》（*Renaissance Studies*）17, 2003年第3期：第367—391页；第367页。有关龙华民和耶稣会在中国的"图书馆战略"，另参见 Noël Golvers, "The Circulationof Western Books from Europe to the Jesuit Mission in China（ca. 1650 - ca. 1750），"*Daxiyangguo: Revista Portuguesa de Estudos Asiaticos* 14（2009）: 129 - 148; 138 - 139。

③ 钟鸣旦，"文艺复兴文化在十七世纪中国的传播"，第377—382页。另参见罗瑞洛，*Na Companhia dos Livros*, 324 - 328。

成为通行欧洲天主教大学最流行的哲学教科书。① 它是金尼阁返回后一小群传教士和皈依者开始翻译的统称为"科英布拉大学课程"(Cursus Collegii Conimbricensis)的这一系列教材,以便在1616—1617年反基督教迫害的余波和持续的政府不信任之下在中国文人中复兴耶稣会的事业。②

他们最早的努力专注于心理学。1624年,徐光启和毕方济(Francisco Sambiasi,1582 - 1649)③以《灵言蠡勺》(*A Spoonful of Words on the Soul*)为题完成了对《灵魂论三书》(*In tres libros De anima*)开篇几章的简短综述。④ 同时,艾儒略也在致力于对上述同样著作和亚里士多德《自然诸短篇》的丰塞卡讲义中一部分的一个更具实质内容的改编本。⑤《尼各马可伦理学》

---

① On the *Cursus Collegii Conimbricensis* and its editors, see José Sebastião da SilvaDias, "O Cânone Filosófico Conimbricense (1592 - 1606)," *Cultura-História e Filosofia* 4 (1985): 257 - 370. See also Charles H. Lohr, "Renaissance Latin Aristotle Commentaries, Authors C," *Renaissance Quarterly* 28 (1975): 689 - 741; 717 - 719; Stegmüller, *Filosofia*, 95 - 99; and John O. Riedl, *A Catalogue of Renaissance Philosophers* (1350 - 1650)(Hildesheim: Georg Olms, 1973 [1940]), 105 - 107.
② Henri Bernard, *Sagesse chinoise et philosophie chrétienne. Essais sur leur relation historique*(Paris: Les Belles Lettres, 1951 [1935]), 122.
③ 方豪:《中国天主教史人物传》第1卷,第198—207页。
④ 有关此书的一个完整重译本和分析评论,参见 Isabelle Duceux, *Laintroducción del aristotelismo en China a través del* De anima: *Siglos XVI - XVII* (México: ElColegio de México, 2009). 关于《灵言蠡勺》和由"科英布拉大学课程"而来的另一个译本,也参见 H[enri] Verhaeren, "Aristote en Chine," *Bulletin Catholique de Pékin* 264(August 1935): 417 - 429; 419 - 422; 以及钟鸣旦,"文艺复兴文化在十七世纪中国的传播",第395—397页。
⑤ 艾儒略工作的完整成果只在1646年出版过。参见艾儒略:《性学觕述》(*A coarse description of the science of human nature*)(1646),重印于《耶稣会罗马档案馆明清天主教文献》(*Chinese Christian texts of the Ming and Qing periods from the Roman Archives of the Society of Jesus*),钟鸣旦和杜鼎克主编(台北:利氏学社,2002年),第6卷,第45—378页。不一定完全具有说服力的分析,参考 Qiong Zhang,"作为文化革新的翻译:耶稣会士经院心理学在儒家人性论话语中的转译",第369—376页;以及沈清松(Vincent Shen),"从亚里士多德《灵魂论》到夏大常的《性说》"(From Aristotle's De Anima to Xia Dacheng's Xingshuo),载《中国哲学季刊》(*Journal of Chinese Philosophy*)32,2005年第4期:第575—596页。[译按]中文本参见沈清松《从利玛窦到海德格:跨文化脉络下的中西哲学互动》,台北:台湾商务印书馆,2014年,第89—121页。

(*Morale a Nicomachia*)讲义选本包含在高一志(Alfonso Vagnone,1568-1640)①的《修身西学》(*Western Knowledge on Personal Cultivation*,约 1631)一书中。② 同一个作者将《宇宙论》(*De coelo et mundo*)和《天象论》(*Meteora*)的科英布拉版本中的段落文字翻译成《空际格致》(*Treatise on the Heavens*,1633)一书。③《宇宙论》也被作为《寰有诠》(*Interpretation of the Universe*,1628)一书的基础,后者是由那个时期最有学养的翻译家中的两位,傅泛际和中国皈依者李之藻(1565—1630)④合作编译的。⑤ 在完成了这第一个项目之后,李之藻和傅泛际决定继续他们的合作,编译可能是科英布拉文卷中最具挑战性的卷册:亚里士多德《工具论》讲义。

---

① 方豪:《中国天主教史人物传》第 1 卷,第 147—155 页。
② Verhaeren,"Aristote," 427-429.
③ 钟鸣旦:《中国基督教史研究手册第一卷:635—1800 年》,第 607—608 页。
④ 方豪:《中国天主教史人物传》第 1 卷,第 112—124 页
⑤ 参见 Verhaeren,"Aristote," 422-425;以及方豪:《李之藻研究》(*A study of Li Zhizao*)(台北:台湾商务印书馆,1966 年),第 103—116 页。关于李之藻较早时期的翻译,参见前揭,第 97—102 页;李俨和杜石然《中国古代数学简史》,第 196—201 页;Qi Han, "F. Furtado (1587-1653) S. J. and His Chinese Translation of Aristotle's Cosmology," in *História das Ciências Matemáticas. Portugal e o Oriente* (Camarate: Funda-ção Oriente, 2000), 169-179;还有冯锦荣[Fung Kam-Wing],"明末清初知识分子对亚里士多德自然哲学的研究——以耶稣会士傅泛际与李之藻合译的《寰有诠》为中心"(Chinese intellectuals' studies of Aristotle's natural philosophy in the late Mingand early Qing—Focusing on F. Furtado and Li Zhizao's translation *Huanyou quan*),载《世界华人科学史学术研讨会文集》(*Proceedings of the International Symposiumon the Chinese History of Science*),吴嘉丽、周湘华主编(台北:淡江大学历史系、化学系,1991 年),第 379—388 页;另外还有冯锦荣,"克拉维乌斯与李之藻"(Christopher Clavius andLi Zhizao),载《科学革命在欧洲外围国家、拉丁美洲和东亚的传播》(*The Spread of the Scientific Revolution in the European Periphery, Latin Americaand East Asia*),ed. Celina A. Lértoza, Efthymios Nicolaïdis, and Jan Vandersmissen(Turnhout: Brepols,2000),147-158.

(1) 版本记录

《科英布拉大学耶稣会讲义：亚里士多德的逻辑大全》（Commentarii Collegii Conimbricensis e Societate Iesu：In universam dialecticam Aristotelis）是对上面提及的丰塞卡《论辩法阶梯手册》一书的修订和扩展版。这部 1332 页的两卷本不朽巨著，是由塞巴斯蒂安·库托（Sebastian da Couto）主编的，他增加了一章导论，用来确定逻辑学在哲学诸多分支中的地位。库托的手稿于 1597 年完成，①并于 1606 年在哥伦比亚和科隆首次出版。② 傅泛际极有可能于 1610 年代在科英布拉学习期间开始熟悉这一文本。③《逻辑大全》自始至终贯穿着方法问题（modus quaestionis）：它被精心设计，通过对所选段落的各种不同解释所引发问题的系统讨论，来向学生介绍《工具论》。这种讨论所强调的重点导向对《工具论》的不均衡处理。为了部分地从"旧逻辑"（logica vetus）中确立他们的观点，丰塞卡和库托在处理较少争议的《分析篇》时，将很多问题用于对阿奎那关于亚里士多德《范畴篇》本体论基础的诸多观点的批评，而《分析篇》包含有从现代视野来看更具相关性的逻辑学因素，相对简短一些。④ 尽管如

---

① Stegmüller, Filosofia, 90. See also Alfredo Dinis, "Tradição e Transição no CursoConimbricense," Revista Portuguesa de Filosofia 47 (1991): 535 – 560.
②《科英布拉大学耶稣会讲义：亚里士多德的逻辑大全》（Commentarii Collegii Conimbricensis e Societate Iesu：In universam dialecticam Aristotelis）(Cologne: Bernardus Gualtheri, 1607 [1606])，重印时附上了一篇由所作的序言 (Hildesheim: Georg Olms, 1976)。傅泛际和李之藻编译所依据的底本，1611 年的科隆版本明显与这一文本相同。参见 W. Risse,"Vorwort," in ibid., 1 – 4.
③ 柏理安：《东方之旅：1579—1724 耶稣会传教团在中国》，第 211—214 页。
④ Risse, Logik der Neuzeit, 373 – 378.

此,正如它的很多版本所证实的,① 人们发现这一卷提供了对这门现代欧洲学科的条理分明、全面广泛的介绍,因此,就耶稣会士的工作来说,它无疑是一个颇有价值的选择。②

依照《寰有诠》的译文来看,李之藻及其欧洲同伴傅泛际以经过耶稣会士——以及更早时期的佛教徒——翻译团队所验证的可靠方式着手进行这项译作。③ 傅泛际,在其到达大陆后曾跟着李之藻学过几年汉语,以口述的方式"译意"(translated the meaning)拉丁文献;李之藻更复杂得多的任务是将这些意译置入"达辞"(comprehensible words)。④ 他们从1627年开始工作,一直持续到1629年11月,其时李之藻被召见,从杭州赶往京城北京,并于1630年在那里去世。⑤ 根据李之藻之子李次彪所说,主题的困难,再加上他父亲日渐衰弱的身体状况,致使这项工作转变为真正的磨难。⑥ 李之藻在进行此项计划的过程中,致一目失明,他本人承认《科英布拉大学讲义》之文字是如此之"夐绝"(rarefied,辽远深妙),以至于经常"阁(搁)笔"放弃。⑦

[47]

---

① See Wilhelm Risse, *Bibliographia logica. Verzeichnis der Druckschriften zur Logik mit Angabe ihrer Fundorte. Band 1*: 1472 - 1800 (Hildesheim: Georg Olms, 1965),108 - 129.
② Nuchelmans, "Logic," 103 - 104.
③ 福华德(Walter Fuchs), "Zur technischen Organisation der Übersetzungen buddhistischer Schriften ins Chinesische," *Asia Major* 6 (1930): 84 - 103.
④ 李之藻、傅泛际:《名理探》(*De Logica*),第2卷(台北:台湾商务印书馆,1965[1631/1639]),第1页。这个本子是徐宗泽为1931年商务印书馆准备的重印版本,它比1959年北京简体字版更容易找到。
⑤ 方豪:《李之藻研究》,第123—124页。另参见龚缨晏、马琼, "关于李之藻生平事迹的新史料"(New historical materials on Li Zhizao's life and achievements),载《浙江大学学报》38,2008年第3期:第89—97页;第94—95页。
⑥ 李次彪,"又序",载李之藻、傅泛际:《名理探》,第7—8页。
⑦ 李之藻, "译寰有诠序"(1628),重印于徐宗泽:《明清间耶稣会士译著提要》(台北:台湾中华书局,1958年),第198—200页;第199页。

围绕《名理探》(*De logica*，或逐字译为"名称形式之探察")——如李之藻和傅泛际命名他们的《逻辑大全》译文那样——的版本问题是相当重要的。由徐宗泽主编1931年出版的标准重印本，共有十卷。其中前面的五卷，标题为"五公"(The five Universals，五种共名)或"五公称"(The Five Predicables，五种谓项)，由李之藻和傅泛际对库托的一般性导论和波菲利的序言的译文构成；①剩下的五卷命名为"十伦"(The Ten Categories，十个范畴)，含有他们对科英布拉《范畴篇》讲义的编译。② 此外，两个序言也被保留下来。第一篇序言由李天经(1579—1660?)所撰，③他是一位天主教徒，写作此序时正主持明朝皇家历局，专职修历，此序撰写于1636年；第二篇序言由李次彪撰写于1639年。

这一著作的原本极为稀有。在中国，只有徐家汇耶稣会士图书馆中还幸存有唯一的前五卷手稿副本，现被合并入上海图书馆。最完整的包含有十卷的印刷本，被法国巴黎国立图书馆持有。④ 更多的副本则被放置于罗马的国家图书馆⑤、梵蒂冈图书馆⑥和耶稣会罗马档案馆。⑦ 这些版本没有一种提到印刷年份。

---

① 《逻辑大全》，第1卷，第1—296页。
② 同上，第297—560页。
③ 方豪：《中国天主教史人物传》第2卷，第16—23页。
④ *Fonds Courant*，第3413号"名理探"，卷1—5；第3414号"名理探：十论"，卷1—5。
⑤ *Mss. Orientali* 261/1-5 [72 C 296/1-5]："名理探：五公"，卷1—5；72 B314/1-5：李天经和李次彪写的序言；"名理探：五称，"卷1—4；另加"名理探：十论"卷5，错误地与这部分合订在一起；72 B 315/1-4："名理探：十论"卷1—4。
⑥ *Borg. Cin.* 231，1°-9°，西班牙国立图书馆也包含同样的九卷，作为其副本。
⑦ ARSI *Japonica-Sinica* II，1，由"名理探：五公称"2—5卷，"名理探：十论"1—5卷，以及李天经和李次彪撰写的序言组成。参见陈纶绪(Albert Chan)：《罗马耶稣会档案馆汉和图书文献目录提要》(*Chinese Books and Documents in the Jesuit Archives in Rome: A Descriptive Catalogue，JaponicaSinica I-IV*)(Armonk and London: M. E. Sharpe, 2002)，第283—284页。

李次彪在他的序言里讲到前五卷印于杭州,"1630 年冬天[我父亲]离杭赴京城之后",①最有可能是在 1631 年,但确定不会晚于 1636 年。包含五个序言的十卷本印于李次彪序言撰写的 1639 年和 1641 年之间,因为这个版本 1641 年被曾德昭(Alvaro Semedo,1585－1658)在他的《中华帝国信仰传播及其与周边国家的关系》(Relação da propagação da fe no reyno da China e outros adjacentes)一书中提到了。②

然而,在他们共享痛苦折磨的三年中,李之藻和傅泛际显然设法翻译了《逻辑大全》的大部分内容,比刊印出来的十卷册还要更多。两篇序言都宣称他们译了"不止十卷[十余卷]"。③ 在李之藻和傅泛际使用过的拉丁文原本上发现的旁注表明,翻译家们将其起始译本中组成五卷的每一卷都划分为五"端"或五"论"(treatises,五篇分论)——他们所使用的拉丁文原本直到 1949 年在北京北堂图书馆④还保存着,但之后就遗失了。⑤ 因此,刊印的十卷必须被看作是五篇分论中的一篇和两篇。这一点被这两篇结尾的注释所证实,在那里宣布"第二三四五端(或三四五端)之论待后刻"。⑥ 根据这一结构,三篇分论组成的五卷是专门留给

---

① 李之藻、傅泛际:《名理探》,第 8 页。
② 方豪,"《名理探》译刻卷数考"(A note on the number of translated and printed chapters of the *Mingli tan*),前揭,《方豪六十自定稿》(*Drafts edited by Fang Hao himself at sixty*)(台北:台湾商务印书馆,1969 年),第 1884—1886 页;第 1884 页。另参见前揭,《李之藻研究》,第 125 页。
③ 李之藻、傅泛际:《名理探》,第 3 页,第 8 页。
④ [译按]徐宗泽在"跋"中说是"现藏在北平西十库图书馆",北京北堂图书馆就是西十库天主教图书馆,参见傅泛际译义,李之藻达辞:《名理探》,徐宗泽编,北京:生活・读书・新知三联书店 1959 年,第 380 页。
⑤ Verhaeren,"Aristote," 427;方豪《李之藻研究》,第 128—129 页。
⑥ 李之藻、傅泛际:《名理探》,第 19 页,第 288 页。

[49] 亚里士多德《前分析篇》的讲义的,而四和五分论组成的十卷则留给了《后分析篇》的论述。拉丁原本的这些章节致力于亚里士多德的《解释篇》,处理符号以及句子或命题和它们的构成要件,完全没有任何注释,表明李之藻和傅泛际把《工具论》的这一部分放在后面翻译。关于这一决定的原因,我们只能猜测。一种解释是,期望在后来的逻辑学教材的编译中形成一种模式——即,用强烈的语法导入消除或缩略章节的倾向——这种期望将会是,他们把基于希腊语和拉丁语模型对句子结构的论述改译成汉语看作是一项令人生畏的任务。然而,正如下面我们会看到的那样,他们在《前分析篇》的版本中以一种颇具独创性的方式面对这一挑战。第二种可能的解释是,他们不能确定科英布拉《解释学》讲义中关于中文手稿的本性的那些论述如何理解。在一篇标题为"书写能否表达文字,如何表达?"的文章中,科英布拉讲义展示了一个中文手稿作为"用象形文字书写"的例子,以显示"不用标明任何文字就能立即表达事物",因此"拥有一种对它们来说内在固有的特殊意义"。以这种观点来看,汉字是"不恰当的书写,而只是某种图像",就像"算术家的数字"一样。① 对李之藻和傅泛际来说,将这种评价不加限制地加以传达是困难的,恰恰是因为他们自己的工作如此明显地反证了在欧洲和中国思想之间不可通约的基本假设。不管怎样,所有现存的证据都表明,李之藻和傅泛际自开始工作起,至多翻译了《逻辑大全》的二

---

① 《逻辑大全》第 2 卷,第 47—48 页。译文根据约翰·P·多伊尔(John P. Doyle):《科英布拉讲义:关于符号的一些问题》(*The Conimbricenses: Some Questions on Signs*)(Milwaukee: Marquette University Press, 2001),第 118—119 页。

十五卷。①

即使就《名理探》现存的不完整形式而言,它也是一项罕见的成就。已刊刻的十卷本有不止 250000 字,在标准重印本中几乎达六百页之多。因而,对这一不朽著作的详尽无遗的分析就超出了本章的范围。在下文中,我将只是突出与如下问题相关的若干方面,即在中国术语清单的扩展和致使欧洲逻辑学及其中国可能对应物的发现的文化桥梁的建构方面,《名理探》所提供助益的大小程度。[50]

(2) 文风与术语

尽管《名理探》并没有对《逻辑大全》逐句对译,其译文一般都是忠实于讲义和问题中提出的主要论证的。遗漏或不如说是缩略,主要是关于外国名字、有争议的话语和历史细节。在他们翻译《宇宙论》时,李之藻和傅泛际仔细地复写了科英布拉文本的复杂结构。来自波菲利和亚里士多德的引文,《逻辑大全》里它们被设置为斜体字,《名理探》中则用句首字"古"(排版时将其置于圆圈内)来标记;注释用句首字"解"来引导;问题被呈现为"辩";它们的分支,或分项,则被称为"支"。用来组织文本的其他词语还有以"或曰"用来表达异议(*objectio*);用"释之曰"表示解决方案

---

① 徐宗泽,"《名理探》之跋"(Postface to the *Mingli tan*),载李之藻、傅泛际:《名理探》,第 579—587 页;第 581—582 页。由方豪在"《名理探》译刻卷数考"一文中提出并在钟鸣旦《中国基督教史研究手册》和陈纶绪《罗马耶稣会档案馆汉和图书文献目录提要》中重复的更大胆的主张,认为李之藻和傅泛际完成了 30 卷,因此是一个包括《解释篇》在内的完整著作的翻译,这个大胆主张仅仅基于李次彪序言中所说的一句话:"名理探……其为书也,计三十卷。"然而,尚不清楚的是,这个数字指的是原本卷数,还是译本卷数。参见李之藻、傅泛际:《名理探》,第 8 页。我们在下面将会看到,未刊十五卷中的五卷——致力于《前分析篇》——被保存于《穷理学》(*Cursus philosophicus*)选集里。

(*solutio*);以及用"正论云"表示真正的解决方案(*vera solutione*)。①

翻译风格尽可能使文本适应汉语文言习惯。标记为"古"的来自波菲利和亚里士多德的直接引文,只要有可能就用长短相等的韵文翻译,以赋予它们一种"古典的"因此更为高雅的趣味。讲义和问题用较少受约束的风格来翻译。《逻辑大全》原本里那些华美的有时还显得冗长啰唆的文字,丰富多样的插入语,带有讥讽意味的评论,以及尖酸刻薄的旁白,为了简洁明晰的需要,这些都被遗弃了。正如在《几何原本》中那样,三段论被简化为它们的议题内容,这样做的代价就是丧失了形式有效性。在有争议的问题上,相异的命题通常被从它们的外文语境中分离开来,并将其毫无根据地引用于非历史化的枚举,概括最富有意义的差异。这[51]种策略为了阐述的清晰而牺牲掉了一层历史信息。所以,单单从文学标准来评判,《逻辑大全》对晚明文本实践的包容看起来像是一种毋庸置疑的成功。②

因此,《名理探》的文学形式不能承担如下责任,即这部著作仍然是中国哲学文献史上最具挑战性的文本之一。毋宁说,困难存在于李之藻以一种"特意建构的、令人生畏的专门术语"尽力去适应的拉丁原本的复杂概念结构中。③ 这一术语系统最突出的特征是我们尤其感兴趣的,因为它是以汉语表现欧洲逻辑学最早的系统努力,其特征就是,就李之藻个人而言,它根本没有展示将

---

① 李之藻、傅泛际:《名理探》,第39—42页,第69页,第113页,以及其他各处。
② 有关不同的评价,参见罗伯特·沃迪:《亚里士多德在中国:语言、范畴和翻译》,第82—84页。
③ 同上,第86页。

逻辑学术语与确定的汉语概念相关联的任何企图。他对数学和天文学文献的编译并大量模仿《几何原本》，在所有这些方面都极大地利用了本土的术语，而只是引进了数量有限的新词。① 与此形成显著对照，《名理探》充满数以百计的新术语。

在《名理探》方面稀有的文献中，关于这一新奇的术语系统的特征和品质还存在某种混乱。② 一种周期性的错误判断认为，李之藻和傅泛际主要运用了音译借词以介绍不熟悉的西方概念。③ 很明显，这种错误印象源出于对此著作第一章的粗浅阅读。在其为了使西方知识条理化的范式（disciplinarty matrix）的导论性论述中，④译者确实转录了欧洲科学的拉丁名称。然而，即使是这些转录也毫无例外地伴随着借译，这些借译以其拉丁语原型的词源或对其意义的简短解释为基础（参见表1.1，1—22条）。在这项工作的进一步发展中，只有十五个专门概念是用借音来译的。在绝大多数情况下，像"细录世斯模"或"细落世斯模"（"syllogism"，推辩之论），"亚备度"（"habitus"，习熟），"意得亚"（"idea"，元则），"额生细亚"（"essence"，本元），或"素细邓际亚"

[52]

---

① 《几何原本》中创造的新词表，参见恩格弗里:《欧几里得在中国》，第283—285页。
② 最好的讨论是深泽助雄的"论《名理探》的翻译"（"'Meiri tan' no yakugyōni tsuite"「名理探」の訳業について [On the translation of the *Mingli tan*]）一文，载 *Chūgoku—Shakai to bunka* 1 (1986): 20-38；以及徐光太[Hsu Kuang-tai]的"明末西方《范畴论》重要语词的传入与翻译:从利玛窦《天主实义》到《名理探》"（The late Ming transmission and translation of some important Western terms related to the Categories: From Matteo Ricci's *The True Meaning of the Lord of Heaven* to the *Minglitan*），载《清华学报》35，2005年第2期:第245—281页。另参见曹杰生，"略论《名理探》的翻译及其影响"（A brief discussion of the translationand influence of the *Mingli tan*），载《中国逻辑史研究》（Studiesin the history of Chinese logic）（北京:中国社会科学出版社，1982年），第285—302页；第297—299页。
③ 比如，参见马若安:《中国数学史》，第115—116页。
④ 钟鸣旦，"科学分类与明末耶稣会士使团"，第290—293页。

65

("substance",本自在)(23—27条;另参见28—32条),①很明显,用这样的抄写是为了引用的目的,就跟把亚里士多德的著作呈现为"加得我利亚"(*De categoriae*,《范畴篇》)、"伯利额尔默尼亚"(*Peri hermeneias*,《解释篇》)、"亚纳利第加"(*Analytica*,《分析篇》)和"笃比加"(*Topica*,《论题篇》)几乎是一样的方式。② 只有在四种情况下——"亚纳落加"("analogy",类推)、"观勿尼恩西亚"(convenientia["agreement"],一致,同意)、"细搦多格"("synecdoche",提喻法,举隅法),以及"得诺靡纳第勿"(denominativus["formed by derivation"],派生词)(33—36条)③——它们确实看起来好像意味着李之藻向其欧洲术语出发点的他异性的让步。然而,后面的这些概念无论如何都不是《名理探》论证的核心,并且它们被使用得如此之少,乃至其几乎不影响这本著作的可读性。

关于这本著作的术语,另有一种说法需要加以修正,这种说法认为,李之藻的创造在很大程度上受到了中国佛教词汇的启发。④ 可以明确地看出,这种启发有一些被用于翻译形而上学和本体论概念,例如"being"(ens,被译为"有"或"有也者",是动词"有,存在"的名词化形式)、"substance"(被译为"自立体"、"依其自身而成立的实体",或译成"本自在"、"就其自身并因其自身而存在的某物")以及"accident"("依赖者"、"有所依赖的某物"),或

---

① 李之藻、傅泛际:《名理探》,第29和35页,第3页,第45页,第52页,以及第165页。
② 李之藻、傅泛际:《名理探》,第289—291页。
③ 同上,第52和291页,第61和106页,第267页,以及第291页。
④ 何莫邪:《中国古代的语言和逻辑》,第165页。另参见傅敏怡(Michael Friedrich)对沃迪《亚里士多德在中国:语言、范畴和翻译》一书的书评,载 *Archiv für Geschichte der Philosophie* 84 (2002):345-352;351。

者运用后缀"识","意识的心智功能"(来自梵文 *vijñāna*),明确地指大脑的能力,比如用"想形识"来表示"imagination(想象力)"。然而,在逻辑学的狭窄领域内,根本没有明确的佛教影响。尤其是,李之藻好像没有从"因明"即中国佛教推辩理论的专用词中借用任何术语。① 即使李之藻知道一点"因明"文献,考虑到经院佛学在晚明时期的适度复兴,这一点也并非不可能,②他却没有辨识出西方逻辑学和中国佛教逻辑学之间引人注目的相似性,或者至少没有意识到那种相似性是如此明显,以至于唯其身处险境时才使其无暇关注它们。③

[54]

表1.1 《名理探》(1631/1639)中的音译

[53]

序号	汉字	拼音	原词	翻译/解释
1	络日伽	*luorijia*	*logica*	辨艺,art of debating
2	额勒玛第加	*elemadijia*	*grammatica*	谈艺(或谭艺),art of speech

---

① 弗朗肯豪瑟尔," Wörterbuch zur chinesischen Logik. Unter besondererBerücksichtigung der Logiken der Tang-Zeit"(unpublished manuscript, University of Göttingen, 1996)。
② 参见卜正民(Timothy Brook):《为权力祈祷:佛教与晚明中国士绅社会的形成》,(*Praying for Power: Buddhism and the Formation of Gentry Societyin Late-Ming China*)(Cambridge, Mass.: Harvard University Press, 1993),第181—184页及其他各处。另参见释圣严:《明末佛教研究》(*Studies of Buddhism in the Late Ming*)(台北:东初出版社,1988年),第211—214页。
③ 从事因明推理以反驳观点的禅宗僧侣们,在利玛窦《天主实义》中记载,他们在1630年代末日益兴起的反天主教仇恨的背景下得到发展,没有任何迹象表明他们因为了解耶稣会逻辑学而被驱使那样做。参见伊索·肯恩(Iso Kern),*Buddhistische Kritik am Christentum im Chinades* 17. *Jahrhunderts* (Bern: Peter Lang, 1992);以及 Jiang Wu, "Buddhist Logic and Apologetics in Seventeenth Century China: An Analysis of the Use of Buddhist Syllogisms in an Anti-Christian Polemic," *Dao: A Journal of Comparative Philosophy* 2, no. 2(2003): 273-289。

续表

序号	汉字	拼音	原词	翻译/解释
3	勒读理加	ledulijia	rhetorica	文艺, art of writing
4	伊斯多利加	yisiduolijia	historia	史, historiography
5	博厄第加	boedijia	poetica	诗, poetry
6	厄第加	edijia	ethica	克己, overcoming selfishness
7	额各诺靡亚	egenuomiya	oeconomica	治家, managing the household
8	博利第加	bolidijia	politica	治世, regulating the world
9	斐西加	feixijia	physica	形性学, science of physical nature
10	玛得玛第加	mademadijia	mathematica	审性学, science examining forms
11	陡禄日亚	douluriya	theologia	超性学, science of that which transcends human nature
12	默第际纳	modijina	medicina	医学, science of medicine
13	日阿默第亚	riamodiya	geometria	量法, methods of measurement
14	亚利默第加	yalimodijia	arithmetica	算法, methods of calculation
15	百斯伯第袜	baisibodiwa	perspectiva	视艺, art of vision
16	亚斯多落日亚	yasiduoluoriya	astrologia	星艺, art of celestial bodies
17	慕细加	muxijia	musica	乐艺, art of music
18	阁斯睦加费亚	gesimujiafeiya	cosmographia	主画天地之全图, focuses on drawing comprehensive maps of heaven and earth

续表

序号	汉字	拼音	原词	翻译/解释
19	入沃加费亚	*ruwujiafeiya*	*geographia*	主画全地之图, focuses on drawing maps of the earth
20	独博加费亚	*dubojiafeiya*	*topographia*	主画各国之图, focuses on drawing maps of single countries
21	默达费西加	*modafeixijia*	*metaphysica*	超形学, science of that which transcends physical nature
22	第亚勒第加	*diyaledijia*	*dialectica*	属两可之名理论, logic of contingency
23	细录世斯模（细络世斯模）	*Xilushisimu*（*xiluoshisimu*）	*syllogismus*	推辨之论, theory of inference
24	亚备度	*yabeidu*	*habitus*	习熟, to be familiar with
25	意得亚	*yideya*	*idea*	元则, original standard
26	额生细亚	*eshengxiya*	*essentia*	本元, proper origin
27	素细邓际亚	*suxidengjiya*	*substantia*	本自在, existing of and by itself
28	因额西（细）邓际亚	*yin'exidengjiya*	*in existentia*	现在, present
29	衣邓第大得	*yidengdidade*	*identitate*	同也合也, identical, together
30	悟尼勿加（悟尼伏加）	*Wuniwujia*（*wunifujia*）	*univocal*	同名同义, same name, same meaning
31	额计勿加	*ediwujia*	*aequivoca*	同名歧义, same name, different meaning
32	凡达细亚	*fandaxiya*	*phantasia*	形想识, imagination
33	亚纳落加（亚纳落日亚）	*Yanaluojia*（*yanaluoriya*）	*analogia*	

续表

序号	汉字	拼音	原词	翻译/解释
34	观勿尼恩西亚	*guanwunienxiya*	*convenientia*	
35	细搦多格	*xinuoduoge*	*synecdoche*	
36	得诺靡纳第勿	*denuominadiwu*	*denominativus*	

没有任何迹象表明,李之藻试图使来自《逻辑大全》的专门术语适应今天被认为是中国本土逻辑学传统重要档案的那些文本中的专用词。甚至也没有部分地讨论语言和现实之间的关系这一"中国逻辑学"的核心主题,而李之藻却吸收了"墨经"、《荀子》、名家及其后学的专用词汇。① 当然,对这一事实,有不止一种解释。或许李之藻希望避免这样的印象,即《名理探》中所讲的理论厌恶与诸子学的任何相似。然而,同样可能的是,他只是没有意识到那些密切关系,因为只有作为后来发现的结果,那种关系才会显得自然。

这种意见并不意味着李之藻没有挪用任何当时的或古代的术语以作为其译文中的专门概念,或汉语常用词汇没有提供任何表示逻辑运算和数学证明的词语。一个明显的反例是这样一个术语,或毋宁说是一组术语,李之藻用来翻译"逻辑学"这个词本身,也就是"名理"这个表达方式,即"名称和理型"或"关于名称的理型",它处于李之藻《名理探》译文的核心,《名理探》即是"关于名称之理型的探察",或叫《名理学》,即"关于……的科学",和《名理论》,即"关于……的理论",被用作为一个意义含糊的通用名称,自西汉初年(公元前二世纪)以来就

---

① 李之藻、傅泛际:《名理探》第 40—41 页。另参见包遵信,"《墨辩》的沉沦和《名理探》的翻译",载《读书》1986 年第 1 期:第 63—71 页。

表示与推论相关的事情,并且在出现于中国三世纪和四世纪的学术辩论的鲜活文化中取得了最为突出的表现。① 显然,这种修辞实践就是李之藻在中国思想文化史中所发现的最接近欧洲逻辑学的类似物。

李之藻在其翻译过程中利用的其他与推论和推理相关的通用术语有:"推"字,表示"推动,延伸或扩展,探讨,推断,演绎,得出结论",以及"通"字,表示"洞察,理解,沟通",还有"辨"字,表示"辨别,鉴别",和它的同音字"辩",表示"辩论,争论,讨论,解释辩明",后面两个字有时可以互换使用(参见表1.2,第3—7条,第10条)。不过,李之藻在《名理探》通篇使用的这些字词,没有一个混合词是借用于一种精确的专业语境。毋宁说,它们只是由于在李之藻的译文中被置入了限定性的使用,而从普通字词转化成了专业术语。

在缺乏任何已确立的汉语语境以便他将《逻辑大全》中讨论的逻辑学概念容纳其中的情况下,李之藻别无选择,只能创造出一种全新的专用词汇系统。为了这一目的,他更喜欢的策略是,利用拉丁语形式的字面意思或其语源,作为由他对诸多术语的选择所验证了的策略,这种选择与波菲利五个谓词、亚里士多德十范畴以及某些逻辑导入的通用概念是相关的,那些通用概念已被列入表1.2到1.4中,并在字面上翻译成英语。诚然,完全的匹配是很难找到的,例如在"宗",即"源宗"(ancestor),"种类"(type)和"属"(genus)(表1.2第7条)之间的那种匹配,它们共享拉丁语和汉语相类的双重意义。但是即使不太理想的复制品,如翻译"subject"(源自拉丁语的"*subjectum*",意思是"在……的

---

① 何莫邪:《中国古代的语言和逻辑》,第354页。

下面"或"作为……的基础")一词的"底"字即"底部"(basis),"基础"(foundation);用来翻译"predicate"(*praedicamentum*,意思是"被断定的……")一词的"称谓"即"指称或名称"(designation);用来翻译"definition"(*finis*,意思是"限定")一词的"向界"即"定界或限定"(delimitation);用来翻译"term"(terminus,意思是"边界")一词的"限界"即"界限或限制"(limit),或者"端"即"终端"(end);以及用来翻译"proposition"(propositio,意思是"一项议题")一词的"题论"即"设定为论题/主题",都算是相当明智的发明(参见表1.2,第2—3条;以及表1.4第8、11和13条)。尽管最终这些术语一个都没有留存下来被继续使用,但是,这些术语或李之藻其他的未被中国读者所接受的选择,并没有内在的不恰当之处。不如说,使《名理探》以及与之相伴随的李之藻的词语创造难以理解的,是弥漫全书的崭新或罕见术语的绝对数量。为了呈现出《逻辑大全》中提出的论证的甚至是一种扼要的译文,李之藻和傅泛际不得不在一个单页里引入了多达十二个新奇的术语,这些术语只能在彼此之间加以界定。① 那么,必然的结果就是这样一本书,除了体裁典雅和结构明晰之外,它是如此明显地封闭,以至于很难想象在缺乏一个有精专研究且多才多艺的指导者给予持续帮助的情况下,任何读者能够领会它的精妙观点。

[58]

---

① 比如,参见李之藻、傅泛际:《名理探》,第40页,在那里,以下术语在一个单独段落里被介绍:公也者("universal","普遍的")、会公("complex universal","复合通用的")、纯公("simple universal","单纯通用的")、公作("*universale in causando*","普遍成因")、公表("*universale in significando*","普通意义")、公在("*universale in essendo*","普遍存在")、公称("*universale in praedicando*","普遍称谓")、公性("universality","普遍性")、特一("particular","特殊性")、名相("sign","符号")、实有("reality","现实")。另参见《逻辑大全》,第1卷,第78—79页。

表1.2 《名理探》(1631/1639)中的谓项相关术语 [56]

序号	英文术语	汉字	汉语拼音	重译
1	predicable	公称	gongcheng	'universal designation'
2	subject	底	di	'basis, foundation'
3	predicate	称(谓)	cheng(wei)	'designation'
4	universal	公(者)	gong(zhe)	'(the) public', 'general'
5	universality	公性	gongxing	'of public or general nature'
6	particular	特一(者)	teyi(zhe)	'(the) particular', 'special', 'unique'
7	genus	宗	zong	'ancestor', 'type'
8	species	类	lei	'class', 'kind'
9	difference	殊	shu	'different', 'distinguished'
10	property	独	du	'lonely', 'alone', 'singular'
11	accident	衣 衣赖	yi yilai	'clothing', 'covering' 'to rely on', 'to depend'

表1.3 《名理探》(1631/1639)中的范畴相关术语

序号	英文术语	汉字	汉语拼音	重译
1	category	伦 伦府	Lun lunfu	'constants' 'constant storehouses'
2	substance	自立体 自立者	Ziliti zilizhe	'bodies standing by themselves', 'that which stands by itself'
3	accident	衣赖者	yilaizhe	'that which is reliant'
4	quantity	几何	jihe	'how much?'
5	relation	互视	hushi	'seeing one another'
6	quality	何似	hesi	'what like?'
7	action (doing)	施作 作为	Shizuo zuowei	'doing, making' 'actions', 'deeds'

续表

序号	英文术语	汉字	汉语拼音	重译
8	passion (suffering)	承受 抵受	*Chengshou dishou*	'to receive', 'bear' 'to sustain and endure', 'to suffer'
9	situation	体势	*tishi*	'state', 'situation'
10	place	切所 何居	*Qiesuo heju*	'place of contact' 'at which place?'
11	time	暂久 何时	*Zhanjiu heshi*	'duration', 'short or long time' 'what time?'
12	having	得有 受饰	*Deyou shoushi*	'to obtain or possess' 'to receive clothing'

[57]

表1.4 《名理探》(1631/1639)中的基本逻辑术语

序号	英文术语	汉字	汉语拼音	重译
1	logic	名理探 名理学 名理(之)论 辨艺	*mingli tan minglixue mingli (zhi) lun bianyi*	'the investigation/ science/theory of the patterns of names' 'art of debating'
2	Simple apprehension	直通	*zhitong*	'immediate understanding'
3	judgment	断通	*duantong*	'judgmental understanding'
4	reasoning	推通 明辨	*Tuitong mingbian*	'inferential understanding' 'clear discernment'
5	inference	推辨 推知 推理	*Tuibian Tuizhi tuili*	'push on and distinguish' 'push on and know' 'push on and reason'
6	demonstration	推论	*tuilun*	'push on and discuss'
7	deduction	推演	*tuiyan*	'push on and unravel'
8	definition	解释 向界	*Jieshi xiangjie*	'explanation' 'delimitation'

续表

序号	英文术语	汉字	汉语拼音	重译
9	division	剖析	*pouxi*	'to cut up, divide'
10	argumentation	推论 辩论	*Tuilun* *bianlun*	'to argue for' 'to argue against, dispute'
11	term	限界 端	*Xianjie* *duan*	'limit' 'end'
12	concept	意想	*yixiang*	'intentional thought'
13	proposition	题论	*tilun*	'to set forth as topic/theme'
14	syllogism	推辨之论	*tuibian zhi lun*	'theory of inference'
15	premise	题列	*tilie*	'thematic item'
16	conclusion	收列	*shoulie*	'item'
17	major premise	首列	*shoulie*	'first item'
18	minor premise	次列	*cilie*	'second item'
19	fallacy	谬	*miu*	'falsehood, error'
20	proof	证	*zheng*	'evidence, to prove, to testify'
21	cause	所以然	*suoyiran*	'that by which things are the way they are'
22	effect	效	*xiao*	'to imitate, yield results'
23	rule	规式	*guishi*	'pattern, rule, standard'
24	form, formal	模 规模	*Mo* *guimo*	'model' 'pattern, model, mold'
25	matter, material	质	*zhi*	'matter, substance'
26	necessary	须	*xu*	'must, necessary'
27	contingent	两可	*liangke*	'open to interpretation'

5. 逻辑学的内容和运用

即使是这本书中较微妙的论证仍然难以理解,但那些未被术语的专业性吓住的读者们,相比于他们能够从艾儒略的概括中吸收的东西来说,仍然能对来自于《名理探》欧洲逻辑学的内容和运用获得更加深刻的理解。书的首章在这方面尤其有帮助。在对库托的《逻辑大全》原版导论作了一个自由的改译之后,李之藻和傅泛际又对逻辑学的范围和方法及其在西方范式中的位置提供了几种解释。

然而,他们从一开始就阐明,"落日伽"的最终目的是引导学生重回基督教"唯一的真理之路"(一真之路),并且逻辑学,就像作为整体的哲学(爱知学,即"热爱知识的科学")一样,只是"神学的婢女"(ancilla theologiae)。这一特性描述是李之藻和傅泛际共同拥有的如下信念的必然结果,即在"天主"之外不可能有真理,并且"天神"无所不知,在非基督徒读者群中,这种描述可能比任何无可否认的困难对《名理探》吸引非基督徒读者都更为不利。① 人类的知识必定是不完善的,但是,如果明智地加以运用,我们理性灵魂的能力就会让我们比任何其他生物都更接近神圣秩序的秘密。李天经在其序言的开篇就提出了这一信念:

[59]

> 充盈天地之间的事物,没有不与真实可靠的理型相关联。只有人的灵魂才够理解它们的精微之妙。这就是造物主上帝显示其全知的方式。同时,他又因此诱使我们所有人去探索无数理型,由此我们就能认识到他那元初的恩赐。

---

① 这一观点已经在利玛窦的《天主实义》中被说明;参见 Melis, "Temie tesi," 81.

《名理探》原文:盈天地间,莫非实理结成,而人心之灵,独能达其精微;是造物主所以显其全能,而又使人人穷尽万理,以识元尊,乃为不负此生,唯此真实者是矣。)①

因此,所有人努力的最终目的,包括哲学和科学探索,都被规定为向着基督超越的提升。李次彪在他的序言里解释说"对名称之理型的探索"是踏上这一条道路的必要步骤:

此[书]讨论推论和名称之理型。遵循此路径能使人开通他们的智力,领会是与非,虚与实。最终,他们就将能够遵循其本性以到达超越之境。每一个关心诸种科学和艺术的人,都必须采取这一步骤以便揭示他们的限制。这一路径就称为:对名称之理型的探索。(《名理探》原文:此[书]则推论名理,迪人开通明悟,洞彻是非虚实,然后因性以达夫超性。凡人从事诸学诸艺,必梯是为嚆矢,以启其倪;斯命之曰名理探云。)②

这种描述与李之藻和傅泛际他们自己第一次介绍其工作主题时所作的规定是有共鸣的:

亚里士多德(亚利)因为人们的知识是有限的,所以开始写作此书。这一学科引导人们提升其智力,辨别是与非,阻止错误与迷幻,并引导他们返归那条唯一的真理之路。它的名字就叫:络日伽。(《名理探》原文:亚利因人识力有限,首作此书,引人开通明悟,辨是与非,辟诸迷谬,以归一真之路,名曰络日伽。)③

---

① 李之藻、傅泛际:《名理探》,第 iii 页。
② 同上,第 viii 页。
③ 同上,第 2 页。

一旦这门学科的超越目标被表述之后,李之藻和傅泛际就提供了有关其内容的更具实质性的说明。首先,读者必须牢记在心的是:

[60]
> 逻辑学有两种:一种是我们天性就禀赋的逻辑学,那就是说,无须后天学习我们在本性上就有的推论能力。另一种是通过学习获得的逻辑学,包含有我们必须学习如何制作的推论。(《名理探》原文:名理探有二,一是性成之名理探,乃不学而自有之推论;一是学成之名理探,乃待学而后成之推论也。)①

作为《名理探》中被引进的"络日伽"只关注于后者。之后的几页致力于将这门学科放置于欧洲科学之中。按照李之藻和傅泛际所说,逻辑学在"语言的艺术"即语言学之后紧接着就被学习。理由是"逻辑学是人们据以理解所有科学的工具"。② 在西方范式里,③逻辑学,现在也被界定为"辩论的艺术"(辨艺),是根据其主题与语法和修辞一起被归类为跟"语言"有关的艺术,作为那些致力于事物的艺术的对立面。至于它的目的,逻辑学属于"实践技艺"(practical arts)(用艺),与物理学、数学、形而上学和神学等"理论技艺"(speculative arts)(明艺)相对立;而在实践技艺中,这门学科又与伦理学、经济学和政治学共同组合成"内在技艺"(internal art)(韫艺),也就是说,一门关心指引智力运作和爱

---

① 李之藻、傅泛际:《名理探》,第34页。
② 同上,第11—12页。[译按]《名理探》原文:"然则名理之学,居何等乎?曰:论设学之序,谭艺已定,当务之急,莫先名理,而文艺次之。然后循前定序,以进于超性学也。盖名理,乃人所赖以通贯众学之具。"
③ 一个有用的概略综述,参见钟鸣旦,"科学分类与明末耶稣会士使团",第290—291页。

欲行动的技艺,与语法和修辞这些"外在技艺"(外艺)相对立,后者是与言说和其他外在事物相关的。① 最后,逻辑学被列为研究的"下等"(下论)领域,以辅助物理学、道德学、形而上学和神学这些"上等"(上论)学科。②

李之藻和傅泛际很快就向他们潜在的读者保证,"络日伽"在学科分类中的谦逊地位并不能充分地反映其相对价值:

> 现在让我们来看一看哪一门学科最有价值。逻辑学这门学科控制着智力的运作;因此,它必定比语言艺术更有价值。如果我们将它与理论科学相比较,它紧随物理学和超越性科学[形而上学和神学,JK]之后。原因是,这些学科专门处理实体,而智力运作则只是处理偶性。然而,当与数学相比的时候,逻辑学就更有价值,因为智力的运作要比与数量相关的事情更有价值。即使与道德技艺——伦理学、经济学和政治学——中的优长之处相比,逻辑学也有更大的价值。这有两个原因。第一个原因与它们各自的应用范围有关。[61] 伦理学、经济学和政治学以掌控各种德性的应用为目标,因而属于爱欲(wills,意志)。与此相反,逻辑学的目标是控制各种科学的功能,因此属于智力。智力的德性是纯粹而神圣的,所以要优于爱欲(意志)。因此,名理难道不比[道德艺术]更有价值吗?第二个[原因]是与这些技艺遵守的规则相关的。逻辑学原本的任务是反驳存在于智力之中或由智力推论出来的错误。因此它的论证都是清晰而又明确的。伦理学、经济学和政治学这些学科的任务都是与共同的习俗、

---

① 李之藻、傅泛际:《名理探》,第6—7页。
② 同上,第9页。

风化相关的。它们只关心什么事情应当做,没有时间继续下去并考察原因……所以,逻辑学必定是比伦理学、经济学和政治学更有价值的科学。①(《名理探》原文:至论诸学孰贵,则名理一学,以制明悟之用,固当贵于言语之艺。若以他诸明学相较,则因形性、超形性,二学贵也。缘其所论,皆自立体,而明悟之用,则其属依赖者云尔。如比审形学,则名理尤贵。缘明悟之用,贵于几何之属故。如比克己齐治之功,则名理为更贵。其故有二:一、从各所向之界而论,盖修身治世所向,在制诸德之作用,属于爱欲;而名理推之所向,在制诸学之作用,属于明悟。而明悟之德,其纯且神,过于爱欲,则"名理"岂不贵于以上三学乎?二、从所循之规而论名理推之本务,在辨明悟所推或有之谬,故其辨论,皆明显而确定者。若修身治世之学,其务惟在习俗、风化,一切当然之事,而不暇推究于其所以然者。则名理推,必贵于修身治世之学矣。)

在向其读者确保他们主题的价值之后,译者转而继续明确它的范围和方法。正如我们所看到的,与艾儒略只强调逻辑学的分类用途不同,李之藻和傅泛际描绘了这门学科更广泛的图画,并且更其强调它的论证功能。总之,"'络日伽'讨论论证和命名之理型",而且"它的最重要的见识是与推导(inferential reasoning,或 discursus,推通)相关的"。② 有两类逻辑学理论:

所有那些指向对解释公开的(或"contingent",非逻辑上

---

① 李之藻、傅泛际:《名理探》,第 12 页;《逻辑大全》,第 1 卷,第 24—25 页。我对这一段的翻译非常不同于沃迪《亚里士多德在中国:语言、范畴和翻译》第 101 页的部分译文。
② 李之藻、傅泛际:《名理探》,第 2 页。

必然的,两可者)逻辑学,被称为"论辩法"(dialectic)(第亚勒第加),而那些指向明确结果的且不能有其他可能结果的逻辑学,被命名为"络日伽"。①(《名理探》原文:名理之论,凡属两可者,西云"第亚勒第加",凡属明确,不得不然者,西云"络日伽"。)

因此,"络日伽"就获得了双重意义。一方面,它是在推论中获取确定性的基本工具,正由于这一点,它远远优越于只是可能意见的"论辩法"。② 另一方面:

> 哲学家们用[络日伽]这个名称同时指推论的全部艺术 [62]之名称。根据他们的定义,"络日伽"……遵循那些已经明确的推辨之理,并进而推导通达,以理解那些尚未被理解的推辨之理。③(《名理探》原文:穷理者,兼用此名,以称推论之总艺名。依此释,络日伽……即循所已明,推而通诸未明之辨也。)

因此"推论艺术"的通常目的是从那些已经知道的知识推导出新知识。为了这一目的,逻辑学确立了推导得以进行的形式规则(规式)。逻辑学不是要阐明观念(意想)的本性或意义,而是关

---

① 李之藻、傅泛际:《名理探》,第13页。
② "论辩法"指逻辑学的一个相当重要的分支,而不是这一学科整体,这一术语降级反映了耶稣会士和当时其他欧洲哲学家中间有一种倾向,即突显出他们通过为这一学科提出新名称以倡导逻辑学思想的新方向。参见 See Pierre Michaud-Quantin, "L'emploi des termes *logica* et *dialectica* au moyen âge," in *Arts libéraux et philosophie au moyen âge. Actes du quatrième congrès international de philosophie médiévale* (Montréal: Institut d'Études Médiévales and Paris: Librairie philosophiqueJ. Vrin, 1969), 855-862。鉴于这一充满意识形态色彩的背景,不太容易看出钟鸣旦("科学分类与明末耶稣会士使团",第290页)是根据什么将"络日伽"译为"论辩法"(dialectic)。
③ 李之藻、傅泛际:《名理探》,第13页。

注于"观念在推理中运用的规则"。① 另外,不是"遵循已设立的规则,以便推演出所有种类的论断([译按]《名理探》原文:循已设之规,而推演诸论)",以作为这一学科推荐的"宽泛界定"(broad definition,远向界)的倡导者,相反,《名理探》提倡一种"狭义界定"(narrow definition,近向界),即主张逻辑学只需要阐明这些规则即可(只论其设规者尔)。②

以似乎从这一定义中产生的推导作为强烈关注焦点在某种程度上被得到确认的如下事实所限定,即逻辑学想要阻止的错误在所有三种智力运作中都有发生——不仅在推导(inferential reasoning,推通)中,而且也在单纯的理解(apprehension,或 *intellectio*,直通)和判断(judgment,或 *enunciatio*,断通)中。因为,就材料而言,推导更多地依赖于这些基本的运作,后二者各自被规定为"智力从考察事物中获得的纯粹知识(明悟照物之纯识)"和"智力从判断事物中获得的混合认识(明悟断物之合识)"③。④ 逻辑学不能完全忽视单纯的理解和判断这二者中的任何一个。尽管如此,《名理探》仍然坚持认为,两者的错误必须在逻辑学的框架内得以解决,因为它们都植根于错误的释义或解析上。⑤

最后,《名理探》解释道,作为一种关心推理规则之确立的艺术,逻辑学被划分为三部分:"释义"(definition,解释)、"解析"(division,剖析)和"推论"(argumentation),这种划分与三种认识

---

① 李之藻、傅泛际:《名理探》,第 31 页。[译按]《名理探》原文:"名理探非论意想之性,亦非论意想之义,而惟论推用意想之序也。"
② 同上,第 13 页;《逻辑大全》第 1 卷,第 25—26 页。
③ [译按]"推通"的定义为:"明悟因此及彼之推识,是谓推通。"
④ 李之藻、傅泛际:《名理探》,第 26—27 页。
⑤ 同上,第 28—29 页。

方式(modi sciendi)相一致。

所有的事物都有三种[特征]可被认识:(1)它们内在的义理;(2)它们由以构成的各个部分;以及(3)在其存在中内在固有的所有实情。释义(definition)就是使一事物之义理能够被认识和确定;解析(division)就是揭示并仔细分析其各个部分;推论(argumentation)就是推断其实情和偶有属性(accidental attributes)。①(《名理探》原文:原夫凡物,皆有可知者三:一、其内之义理;二、其全中之各分;三、其所函诸有之情。解释者,宣畅其义理;剖析者,开剖其各分;推论者,推辨其情,与其诸依赖者也。)

关于这三个部分的另外一种说明,将释义解释成"通过它我们阐明一个事物的本质(essence)(所以畅明物之本元)",把解析解释成"通过它我们区分各种属性(所以分别物之属分)",以及推论是"通过它我们从已经明确了的知识推导出尚未理解的知识,从而认识某物(由所已明,推而知所不明)"。② 然而,这个介绍毫无疑问地表明,推论和推导的规则是作为整体的"络日伽"的最终目的。因此,"这一学科中最重要的术语是'细录世斯模'"(syllogism,三段论),它被解释为"推论的唯一规则"。这个神秘术语的突出意义来源于如下事实,即三段论"包含推论的所有规则"。就逻辑学的重要性而言,它是可以与天主相媲美的,后者涵括了"存在之整体"(entirety of being),象征着对超越性学科、形而上学和神学的唯一而必要的"限制"。③

---

① 李之藻、傅泛际:《名理探》,第27页。
② 同上,第38页。
③ 同上,第29页。

因此,总的来说,《名理探》的开篇呈现了一幅关于"络日伽"范围及其运用的全面甚至可能是迷人的肖像。这一前奏的一个问题是,它没有充分地反映这项工作追求的重点所在,至少就它的刊刻形式来看是如此。广而告之的"推导规则"在这本书存留下来的九卷中无论何处都没有加以讨论,类似上帝的"细录世斯模"仅在一个简短的注释中被提到。①《名理探》反而对谓项理论提供了一个冗长的介绍,无论是在《逻辑大全》中还是在其汉译本中,谓项与逻辑学的主要工具之间的关系,都没有被清晰地阐明。② 与耶稣会士的教育实践相一致,李之藻和傅泛际主张,为了三种智力运作的恰当运用,《导论》和《范畴篇》需要被作为入门知识加以学习。③ 但是他们没有能够准确地表明,在如上作品中

[64]

倡导的这些理论以何种方式与逻辑研究所宣告的目标相关联。这种无能为力,其原因与翻译的复杂难解或中国和欧洲思维方式之间的"不可通约"没有多大关系。甚至当时的耶稣会士哲学家都承认,《导论》和《范畴篇》被赋予如此沉重的形而上学知识,以至于它们的逻辑导入难以被最终确定。④ 在耶稣会学校,这两个作品首先被作为给棘手的神学问题提供基础的形而上学假设的导论而教授的,⑤而我们没有理由相信它们在中国将被指派一个

---

① 李之藻、傅泛际:《名理探》,第35—36页。
② See Arnaldo de Pinho Dias, "A Isagoge de Porfirio na Lógica Conimbricense," *Revista Portuguesa de Filosofia* 20, nos. 1-2 (1964): 108-130; 122-129.
③ 李之藻、傅泛际:《名理探》,第39页。
④ Baldini, "Philosophie," 704-705. 现代逻辑史学家倾向于将它们作为与这一学科的真正关切完全无关的东西而剔除掉;例如参见威廉·涅尔和玛莎·涅尔(William and Martha Kneale):《逻辑学的发展》(*The Development of Logic*)(Oxford: Clarendon Press, 1962),第25页,第187—188页。[译按]中译本参见威廉·涅尔和玛莎·涅尔:《逻辑学的发展》,张家龙、洪汉鼎译,北京:商务印书馆,1985年,第242页。
⑤ Baldini, "Philosophie," 711.

第一章　首度邂逅：明末清初耶稣会士的逻辑学

不同的功能。

尽管如此，《名理探》的主要部分应该被更为细致地分析。① 然而，对于我们的目的来说，这样一种分析不会有什么回报，因为这部著作从整体上看很明显不能在中国读者中激发出任何逻辑学的兴趣。事实上，除了两篇序言的作者，几乎没有证据表明《名理探》被什么人读过，而有一位中国皈依者说，他在里斯本②学习期间曾查阅过这本书。③ 这种惊人的失败，其原因就不单单是文本上的了。很显然，阻止了这项工作最终完成的李之藻的早逝，是一个关键性的挫折。从1635年开始担任耶稣会传教团副主教，傅泛际的职责也使他离开了这项工作，而参与到他自己的教派与对立教派成员间就正确的传教策略展开的争论之中。④ 此外，在1644年的导致明朝日渐衰落的混乱年代里，这部著作只能刊刻数量非常有限的原本流传。⑤

不过，即使在更有利的环境之下，这部著作也很难卖出去，至 [65]

---

① 《名理探》中形而上学内容的某些部分在沃迪的《亚里士多德在中国：语言、范畴和翻译》一书中有讨论；以及同样是沃迪的 "Chinese Whispers," *Proceedings of the Cambridge Philological Society* 38 (1992): 149-170. 然而，沃迪的分析对明末中国和十七世纪欧洲的特殊历史背景以及经常的误译关注得不够充分。
② [译按] 里斯本(Libon)，葡萄牙首都。
③ 方豪：《中国天主教史人物传》，第2卷，第193—194页。曹杰生（"略论《名理探》的翻译及其影响"）主张《名理探》"非常可能"被由李之藻在杭州附近的亲密朋友建立的一个私密学术圈所使用，但我不能发现任何证据支持这一主张。友谊独自很难作为一个令人信服的论据。
④ 邓恩：《一代巨人：明末耶稣会士在中国的故事》，第269—281页；以及柏理安：《东方之旅：1579—1724 耶稣会传教团在中国》，第98—107页。
⑤ 关于《名理探》在中华帝国晚期的书目情况溯源是极其稀少的。参见章用，"《名理探》考"(A note on the *Mingli tan*)(1959)，重印于章士钊：《章士钊全集》，第7卷，第299—301页；以及英千里，"明末的一部公教哲学杰作：《名理探》"(*Mingli tan*, a late Ming masterpiece of scholastic philosophy)，载《新北辰》1，1935年第2期：第159—172页；第159—161页。

少对非基督教徒读者来说。以《名理探》中提供的大量新术语和新观念从事筚路蓝缕的工作,需要恒久而坚韧的努力。但是,任何先前没有基督倾向的知识分子,当他去发现关于一位外国的神的"唯一的真理"时,他能够期望的只有痛苦,那么,他为什么要承受这样的痛苦? 如果李之藻和傅泛际可能会因某事受到责备的话,那么,那就是他们译著的清清楚楚的基督教色彩——当然,那确实反映了他们的文本起点的色调和目的——以及他们对如下问题没有能够提供任何线索,即被归于欧洲逻辑学的功能和方法是如何与中国的思想、文献或辩论实践相关联的。在他们的翻译中,除了其题目之外,他们没有在任何地方建立某种概念桥梁,以便允许潜在的读者将《名理探》中阐明的学说置于中国的话语世界之内。因此,对他们来说,哪里都找不到这样的地方。

6. 作为推理罗网的逻辑学

这仍然不是我们故事的结束。在最后部分,《名理探》被遗忘了的一些片段于其首次刊刻之后的四十多年,在由佛莱芒的耶稣会士南怀仁(Ferdinand Verbiest,1623 - 1688)[1]首创的一个大胆策略中被恢复。幸亏这样一连串好运、聪明的战略决定,以及它们科学专业的应用,耶稣会传教团相对安然无恙地躲过了1640年代标志着从明到清王朝更迭的动荡骚乱。[2] 为了确保他们教团驻地和事业的未来,某些耶稣会士等满族军队一进入北京就开始向新的统治者献殷勤。1645 年,大清王朝宣告成立不到一

---

[1] 方豪:《中国天主教史人物传》,第2卷,第163—179页。
[2] 柏理安:《东方之旅:1579—1724 耶稣会传教团在中国》,第107—124页。

年,德国人汤若望(Adam Schall von Bell,1592-1666)①被任命为帝国钦天监,掌管天文历法,以酬谢他算出了一个其精确度[66]超越了明朝所能制作的一切历书的新历法。他那高贵的地位允许引人注目的汤若望获得支持和担保,以保护各种各样的传教活动。同时,这也在那些因教父的升迁而被降级或边缘化了的天文学家和文人中引起了怀疑和怨恨。蓄势已久的紧张局势在 1664 年声名狼藉的"康熙历狱"(calendar case)中达到了最高点,正是这次事件突然结束了汤若望的职业生涯,②并导致对所有在清帝国工作的耶稣会士的拘禁。③尽管这些传教士们能够重新获得帝国的宠爱并在几年后回到他们的驻地,但是,汤若望的失败对其后继者来说是一个生动的提示,即他们必需以极大的谨慎在清代宫廷政治的变幻莫测、危机重重的水域里航行。

这个教训在南怀仁那里当然没有失效,他紧随汤若望之后,于 1669 年履职钦天监。④ 坚信传教团持续的成功不可能单独建立在传教士的努力之上,南怀仁设计出一个计划,将基督教哲学,以及他所看到的与其相伴随的亚里士多德三段论之铁的控制力,嵌入进中国政府的一个核心制度——科举制度——中去。怀着

---

① 方豪:《中国天主教史人物传》,第 2 卷,第 1—15 页。另参见史景迁(Jonathan D. Spence):《改变中国:中国的西方谋士,1620—1960》(*To Change China*:*Western Advisers in China*,1620-1960)(Boston: Little Brown, 1969),第 3—22 页。
② 参见祝平一,"清廷上的科学论辩:1664 年康熙历狱"(Scientific Dispute in the Imperial Court: The 1664 Calendar Case),载《中国科学》(*Chinese Science*)14 (1997):第 7—34 页。另参见本杰明·艾尔曼:《科学在中国(1550—1900)》,第 133—144 页。
③ 柏理安:《东方之旅:1579—1724 耶稣会传教团在中国》,第 125—136 页。
④ 比如,参见史景迁:《改变中国:中国的西方谋士》,第 23—33 页。

说服朝廷将其内容纳入进考试课程中的愿望,他编译了一本有关欧洲哲学的选集,题名为《穷理学》(*The Science of Fathoming Pattern*,有时也被称为 *Cursus philosophicus*),1683 年他将这本书献给了康熙大帝(约 1662—1722)。

(1) 南怀仁与《穷理学》

有关《穷理学》的有趣历史只是在最近才被重新呈现出来。① 此事可追溯到 1675 年,其时南怀仁在其通过清廷钦天监成员的辉煌崛起期间已赢得康熙大帝极度的信任,他被指派以欧洲数学和天文学知识亲自指导皇帝。② 对南怀仁来说,这一任命为传教事业赢得皇帝的支持提供了一个独特的机会。在被接见期间,他抓住一切机会宣讲基督教的"超越的上天",并赞美哲学和逻辑学对于一般的科学和特殊的天文学的根本重

---

① 参见杜鼎克、钟鸣旦,"南怀仁的《穷理学》(1683)"(Ferdinand Verbiest's *Qionglixue* 穷理学[1683]),刊于《南怀仁时代的中国基督教布道团:传教方法问题》(*The Christian Mission in China in the Verbiest Era: Some Aspects of the Missionary Approach*),Noël Golvers 主编(Leuven: Leuven University Press, 1999),第 11—32 页;以及 Noël Golvers,"南怀仁中国亚里士多德拉丁文献(科英布拉)导论:来自西方的新证据"(Verbiest's Introduction of *Aristoteles Latinus* (Coimbra) in China: New Western Evidence),刊于 Golvers, *Christian Mission*, 33-53. 另参见钟鸣旦,"十七世纪耶稣会士与中国学者相互接触中的'格物穷理'"(The Investigation of Things and the Fathoming of Principles (*Gewu Qiongli*) in the Seventeenth-Century Contact between Jesuits and Chinese Scholars),载魏若望(John W. Witek)主编:《南怀仁(1623—1688):耶稣会传道士、科学家、工程师和外交家》(*Ferdinand Verbiest, S. J. (1623-1688): Jesuit Missionary, Scientist, Engineer and Diplomat*)(Nettetal: Steyler, 1994),第 395—420 页;第 407—409 页和第 416—417 页。以下梗概要深深地感激这些价值无可估量的重构,尽管如将要澄清的那样,我并不同意他们所有的解释。
② 关于康熙的科学兴趣,参见詹嘉玲,"帝国控制与西方学术:康熙大帝的表演"(Imperial Control and Western Learning: The Kangxi Emperor's Performance),刊于《晚期中华帝国》(*Late Imperial China*)23,2002 年 6 月第 1 期:第 28—49 页。

要性。① 如果我们信任南怀仁和当时耶稣会士基于其主张的说明,他的赞美成功激起了康熙的好奇心:

> 当皇帝听南怀仁谈到许多关于我们称之为论辩法(*dialectica*)的推理的艺术,关于事物的原则,以及甚至关于一切事物的第一因的东西时,他建议他创作一部有关整个欧洲哲学的中国版本,以便在他的统治下以帝国修书处的名义刊刻、出版并传播之。②

专注于公务和钦天监的派系内斗,并且还要忙于为清军铸造大炮这样的邪恶任务,南怀仁不能即刻回应皇帝的要求。1678年秋,他才开始从现有的、绝大部分都是从《科英布拉讲义》中改编的翻译中编译一本内容广泛的哲学教程(*Cursus philosophicus*)。③ 在写给上级的信和报告以及给欧洲兄弟的回信中,南怀仁以毫不含糊的措辞陈述了促使他努力的动机: [68]

---

① Golvers,"南怀仁中国亚里士多德拉丁文献(科英布拉)导论:来自西方的新证据",第36—37页。关于南怀仁的成就,参见 Jan Roegiers,"南怀仁时代鲁汶大学的学术环境"(The Academic Environment of the University of Louvain at the Time of Ferdinand Verbiest),载《南怀仁(1623—1688):耶稣会传道士、科学家、工程师和外交家》,魏若望主编,第31—44页;以及 Noël Golvers,"南怀仁的数学成就"(F. Verbiest's Mathematical Formation: Some Observations on Post-Clavian Jesuit Mathematics in Mid-17th Century Europe),载 *Archives Internationales d'Histoire des Sciences* 54(2004):29 - 47.
② 杜宁-茨博特·托马斯·伊纳爵(Thomas Ignatius Dunyn-Szpot):《耶稣会档案中的中国历史文献集成,1641—1700年》(*Collectanea pro Historiae Sinensis ab anno 1641 ad annum 1700 ex variis documentis in Archivo Societatibus existentibus excerpta*)(manuscript,Rome, ARSI, ca. 1710),第Ⅱ卷,第Ⅳ部分,第Ⅳ章,第1页,第1a页。译文改译自 Golvers,"南怀仁中国亚里士多德拉丁文献(科英布拉)导论:来自西方的新证据",第43—44页。
③ 关于南怀仁的教程中可能包含什么内容的详细分析,参见钟鸣旦,"南怀仁的《穷理学》(1683)",第20—29页。另参见钟鸣旦,"文艺复兴文化在十七世纪中国的传播",第390页。

目前，我负责[向康熙皇帝]推行有关我们的论辩法和哲学的中国版本，啊哈，这是在天文学的掩护下实施的，实际上不管怎样都要展示我们的宗教证据。①

只要基督教信仰的传道在宫廷里的开放仍然是不可能的——而这显然就是1670和1680年代的实情②——那么，对于南怀仁的事业来说，天文学本身就成为理想的掩护，因为欧洲的计算方法已经反复证明了它们对于竞争对手中国方法的压倒性优势。但是逻辑学和哲学如何促进传教事业？较早的耶稣会士，最突出的是利玛窦本人，都希望通过诉诸其"自然的理性"以诱捕对话者。利玛窦似乎对其论辩法用途广泛的说服力量拥有几乎无限的信心。在金尼阁主编的他的日记里，我们发现了几处关于辩论的说明，其中他形式上无懈可击的推理让他的对话者哑口无言并被彻底批驳。③ 然而，中国观察者对他的辩论技巧印象并不深，尤其是当他们并没有直接卷入面对面的论辩中的时候。例如，有一个学者比较了利玛窦与一位佛教僧人之间的辩论，作为《辩学遗牍》(Testament in Defense of the Faith, 1610)中为信仰辩护的描述，其中有"两个在同一澡盆里洗澡的人互相嘲笑对方没穿衣服"。④ 面对在信仰问题上诉诸自然理性的明显无力，南怀仁理所当然地得出结论，传教士辩论技巧的成功有赖于中国人接受为辩论技巧提供基础的逻辑规则。因此，在早期耶稣会史

---

① 引自Golvers，"南怀仁中国亚里士多德拉丁文献(科英布拉)导论：来自西方的新证据"，第36页，译文有轻微改动。
② 柏理安：《东方之旅：1579—1724耶稣会传教团在中国》，第136—142页。
③ 参见利玛窦：《16世纪的中国：利玛窦1583—1610年日记》，第341—342页。
④ 徐宗泽：《耶稣会士译著提要》，第91页。另参见李文潮：《17世纪基督教中国传教团：理解，不可理解，误解——基督教、佛教和儒教精神史研究》，第592页。

学家杜宁-茨博特·托马斯·伊纳爵(Thomas Ignatius Dunyn-Szpot,1644－1716)的文字中,他想要创立西方的推理规则作为真正的智力"罗网"(或"蜘蛛网",casses)在他的选集中加以介绍。根据杜宁-茨博特,南怀仁计划:

> 一步一步地引导那些古代的禁地在它们的密林中得到保护,并从看到真理之光开始,以令人兴奋的目光去看他们从未理解的事物。因为他们一旦掌握了三段论技艺,就会通过无可辩驳的论证,进入这样的结论或罗网,而这些结论和罗网是他们永远无法逃脱的。① [69]

只是,《名理探》的例子已经教会南怀仁,任何一本书,依其自身,无论如何巧妙地创作,都不可能教授论辩推理的技术并使毫无准备的读者相信它们的效用。读者需要一个令人信服的理由,这种理由要超出以复杂的修辞方式对精神救赎和无形收益的模糊承诺,从而使他们肯花费必要的努力去洞察三段论以及他的概念网罗其他因素的微妙之处。因此,南怀仁的目标是说服皇帝将他的《穷理学》作为帝制中国令人生畏的"成功阶梯"——科举考试的必修课的一部分。只要它的内容被包括在官方要求之中,全国有抱负的文人除了刻苦学习它之外,别无选择。而且一旦他们获得了关于三段论的完整知识及其有益应用——当然是在天文学和其他科学上,但最重要的是在神学问题上的应用——南怀仁

---

① 杜宁-茨博特:《耶稣会档案中的中国历史文献集成,1641—1700年》,第2卷,第 IV 部分,第 IV 章,第1页,第 1a 页。译文改自 Golvers,"南怀仁中国亚里士多德拉丁文献(科英布拉)导论:来自西方的新证据",第45页。

希望学生们"能够容易地发现通往神圣律法的道路"。①

南怀仁花费了五年时间为他的中国猎物设置这个网罗。最终的结果是包含六十卷的著作并在 1683 年 10 月被献给了皇帝。② 这六十卷中的十四卷,加上标题为"穷理学理推总目上"的前半部分目录表被保存在了这部著作在北京大学图书馆藏的孤

[70] 本之中。③ 四卷属于标题为"形性之理推"(Reasoning about Form and Nature,关于形式和本性的推理,即物理学)的章节,致力于自然哲学的课题,主要追随科英布拉讲义介绍了亚里士多德的《物理学》(*Physica*)和《自然诸短篇》(*Parva naturalia*)。④ 剩下的十卷致力于逻辑学。"理辩之五公称"(The Five Predicables in Logic,逻辑学中的五个谓项)的一节是对《名理探》前五卷的重

---

① 参见陆安德(Andrea Lubelli,1611-1685)在1683年12月15日写给罗马将军的信,转引自 Golvers,"南怀仁中国亚里士多德拉丁文献(科英布拉)导论:来自西方的新证据",第40—41页。

② 南怀仁[Ferdinand Verbiest]:《穷理学》(*Cursus philosophicus*)(北京:中和堂,1683年)。

③ 善本,129/1092。这十四卷中的七卷有一份摄影本("理辩之五公称",1—5 卷;和"理推之宗论",1—2 卷),备于 1936 年,保存于北京国家图书馆(普通古籍,15598:1 和 15598:2)。方豪的保存下来十六"本"的断言相当于被装订成册的现存十四卷的册数。参见方豪:《中西文化交流史》(A history of culturalexchanges between China and the West)(台北:中国文化大学出版社,1983 [1953]年),第 1011—1012 页。另参见尚智丛,"南怀仁《穷理学》的主体内容与基本结构"(The basic contents and structure of F. Verbiest's *Cursus philosophicus*),载《清史研究》3,2003 年 8 月第 3 期:第 73—84 页;以及张晓,"为南怀仁《穷理学》正名"(Corrections regarding F. Verbiest's *Cursus philosophicus*),载《明清论丛》3(2002):第 379—385 页。

④ 杜鼎克、钟鸣旦,"南怀仁的《穷理学》(1683)",第 23—33 页。另参见王冰,"南怀仁介绍的温度计和湿度计试析"(An analysis of F. Verbiest's introduction to measuring temperature and humidity),载《自然科学史研究》5,1986 年第 1 期:第 191—192 页。

刻;前五卷标题为"理推之总论"(General Theory of Reasoning,推理总论,有时也指三段论),提供了来自《逻辑大全》一书关于亚里士多德《前分析篇》第一卷注释的翻译。① 由于"理推之总论"的风格、术语和文体事实上与《名理探》完全一致,我们几乎可以肯定,这五卷来自李之藻和傅泛际译文的未刊刻部分。

南怀仁对《穷理学》的贡献殊难评价。杜宁-茨博特认为他为他所收集的文献中增加了数百个"问题和图示",将这一点归功于他。② 杜鼎克和钟鸣旦坚持主张他可能也撰写了关于《物理学》的现存译本中的部分内容。③ 他对逻辑学幸存部分的贡献似乎显得更谦逊一些。南怀仁本人将他自己在这些章节内容方面的角色定位为一种"集述",而不是"译述",如同在有关《物理学》方面的几个章节上。然而,他可能参与了对来自于《科英布拉讲义》中的亚里士多德《解释篇》注释部分的完成、校正,或者甚至是翻译的工作,正如我们所看到的,李之藻和傅泛际没有触及这部分[71]内容。"理推之总论"经常引用现已佚失、标题为"译臆篇"(On subjective interpretation,主观诠释篇)的部分中的特定章节内

---

① 《逻辑大全》,第 2 卷,第 232—406 页。这一部分的第五卷和最后一卷在北京大学图书馆版本中是不完整的。关于"理推之总论"的这一小部分的有价值的综述,参见张西平,"'穷理学'——南怀仁最重要的著作"(The *Cursus philosophicus*: F. Verbiest's most important work),载前揭《传教士汉学研究》(*Studies in missionary Sinology*)(郑州:大象出版社,2005 年),第 80—90 页;第 86—88 页。然而,需要注意的是,张西平的目录遗漏了第 3 卷的第八节内容,包含有标题为"其题有可相当可解之他题否"的四十一段文字。
② 杜宁-茨博特:《耶稣会档案中的中国历史文献集成,1641—1700 年》,第 2 卷,第 IV 部分,第 IV 章,1,第 1a 页。参见 Golvers,"南怀仁中国亚里士多德拉丁文献(科英布拉)导论:来自西方的新证据",第 45 页。
③ 杜鼎克、钟鸣旦,"南怀仁的《穷理学》(1683)",第 22—23 页。

容,后者并非是从《逻辑大全》中的简单复制。① 不过,由于缺乏坚实的证据,我们不能排除如下可能,即对颂扬李之藻遗作颇感兴趣的李的儿子李次彪或其他人创作了有关《工具论》的这些最具挑战性的内容。

作为一个汇编者,南怀仁对《穷理学》中处理逻辑学的现存第十卷做了微小但却意义重大的改变。根据杜宁-茨博特,他删掉了贯穿《穷理学》的"所有明确对神圣律法的引用,以便使[这部著作]不要第一眼看上去就令人厌恶,可以这么说"。② 所以,在论逻辑学这部分,他通过删除遍及这本书的"天主"(God)和"天神"(angels)两词,以及这两个词在其中扮演重要角色的句子,来试图掩盖他的智力陷阱。③ 此外,他还引入了两个新词以设计他的计谋:第一个是"理辩学",或简称"理辩","理性辩论的科学"([the science of] rational argument)(也就是逻辑学),显然想转移对如下事实的注意:他没有呈现一项全新的工作。南怀仁用这个词替换掉了李之藻"名理探"一词的创造以及与"名理"相关的同源词。④ 他做出如下假定:这样一种表面上的改变将足以隐藏

---

① 例如参见南怀仁《穷理学》"理推之总论",1:11a,1:14b,1:15a,1:18a,1:21b,1:22b,1:27a,1:33b,1:34a,1:36b 等等。另外的对《逻辑大全》汉译本先前其他未刊部分内容的交叉引用点,例如"引启辩"(*De sophisticis elenchis*, Refutations of those seducing and arousing [others],"引诱和启发[他人]辩驳者")("理推之总论",1:21b)和"独备加"(the *Topica*,主题)("理推之总论",2:2a),这表明南怀仁的《穷理学》直到六十卷的第三十卷都在致力于逻辑学。
② 杜宁-茨博特:《耶稣会档案中的中国历史文献集成,1641—1700 年》,第 2 卷,第 IV 部分,第 IV 章,1,第 1a 页。译文引自 Golvers,"南怀仁中国亚里士多德拉丁文献(科英布拉)导论:来自西方的新证据",第 45 页,有改动。
③ 有时要付出使句子不完整或明显脱漏的代价。例如,参见南怀仁:《穷理学》,"理辩之五公称"(Logic:The five predicables,逻辑学:五个谓项),4:53a。有些情况逃脱了他的详细审查。例如,参见南怀仁:《穷理学》,"理推之总论",2:35b。
④ 然而,在一个例子中,南怀仁用另一个新词"理推学"(the science of rational inference,"理性推论的科学")代替了术语"名理探"。同上,1:13b。

94

他的原初用意,这一假定证实,《名理探》几乎必定要被清初所遗忘。所有可被保存下来的大概只有这部著作的标题所引起的回忆,以及或许还有它的基督教色彩,南怀仁通过赋予"络日伽"以一个新名称使他的译本与上述基督教色彩相分离。他的第二个也是更为重要的新术语,"理推","理性推论"(rational inference,也即是推理,reasoning),想要为《穷理学》装备一个成体系的统一体外观,尤其是通过它在很多章节标题上的运用。除了上面提到的之外,《穷理学》现存和佚失的部分都有使用诸如"轻重之理推"(Reasoning on Weights,关于重量的推理,机械力学)、"力艺之理推"(Reasoning on the Mechanical Arts,关于机械技艺的推理,平衡力学)以及"理推各图说"(Reasoning, Illustrated and Explained,推理,图示和解说)之类标题。① 这种运作的最终目的是引诱中国读者进入南怀仁用完全相同的中国词语"理推"来翻译的"推论"(syllogism)一词那想象中的无法抵抗的支配之中。② 这种策略意图被如下事实所确证,即北京大学图书馆藏版本将关于三段论(*De syllogismo*)的前五卷列为就整体而言的《穷理学》的开篇章节。因此,它们要在有关波菲利的再度流行章节和来自《名理探》的《范畴篇》之前,而与如下事实无关:后者被介绍为理解希腊语和拉丁语《工具论》的必要基础。

[72]

(2) 三段论,或理性推论的艺术

由于南怀仁将他的整个网罗围绕着三段论(the syllogism)的劝说力量来建立,我们应该期待他确保此书尽可能解释这一令人惊叹的关于"理性推论"的艺术——或者,用更书面的话来说,

---

① 杜鼎克、钟鸣旦:"南怀仁的《穷理学》(1683)",第13页。
② 参见南怀仁:《穷理学》,"理推之总论",1:4b,以及其他各处。

关于"依据理型推论"的艺术。但是就他那一方面来说,没有任何这种努力的迹象。《论三段论》(De syllogismo)也像《名理探》先前刊刻的部分那样具有绝对的他异性。对于中国读者来说,不存在任何可被唤起的本地语境,没有任何熟悉的术语以添加到解释之中,缺乏任何适用的或可使之具体化的例子。① 尽管如此,即使是对《前分析篇》的科英布拉讲义的一个明显封闭的版本也包含有比任何先前可见文本更多得多的关于欧洲推理科学之目标和规则的信息。不论其与众不同的外观,《论三段论》为潜在读者们提供了对逻辑运作实质性的最初一瞥,这些逻辑运作直到今天仍然被视为处于这门学科的核心。

[73]　　紧紧追随《逻辑大全》,《论三段论》的前五卷非常详细地论及了亚里士多德三段论(《前分析篇》卷 I 第 I—VII 章)的核心内容,之后以相当粗略的线条概括了剩余的部分(卷 I 第 VIII—XLIII 章,还有整个卷 II)。第 1—3 卷稍微介绍了科英布拉讲义对《前分析篇》前三章注释的删节版。最基本的第 1 卷讨论了有关前提的定义和构成所有三段论的词项。第 2 卷和第 3 卷致力于区分各种前提及其转换的规则。第 4 卷提供了关于卷 I 第 IV—VII 章的一个扼要讨论,介绍了三段论的有效式,这些有效式存在于由亚里士多德辨认出的三种格(the three figures)之中,并展示证据证明所有有效的三段论都可以被还原为第一格的全称三段论。最后,第 5 卷匆匆结束了亚里士多德的模态三段论理论,当《科英布拉讲义》被编成之时,长久以来,这一理论就被揭示出是有缺陷的,还简短地叙述了《前分析篇》在多种主题上的评

---

① 相反:具体的例子,比如,凡提及柏拉图或神奇战马布西发拉斯(Bucephalus),都被抽象地翻译成像"某甲"或"甲马"之类的词。参见前揭,1:21a 和 2:41b。

议,从三段论推论的实质性条件到各种不同的证明,在选择或阐明术语和前提时的通常错误,以及各种类型的谬误。因此,综合起来看,这五卷提供了全球范围内耶稣会大学都在教授的关于三段论形式方面的一个扼要而又内容广泛的导论。

李之藻和傅泛际先对为他们的专著提供基础的那些作品作了一个说明,以此开始了他们的讨论:

> 《前分析篇》和《后分析篇》的标题并不是亚里士多德选择的;它们只是交待了他完成的是什么工作。我们称之为"究解"("analysis",分析,"审查并拆解")的,是原始文本中所谓的"亚纳利细"。作为解释,我们可以说,分析恢复了构成事物的基本元素。举例来说,房子可以或者在现实中或者通过思维,但不能同时在两种情况下,而被分析为它们所由之构成的基本元素,也就是砖头以及类似的东西。同样地,事物的转变,也可以在现实中或从思维上,而被分析为通过追踪它们所由之构成的基本元素,也就是说,质料、形式,或关于它的缺乏,如此等等。①

如此被确定的"分析"的这两种形式是《穷理学》课程中所说明的哲学的中心。"首要的是关于推理(ratiocinations)(conclusions,推出结论)的分析,它是《前分析篇》的主题。其次是关于这些推理之意义的分析,那是《后分析篇》的主题。"②关于推理的分析,作为《前分析篇》的关注重心,因此也是《论三段论》[74]的重心,详细审察了如下问题,即当做出一个推论时,一个人是否遵循合适的"规则和形式"("规模")。首先,它要求检查构成运用

---

① 南怀仁:《穷理学》,"理推之总论",1:1a。
② 同上。

于一个论证中的前提的那些项;其次,审查构成论证的那些前提;再次,讨论以之得出的论证结论所运用的规则和形式是否正确。这些分析的目标将要证明一个人在论证中从项和前提推论出来的东西是否是以一种形式上正确的方式得出的结论。① 关于结论的意义是否在事实上是真实的这种实质性问题,被归入到《后分析篇》的注释中,这个文本,如果说它曾被完成的话,现在却是课程中佚失了的那部分内容了。

《前分析篇》中有一个问题,就是它没有给三段论提供一个可理解的定义,这在欧洲知识史中很令人遗憾。对中国读者来说,他们不像欧洲人那样,不能被期待将术语的一种口语化理解带入他们对此文本的学习之中,这个进一步复杂化的缺失通向了此著作的主题。不过《论三段论》的编译者们仍然避开了对他们的科英布拉讲义的版本进行改编。想要对三论段获得一个更为清晰的观念的读者们,就需要很深入地钻研这本书,以便拼凑起一个满意的解释。在讨论术语属性的那一段文字里,他们发现了这一部分描述:"接下来,关于三段论,它是一种陈述(a form of speech),基于这种陈述中的某个假设及其意义,就能必然地推断出另一种意义。"②在另外一个地方他们了解到"命题和项是构成三段论的材料"③,以及"一切三段论都必须包含三项",即所谓的"前提"(题列,"题项"[thematic items]),是运用于三段论推论中的命题(题论,"主题之表达"[articulations of a theme])的专

---

① 南怀仁:《穷理学》,"理推之总论",1:1b-2a。
② 同上,1:11b。[译按]参见亚里士多德:《工具论》(上)《前分析篇》,余纪元译,北京:中国人民大学出版社 2003 年,第 85 页。根据本书作者英译,此处译文有较大改动。
③ 同上。

术语。①

即使这本书没有给出多少对三段论概念的澄清,它也提供了有关其构成部分和这些构成部分之运用使得三段论有效的规则的更多信息。并不是所有这种信息都是以方便阅读的方式给出的。就像在《名理探》中那样,这本书的大部分内容都致力于为讲义被安排的具体方式进行辩护,以及对亚里士多德观点的误导性解释的批判。如同在先前刊刻的部分中那样,尽管翻译减少了《逻辑大全》中历史性的和挑起争论的内容,试图发现其核心信息的读者们需要摆脱那些大量的定位文本在当时欧洲辩论中位置的篇幅。然而,一旦真相公开,在一位知识渊博的老师指导之下,这种信息就根本不是难以逾越的障碍,尤其在学习的时候,正如南怀仁打算的那样。仔细察看一下对耶稣会亚里士多德主义三段论的关键教义的解释就能表明这一点。就像《前分析篇》,《论三段论》的实质性内容开始于对前提(the premise)的界定:"何谓前提? 它是将某一种意义适用于某一事物以表达肯定或否定的陈述。"②在三种前提之间进行区分就成为三段论推理的核心:

[75]

> 如果某种意义适用于一切事物,或者没有任何事物与它相对应,那么,我们就有了一个所谓的全称前提(universal premise)。如果某种意义适用于一个事物并与之相关联,或者不适用于一事物并不与之相关联,那么,我们就有了一个所谓的特称前提(particular premise)。既没有"普遍"标志也没有"特殊"标志,并且也与不定数目的事物相对应或不相

---

① 南怀仁:《穷理学》,"理推之总论",1:8a。
② [译按]参见亚里士多德:《工具论》(上)《前分析篇》,余纪元译,北京:中国人民大学出版社 2003 年,第 83 页。根据本书作者英译,此处译文有较大改动。

99

对应的［那些前提］，就被称为不定前提（indefinite premises）。①

像这些设计出来以利于记忆的一连串简明定义，对于引介相对简单的概念是合适的方法，无论《逻辑大全》还是它的中文改译本都充分利用了这种方法。然而，为了阐明更不确定的概念，就需要更复杂的诠释。在这方面最大的挑战之一是，运用经院逻辑学的术语去分析构成三段论之前提的本质结构。除了要提供关于"词项"（terms）、"主项"（subject）和"谓项"（predicate）的明确定义之外，汉语译者在这里还需要解决逻辑学中这三个概念的重叠意义和同样不熟悉的"语法"规则问题，为举例说明其应用而寻找汉语对应词。《论三段论》做出了即使不是完全令人信服但却是令人钦佩的努力来处理这些困难。这本书用《前分析篇》关于"术语"的"古典"（古）定义将这三个概念都加以介绍："诸前提之被分解［的最后元素］，它之所断言的谓项（称谓，'designation'，'指称'）和主项（底，'basis'，'基'，'foundation'，'根据'）被称为词项（限界，'limits'）。"②这似乎是简单的，但正如译者准备承认的，这个定义与《解释篇》相抵触，后者不是将词项而是将"词语"（words）（字语）界定为命题的"最后元素"（末分）。③ 为了解决这个明显的矛盾，《论三段论》主张，"词语"是命题的基石，仅仅是从"言述的艺术"（说艺，"语法"）的角度来看是这样，后者的范围超

---

① 南怀仁：《穷理学》，"理推之总论"，1:7b。［译按］参见亚里士多德：《工具论》（上）《前分析篇》，余纪元译，北京：中国人民大学出版社 2003 年，第 83—84 页。根据本书作者英译，此处译文有较大改动。
② 同上，1:10a。［译按］参见亚里士多德：《工具论》（上）《前分析篇》，余纪元译，北京：中国人民大学出版社 2003 年，第 84—85 页。根据本书作者英译，此处译文有较大改动。
③ 同上，1:11a。

出了逻辑学的狭义目标。而逻辑学的目标不仅仅是解释一种特殊的言述——三段论——从而在其分析中只需考虑前提的"材料部分"(质分),语法涉及任何一种言述的"形式"(模),因此必须确定运用于研究中的此条言述的所有词语之功能。① 所以,语法将命题分解为"名词"(名,"names","名称")、"动词"(务,"办理、安排,或致力于[一个对象]"),也就是说,它是一个"从属于[言述部分]的词",以及"依其自身不具有意义的词语"(自不作义之语),也即是,像介词、连词和代词之类的辅助范畴词(syncategoremata)。相反,逻辑学只考虑出现于任何前提中的两个"端词"(端),也就是主项和谓项。译者解释说,不像名词和动词之类保留有超出命题之外的语法功能,主项和谓项唯一地通过它们与完全的前提语境之联系而获得其逻辑意义。② 然而,或者因为他们信任他们选择用以翻译这些概念的那些术语的字面意义是不言而喻的,或者由于这些术语在《解释篇》的现存改编本中不再被解释,他们没有提供一个关于主项和谓项的更为详细的讨论。尽管如此,耐心的学生也能够从遍布书中的大量例子中归纳出更坚实的理解,在书里这两个概念都突出显示。像下面这段话在帮助他们确定所有三段论得以被建立的逻辑术语上,还有很长的路要走:

> 所有成为主项的事物都属于某一个谓项。它们在数量上或者是多个,或者是一个。这[数量]是此前提的量。因为从作为主项的事物中,我们或者提出多,或者提出一。让我们首先来看看那些属于某一谓项的作为多的事物。在"所有

[77]

---

① 南怀仁:《穷理学》,"理推之总论",1:29b-30a。
② 同上,1:27b。

人都拥有笑的能力"（凡人皆能笑者）中，其中"人"是主项，我们谈论很多人。关于提出的一：在"有一个人，他是一位哲学家"（或一人为穷理者）中，我们提出的那个"人"只是一个存在着的人，或者是这一个，或者是那一个，并且我们谈起他时，说他是一个哲学家。同样的情况也适用于不定前提的主项。在"人是哲学家"（人为穷理者）这句话中，我们只是指不确定的某些人。其意义是这个或那个或任何一个人是一位哲学家。但是当我们提出一个确定的人并说，例如，就是这一个人是一位哲学家，那么我们只是谈论某一个 A（某甲）。①

对于经常被挑出来作为汉语和印欧语系之间，以及扩展开来，双方思想②之间，被认为是不可通约的核心的系词问题，译者发现了一个非常高雅、尽管是含蓄的解决方法。不再坚持认为系词以及因而系动词"to be"与它的矛盾含义存在（existence）和同一性（identity）的一种变体都是无关于其被表述的语言的任何前提的一个必要部分，就像传统三段论所假定的那样，他们强调，与主项和谓项相关的"肯定性动词"（是之务）——如上述"皆……者"（所有某物都是……）和"为……者"（"被视为……"或"据说

---

① 南怀仁：《穷理学》，"理推之总论"，1：20b - 21a。
② 参见葛瑞汉，"西方哲学中的是与中国哲学中的是/非和有/无之比较"（Being in Western Philosophy Compared with *Shih/Fei* and *Yu/Wu* in Chinese Philosophy），前揭，《中国哲学研究》（*Studies in Chinese Philosophy*），第 321—359 页；以及以及让-保罗·雷丁，"古希腊和中国的是"（To Be in Greece and China），载前揭，*Comparative Essays*，第 167—194 页。关于这种观点的哲学与语言学批评，参见沃迪：《亚里士多德在中国：语言、范畴和翻译》，第 51—55 页；和罗杰·哈特（Roger Hart），"译不可译：从系词到不可通约的世界"（Translating the Untranslatable: From Copula toIncommensurable Worlds），载《交流的信物：全球传播中的翻译问题》（*Tokens of Exchange: The Problem of Translation in Global Circulations*），刘禾主编（Durham, N. C.: Duke University Press, 1999），第 45—73 页；第 48—59 页。

是……")这样的例子——应该被看作是谓项的完整构成部分,而不是独立实体的构成部分,更不用说它们自身的"词项"了。① 通过聚焦于拉丁语和其他欧洲语言中系词的逻辑功能——肯定或否定某一谓项适用于前提之主项——而不是其语法形式,译者在不必以前提被表达的方式处理结构之不同的情况下,设法提出汉语的对应功能。这种解决所谓的不可通约性之根源的显著的"现代"方法,其唯一的代价是,它弱化了《论三段论》中介绍的逻辑学理论的形而上学基础。但是假使他们意识到了这一点,译者也显然愿意付出这一代价。[78]

除了这些问题之外,《论三段论》对构成前提的词项的解释成功地描画了逻辑分析基本方面的一个切实可行的概要。越机械的推导运作——例如,亚里士多德认识到的三段论的三种"格"(形)的变换或应用——就适应得越顺畅。至少在公元前三世纪,变项(variables)在中国就已被知道并被广泛运用于数学论著中。② 因此,译者能够以很大的信心在他们关于三段论的技术方面的陈述中支持它们。其在这本书的某些部分的结果就是对亚里士多德概念的近于公式化的刻板展示。一个例子是他们对普遍否定前提("没有 A 是 B")的可转换性的讨论:

> 让我们取一个普遍否定的[拥有词项的前提]A 和 B。那么,如果 A 适用于非 B,它就可以恰当地[说]任意一个 B 都不会适用于任何的 A;因为如果它适用于某物,比如说,一个我们暂且称之为 C 的事物,那么,A 适用于非 B 就将不是

---

① 南怀仁:《穷理学》,"理推之总论",1:30a。
② 关于变量在中文文献中的运用,最早的证据,参见何莫邪:《中国古代的语言和逻辑》,第 333—334 页。

103

真的,因为 C 在事实上是一个 B。①

如果我们挑选的分析不管怎样都是有典型意义的,那么,"理推之总论"就确定了如下一点,即无论是语法方面还是技术方面的困难,都阻止不了耶稣会-亚里士多德的三段论在十七世纪中国的应用,不存在任何不可逾越的技术性障碍。这本书确实引入了一组具有挑战性的借译语(参见表 1.5)。很多这样的借译语都跟《名理探》所使用的术语一致;那些术语都是遵循同样的构词法和借用形式新造出来的。根据其本身,这种新的创造与更早的铸词法相比,似乎也没有多少独创性,并且它们都使用同样无可挑剔的一致性。然而,正如在《名理探》中那样,这些新术语都是相互之间专门地被界定,与任何这部著作的概念方案之外的概念都没有联系。因此,再次地,没有建立起桥梁,从而跨越将这一方案与此书的内容需要去适应的概念环境分离开来的分水岭。

[79]

尽管这些困难明显地影响到了对这部书的通达,但是它们并不保证在耶稣会士的逻辑学与特殊的汉语"思维方式"之间一般是不可通约的这种主张。② 毋宁说,它们所显示的恰恰是,要掌握欧洲逻辑学的概念框架,如同《名理探》和《穷理学》增加部分所展示的,要求这样一种努力,即按照严格的字面意义来说,要求等同于学习一门外语的那种努力。李之藻,尽管既忍受年老体弱之苦,同样也忍受他开始翻译的主题的他异性与复杂性之苦,却明显想方设法去洞察甚至去澄清由其翻译合作者傅泛际迟疑不决地向他解释的那些最错综复杂的概念。所有这些都要求克服一

---

① 南怀仁:《穷理学》,"理推之总论",2:5a。
② 参见钟鸣旦,"十七世纪耶稣会士与中国学者相互接触中的'格物穷理'",第 417 页。

第一章 首度邂逅：明末清初耶稣会士的逻辑学

[80]

表 1.5 《穷理学》(1683 年) 中与演绎推理 (三断论) 相关的术语

	英文术语	汉字	汉语拼音	重译
1	logic	理辩 理辩学	Libian libianxue	'rational argument'，理性论证 'science of . . .'，关于……的科学
2	reasoning	理推	litui	'rational inference'，理性推论
3	syllogism	理推	litui	'rational inference'，'reasoning'，理性推论、推理
4	demonstrative syllogism	指显理推	zhixian litui	'ostentatious reasoning'，公开证明性推理
5	dialectical syllogism	推辩理推	tuibian litui	'argumentative reasoning'，论证性推理
6	hypothetical syllogism	若之理推	ruo zhi litui	'as-if reasoning'，假设推理
7	enthymeme	非成全理推	fei chengquan litui	'imperfect reasoning'，不完美推理
8	definition	界义	jieyi	'delimiting the meaning'，确定含义，定义
9	analysis	究解	jiujie	'examining and taking to pieces'，审察并分解，分析
10	term	限界	xianjie	'limit'，界定，术语
11	simple term	专一之限界	zhuanyi zhi xianjie	'unique limit'，唯一限定
12	complex term	合成之限界	hecheng zhi xianjie	'composite limit'，综合限定
13	singular term	子一之限界	jieyi zhi xianjie	'individual limit'，个别限定
14	universal term	公之限界	gong zhi xianjie	'public/general limit'，公共/普遍限定

105

续表

	英文术语	汉字	汉语拼音	重译
15	subject	底	*di*	'basis, foundation', 根据, 基础
16	predicate	称(谓)	*cheng(wei)*	'designation', 指称, 谓项
17	verb	务	*wu*	'subservient [part of speech]', 陈述的附属部分
18	proposition	题论 题列	*Tilun* *tilie*	'articulation of a theme', 命题 'thematic item', 题项
19	hypothetical proposition	先设之题列 若设之题列	*xianshe zhi tilie* *ruoshe zhi tilie*	'presupposed proposition', 前设命题 'assumed proposition', 假设命题
20	contingent proposition	可不然之题列	*keburan zhi tilie*	'unnecessary proposition', 未必然命题
21	quality (of proposition)	何似	*hesi*	'what like?', 质量
22	true	是 真	*Shi* *zhen*	'right, true', 正确, 真 'true', 真
23	false	非	*fei*	'wrong, false', 错误, 谬误
24	quantity (of proposition)	几何	*jihe*	'how much?', 变量
25	predicated of all	称凡者	*cheng fanzhe*	'said of all', 全称
26	predicated of none	称无一者	*cheng wuyizhe*	'said of none', 否定
27	universal	公	*gong*	'general, public', 普遍

续表

	英文术语	汉字	汉语拼音	重译
28	particular	特	te	'particular, special', 特殊
29	indefinite	非限定	fei xianding	'not defined', 未限定的
30	affirmative proposition	是之题列	shi zhi tilie	'right/true proposition', 真命题
31	negative proposition	非之题列	fei zhi tilie	'wrong/false proposition', 假命题
32	particular proposition	特之题列	te zhi tilie	'special proposition', 特称命题
33	universal proposition	公之题列	gong zhi tilie	'general proposition', 全称命题
34	universal affirmative proposition	公且是之题列	gong qie shi zhi tilie	'general and right/true proposition', 普遍真命题
35	universal negative proposition	公且非之题列	gong qie fei zhi tilie	'general and wrong/false proposition', 普遍假命题
36	particular affirmative proposition	特且是之题列	te qie shi zhi tilie	'special and right/true proposition', 特称真命题
37	particular negative proposition	特且非之题列	te qie fei zhi tilie	'special and wrong/false proposition', 特称假命题
38	premise	题列	tilie	'thematic item', 前提, 题项
39	major premise	首列	shoulie	'first item', 首项, 大前提
40	minor premise	次列	cilie	'second item', 次项, 小前提
41	conclusion	收列 收也者	Shoulie shouyezhe	'final item', 结项, 结论 'that which results', 结果
42	antecedent	先	xian	'prior, first', 先于, 首先

107

续表

	英文术语	汉字	汉语拼音	重译
43	consequent	收	shou	'result, last', 结果, 结论
44	rule (of syllogism)	规式	guishi	'pattern, standard', 模式, 标准
45	figure (of syllogism)	形	xing	'form', 形式
46	mood (of syllogism)	规	gui	'rule, pattern', 规则, 型式
47	conversion	相转	xiangzhuan	'to turn over, convert', 转换
48	contraposition	反置	fanzhi	'to switch positions', 位置切换
49	transposition	相移	xiangyi	'to move one another', 相互移动
50	opposition	相对	xiangdui	'opposed to one another', 相对
51	contradictory	相悖	xiangbei	'contrary to one another', 对立
52	contrary	相反	xiangfan	'the opposite of one another', 相反
53	formal principle	模之元始	mo zhi yuanshi	'formal origin', 正式原则
54	material principle	质之元始	zhi zhi yuanshi	'material origin', 质料原则
55	generalization	总理	zongli	'to summarize', 总结
56	induction	引推	yintui	'to infer by citation', 引出
57	example	譬推	pitui	'to infer by example', 例推, 类推
58	analogy	相似	xiangsi	'similarity', 相似

切易于被贴上"不可通约性"标签的品质,如刻苦勤勉、坚韧毅力、某种创造天赋,以及最重要的反复练习。

(3)《穷理学》与康熙大帝

作为一种网罗,《穷理学》这部深奥难懂的著作很难说得上是吸引人的。南怀仁所预计的猎物,其中的任何人能被它意外地捕获,那看起来几乎是匪夷所思的。但是南怀仁并没有将其事业的成功留给偶然的机遇。如果他获得了皇帝的支持刊刻这部著作,并且最终说服康熙将它纳入选拔官员的科举考试之中,他的网罗机关就将瞬间封住关口。那些有抱负的中国文人也就无从选择,只有学习这门哲学课程以便得到晋升,而一旦他们受到了这种适当的推理方法的训练,他们将很容易地发现通往神圣律法的道路。①

由于皇帝亲自鼓励他从事其编译计划,南怀仁有理由期待他的计划会取得成功。然而,经验告诉他,康熙经常改变他的想法,以便平衡朝廷的派系斗争。因此,关键是要为批准提供极好的无可辩驳的论证。为了达到这个目标,南怀仁在1683年10月16日撰写了一篇很长的奏折,在其中他将皇权与他已完成的著作相并列。这一奏折最终是试图在不提及其名称的前提下将欧洲逻辑学[81]置于中国最珍爱的学科之列,即使只是作为战略目标。利用他作为天文学家的名望,南怀仁专注于在历法管理、日食预测和三段论的"理推之法"之间建立联系。但是他还强调这一新奇方法对学术和政府部门的其他领域的重要性,在那些领域中也有可能吸引皇帝及其非基督徒扈从的注意力。这一文献的完整文本如下:

---

① 杜宁-茨博特:《耶稣会档案中的中国历史文献集成,1641—1700年》,第2卷,第Ⅳ部分,第Ⅳ章,第1页,第1a页。另参见Golvers,"南怀仁中国亚里士多德拉丁文献(科英布拉)导论:来自西方的新证据",第41—42页。

您的仆人,治理历法加工部右侍郎又加二级南怀仁谨奏为恭,进呈《穷理学》一书,以便阐明历理,并打开通往为使千秋万代一切事务皆得妥善解决的数百种科学之门。拙见所及,历法工作和季节说明是帝国的头等大事。陛下超越百代之治,如同太阳之光辉使众星相形见绌。现在,在历法计算方面,我们依据它们所由以构成之"数(numbers)"及其据以成立之"理(patterns)"。如果在计算中,我们只有数,而没有理,那我们就将像只有肉体而无灵魂的人,或者如同被固定了位置而不能围绕地球旋转并照亮地球的天体。

[82]　历法之理是隐藏于众星持续不断的运动背后的原因,犹如春季时溪水自然流动一样。我精读了二十一朝史的记录。从汉朝起,历法报告都只寻求算法和数;他们罕有追索精确之名理者。尽管涉及革新[历法]的部分都是历数,但它们实质上互相接近,并且虽然在他们之中有一两个新观念得以形成,但他们不能理解[行星运动之]根源。只有由郭守敬[1231—1316年]编修的元代[1260—1368年]历法可以说是精确的,①但是他的算法也并非完善。甚至在他那个时代,诸多不讲规则的做法也很流行,以至于没有发生日食却推出了日食,或者发生日食反而没有推出来。由于[郭守敬]确立的方法在其被推行之后仅十八年[也即一个月亮周期]就显示出严重的缺陷,今天我们怎么还能采用它们呢?

陛下的钦天监已经很完善了。我们现在拥有诸如《康熙永年历表》(1678年,*The Perpetual Calendar of the*

---

① 参见李约瑟:《中国的科学与文明第3卷:数学、天文学与地学》[也即《中国科学技术史》],第367—389页。

Kangxi Emperor)和《新制灵台仪象志》(1674 年,*Descriptions of Newly-built Astronomical Instruments in the Imperial Observatory*)这样的历书。① 关于历法各个方面的文件共计 150 多卷已经刊刻印行。确实,历法手册之兴盛可以说已掀起一个高潮! 不过,您的臣民仍需要某些东西,不是要补充历法之理的内在根据,而是要增强向外看的目光,也就是要颁布洞察理型之科学(穷理学,也即欧洲哲学),以便进一步阐述这些书中所概述的历法之理,从而使那些研究历法者能够像了解它的数那样认识其理,那么其光芒也将被所有人都看到。

今天对历法进行研究的人为什么只知道其数而不理解其理,原因是,他们不知道"理推之法"。这一点在各类有关此主题之书对天文和历算之理的讨论中是非常明显的。不了解"理推之法"就如同拥有一个掩埋于地下旷脉里的黄金宝藏而无法挖掘一样。同样地,当这些书在其算法上仍然只坚持数而不去考察理,这就像手里徒劳无益地举着一盏灯却不能使用它的光一样。

从今以后,那些将要学习历法学的人必须首先使自己熟悉哲学学科。因为历法学是哲学的一个分支。如果没有哲学,就不可能有真正的历法学;那就类似于无根之木:它的树枝又从哪里生长出来呢? 以前朝代的历算为什么混乱并且其传统也破坏掉了,为什么它们都模糊晦涩而不清晰,唯一的原因就是演绎推理(三段论)的方法不为人所知。从您的

[83]

---

① 两部历书都是在南怀仁指导下编制的。例如,参见席泽宗,"南怀仁对中国科学的贡献",载魏若望主编:《南怀仁(1623—1688):耶稣会传道士、科学家、工程师和外交家》,第 183—211 页;第 184—202 页。

臣属被召到京城以来直到现在的二十四年里,我日以继夜殚精竭虑完善这项演绎推理(三段论)方法。我已经彻底考察了有关哲学的文献。所有这些文献都被从西方语言中翻译过来,但尚未刊刻发行,我对编译进行了校订、扩展,并准备出版;对于那些尚未完成的翻译,我也继续一本本地增补并编辑成册,期待我因此而能够使得演绎推理方法的要素成为便于利用之物。

关于此事我已提交一份奏折。一年多以前,我受到陛下垂顾,询问我是否已经完成科学和哲学文献的翻译工作。这表明陛下您在日理万机的政务繁忙中仍然不辞辛劳亲自关心学术调控,这需要高超的智慧,并且表明您了解哲学是一切科学之根基。所以,所有已故和在世的声名卓著的学者们也在他们讨论每一科学中属于本质、精细、纯粹和珍贵内容的书中说过,哲学是所有学术之根源;它(哲学)会纠正时文中错误的观点,是真正可能性的试金石;它是一切技巧的裁判员和属灵事务的亮光;是智力之眼和道德关切之钥;它在科学中确属出类拔萃,卓绝超群。若没有演绎推理方法,军事科学、工程学、医药学、法学、测量学和计量学都必定将停留于浅薄而永远不可能成为精确的艺术。

此外,遍及天下之学者,无论渊源和等级,在其所有论述中都将"理"视为首要的。尽管如此,也总有一些人不知道如何根据"理"来辨别是非。他们的理论也不能中止相互矛盾,并且他们也不可能取得一致。但是确然无疑,一定存在某种方法解决他们的争论。这种方法不是别的,就是演绎推理(三段论)的方法。演绎推理方法能够使人心和谐一致,并能完成帝国中的所有任务;因此我们可以说它能够平定天下。

第一章 首度邂逅：明末清初耶稣会士的逻辑学

从现在起的许多年后，总有一天，宝塔城池、护城河以及其他精巧之作都将毁灭，与之相伴随，那些建造了这些精巧之物的人的姓名也将逐渐被人遗忘。然而，孔孟之学则历千万代而永光，"理推之学"也是同样的真实。"理"是人性的本质之成分；它被永久地刻入我们人的心灵之中。同样地，陛下今天确立理型之研究的声名也将极其坚固，并将永恒地镌 [84] 刻于人类之心中，因为人性永远不会消亡。陛下之功业也将像孔孟那样在天下同闪光芒。

我把我撰写的这部六十卷讨论哲学之书呈给陛下，请您检阅，谦卑地恳求，以您那超凡的智慧，您将同意允许将之刊刻。您的仆人，从历算开始并且所用语词超出恰当之范围，因而亲身审订此书，谨向陛下恭进此书与此奏本。①

附《进呈穷理学书奏》原文如下：

洽理历法加工部右侍郎又加二级南怀仁谨奏为恭

进穷理学之书，以明历理，以广开百学之门，永垂万世事。窃惟治历明时，为帝王之首务；今我皇上治历明时，超越百代，如太阳之光，超越诸星之光。然盖历法有属法之数，有立法之理，设惟有其法之数，而无其法之理，即如人惟有形体，而无灵性，亦如诸天惟有定所，而无运动之照临焉。夫历理为诸星恒动定规之所由，如泉源为永流之所自也。尝观二十一史所载，汉以后诸家之历详矣，大都专求法数，罕求名

---

① 南怀仁，"进呈穷理学书奏"，重印于徐宗泽：《明清间耶稣会士译著提要》，第191—193页。这份奏折，大约有一半内容被 W. Vande Walle 为 Golvers 翻译成英文，但并不完全可靠，参见 Golvers，"南怀仁中国亚里士多德拉丁文献（科英布拉）导论：来自西方的新证据"，第38—39页。

理;修改之门户虽歧,实则互相依傍;虽间有出一二新意,亦未能洞晓本原。惟元郭守敬之历,号称精密;顾其法亦未尽善,在当日已有推食而不食,食而失推之弊;其立法之后,不越十八年,其差已如此,况沿至于今日哉。今我皇上之治历,已为全备,其书则有永年历表,有灵台仪象志,有诸历之理指一百五十余卷。历典光明,可谓极矣。然臣犹有请者,非为加历理之内光,惟加历理之外光,将所载诸书之历理,开穷理之学,以发明之,使习历者知其数,并知其理,而后其光发见于外也。今习历者,惟知其数,而不知其理;其所以不知历理者,缘不知理推之法故耳。夫见在历指等书,所论天文历法之理;设不知其推法,则如金宝藏于地脉,而不知开矿之门路矣。若展卷惟泥于法数,而不究法理;如手徒持灯簷,而不用其内之光然。故从来学历者,必先熟习穷理之总学;盖历学者穷理学中之一支也。若无穷理学,则无真历之学,犹木之无根,何从有其枝也。所以前代历法坏乱失传,朦胧不明者,皆不知理推之法故也。臣自钦取来京,至今二十四载,昼夜竭力,以全备理推之法,详察穷理之书,从西字已经翻译而未刻者,皆较对而增修之,纂集之;其未经翻译者,则接续而翻译,以加补之,辑集成帙,庶几能备理推之要法矣。前曾在内庭奏闻,及越一载,复蒙上问格物穷理之书已翻译完毕否?此见我皇上万几之中,尤勤念于典学,明睿所照,知穷理学为百学之根也。且古今各学之名公凡论,诸学之粹精纯贵,皆谓穷理学为百学之宗,谓订非之磨勘,试真之砺石,万艺之司衡,灵界之日光,明悟之眼目,义理之启钥,为诸学之首需者也。如兵工医律量度等学,若无理推之法,则必浮泛而不能为精确之艺。且天下不拘何方何品之士,凡论事物,莫不以理为主,但常有不知分别其理之真伪何在,故彼此恒有相反之说,而不能归于一,是必有一确法以定之,其法即理推之法耳。然此理推之法,洵能服人心,而成天下之务,可以为平天下之法也。若宝塔城池,奇巧等工,年代已久,必至湮没,而创立者之名,亦与之湮没矣。孔孟之学,万世不磨,理推之学,亦然;盖理为人性之本分,永刻在人类心中,今皇上开理学之功名,必同刻在人心为永远之巩固;缘人性永远不灭,职是故也。由此而皇上之功,与孔孟齐光于天壤矣。兹缮成穷理之书六十卷,进呈御览,伏乞睿鉴,镂板施行,臣原从历法起见,字多逾格,为此具本亲斋,谨具奏闻。

把标准奏折和强制性谄媚放在一边,南怀仁的论证是非常直白坦率的。掌管历法是帝国的首要任务,但天文计算却还是自古以来就存在瑕疵。即使最好的传统之法也导致了误算和错推。以忽略基础性的"理"为代价而片面的关注"数",是这些缺陷的主要原因。在康熙统治时,这些传统缺陷在南怀仁及其后继者的帮助之下得到了纠正,与中国天文学家不同,他们懂得"理"对于科学探究的重要性。进一步完善历算方法的最好途径是传播这一课程中介绍的欧洲哲学,"洞察理型之科学"。哲学是所有科学之根基和源头,因为它提供了一套强有力的"推理方法"(理推之法),即三段论。通观这份奏折的语境,南怀仁的新词"理推之法"老练地将他对"演绎推理(三段论)方法"的支持论证的关键点编织在一起。理,"理型"(patterns),并且还有"人的理性",都被首先挑选出来,作为精确的"历算之法"(法,也是"方法")和所提及的"预测[例如,日食]"意义上的"推"("推动,向前,推断")的必不可少的基础。复合词"理推",正如我们所看到的,贯穿《穷理学》

全书，既被用来翻译"推理"（reasoning），也被用来翻译"三段论"（the syllogism）。所以，"理推之法"不仅可被理解为"三段论方法"，或更字面的意思，"理性推理的方法"，还可被理解为"根据理型［作日历］预报的［计算］方法"，因此就是为清廷天文学之缺陷所准备的灵丹妙药！不过，南怀仁坚持认为，推理方法的效用延伸到日食预测的领域之外。它还可以用来防止判断错误和科举考试中的欺骗，澄清精神关怀，推进人的智力，以及阐明伦理原则。另外，它是军事科学、工程学、医学、法学、测量学和计量学必不可少的工具——简而言之，是与帝国命运息息相关具有实践价值的所有知识领域不可缺少的工具。最后，推理方法能够帮助以绝对的确定性解决看起来似乎无休止的学者争论。由于所有这些原因，决定刊刻发行这一课程并传播哲学研究不仅能使皇帝得到子孙后代的永恒颂扬，而且更直接地给他提供"平天下"的强大工具。

[85]

因此，南怀仁确实也为其逻辑的蜘蛛网提供了一个强有力的实例。他屡次强调这门课程除了其深奥难懂的表象之外，对广泛的实践性应用是极其有益的。但是这些主张足以吸引皇上进入他的网罗吗？康熙皇帝的最初反应是不明确的，并且符合标准的官僚政治程序。1683年10月27日，他颁布命令"礼部翰林院会同详看议奏书并发"。① 那些专心于儒家教义的完整性的官员回复说，这个课程"不是以中国通常的风格写成的，所以只有在未来某个时候才需要达成一个不偏不倚的判断"。② 鉴

---

① 皇帝御批，转引自徐宗泽：《明清间耶稣会士译著提要》，第193页。
② 杜宁-茨博特：《耶稣会档案中的中国历史文献集成》，第2卷，第IV部分，第IV章，1，第1b页。译文改自Golvers，"南怀仁中国亚里士多德拉丁文献（科英布拉）导论：来自西方的新证据"，第46页。

于此书的复杂性,他们最后的裁定没多久就做出了。1683年12月31日,他们向皇帝建议不允许刊刻并传播这一课程。由内阁大学士明珠(1635—1708)明确提出并在许多文献资源中被引用的官方理由,与逻辑学或推理方法的复杂性没有多大关系。毋宁说,正统观念的捍卫者对这部书中提出的"人之知识记忆皆系于头脑"而不是"心"的这种说法感到生气,这两种说法在经典中都有提及。① 这个争论应该被视为多严重,对此还尚无定论。本杰明·艾尔曼将它解释为中国和欧洲医学思维之间具有显著差异的证据。② 然而,同时代的观察者把这一争论看作仅仅是一个借口,对我来说这看起来似乎更有道理。对他们而言,那些朝廷中的敌基督教者,③他们通常被耶稣会士们嘲笑为"拉比(the Rabbis)",最终识破了南怀仁的网罗,这是很明显的。因此,他们拒绝的真正原因是,用杜宁-茨博特的话说,"欧洲哲学不符合中国人的观念,并且包含于其中的神圣律法的一个特殊教义与统治了中国这么多世纪的智慧和宗教背道而驰"④。

[86]

---

① 《康熙起居注》,中国第一历史档案馆编(北京:中华书局,1984年),第2卷,第1104页。译文改自杜鼎克和钟鸣旦,"南怀仁的《穷理学》(1683)",第17页。
② 艾尔曼:《科学在中国(1550—1900)》,第146—147页。关于中国耶稣会士在有关"心"的问题上的争论的某些意识形态支柱,参见Qiong Zhang,"经院心理学与中医的混合:一个十七世纪中国天主教徒的心(心灵和心脏)的观念"(Hybridizing Scholastic Psychology with Chinese Medicine: A Seventeenth-Century Chinese Catholic's Conceptionsof *Xin* (Mind and Heart),载《早期科学和医学》(*Early Science and Medicine*)13(2008):第313—360页;第325—343页。
③ 参见范德望(Willy Vande Walle),"南怀仁与中国官僚",载魏若望主编:《南怀仁(1623—1688):耶稣会传道士、科学家、工程师和外交家》,第495—515页。
④ 杜宁-茨博特:《耶稣会档案中的中国历史文献集成》,第2卷,第IV部分,第IV章,1,第1b页。译文改译自Golvers,"南怀仁中国亚里士多德拉丁文献(科英布拉)导论:来自西方的新证据",第46页。

皇帝在这个事情上的个人立场很难评估。毕竟,如果南怀仁的证言是可靠的,他曾经鼓励教父编译这部书。然而,至少在公开场合,康熙并没有否决或限制其官员的裁定。相反,在官方记录中,通过指出"此书内文辞甚悖谬不通",①他被引述为是认同其顾问的意见的。另一方面,皇帝继续通过密使来寻求哲学上的指导,据说这些密使在夜间向他报告他们白天在南怀仁宅邸就此主题学到的东西。② 因此,即使他不同意他的高级官员的意见,康熙表面上也不会把这个问题看得有多重要,以至冒公开不和的风险。相应地,他颁布命令,教父的请求确实被拒绝了,他的手稿也被返还。五年多以后,南怀仁以推理方法的铁夹网罗中国精英的努力化为了泡影。

结束语

[87]　　随着这次的再度拒绝,明末清初耶稣会士逻辑学的故事就结束了。正像在它之前的《名理探》那样,《穷理学》也几乎立即就被废弃了。现存的提及逻辑学的唯一汉语文献是《西学凡》,但是,正如我们所看到的,艾儒略对"络日伽"的记述是如此零散,以至于它很难激发兴趣和好奇心。特别是与数学和天文学等科学的惊人成功相比较,欧洲逻辑学向中国话语世界的首次翻译因而就必须被视为一次引人注目的失败(即使"失败叙事"——有正当理

---

① 《康熙起居注》,第 2 卷,第 1104 页。参见杜鼎克、钟鸣旦,"南怀仁的《穷理学》(1683)",第 17 页。
② Golvers,"南怀仁中国亚里士多德拉丁文献(科英布拉)导论:来自西方的新证据",第 46—48 页。

由——在最近的科学与思想跨文化传播研究中开始变得不那么令人喜欢了)。① 不过,我们必须要搞清楚这一失败背后的原因。在狭义的文本层次上,李之藻和傅泛际确凿无疑地证实了不可能用汉语寻找或创造出一套语言来阐述逻辑学概念,甚至译者不能识别出一种帮助他们或其未来读者摆放这一主题的本土语境。如果他们辛劳的成果仍然极其难以卒读,这与其说是他们文体或术语选择上存在缺陷的结果,倒不如说是耶稣会逻辑学概念语汇之复杂性的结果。

然而,正如李之藻的例子证明的,这一套语汇并非是"中国式思维"所无法理解的。那些坚持要进入《名理探》或《穷理学》概念大厦的学生,如果他们愿意像李之藻那样学习和记住大量新术语和新概念,并按照它们在推理和论证中的运用来练习那些规则或"语法",他们就能做到。因此,正如我上面已经证明了的,学习耶稣会逻辑学所要求的努力,看上去就跟学习一门外语所必然要承受的痛苦一样。但是明末或清初的中国,耶稣会士们始终没有开始教授那样的语言,因为他们没有说清楚人为什么应该承受那样的痛苦。许诺发现或返回基督教的真理,这对非基督徒的中国读者毫无吸引力。从基督教批评者的眼光来看,它们倒不如说遮蔽[88]了这一学科所有其他可能的应用,无论它们被宣扬地多么精妙。因此,耶稣会士为采用"络日伽"而进行的游说,就被解释为又一

---

① 例如,参见钟鸣旦,"作为文化传播案例的明末清初中国基督教"(Christianity in Late Ming and Early Qing Chinaas a Case of Cultural Transmission),载《中国与基督教:历史的包袱,未来的希望》(*China and Christianity: Burdened Past, Hopeful Future*), ed. Stephen Uhalley Jr. and Xiaoxin Wu (Armonk: M. E. Sharpe, 2001), 81–116; 87–90.

个动摇儒家经典作为所有真理唯一且最终来源之权威的传教策略，从而被拒斥。只要这一权威完好无损，就不会有被介绍或被感知为一种竞争性信仰的顺从婢女的逻辑学及其顽固外国信使的任何立足之地。

第二章 偶然的序曲:十九世纪新教徒作品中的逻辑学

> 如今正在使用的逻辑学大多用来修补和校正那些建立[89]在普遍持有的观念之上的错误,而不是帮助发现真理,这种做法弊大于利。
>
> ——弗朗西斯·培根:《新工具》

直到十八世纪早期,耶稣会使团由于内部分歧而丧失了其动力,并继续受到敌对教派的攻击,这种攻击在众所周知的礼仪之争中达到高潮。① 中国这边的条件也恶化了。随着1722年康熙皇帝的驾崩,耶稣会使团丧失了帝国的保护。1724年,雍正皇帝(1678—1735)禁止了一切传教活动。② 他那颇有敌意的诏书标志着中国人与欧洲科学和思想相遇的一个中断就此开始。虽然

---

① 参见孟德卫(David Mungello):《中国礼仪之争:其历史与意义》(*The Chinese Rites Controversy: Its History and Meaning*)(Nettetal: Steyler, 1994)。另参见鲁保禄(Paul A. Rule):《孔子:耶稣会士的儒学诠释》(*K'ung-tzu or Confucius: The Jesuit Interpretation of Confucianism*)(Sydney: Allen & Unwin, 1986),第88—149页。

② 钟鸣旦:《中国基督教史研究手册第一卷:635—1800年》,第313—318页。

接触从未完全被切断，某些传教士还继续在各个地方秘密活动，但是大量非商业性交流停滞了将近一个世纪。① 南怀仁不幸的演绎推理罗网失败之后，将近两百年的时间里，欧洲逻辑学没有在汉语语境下被提到。

1. 新教作者与西方知识

十九世纪初，基督教传教士再次率先开始了中西交流。将多半是英国和美国的新教徒从 1807 年开始带向中国海岸的福音派运动，在很多方面都与耶稣会士的事业存在显著差异。至少从事后分析来看，新教传教士的动力似乎与欧洲扩张时期关系密切，而这一扩张时期是由商业利益和殖民愿望引发的，②受到工业革命过程中所取得的无比强大的军事实力的保护，并且伴随着卑劣的文化情感和通常是"种族的"优越感，这种优越感被用来证明如下自以为是的信念，即在通往全球"进步"的单边确定道路上的任何障碍都能够也应该被剔除，如有必要不惜动用武力。③ 尽管如

---

① 参见卫周安（Joanna Waley-Cohen）:《北京的六分仪：中国历史上的世界潮流》，*The Sextants of Beijing: Global Currents in Chinese History*（New York: Norton, 1999），92–128。

② 参见何伟亚（James L. Hevia）:《英国的课业：19 世纪中国的帝国主义教程》（*English Lessons: The Pedagogy of Imperialism in Nineteenth-Century China*）（Durham, N.C.: Duke University Press, 2003），第 1—29 页及其他各处，[译按] 中译本参见何伟亚:《英国的课业：19 世纪中国的帝国主义教程》，刘天路、邓红风译，北京：中国社会科学出版社，2007 年。以及 DavidPorter, "A Peculiar but Uninteresting Nation: China and the Discourse of Commercein Eighteenth-Century England," *Eighteenth-Century Studies* 33, no. 2 (1999–2000): 181–199。

③ 参见迈克·亚达斯（Michael Adas）:《作为人类量度的机器：科学、技术及西方统治的意识形态》（*Machines as the Measure of Men: Science, Technology, and Ideologies of Western Dominance*）（Ithaca, N. Y.: Cornell University Press, 1989），第 79—94 页，第 177—193 页。

此,所有的牧师,包括那些作为传教士来到中国却在服务于中外贸易或清政府中建立了职业生涯的人,这些新教传教士的帝国主义背景不能自动为对他们目的和行动的大规模谴责背书。即使帝国的妄想形成了许多观念和行动,①只有少数新教徒像他们的耶稣会士前辈那样,拥有可敬的个人动机并显示出愿意忍受相当大的艰难困苦,不仅去拯救外邦人的灵魂,而且还提供实际的帮助,减缓大量困苦穷乏的人。但是,不可否认,他们与欧洲新势力的邪恶联盟帮助了所有十九世纪传教士,在缺少稳定环境的情况下,为他们的运营活动提供了比清政府所倾向于允许的更多自由。

传教士们的一个实质性工作是,致力于通过介绍来自西方并关于西方的"有用知识"唤起中国人对基督教教义的好奇心。尽管他们并不与精英人物分享方法,正是这种方法使耶稣会士们将首要的目标对准中国官僚机构中的最高层,但是很多新教徒们逐渐认识到,如果他们想要在天朝获得稳固的立足点,就还需要吸引学术性支持。因此,他们也投入大量精力将"知识品味"增加到他们严肃冷静的福音之中。与耶稣会士不同,新教传教士几乎从未想要从西方的人文传统——或当时被称为的"道德科学"——中抽取这样的品味,为了不在道德问题上破坏圣经的卓越。作为替代,他们将其活动集中于自然哲学,直到1860年代,才开始关注英国自然神学的一个特殊分支。②

[91]

---

① 参见艾利克(Eric Reinders):《借来的神与异物:基督教传教士想象中国宗教》(*Borrowed Gods and Foreign Bodies*: *Christian Missionaries Imagine Chinese Religion*)(Berkeley and Los Angeles: University of California Press, 2004)。
② 戴维·莱特:《翻译科学:中华帝国晚期西方化学的传入,1840—1900年》,第72—99页。

在整个十九世纪中，由新教徒作者们引进的科学与被耶稣会士介绍的文艺复兴时期的知识几乎没有什么共同之处。虽然并不总是与时代发展保持一致，但西方知识的新教徒版本稳固地植根于后牛顿欧洲的概念世界之中。除了数学以及在较小程度上天文学继续激起中国读者兴趣之外，①新教徒将最强的重点放在了欧洲医学②以及首先是作为当时领导科学的化学的最新成就上。③ 但是他们也传授他们认为对中国"有用"的其他学科的知识，最突出的是物理学④和地球科学⑤的各种分支学科。植物学⑥和动物学情况特殊，正如范发迪（Fa-ti Fan）所表明的，因为在这些领域，传教士和其他外国人不仅有兴趣传播知识，而且还

---

① 参见洪万生（Wann-Sheng Horng）：《李善兰：十九世纪末期西方数学在中国的影响》(Li Shanlan: The Impact of Western Mathematics in Chinaduring the Late Nineteenth Century) (Ph. D. diss., City University of New York, 1991)；以及胡明杰：《合璧中西数学：中国代数和微积分导论》(Merging Chinese and Western Mathematics: The Introduction of Algebra and theCalculus in China, 1859 - 1903) (Ph. D. diss., Princeton University, 1998)。
② 参见吴章（Bridie J. Andrews）：《中国现代医学的形成，1895—1937 年》(The Making of Modern Chinese Medicine, 1895 - 1937) (Ph. D. diss., University of Cambridge, 1996)。另参见韩依薇（Larissa Heinrich）：《来世图像》(Afterlife of Images)。
③ 参见戴维·莱特的《翻译科学》；以及雷尔登-安德森（James Reardon-Anderson）：《变化的研究：化学在中国，1840—1949》(The Study of Change: Chemistry in China, 1840 - 1949) (Cambridge: Cambridge University Press, 1991)。
④ 王冰，"明清时期（1610—1910）物理学译著书目考"(A bibliographic study of translated workson physics in Ming and Qing China, 1610 - 1910)，载《中国科技史料》7，1986 年第 5 期：第 10—20 页。
⑤ 邹振环：《晚清西方地理学在中国——以 1815 至 1911 年西方地理学译著的传播与影响为中心》(Western geography in late Qing China) (上海：上海古籍出版社，2000 年)。
⑥ 梅泰理（Georges Métailié），"中国现代植物学的清代源头"(Sources for Modern Botany in China during the QingDynasty)，载《日本研究》(Japan Review) 1993 年第 4 期：第 1—13 页。

更醉心于收集知识,尤其是那些欧洲未知的物种。① 在自然科学方面,新教徒作者们似乎或多或少地持续避开的唯一领域是被达尔文进化论所影响的生物学和自然史学,这是可能拥有破坏圣经创世叙事的领域。② 而他们从未错过阐明欧美新生的技术优势的机会,这是清王朝在被迫与西方列强的冲突中付出沉重代价时不得不反复承认的事实。

[92]

新教徒们必须要克服的翻译问题与耶稣会士两个世纪以前面对的问题是完全一样的。虽然某些传教士尽其可能以屈尊纡贵的术语交谈,它们对作为科学与思想之媒介的汉语的不适合性是天然的,但是最大的障碍仍然是词汇。③ 在他们为其想要传播的理念创造新术语时,新教徒译者主要效仿耶稣会士,并依赖于中国合作者的专业知识。只有少数更粗鲁或更自负的欧洲人坚持认为,他们最了解汉语需要如何改变才能适应西方观念。尤其是在化学领域,想象力自由驰骋。比如说,为了表达元素的名称,一位译者发明了一套荒唐复杂的新汉字,而另一位译者为了表达

---

① 范发迪:《清代在华的英国博物学家:科学、帝国与文化遭遇》(*British Naturalists in Qing China*:*Science*,*Empire*,*and Cultural Encounter*)(Cambridge, Mass.:Harvard University Press,2004)。[译按]中译本参见范发迪著,袁剑译,中国人民大学出版社2011年版。
② 本杰明·艾尔曼:《科学在中国(1550—1900)》,第345—352页。另参见汪子春,"中国近代生物学发展概况"(Outline history of biology in modern China),载《中国科技史料》9,1988年第2期:第17—35页。关于科学与宗教之间关系的更一般的观点,参见 A. Hunter Dupree,"达尔文时代的基督教与科学共同体"(Christianity and the Scientific Community in the Age of Darwin),载《上帝与自然:基督教与科学的碰撞史学论文集》(*God and Nature*:*Historical Essays on the Encounter between Christianity and Science*),David C. Lindberg and Ronald L. Numbers 编(Berkeley and Los Angeles:University of California Press,1986),第351—368页。
③ 戴维·莱特,"现代西方科学在十九世纪中国的翻译,1840—1895",(The Translation of Modern Western Science in Nineteenth-Century China, 1840-1895)载《伊希斯》(*Isis*)89,1998年第4期:第658—661页。

公式,设计出不能发音的假汉字,以代替各种化合物的名称。①即使在新教徒翻译中介绍的更严肃的成功词汇创新也发生了很大变化,不再像依赖中国公众对新术语所隶属的科学的兴趣变化那样,过于依赖个体创造的固有德性了。②

[93]　　通过标题数量来判断,新教徒科学论文和翻译的产量要远远超过耶稣会士的纪录。③ 多亏他们在几个中国城市创立的现代印刷所,他们的文本也能达到相当大的读者群。④ 中国的官方和私人学者尤其欢迎他们的作品中那些没有或极少基督教色彩的文本,以作为有价值的信息来源。西方知识的新教徒传播者的一项更为持久的贡献是他们在中国现代科学的创造和扩展中所扮演的角色。受"科学是神学的最高贵形式之一"这种信念的驱动,⑤

---

① 参见让-克劳德(Jean-Claude)和艾乐桐(Viviane Alleton):《现代中国的化学术语》(*Terminologie de la chimie en chinois modern*)(Paris,La Haye:Mouton,1966);以及戴维·莱特,"伟大的愿望:中国化学命名与西方化学概念的传播"(The Great Desideratum:Chinese Chemical Nomenclature and the Transmission of Western Chemical Concepts),载《中国科学》(*Chinese Science*)1997年第14期:第35—70页。
② 参见马西尼:《现代中国语汇的形成及其向民族语言的转化:1840—1898年之间》,随处可见。
③ 最全面的参考书目,八耳俊文(Yatsumimi Toshifumi),"日本存清末时期西人著译科学相关中国书籍刻本目录"(Chinese books related toscience translated by foreigners in the late Qing period, with indications of holdingsin Japan),载 *Kagakushi kenkyū* 22 (1995):第312—358页。另参见熊月之:《西学东渐与晚清社会》(The dissemination of Western knowledge and late Qing society)(上海:上海人民出版社,1994年),第133—219页,第285—300页,第475—637页;以及钱存训(Tsuen-hsuin Tsien),"西方通过翻译对中国产生的影响"(Western Impact on China throughTranslation),载《远东季刊》(*Far Eastern Quarterly*)13,1954年第3期:第310—318页。
④ 熊月之:《西学东渐与晚清社会》,第475—492页。
⑤ F.W.法勒(F. W. Farrar),"僧侣对科学的态度"(The Attitude of the Clergy towards Science),重刊于《英国维多利亚时代的宗教》(*Religionin Victorian Britain*),Gerald Parsons 和 James R. Moore 主编(Manchester:ManchesterUniversity Press, 1988),第3卷,第440—444页;第443页。另参见弗兰克·M.特纳(Frank M. Turner),"维多利亚时代科学与宗教的对立:一个专业维度"(The Victorian Conflict between Science and Religion:A Professional Dimension),载 *Isis* 69(1978):第356—376页。

新教传教士发起了若干计划,为后来的中国主动权期待或铺砌道路。他们主编了中国最初以科学为主题的期刊,①创立了几所提供科学指导的大学,②并为开办中国最早的现代政府学校提供帮助。③ 依托上海格致书院(Shanghai Polytechnic Institution and Reading Room),他们创建了第一个致力于向更广泛的中国公众传播科学理念的研究机构,④他们在受到政府资助的军械库里展开工作,在这一背景之下,他们帮助建立并维持专门的翻译局。⑤ 直到这个世纪末,他们甚至开始为技术术语的标准化召集委员会,首次尝试以集权机构的方式驯服不可阻挡的新式术语创造的洪流。⑥

[94]

---

① 参见戈公振:《中国报学史》(History of Chinese Journalism)(上海:商务印书馆,1927年);以及白瑞华(Roswell S. Britton):《中国报刊:1800—1912》(The Chinese Periodical Press, 1800 - 1912)(Shanghai: Kelly and Walsh, 1933)。
② 参见鲁珍晞(Jessie G. Lutz[译按]又译卢杰西,或杰西·格·卢茨):《中国与基督教大学,1850—1950》(China and the Christian Colleges, 1850 - 1950)(Ithaca, N. Y.: Cornell University Press, 1971)。
③ 参见毕乃德(Knight Biggerstaff):《中国最早的现代官办学校》(The Earliest Modern Government Schools in China)(Ithaca, N. Y.: Cornell University Press, 1961),第1—93页,以及熊月之:《西学东渐与晚清社会》,第301—349页。
④ 参见王尔敏:《上海格致书院志略》(Brief history of the Shanghai Polytechnic Institution)(香港:中文大学出版社,1980年)。另参见毕乃德,"上海格致书院:向中国引进科学技术的一次尝试"(Shanghai Polytechnic Institution andReading Room: An Attempt to Introduce Western Science and Technology to theChinese),载《太平洋历史评论》(Pacific Historical Review)1956年第25期:第127—149页;以及戴维·莱特,"傅兰雅与上海格致书院:为十九世纪中国科学创造空间"(John Fryerand the Shanghai Polytechnic: Making Space for Science in Nineteenth-CenturyChina),载《英国科学史杂志》(British Journal for the History of Science),1996年第29期:第1—16页。
⑤ 黎难秋:《中国科学文献翻译史稿》(Draft history of the translation of scientific documents in China)(合肥:中国科学技术大学出版社,1993年),第78—114页。
⑥ 参见王树槐,"清末翻译名词的统一问题"(The problem of the unification of translated terms at the end of theQing dynasty),载台湾"中央研究院"《代史研究所集刊》1969年第1辑:第47—82页;以及王扬宗,"清末益智书会统一科技术语工作述评"(A critical review of the standardization of technical terminology at the Educational Association of China in the late Qing),载《中国科技史料》12,1991年第2期:第9—19页。

诚然,这些努力并非都是成功的。管理不善,资金不足,以及经常发生的个人之间的争执,这些不利条件与周期性的仇外发作时即达到高潮的中国官方不信任和公众敌意相比,其有害性不相上下。① 不过,他们对于西方知识的传播在决心改革的中国学者和官员中间赢得了很多现役或退休的新教传教士们相当的敬意。受此敬意之鼓励,有些人开始寻求更大的政治影响力,并出版倡导更坚定不移的工业现代化和机构改革的著作。② 事实是,甚至这些更大胆的作品也被人以很大的兴趣接受,尤其是在1880和1890年代,这表明那时的清政府及其精英分子的自信已变得多么脆弱。

[95] 鉴于他们作为西方知识传播者和倡导者的成功,新教徒作者们似乎能够很好地推进欧洲的逻辑事业——他们确实选择这样去做了。然而,逻辑学几乎排在他们的日程表的最后。与耶稣会士形成对照,在中国工作的新教各派中,没有哪一派对这门学科表示特别推重。理性说服(Rational persuasion)被认为是对新教信仰无关紧要的。马丁·路德(Martin Luther)和约翰·加尔文(John Calvin)本人都曾谴责在信仰问题上对理性的学术依赖。对他们来说,圣经自身即可证明它是通向基督真理的唯一权威入口,并且,就其本身而言,无需更进一步的证明。神圣的证据在根本上是绝对的,不容置疑的,并且被揭示为超越人为理性法则的

---

① 参见柯文(Paul A. Cohen):《中国与基督教:传教士运动与中国排外主义的增长》(*China and Christianity: The Missionary Movement and the Growth of Chinese Antiforeignism, 1860 – 1870*)(Cambridge, Mass.: Harvard University Press, 1963)。
② 参见王树槐:《外人与戊戌变法》(*Foreigners and the 1898 reforms*)(台北:"中央研究院"近代史研究所,1965年)。另参见王立新:《美国传教士与晚清中国现代化》(*American missionaries and the modernization of China in the late Qing dynasty*)(天津:天津人民出版社,1997年),第428—470页。

直接和个人的体验。

新教传教士对逻辑学的漠不关心甚至是敌视反映了这门学科的一个普遍危机。甚至在精神领域之外，逻辑学也已丧失了它作为科学探索工具的声誉。新教徒和其他人在科学革命的进程中抛弃了经院哲学，这形成了一种封闭的或停滞不前的话语图像。像黑格尔的《逻辑学》那样，将逻辑学与形而上学重新联合起来的理论尝试，进一步使这门学科与实证科学疏远开来。① 直到十九世纪中叶，"逻辑学问题"才再次开始被以一种更有意义的方式提起。② 然而，最主要是在德国和英国出现的这种新进展③——最终为数理逻辑或符号逻辑的出现铺平了道路——在进入二十世纪之前并不广为人知。当然，活跃在中国的传教士们没有人注意到这种即将来临的变化，或为此变化而感到激动。对他们来说，逻辑学充其量只是一个边缘问题。结果，他们只是断断续续地并以或多或少随意的方式介绍这门学科。

2.《新工具》与论证的老方法

十九世纪大部分时期，新教传教士的作品中对逻辑学的提及

---

① See Frank-Peter Hansen, *Geschichte der Logik des 19. Jahrhunderts. Eine kritische Einführung in die Anfänge der Erkenntnis- und Wissenschaftstheorie* (Würzburg: Königshausen und Neumann, 2000), 7-22.

② 裴克豪斯(Volker Peckhaus):《逻辑学、普遍数学和一般科学:莱布尼茨与十九世纪形式逻辑的再发现》(*Logik, Mathesis universalis und allgemeine Wissenschaft. Leibniz und die Wiederentdeckung der formalen Logik im 19. Jahrhundert*) (Berlin: Akademie Verlag, 1997), 第130—163页。

③ 参见裴克豪斯,"在哲学与数学之间的十九世纪逻辑学"(Nineteenth-Century Logic between Philosophy and Mathematics),载《数理逻辑简报》(*Bulletin of Symbolic Logic*)1999年第5期:第433—450页。

[96] 仍然极其罕见。即使普遍意义上对"西方知识"和欧洲教育系统的介绍,这门学科都极少被提到。这一规律的最早例外是花之安(Ernst Faber, 1839 – 1899)撰写于1873年的像一本书那样长的文章"德国学校论略书"(Brief Account of Schools in Germany)。① 在这一经常重印的论文里,花之安把"logic"翻译为"路隙",将之介绍为欧洲大学哲学(智学,"认知科学")系所教授的一门课程。根据他的简述,逻辑学

> 讨论如何表达意图和思想,并在其中区分出几多种类。它还解释某事为何是正确/真实的或错误/虚假的。另外,[它]分析知觉如何通过五种感官进入[我们的意识],并随之被智力所接受,这两者是如何被综合的,描述事物因之得以被清晰理解的原因。② [译按]《德国学校论略书》原文:乃论灵魂如何发出意思,在意思复分数端,且释是所以为是,非所以为非,论知觉一由五官而入,二由灵府所起,二者如何相合,论明之所以明。

---

① 1873年,这个文本最初在林乐知(Young J. Allen)主编的《教会新报》(*Church News*)上连载了六个月。参见贝奈特(Adrian A. Bennett):《传教士新闻工作者在中国:林乐知和他的杂志(1860—1883)》(*Missionary Journalist in China: Young J. Allen and His Magazines*, 1860 – 1883)(Athens: The University of Georgia Press, 1983),第123—124页。后来在同一年里,花之安的研究被以《西国学校——大德国学校论略》(Schools of Western nations: Brief account of schools in Germany)(羊城[广州]:小书会真宝堂,1873年)的书名作为专题著作出版。[译按]中译本参见贝奈特:《传教士新闻工作者在中国:林乐知和他的杂志(1860—1883)》,金莹译,广西师范大学出版社,2014年。
② 花之安,"德国学校论略书"(Brief account of schools in Germany),重印于《西政通典》(Comprehensive anthology of Western government),袁宗濂、晏志清编(上海:Cuixin shuju, 1902[1897]年[译按]网上搜罗上海 Cuixin shuju,遍寻无踪,不知是何书局,但袁宗濂、晏志清编《西政通典》于1902年在上海文盛堂刊印发行过),24:11b – 12a。

因此，花之安将"路隙"介绍为隶属于哲学的分支学科，考察人实际上是如何思考的。这一心理学观念是新康德主义哲学的回响，他可能是在图宾根研究神学期间接触到新康德主义哲学的，这一点反映在他建议把术语"logic"尝试性地翻译为汉语的一个等价词：意法，"思维的法则"。他又赶紧补充说，它是知识的一个分支，在中国没有任何为它设立的术语，因此很难翻译。①

另一个关于欧洲逻辑学的更容易理解但却更缺乏吸引力的画像从几个新教传教士谈及现代科学的方法论原则的作品中浮现出来。医学传教士合信（Benjamin Hobson, 1816－1873），当他在1850年代就已经宣告"理论主张"在中文翻译中最好加以避免，他似乎就已经表达了一个得到广泛认同的观点。② 尽管如此，大量关于自然神学和自然哲学的著作仍然以一种非常普遍的方式提及或例示了归纳推理的原则，因此利用了由同代的逻辑学理论提供的科学方法论的一些方面内容。然而，即使在这些文本中，在提及逻辑学时将它看作是一门独立学科的也是极其稀少。更具实质性的解释是在对弗朗西斯·培根（Francis Bacon）之生平和思想的评述中提供的，他被誉为现代科学之父，因而成为西方压倒性力量的一个先锋人物。

[97]

---

① 花之安，"德国学校论略书"（Brief account of schools in Germany），重印于《西政通典》（*Comprehensive anthology of Western government*），袁宗濂、晏志清编（上海：Cuixin shuju, 1902[1897]年[译按]网上搜罗上海 Cuixin shuju, 遍寻无踪，不知是何书局，但袁宗濂、晏志清编《西政通典》于1902年在上海文盛堂刊印发行过），24:12a。
② 莱特：《翻译科学》，第263—266页。

(1) 培根与归纳法原理

培根在中华帝国晚期的形象是新教传教士和具有改革头脑的中国学者与官员合作的产物。① 王韬(1828—1897)在1875年写的小传"英人培根"里为中国人的兴趣定下了调子。② 王韬将培根描述为一名忠诚的政府官员,他为了进步而不得不摒弃历史悠久的智慧。王韬讲述道,对于培根来说,古代作品中盲目的信仰严重限制了人们的知识。学者们与其将古人的话视为理所当然,还不如去从事实中寻找证据以检验他们的主张的有效性。为促进这一目标的实现,培根发明了一种新的调查方法:"倍根初著《格物穷理新法》(New Methods for the Investigation of Things and the Fathoming of Patterns,也即《新工具》)……其言务在实事求是,必考物以合理,不造理以合物。"③ 因此在意译归纳法原理时,王韬声明使得欧洲强大的科学之所以繁荣,只是由于后来的学者全体一致地遵循培根的方法论引导。他的这一主张尤其被美国传教士报人林乐之(Young J. Allen, 1836-1907)④ 和中

---

① 参见袁伟时:《中国现代哲学史稿》(Draft history of modern Chinese philosophy)(广州:中山大学出版社,1987年),第21—35页;以及同上,"十九世纪中国和西方哲学及其文化互动相关的几个问题"(A Few Problems Related to Nineteenth-Century Chinese and Western Philosophies and Their Cultural Interaction),载《中国哲学季刊》(Journal of Chinese Philosophy),1995年第22期:第163—171页。
② 王韬,"英人倍根"(The Englishman Bacon),同上,《瓮牖余谈》(Ramblings from a dilapidated studio)(上海:进步书局,1875年)。另参见张江华,"最早在中国介绍培根生平及其学说的文献"(The earliest Chinese document on the life and thought of Francis Bacon),载《中国科技史料》11,1990年第4期:第93—94页。
③ 引自前揭,第94页。
④ 林乐之(Young J. Allen,[译按]即林乐知),"中西关系略论"(Brief account of Chinese-Western relations),载《万国公报》1,1875年第8期:第105页。另参见袁伟时,"十九世纪中国和西方哲学及其文化互动相关的几个问题",第168—170页;以及贝奈特《传教士新闻工作者在中国:林乐知和他的杂志(1860—1883)》,第204页。

第二章 偶然的序曲:十九世纪新教徒作品中的逻辑学

国第一位驻英公使郭嵩焘(1818—1891)所证实。① 他们对培根的共同赞美之意义,尽管从来都没能明确地讲清楚,但它还是清楚的:为了增强他们的文明,中国学者们不得不开始与儒家经典的道德说教和意识形态命令实行类似的决裂,从而接受从西方引进的新的科学方法。

对培根思想更为详细的说明是由英国传教士慕维廉(William Muirhead,1822-1900)提供的。在其中国老师和助手沈毓桂(1807—1907)帮助下,②慕维廉用一篇长文概括了培根《新工具》的第一部分内容,这篇文章连载于几家传教士杂志上。最初的草稿以"格致新理"(New Patterns of Science)为标题刊印于艾儒略的《益知新录》(The Monthly Educator)中;③一个稍作修改并有所扩充的标题为"格致新法"(New Methods of Science)的版本于 1877 年刊印于《格致汇编》(The Chinese Scientific Magazine),以及 1878 年连载于《万国公报》(The Globe Magazine)上,后者是当时被最广泛阅读的报刊。④ 1888 年,慕维廉以《格致新机》(New Tools of Science)为题刊行了有关《新工 [99]

---

① 郭嵩焘:《郭嵩焘日记》(长沙:湖南人民出版社,1981 年),第 3 卷,第 268 页,第 356 页。
② 易惠莉:《西学东渐与中国传统知识分子——沈毓桂个案研究》(沈阳:吉林人民出版社,1993 年),第 103—108 页。另参见邹振环:《译林旧踪》(南昌:江西教育出版社,2000 年),第 55—57 页。
③ 慕维廉,"格致新理"(New patterns of science),载《益知新录》(The Monthly Educator)1,1876 年 7 月第 1 期—1,1876 年 11 月第 5 期。关于《益知新录》,参见贝奈特:《传教士新闻工作者在中国:林乐知和他的杂志(1860—1883)》,第 66—68 页。
④ 慕维廉,"格致新法"(New Methods of Science),载《格致汇编》(The Chinese Scientific Magazine)2,1877 年 3 月第 2 期:第 367—370 页;2,1877 年 4 月第 3 期:第 398—399 页;2,1877 年 8 月第 7 期:第 26—28 页;2,1877 年 9 月第 8 期:第 48—54 页;以及 2,1877 年 10 月第 9 期:第 87—90 页。重印于《万国公报》(The Globe Magazine)1,1878 年 9 月—1878 年 11 月第 506—513 期。

具》第 1 卷(包含 1—130 格言)的稍作删节译文的两个版本。①

在很多方面,慕维廉的描述对王韬和其他人作了补充,后者把培根利用为批判传统中国思维方式的手段,这种思维方式被认为是通往国家复兴的障碍。在其文章中,慕维廉在很大程度上以类似于之前王韬和郭嵩焘的方式介绍培根:

> 大约在明万历(约 1573—1620)年间,有一英国人名叫倍根(Bacon),担任总理的礼部郎中(大法官)一职。倍根是建立正确的科学方法的第一人……他制定规则以阻止人们奴隶般拘泥于古代学者的名声而停留在一种错误的状态中。然而,正如在学校里进行自然探究的孩子们一样,[很多人]都不愿意掀开新的一页揭露他们前人的错误。对于他们,倍根说:"我们如何才能够在计划新房屋时避免毁掉旧房子?"就像一个步兵那样,建桥,铺路,排除障碍物,倍根[为一种新的科学方法]铺就了道路。后人只要沿着他的步伐前进,就能控制天地万物。②

慕维廉超出以前对培根反抗传统思维习惯论述的一个方面是,他没有回避与中国现状的直率比较:

> 《格致新机》一书……发展了《大学》在阐明德性方面的成就,增加了探究事物和扩大知识的原理。只有中国人还沉迷于有关诗歌和六艺的典籍,而不是去考察[万物之]伟大起源方面的教导。他们之中的那些人知道,为了超越政治事务和文本考据,我们必须向上推进以返回本源,并且由这个本

---

① 慕维廉(译):《格致新机》(*New Tools of Science*)(上海:格致书室;北京:同文书会,1888 年)。
② 《格致汇编》2,1877 年第 2 期:第 367 页。

第二章 偶然的序曲：十九世纪新教徒作品中的逻辑学

源，我们还必须向下推动以便探究事物。如果我们能够考察事物并探索原理，推进到本源并到达根本，那么，道就将呈现其伟大且被持续更新，我们也将获得无穷的利益。①（[译按]慕维廉《格致新机》序原文：华人徒沾沾于诗书六艺之文，不究夫大本大原之旨，而孰知政事学问之外，更有进焉，必从事物推乎上，而归乎大原；又从本原推于下，而赅于格物。若能格物穷理，推原其本，则道大日新，获益无穷矣。）

根据慕维廉所说，十七世纪的西方人和当时的中国读者能够从培根的著作中获得的"伟大教导"是，"不要像古人那样去猜测天地之功用，而是要去追寻宇宙中的所有事实，一一列举之，然后推进去发现普遍的原理"。② 不是徒劳无益地在其洞见建立在猜测和迷信基础上的古人作品中寻求真理，培根教导学者们处处都要打开自然本身这部书，看穿古典文本伪称的智慧。为了忠实地反映培根"新方法"的经验主义原则，慕维廉详细地描述了观察和实验在解释自然中的重要性。③ 然而，学者们如何才能从他们因之而建立的事实中"推进"归纳出普遍的法则呢？按照慕维廉所说，培根对这一问题的独创性解决方法是"推进之法"，也即是归纳原则：

> 这一理论的根本是以人类灵魂为榜样。其基础是如下期待，即同样的结果是由同样的原因造成的。如果我们在每一单个事例中检查和计算[原因和结果]，我们就能推出

[100]

---

① 慕维廉，"格致新机重修诸学自序"（Translator's preface to the *New Tools of Science* and the renewal of all learning），前揭，《格致新机》，1a–b。
② 《格致汇编》2，1877年第2期：第370页。
③ 同上，第370—371页；《格致汇编》2，1877年第8期：第52—54页；以及《格致汇编》2，1877年第9期：第88—90页。

("infer")普遍原理。这一期待对人类灵魂之本性而言是必不可少的。通过造物主的仁慈,它被赋予了我们。没有它,我们就不能识别或提防危险……例如,当一个幼儿第一次看到火时就会靠近它而被烧伤。然后,祂就会怕火,再也不敢靠得太近了,因为祂期望同样的原因必然产生同样的结果。这是"推进"(induction, pushing forward)的一个例证。如果我们推广并扩大[我们的经验],我们就能建立普遍的原理。①

尽管这段话只是提供了归纳推理的一个粗糙的解释,但它揭示了慕维廉对培根方法论的说明与王韬和其他人的概述的第二个方面的差异:与其将归纳描述为一种理性的、受规则制约的过程,不如说它是认识人类灵魂的天赋潜能的一种方法,慕维廉将奠定现代科学基础的原理与基督教信仰,或更准确地说,与新教信仰密切关联起来。在其所译《新工具》的中文本前言中,他甚至用更显著的语词强调这一关联:

> 格物之法有二,一推上归其本原(也即归纳,"induction"),一推下包乎万物(演绎,"deduction")。此二法,在西国兼用之,而得其益。论推上之法,从地下万物归于上,推下之法,从天上本原界于下。二者兼全而足据者也。推上之法有助于查验推下之法之真理。万物皆上帝创造,此绝无可疑者,人若舍本就末,不归上帝,而惟归一理,岂非天

---

① 《格致汇编》2,1877年第2期:第370页。

良渐灭,人心汩没者哉!①

就像在很多耶稣会士的作品中一样,慕维廉为他的描述所赋予的基督教色彩减少了对中国读者的吸引力。不过,培根的名字在晚清话语中获得了某种流行,他是有如此待遇的首批西方学者之一。尽管"推进"或"推上"原理必定只是有些模糊的概念,但很多中国文人日益增强的危机感刺激他们从拘泥于据说已丧失其实用价值的知识内容,向官员兼哲人的身份转变。②

(2) 培根与亚里士多德式推论方法

中国读者了解到,在欧洲的情况中,这种陈腐过时的知识是天主教亚里士多德主义。慕维廉反复强调,培根为了使他的同时代人相信,他的"推进之法"(归纳法)是人类知识无限扩张的关键,除了摧毁"奴役和压制"西方学者两千多年的亚里士多德主义教条的权威之外,他别无选择。③ 与中国读者从耶稣会士作品中记住的一切形成鲜明对比,慕维廉指责亚里士多德是一个智识暴君,他那凌驾于人的灵魂之上的绝对权力甚至超过了君主对其臣民施加的控制。慕维廉在几个方面责难亚里士多德。在自然科学领域,他首先嘲笑经院哲学的宇宙论,后者源自于斯塔吉拉人④的作品,并通过其作品而拥有合理性。然而,亚里士多德最持久最有害的错误在"哲学"(性理,"the study of nature and pattern[性理研究]")领域。比如说,在他的"知觉方式"(心觉之

[102]

---

① 慕维廉,"格致新机重修诸学自序",1b. 其他地方将基督教倾向添加到培根理论上的文字,参见《格致汇编》2,1877 年第 2 期:第 369 页;《格致汇编》2,1877 年第 3 期:第 398 页;以及《格致汇编》2,1877 年第 7 期:第 26 页,第 28 页。
② 例如,参见袁伟时,"十九世纪中国和西方哲学及其文化互动相关的几个问题",第 171—175 页;以及熊月之:《西学东渐与晚清社会》,第 364—366 页。
③《格致汇编》2,1877 年第 2 期:第 367—368 页。
④ [译按]斯塔吉拉人(the Stagirite),即亚里士多德。

道)也即心理学方面,亚里士多德对人的心灵如何关涉外在事物给出了错误的解释,因而妨碍了学者认识人的感觉的价值。① 然而更有害的是他的"论证之道"(way of argumentation)也即他的逻辑学的影响。

慕维廉在将亚里士多德的逻辑学引介进中国时未提及任何耶稣会士的成果。他也没有使用任何由耶稣会士发明的术语,所以我们必须假定他不知道在前一章讨论过的《名理探》及其他文本。尽管如此,他的评价性解读几乎就像是更早的耶稣会士大肆称赞的反面镜像。在慕维廉的文章中,一个较少敌视的评论这样描述亚里士多德逻辑学的特征:

> 亚里士多德的辩论之道的确是意义深远,且证明是伟大的独创。它检查了人心中的思维方法。然而,纵观历史,这一方法迷惑了很多人,并使他们远离外在事物。它所讨论的一切都是字词之间的区别,因此,它对科学没有多少用处。②

在另一段话里,慕维廉追随培根,主张亚里士多德逻辑学经常捍卫显而易见的错误并坚持错误的观点。③ 另外,通过集中专注于《新工具》的第一卷,"那部分……致力于往下拉",④慕维廉扩大了这部作品的批判之刺,同时他也因此忽略了培根规划"一种新逻辑学"的建设性努力,正如《新工具》这个标题所承诺的那

---

① 《格致汇编》2,1877年第2期:第368页。
② 同上。
③ 同上,第369页。另参见《格致汇编》2,1877年第8期:第53页。
④ 弗朗西斯·培根:《新工具》,前揭,《培根著作集》,15卷,James Spedding, Robert Ellis 和 Douglas D. Heath 主编(London: Longman, 1860),第4卷,第103页。

第二章 偶然的序曲：十九世纪新教徒作品中的逻辑学

样，这种新逻辑学能够更好地适合于培育科学。① 结果，在慕维廉的培根"新工具"版本中没有出现太多复兴逻辑学的尝试，而是将"辩论之道"本身不加区别地抛弃了。

[103]

由于他对"辩论之道"(the way of argumentation)和"辩论"(argumentation)这两个术语的马虎使用，慕维廉又进一步贬低了逻辑学那原本就明确的负面形象，而这两个术语是对一系列与逻辑运算相关的词的中文翻译。在其文章中，引介"logic"这一术语本身时，②《格致新机》将"辩论之道"和"辩论"同时运用于形形色色不同概念的翻译，如"论辩法"(dialectic)、"三段论"(syllogism)、"辩论"(argumentation)/"争论"(to argue)、"推理"(reasoning)、"证明"(demonstration)和"逻辑发明"(logical invention)等。③ 结果，他的整个译文读起来就像是对一个已然毁坏而又无法修复的知识分支的无情谴责。例如，格言11和14在慕维廉的翻译中呈现为如下形态：

　　XI. 正如我们现有的科学对发现真实的结果是无益的，
　　我们通行的辩论之道[培根："逻辑"]对科学也是无益的。
　　XII. 今天的辩论之道["逻辑"]只是有助于人们加固错

---

① 参见马怀宇(Michel Malherbe)，"培根对逻辑学的批判"(Bacon's Critique of Logic)，载《培根的文本遗产：发现的艺术与发现一起成长》(*Bacon's Legacy of Texts: The Art of Discovery Grows with Discovery*)，William A. Sessions 主编(New York：AMS Press, 1990)，第69—88页。
② 《格致汇编》2，1877年第2期：第368页。对于"辩论之道"或"辩论"作为"逻辑学"的出现，参见慕维廉：《格致新机》，1b(格言11)，2a(格言12)，20a(格言80)和40a(格言127)。
③ 对于"辩论之道"或"辩论"译"dialectic"，参见慕维廉：《格致新机》，3a(格言20)，4a(格言24)，11a(格言63)和14b(格言64)；译"syllogism"，参见2a(格言13)和2b(格言14)；译"argumentation"，3b(格言24)；译"to argue"，参见6a(格言43)；译"reasoning"，参见4b(格言33)；译"demonstration"，参见14a-b(格言49)；以及译"logical invention"，参见21a(格言82)。

139

误并将其植根于他们的习惯,而不能帮助他们发现真理。因此,它不仅无益反而有害。

XIII. 辩论之道["三段论式"]在今天不是被应用于考察科学原理……它不能掌握自然的精微之妙。它只是让人们把意义拼接起来,而不能认识事物。

XIV. 辩论["三段论式"]由陈说(descriptions)组成,陈说由语言(words)组成,而语言是对意见(opinions)的记录。所以,意见被视为是根本。如果它们杂乱无章如一团乱麻,并且是以最草率的方式从事物中抽出来的,那么这座建筑得以建立的基础就不可能牢靠。所以,我们能够期待的只有通过推上("induction",归纳)而从事物中推导出来的原理。①

[104]

对亚里士多德"辩论之道"的更进一步的否定性描述,是指控它加大了人的心灵放任自流的有害倾向(格言20);②由它确立的原理"绝无可能带来新的效用"(格言24);③它"通常强迫将人们置于思想的规则之下,而思想则被置于语词的规则之下"(格言

---

① 慕维廉:《格致新机》,1a-2b;参见培根:《新工具》,第48—49页。格言14是慕维廉对逻辑学的技术名词漠不关心的一个好的例证。培根的原文是这样写的:"三段论式由命题组成,命题由字词组成,字词是概念的符号。所以假如概念本身(这是此事情之根本)是混乱的,并且是过于草率地从事实中抽出来的,那么上层建筑物就不可能牢固。因此,我们唯一的希望就在于一种真正的归纳法"(《新工具》,第49页)。[译按]中译本参见培根:《新工具》,许宝骙译,北京:商务印书馆,1984年,第10—11页,译文有改动。
② 慕维廉:《格致新机》,3a;参见培根:《新工具》,第50页。[译按]中译本见前揭第12页,译文有改动。
③ 慕维廉:《格致新机》,3b;参见培根:《新工具》,第51页。[译按]中译本见前揭第13页,译文有改动。

69);①以及最后,它"不能发现各类技艺的首要原则和原理……而只是发现与那些原则和原理相一致的这种事物"(格言82)。②培根想要他的归纳方法成为"一种新的辩论之道",这一点在慕维廉的翻译中只被提到一次(格言127),③而且以下情况似乎是不太可能的,即这一提及柔化了他的文本中传达的对这门学科的毁灭性印象。因此,十九世纪的中国对逻辑学的首次严肃绍介只能是制止中国读者去研究西方的"辩论之道"。

3. 作为辩论之学的逻辑学

欧洲逻辑学的更积极也更准确得多的形象出现于艾约瑟(Joseph Edkins,1823-1905)④的中文作品中。艾约瑟是唯一一个或多或少坚定地尝试去呈现一幅超越由基督教信仰、科学和实用价值强加限制的西方文明的图画的人。1857年,他就已经在《六合丛谈》(*Shanghae Serial*)上发表了一系列论述西方文学的文章,包括荷马、普林尼、柏拉图和西塞罗的传记,其中西塞罗是

---

① 慕维廉:《格致新机》,14a;参见培根:《新工具》,第70页。[译按]中译本见前揭第44页,译文有改动。
② 慕维廉:《格致新机》,22b;参见培根:《新工具》,第80页。[译按]中译本见前揭第60页,译文有改动。
③ 慕维廉:《格致新机》,40a;参见培根:《新工具》,第112页。[译按]中译本见前揭第100—101页,译文有改动。
④ [译按]艾约瑟(Joseph Edkins,1823-1905),又译埃德金斯,约瑟夫,字迪谨,英国传教士。早年毕业于伦敦大学,清道光二十八年(1848)作为牧师被伦敦布道会派至中国,任上海代理人。1861年在天津设立教会,1863年到北京传教,1875年获爱丁堡大学神学博士学位。1880年被清朝海关总税务司英人赫德聘为翻译,起初在北京任职,后来到上海,在沪十五年,于1905年病逝于该地。参见李匡武主编:《中国逻辑史》,第四卷,第128页。

[105] 将逻辑学从希腊语翻译成拉丁语的关键人物之一。① 然而,在对后者生平的概略论述中,艾约瑟只提到年轻的西塞罗对"辩论"的喜好,而没有告诉读者正是这位伟大的罗马演说家普及了拉丁术语逻辑学(*logica*),它将作为这门到那时为止还以"论辩法"(dialectic)或"规范式"(canonic)闻名的学科之标准名称而被欧洲所有的语言采纳。②

(1) 亚里士多德与三段论

1875 年,艾约瑟为《中西闻见录》(*The Peking Magazine*)撰写了一部内容广泛的亚里士多德传记。虽然不是要恢复耶稣会士无条件的赞美,但他提供了比慕维廉愿意提供的公正得多的对欧洲知识史中哲学家地位的论述:

> [亚里士多德的著作]是极为受欢迎的。在他死后一千多年,这些著作在欧洲和亚洲还很受尊重。穆斯林也喜欢读它们,并且它们还被翻译成阿拉伯语和波斯语。所有欧洲国家的学者对他的著作交口称赞,同意除了有两部圣约的圣经之外,没有任何书籍能超越他的著作。天主教和新教之间分裂之后,天主教徒继续坚持认为亚里士多德的见解是真实的,而新教徒却抛弃了它们。结果,很多天主教徒喜欢传授他的著作,而所有的新教徒都不再严格地坚持旧学术。另外,自中国明朝开始,当英国人培根和牛顿、法国人笛卡尔和

---

① 艾约瑟(Joseph Edkins),"基改罗传"(Biography of Cicero),载《六合丛谈》(*Shanghae Serial*)1,1857 年第 8 期:3b - 4b;4a。关于艾约瑟与《六合丛谈》有关的更深层活动,参见《〈六合丛谈〉学术方面的研究》(*Rokugō sōdan" no gakusai teki kenkyū* 六合丛谈の学际の研究,Studies on the academic aspects of the *Shanghae Serial*),沈国威主编(Tōkyō: Hakuteisha, 1999)。
② 鲁道尔夫·欧肯(Rudolf Eucken):《哲学概念史》(*Geschichte der philosophischen Terminologie*)(Hildesheim: Georg Olms,1960 [1879]),第 167 页。

第二章 偶然的序曲：十九世纪新教徒作品中的逻辑学

德国人莱布尼茨的书出现时，西方人大力研究这些新科学，以至于研究亚里士多德原理的学者越来越少。大约三百年以来，西方学者不再尊敬他的作品。最近，从嘉庆（约1796—1820）王朝起，人们又再次考察并编辑他的著作，他们一致同意这些典籍应该被重视。我们同时代的很多人喜欢阅读这些书，探查古人所说是否是正确的，即亚里士多德的书和哲学教义仍旧对我们有巨大的好处。①

艾约瑟这种不带偏见的接近亚里士多德传统的方式也反映[106]在他对待斯塔吉拉人对欧洲逻辑学的贡献上。代替将亚里士多德的观点束缚于经院哲学的《工具论》及其形而上学重担上的，是艾约瑟仅只简略概括了《分析篇》的推论艺术，在宗教辩证法衰落之后，它仍然具有逻辑重要性。用很多更具天赋的外国人所喜欢的清晰笔调即所谓"流畅的文理"写作，他的叙述是把西方逻辑学提供给较广泛的中国读者的首次展示，因此有必要全文引录如下：

> 《详审之理》(Analytics，《分析篇》)处理的是以前从未有人讨论过的主题。亚里士多德是创立这门科学的第一人。它分为两部分："体"和"用"(《前分析篇》和《后分析篇》)。首先是"体"(《前分析篇》)：亚里士多德认为对所有事物和原理的考察完全依赖于心灵的正确使用。当我们找到事情的原因和结果，我们就能期待避免错误思想和不确定性。当我们以这种方法发现了关于某一事情的一点，但却还不知道所有剩余部分，我们就必须通盘考虑，查究我们已经知道的，以便

---

① 艾约瑟，"亚里斯多得里传"(Biography of Aristotle)，载《中西闻见录》，1875年第32期：7a-13b；13a。

发现我们尚不知道的。用这种方式,我们就能够在大脑中把事情搞清楚,就像优秀的弓箭手那样,紧紧抓住弓和箭,在箭射出并确定无疑地射中目标前,首先要检查箭的稳定性。

"用"(《后分析篇》)的部分讨论两个方面的内容:第一,在一切学习和教学中,我们必须遵循确定的顺序,逐步进行;我们一定要遵循恰当的顺序。假如在判断是非或区分[事情的]主次时,我们因省略而欺骗或歪曲事实,我们的知识就将是不纯粹的。第二,如果我们的知识是完整的,且心灵不再怀疑,我们就可以用它来纠正错误,改正学者的谬见。然而,为了做到这一点,我们需要一种纠错方法,以这种方法,我们就能够区分我们对是非对错的判断中是否存在任何谬误。只有当我们让其他人认识到他们的错误时,我们才能够纠正他们。一旦亚里士多德创立了这一科学理论,所有后来的学者都凭借它去启发别人。[孔子的方法]"举出一个[四边形的角],[让学生们]推出其他三个[角]"(举一反三)与亚里士多德的这一科学原理毫无差别。教学上不存在其他方法。①

[107]　随后艾约瑟又提供了关于三段论的简洁表述,他认为这是亚里士多德逻辑学的核心:

　　由亚里士多德发明的论辩之则(The order of argumentation)是一种完美可靠、万古不变的理论。无论是探求真理的优雅博学之士还是荒山野岭中的农人樵夫,即使在微小事情上的争辩,都不能偏离亚里士多德确立的论辩之

---

① 艾约瑟,"亚里斯多得里传"(Biography of Aristotle),载《中西闻见录》,1875年第32期:11a—b。孔子教育原理的那句常被引用的经典语句,在《论语》第七章,第8节。

矩(the rules of argumentation)。[亚里士多德的]方法就像是向上提升之阶梯。如同一段楼梯,它有三个梯级,第一个,中间一个,以及最后一个。当我们爬上第一个和中间的梯级,我们最后必定要爬到最后的梯级以到达顶点;这将永远都不会改变。如果我们把"人老了就会死"作为第一个梯级,而我们知道"我也会老"是中间的梯级,那么,最终,最后的梯级就是"我也必定会死"。这是一个完全确定、不可改变的原理。同样地,当我们想要审查两个事物甲和乙是否是相等的,我们就必须找到一个与乙事物相等的事物丙。如果乙与丙相等,并且通过比较我们进一步发现甲也与丙相等,那么我们就会知道事物甲一定与事物乙相等。上面的例子中,"乙与丙相等"是第一个梯级;"甲也与丙相等"是中间梯级;最后,认识到"甲一定与乙相等"就是最终的梯级。"从所认识的一个事物解释成百事物"和"一本万枝"——这些都是描述这种三个连续梯级的完美原理的恰如其分的语词。用西方语言来说,它被称为"西罗吉斯莫斯"(syllogism),而这门亚里士多德科学之名称,总的来说,就是"罗吉格"(logic)。①

由于其过于简洁,艾约瑟对"三个连续梯级的完美原理"的描述显然不能作为运用三段论的实践导引。然而,在十九世纪的中国,关于推理形式的模式因而关于被命名为"罗吉格"的西方科学的一个重要方面,第一次提供给读者们一个可以辨识的肖像。

(2) 威廉·斯坦利·耶芳斯(William Stanley Jevons)及其逻辑学

1880年代,艾约瑟在一项翻译计划的背景下,对在中国传播

---

① 艾约瑟,"亚里斯多得里传",12a。

[108] 欧洲逻辑学做了一个更具实质性意义的贡献,这项计划是由赫德(Robert Hart,1835-1911)发起并提供经费支持的,后者是颇有影响的清朝海关总税务司。① 艾约瑟接受赫德的邀请,于1880年加入了海关官务,成为一名可信任的翻译。他最早的职责之一是将一系列高中教材翻译成中文,这些教材是由赫德受直隶总督李鸿章(1823—1901)鼓励,打算向北京同文馆和其他官办学校提交以加强科学指导的。② 赫德为这项事业选择了当时英国和美国最流行的系列教材之一作为最初的课本:《科学入门》,这是由著名科学家斯科爵士(Henry Roscoe)、托马斯·亨利·赫胥黎(Thomas H. Huxley)和鲍尔弗·斯图亚特(Balfour Stewart)主编的一部十五本小卷册集子。③

这一系列的第13卷是由威廉·斯坦利·耶芳斯撰写的《逻辑学》的一个初级读本,这位作者今天主要是作为经济学家而被人记住。然而,在他那个时代,耶芳斯被看作是卓越的欧洲逻辑学家之一。④ 在其逻辑学著作中,以及大量致力于现在被称为科学哲学的作品中,他都极力反对约翰·斯图亚特·密尔(John Stuart Mill)对归纳主义的过分热情,自1843年后者的《逻辑学体系》——其中大量对演绎推理的中伤——出版以后,他就支配

---

① 关于赫德在中国的活动,可参见史景迁:《改变中国》,第112—128页。
② 王扬宗,"赫胥黎科学导论的两个中译本",载《中国科技史料》21,2000年第3期:第207—221页。关于赫德早先在北京同文馆就职时的活动,参见毕乃德:《中国最早的现代官办学校》,第108页,第120—124页。
③ 关于这个系列,参见艾尔曼:《科学在中国(1550—1900)》,第321—324页。
④ Norman T. Gridgeman,"威廉·斯坦利·耶芳斯"(Jevons, William Stanley),载《科学家传记辞典》(*Dictionary of Scientific Biography*),C. C. 吉利思俾(Charles C. Gillispie)主编(New York: Scribner's, 1972),第7卷,第103—107页。

着英国的逻辑学话语。① 虽然坚持认为逻辑学是哲学而不是数学学科,耶芳斯仍然承认乔治·布尔(George Boole)革命性的对逻辑学代数化的价值,后者是现代数理逻辑形式化的最重要阶段之一。通过在其科学方法论中改写布尔的符号语言,耶芳斯促进了刚刚出现的超越了数学学科边界的新逻辑学的读者群的扩大。② 他对逻辑学研究最富有创造性的贡献大概是他的"逻辑钢琴"(logical piano),一台以超人速度对解决有限逻辑方程的人的推理进行机械再现的机器。③ 不过,耶芳斯最主要的逻辑学洞见[109]不久就被取代了,因为他几乎没有注意到关系和量词的逻辑理论,十九世纪最后十年及以后最富有成效的研究线索。④

尽管耶芳斯的理论工作没有经受得住时间的考验,但他的逻辑学教材在数十年里获得了很高的评价,并被译成了好几种欧洲语言。⑤ 通过这些作品,他也成为日本明治时代改编西方逻辑学的早期被翻译得最多的作者。⑥ 耶芳斯在以清晰而又简练的语言展示复杂问题方面拥有非凡的天赋。他提出,只要有可能的话

---

① 参见裴克豪斯,"在哲学与数学之间的十九世纪逻辑学",第445页;以及前揭,《逻辑学、普遍数学和一般科学:莱布尼茨与十九世纪形式逻辑的再发现》,第216页。
② 裴克豪斯,"在哲学与数学之间的十九世纪逻辑学",第444—445页。
③ W. Mays and D. P. Henry, "耶芳斯与逻辑学"(Jevons and Logic),载《心灵》(Mind),新辑,62,1953年第248期;第493—499页。耶芳斯的"钢琴"被保存在牛津的科学史博物馆。
④ 同上,第484—485页。
⑤ 克里斯蒂安·塞尔(Christian Thiel),"耶芳斯"(Jevons),载《哲学与科学哲学百科全书》(Enzyklopädie Philosophie und Wissenschaftstheorie),Jürgen Mittelstrass 等主编(Mannheim: Bibliographisches Institut, 1996 [1984]),第2卷,第310—313页;第311页。
⑥ 船山信一(Funayama Shin'ichi):《明治论理学史研究》(Studies in the history of logic during the Meiji period)(Tōkyō: Risōsha, 1968),第36页,第272—273页。另参见 Dale Riepe,"新近日本哲学编年选(1868—1963)"(Selected Chronology of Recent Japanese Philosophy(1868 - 1963)),载《东西方哲学》(Philosophy East and West)15,1965年第3—4期:第259—284页;第264页。

就应避免"不必要的术语","戒绝提出未被逻辑学老师普遍接受的任何观点"。① 这并不是说,他要完全废止新近的逻辑学发现,毋宁说,他的目标是要"表明逻辑学,甚至在其传统形式方面",都能提出"非常有用的研究主题,并成为强有力的脑力操练工具"。② 耶芳斯按照这一没有争议的方法提出的逻辑学,是最近容易理解的诸种传统三段论式,只是这些三段论式额外强调实证研究方法论的逻辑程序之运用。

他为《科学入门》系列撰写的那卷小册子是他在1870年出版的《逻辑学基础教程》的删节简化版,后者是他最早也最为成功的教科书。与《逻辑学基础教程》相类,耶芳斯的《逻辑学初阶》用三分之二的篇幅处理演绎推理,按照传统三个部分的划分,介绍处理了词项、命题和三段论推理。关于概念的章节解释了不同种类的概念和它们的性质、歧义来源以及定义与划分的程序。③ 在他对命题的讨论中,耶芳斯尤其关注命题的量与质的含义,因为它们影响了换质换位。④ 他对三段论的表述主要依靠亚里士多德的规则,虽然他承认现代逻辑学家曾提出"确定是好的辩论的更简单也更好的模式"。⑤ 由于他确信理解了亚里士多德"制作精巧的"原理的学生不需要背诵各种三段论式(就像在助记符里展

[110]

---

① 威廉·斯坦利·耶芳斯:《逻辑学基础教程:演绎与归纳》(*Elementary Lessons in Logic: Deductive and Inductive*,或译《名学浅说》)(London: Macmillan, 1886 [1870]),第 vii 页。
② 同上,第 v 页。
③ 威廉·斯坦利·耶芳斯:《逻辑学》,载《科学入门系列》,托马斯·亨利·赫胥黎(Thomas H. Huxley)、斯科爵士(Henry Roscoe)和鲍尔弗·斯图亚特(Balfour Stewart)主编(London: Macmillan and New York: Appleton, 1876),第 15—20 页,第 20—27 页,第 27—37 页。
④ 同上,第 37—53 页。
⑤ 同上,第 57 页。

示的"Barbara，Celarent，Darii，Ferio"等等），①耶芳斯花在这方面的时间很少。相反，他专门拿出独立的章节来处理包含假言命题（"如果琼斯是个好老师……"）和选言命题（"一种罪行或者是叛国罪，或者是重罪，或者是轻罪……"），由此确认我们在日常生活中做出的很多好的逻辑论证无需遵守经典的三段论规则。②他对演绎推理的说明，其中的一个特征是，坚称推论通常由他称之为的"同类代入（substitution of similars）或从相似到相似的传递"所构成。③因此，他的"伟大的推论规则"——今天听起来有些尴尬了——保证了"对一个词项为真的东西，对任何据称含义与之相同的词项也为真"。④

这本入门小书剩下的章节处理归纳推理及其在自然科学和日常生活中的应用。耶芳斯把归纳理解为演绎的简单逆运作。然而，与密尔相反，他不再对科学"真理"的暂时性质存有幻想，因而在从经验观察和实验中推演出来的结论中强调必然性以防止各种错误。按照耶芳斯的说法，现代科学的伟大发现是归纳推理的四个不同步骤的结果：（1）预备性的观察；（2）做出假设；（3）演绎推理；以及（4）核实验证。⑤在他对这些步骤的逐一解释中，耶芳斯突出了假定的"自然预期"的价值，也强调了在从特殊事例到普遍原则的推理中"草率与错误"的概括、无根据的类推和其他常见谬误的危险。⑥就像《科学入门系列》中的所有卷册

[111]

---

① 关于三段论式的助记符，参见 I. M·鲍亨斯基（I. M. Bochenski）:《形式逻辑》（*Formale Logik*），第 5 版（Freiburg：Alber，1996），第 77—80 页。
② 耶芳斯:《逻辑学》，第 69—73 页。
③ 同上，第 75 页。
④ 同上，第 73 页。[译按] 如上一段文字的翻译受到张卜天教授的帮助，在此谨致谢意。
⑤ 同上，第 78—91 页。
⑥ 同上，第 92—106 页，第 107—128 页。

一样,耶芳斯的这本书结束于关于书中二十七章每一章所研究的问题的一个表单。①

(3) 艾约瑟与耶芳斯的科学之争

艾约瑟对《科学入门》的翻译,除了五年内他的工作所涉及的评论之外,没有留下任何记录。② 因此,判定他是否发现翻译《逻辑学初阶》的任务,比翻译处理更为传统的主题如算数或历史书籍更具挑战性,是很困难的。无论如何,他显然并没有赋予这本《逻辑学》以特殊的重要性。在《西学略述》(*Brief Description of Western Knowledge*)即他为《科学入门》的中文版写的一卷导论中,艾约瑟只是非常简略地将这门学科描述为古典欧洲"理学"(philosophy)的三个主题之一:

> 当哲学研究在古希腊第一次被确立起来时,它们被划分成三个分支学科:格致理学(physics,物理学,即"考察事物的哲学及其知识的扩展"),这一学科说明自然万有和物质的原理;性理学(ethics,伦理学,即"关于人的本性的哲学"),它阐明每个人都被赋予的道德责任之原理;以及论辩理学(logic,逻辑学,即"关于辩论的哲学"),它阐明人如何以言辞为工具区分是非。③

后来在同一章里,艾约瑟给出了对逻辑学的另外两次提及,这是在把发现"理辩学"(science of rational argumentation,理性辩论的科学)归功于亚里士多德时以两种不同的名称提到的,并

---

① 耶芳斯:《逻辑学》,第 129—135 页。
② 艾约瑟:《西学略述》(*Brief description of Western knowledge*)(北京:总税务司,1886 年),序言,1b。
③ 艾约瑟:《西学略述》,5:43a。

叙述西塞罗竭尽全力研究"理性的"与"口头的辩论",也即"理辨"(logic,逻辑学)和"口辨"(rhetoric,修辞)。① 但是他在任何地方都没有提到这门学科为什么以及以何种方式对中国读者有意义。

在以《辨学启蒙》(Primer of logic)为题出版于1886年的耶芳斯《逻辑学初阶》译文的简短序言中,艾约瑟表明了同样的保留意见。他再次赞颂亚里士多德是这门学科的创始人,强调在欧洲大学里逻辑学自古以来就被教授,除此之外,艾约瑟只是说"辨学之谓,要即辨明辨论者善与不善之谓也",并因而能帮助解决人的争论。② 此外,他指出,"辨学"的主题,尽管在名字上相同,但却与辩护性的耶稣会士作品如利玛窦的《辨学遗牍》(*Testament In Defencse of the Faith*)之类毫无关系。③

尽管可能对这一主题没有强烈的感受,但艾约瑟别无选择,只有投入相当大的精力去翻译耶芳斯的入门书。毕竟,他的译作是自《名理探》出版两百五十多年以来使欧洲逻辑学成为在汉语言中可资利用的首部专著,所以他几乎没有先例以从中借鉴一种

---

① 艾约瑟:《西学略述》,5:47a-b。
② 艾约瑟译:《辨学启蒙》(Primer of Logic),载前揭,《格致启蒙》(Science Primers)(北京:总税务司,1886年),1a。[译按]转引自李匡武主编:《中国逻辑史》,第四卷,第128页。
③ 利玛窦:《辨学遗牍》(*Testament In Defense of the Faith*)(1623),重印于《天学初函》,第2卷,第637—688页。《辨学遗牍》,反驳佛教教义的书信集,是大量耶稣会士作品之一,其中"辨学"这种表达是在"护教学"或照字面上即"捍卫信仰"的意义上使用的。因此很难理解为什么许多中国逻辑学史家将创造"辨学"一词以翻译"logic"这个术语的功劳归于利玛窦而不是艾约瑟(例如,参见董志铁,"关于'逻辑'译名的演变及论战",载《天津师大学报》,1986年第1期,第25页;周云之:《名辩学论》,沈阳:辽宁教育出版社,1996年,第3页)。甚至在他出版其译作时,艾约瑟对可能误解"辨学"这一术语的关切也并非完全是杞人忧天。正如我们所看到的,在《名理探》和《西学凡》中,"辨学"被用来翻译"辩论艺术"(*ars disserendi*)。另外,花之安("德国学校",19:2a)曾用这个词翻译"修辞(rhetoric)"。虽然没有证据表明艾约瑟知道这些相互冲突的选择,但它们必定会在只会一种语言的中国读者中引起困惑。

[113] 适当的、更不用说确定的命名方法。① 除了某些忽略和添加之外——这些将在下文讨论——他的翻译紧贴耶芳斯的文本。由于不知道耶稣会士的概念术语,抑或可能不愿意使用他们的术语,艾约瑟创造了一套全新的汉语表达以表述耶芳斯的逻辑学词汇。他达成这一任务的方法与李之藻在《名理探》中采取的策略明显不同。除了翻译"logic"本身的"辨学"之外,艾约瑟只创造了数量非常有限的专门术语。原因不是他能够识别被李之藻忽略了的逻辑学概念的汉语对等词,而是他似乎不愿意用太多的陌生词汇挑战他的读者。艾约瑟没有传播新的术语,而是基于其语源或定义诉诸对外来概念的意译。

他的某些意译的冗长和笨拙表明,他所思考的领域,相关的对等词格外难找。例如,在《辨学启蒙》中,"具体概念"(Concrite terms)被译为"有体质实物之界语"(为有实质物体而设之名词,terms〔字面意义:limiting words,界定词语〕for corporeal entities)或"贴附实物加以形容之界语"(为进一步描述而系缚于某物体之名词,terms attached to an entity for the sake of further description);"抽象概念"(abstract terms)被译为"照显

---

① 依据汪奠基的《中国逻辑思想史》(上海:上海人民出版社,1979年),第405—406页,他似乎是第一个提出这一主张的,不少中国逻辑学史家声称,一些不知名新教传教士于1824年在某个乐学溪堂刊印过一部关于欧洲逻辑学的著作,题目是《名学类通》。然而,无论是汪奠基,还是他的追随者都不能提供多于此书名的引证,也似乎不想花费更多的精力去寻找这本书。如果他们这样做了,他们就会很容易地发现,这一主张奠基于对"名学"这个词在理解上的时代误植,只有在二十世纪初,"名学"才成为"关于名称的科学"意义上的逻辑学通用名词(见下文)。在现有的汪奠基发现其引用的著作中,这一表达更多地是以历史上的"名家"这一传统意义使用的。参见朱文韩(嘉庆年间进士,约 1796—1820):《名学类通》(*Classified anthology of famous scholars*),新段落,未注明出版日期。这一毫无根据的主张传播时间却如此之久,恰恰是对这一时期中国逻辑史研究毫无历史兴趣的特点的一个很好的例证。

实物形式之界语"(阐明真实事物形式之名词,terms illuminating the shape of real things)或稍短一点,"申明物形式之界语"(描述事物形式之名词,terms describing the shape of things)。(更多的变体,参见本章最后的表 2.1,2.20 条。)"假言命题"(Hypothetical propositions)呈现为"首冠如若等字之语句"(开首处冠以假如或当字之语句,sentences starting with words like if or when)(3.16)。"推理"(Reasoning)被介绍为"推揣逆料之法"(推进、评价和预期之方法,the method to push on, estimate, and anticipate);"演绎"(deduction)被译为"凭理度物之推阐法"(通过依据原理以测度事物来推论描述之方法,the method of inferring [字面意义:pushing on and explaining,推理并阐释] descriptions by relying on patterns in order to calculate things);以及"归纳"(induction)译为"即物察理之辨法"(接近事物以考察原理之方法,the method of discernment by approaching things in order to examine patterns)。(更多变体,参见表 1.2,4.2 和 4.3。)最后,"三段论"(syllogism),艾约瑟在其"亚里斯多得里传"中已与它斗争过,如今被转译为"三语句次第连成之论断语"(4.13)。①

在某些情况下,艾约瑟的意译不仅粗糙而且还具有误导性。比如说,他用同一对短语翻译"particular"(特殊的)/"universal"(普遍的)和"distributed"(周延的)/"undistributed"(不周延的)这两组反义词,即"包括至于尽头处"(including all and everything concerned,包括一切相关项事物)和"包括未至尽头

[114]

---

① 更多冗长唠叨的意译例子包括艾约瑟对"前件"(antecedent)与"后件"(consequent)(4.11 和 4.12)、"普遍化"(generalization)(5.12)与"类推"(analogy)(5.13)等词的翻译。

处"(including not all and everything concerned,未包括一切相关事物)(3.13—14和3.21—26)。尽管这一提议在本质上也并非毫无道理——当一个命题的谓项是普遍的(universally),我们说这个命题的项是周延的(distributed)——它使得翻译刚刚引用的这种对"周延"(distributed)一词进行定义的句子变得很困难。类似的含有错误概念关系的意译,一个更严重的例子是,他用"申明形式语"(words describing the shape,描述形式的词语)译"谓项"(predicate)这个词,这一译法与上引对"抽象概念"的翻译几乎是完全相同的(3.4和2.20)。

对艾约瑟和很多后来的译者来说,尤其困难的一个领域是对解释命题及其构成部分的概念的改译。当他着手开始其翻译计划时,根本不存在任何用中文写成的汉语语法,①所以他不仅要发明标示"命题"(propositions)和"句子"(sentences)之间差异的词——他试图通过指出前者为"完全语句"或"申明事实之语句"来做到这一点——而且还要为"主项"(subject)、"谓项"(predicate)和"系动词"(copula)这些术语发明能标志其差异的词汇。在《辨学启蒙》中,"主项"被说成"专重语"(words of special importance,具有特殊重要性的词语);"谓项"被译为"申明语"(descriptive words,描述性词语);而"系动词"则被转译为"联络成句之活字"(a verb [字面意义:a living word,活字]connecting and completing phrases,联系并构成句子的活字),或简言之,"联络字"(connective word)(3.1—3.5)。当他在翻译时用最简洁的

---

① 参见梅维恒(Victor H. Mair),"马建忠与汉语语法的发明"(Ma Jianzhong and the Invention of Chinese Grammar),载《汉语语法史研究》(*Studies on the History of Chinese Syntax*),孙超奋(Chaofen Sun)主编(Berkeley:Journal of Chinese Linguistics Monograph Series,1997),第5—26页。

一段话展示这些新术语时,艾约瑟提到,主项-系词-谓项结构是西方语句中最明显的结构,但他没有对汉语和欧洲语言之间的语法差异做更详细的分析。他援引"为"字当作汉语"系动词"的一个例子,把"为"字解释成"做,成为,充当/作为,认为是",像命题"此蕈为蘑菇"(这种菌[被认为]是蘑菇)就是这样。①

关于音译借词,艾约瑟采取的是类似于李之藻的立场,即在使用核心术语时只是为他的读者提供这些术语的西方发音。这方面的例子包括用"罗吉格"译"logic"(1.1),"得耳马"译"term"(2.1),"哥布拉"译"copula"(3.5),以及"西锣基斯摩"译"syllogism"(4.13)。在所有这些例子中,艾约瑟会马上提供一个追加的"更具汉语意味的词",也就是明显较少外语来源的语义学翻译:"辨学",即"the science of debate","界语",即"limiting word",或"界"即"limit","联络字"即"connective",还有"三语句论断语"即"judgment in three sentences"。

甚至在他创造或采用的更具术语色彩的方案的地方,艾约瑟也几乎总是引入不止一个译法。在某些例子中,他的译法很明显是以将一个西方概念与普通的中国词语关联起来的方式进行阐释。因此,"inference"(推论)(4.1)可被如下大略同义的词语交

---

① 艾约瑟:《辨学启蒙》,3b-4a;参见耶芳斯:《逻辑学》,第13—14页。根据葛瑞汉"西方哲学中的是与中国哲学中的是/非和有/无之比较"一文,前揭,第326—329页,在句子中使用表语"角色"时,西方语言是用系动词"是(is)"来表达的("He is a soldier",即"他是一个战士"),而"为"这个字"很难被称为系动词:它有主动动词的味道,'充当'……'为君'即'成为君主'。"当被用于联结形容词时,"为"也不会被看作是系动词("他为高")。在"民为贵"这样的短语中,它应被理解为"x被认为是y"这样的意义,可译成这样:"普通人也被认为是有价值的。"蒲立本把用于表示时间角色的"为"字称为"系动词",但他显然也会同意葛瑞汉的如下观点,即"为"字不会与英语中"is"的所有功能都一一对应。参见蒲立本(Edwin G. Pulleyblank):《古代汉语语法概论》(*Outline of Classical Chinese Grammar*)(Vancouver:UBC Press,1995),第20—21页。

替地翻译为"推出"(push on and find out[推进并发现])、"推阐"(push on and explain[推进并阐释])和"推揣"(push on and estimate[推进并揣测])。"Fallacy"(谬误)(4.21)可由"差谬"(error[差错],delusion[谬见])、"语病"(faulty wording)、"差误"(error[差错],mistake[错误])和"妄言"(wild talk[狂言],lies[谎言])这些词来翻译。其他例子里,在没有显见原因的情况下,艾约瑟通过为同一术语提供两个或更多个相似译词增加了概念流动性效果,比如,用"专语"(special word)和"专名"(special name)翻译"单称概念"(singular term);用"同语"(common word)和"同名"(common name)翻译"普遍概念"(general term);以及用"浑论语"(word talking about everything,谈论一切事物之词语)和"总名"(comprehensive name)翻译"集合概念"(collective term)(2.14—16)。

  与词汇问题相比,使耶芳斯的入门书能够被中国读者所接受的文化改编之必要性还算是一个次要问题。艾约瑟通常很轻松地将其加以处理,例如,把欧洲语境转换成中国文化脉络。所以,英国政治家格莱斯顿(Gladstone)和迪斯雷利(Disraeli)就被置换成唐代文人韩昌黎(韩愈,768—842)和柳河东(柳宗元,773—819);①不特指某一具体个人的"约翰·罗宾逊"(John Robinson)被改为"张甲";②另有一个涉及到曼彻斯特市和它的大教堂的三段论式被重新措辞为"济南府"及其巡抚衙门或省城。③ 在耶芳斯通过"church"——它既可指一座建筑,也可指一种教派(英格兰教派,罗马教派)——这个词为例说明一词多义的地方,艾约瑟

[116]

---

① 艾约瑟:《辨学启蒙》,31a;参见耶芳斯:《逻辑学》,第72页。
② 艾约瑟:《辨学启蒙》,55a;参见耶芳斯:《逻辑学》,第121页。
③ 艾约瑟:《辨学启蒙》,29b-30a;参见耶芳斯:《逻辑学》,第69页。

156

以儒家、释家和道家为参考,并添加了《南京条约》中的一项关于"宗教自由"或不受阻碍的传教活动的条款来阐明其观点。① 然而,一般情况下,宗教和意识形态考虑不会干扰他的翻译。他既没有改变耶芳斯宣称逻辑学不能证明基督上帝存在的一段话,②也没有更改涉及到"白人"和"非白人"的种族主义事例——一种在帝国主义时代被很多逻辑学教师认为是不证自明的区分——即使中国读者可能会介意被归为"深肤色"的种族。③

在解决那种基于英语词汇或语义特性的困难实例时,艾约瑟展示了同样的创造力。例如,耶芳斯对那些语带双关("rake 这个词即可以是一种园艺工具,又可以指一个浪子")的词义模糊性的解释,艾约瑟就通过"李八百"这样的词表达出来了,因为"李八百"这个词既可以指一个道教神仙的名字,也可以指"八百斤李子"。④ 最后,在耶芳斯解释并不是所有的命题都按照主项、系动词、谓项那样的顺序来安排的一段话中,艾约瑟用儒家经典中的"富哉言乎"(《论语》十二,22)这句话来说明语序倒装,并且通过指出耶芳斯的观点即系动词并不总是被明确地表达出来,这一点在中文中尤其真实,"因为中文比西方概念更简单",而加强了耶芳斯的如上主张。⑤

后来的评论者在评价艾约瑟的工作时并不友善宽容。那些在其对现代中国逻辑学的评价不再满足于罗列作品名单的现代

[117]

---

① 艾约瑟:《辨学启蒙》,8b-9a;参见耶芳斯:《逻辑学》,第 23 页。
② 艾约瑟:《辨学启蒙》,54b;参见耶芳斯:《逻辑学》,第 120 页。
③ 艾约瑟:《辨学启蒙》,24b-25b,32a;参见耶芳斯:《逻辑学》,第 60—61 页,第 74 页。
④ 艾约瑟:《辨学启蒙》,9b;参见耶芳斯:《逻辑学》,第 24 页。[译按]李八百是中国民间传说中的蜀中八仙之一,属于道教神仙。关于他的传说很多,因其在世上活了八百岁或日行八百里而得名。
⑤ 艾约瑟:《辨学启蒙》,16a-b;参见耶芳斯:《逻辑学》,第 39 页。

作者中,通常的观点好像是认为他的译笔"拙涩",因为"一些最基本的逻辑术语与现在通行的译法相距甚远"。① 由于艾约瑟不想去符合一个尚未被发明出来的术语表,后人对此横加挑剔,尽管这很难说是公平的或合理的,但即使是他的同时代人也对其功过褒贬不一。梁启超在 1896 年谈到《科学入门》的中文译本时说:"不幸译文极无力。冗长啰唆而又含混晦涩,几至无法卒读。然而,人亦不能忽视此书。"② 另一方面,黄庆澄却发现译文"清晰而又流畅"。③ 对于熟悉出现于十九世纪中国的混合性科学文献的读者来说,《科学入门》肯定不是不可理解的。然而,艾约瑟在术语领域使用意译的翻译策略却赋予其译本以某种含糊不清的印象,并使得它难以了解乃至辨别西方"辩论科学"的概念词汇。《辨学启蒙》中唯一在帝国晚期获得某种流通的术语是他创造出来用以表示这门学科本身的名称:辨学,它把对逻辑学的研习与其他科学如化学、数学、光学、声学、重学或力学、热学、电学以及哲学(理学、智学、性学等)相等同,作为独立的探究领域,它的地位在其同时代坐标中以"学"——"知识、科学领域"——这个后缀

[118]

---

① 李匡武:《中国逻辑史》,第 4 卷,第 130 页。另参见赵总宽主编:《逻辑学百年》,北京出版社,1999 年,第 10—11 页。更公平合理的评价,参见杨沛荪主编:《中国逻辑思想史教程》,兰州:甘肃人民出版社,1988 年,第 291—292 页。[译按]虽然本书作者只是在提及当代中国逻辑史学对艾约瑟《辨学启蒙》的评价时引用了李匡武主编的《中国逻辑史》,但将此书与《中国逻辑史》稍加比较即可发现,至少在论及艾约瑟的逻辑学翻译的时候,此书大量参考了《中国逻辑史》的相关内容,包括评价《辨学启蒙》一书的问题意识及引用材料方面,都有很多类同之处。此不容不辨也。
② 梁启超,"读西学书法",6b—7a。
③ 黄庆澄:《中西普通书目表》,上海算学报馆,7a。参见邹振环:《译林旧踪》,南昌:江西教育出版社,2000 年,第 60—61 页。

被标示出来。① 然而,这种名义上声望的增加并没有伴随着兴趣的上升。无论是《逻辑学初阶》那温和的商业成功,还是如下事实,即《辨学启蒙》介绍的逻辑学与耶稣会士传授和实践的基督教信仰的婢女几乎没有什么共同之外,这两者都不足以引起显著的好奇心。

4. 作为辨别真理的科学的逻辑学

不论艾约瑟的翻译是成功还是失败,没有迹象表明《辨学启蒙》像赫德曾打算的那样,在1902年以前的任何中国中学或大学中被用作教科书。整个十九世纪,逻辑学在几乎所有向中国学生传授"西方知识"的研究机构课程中都是缺席的。绝大多数由新教传教士开办的有影响力的教育产业,无论有没有中国政府的支持,都没有开设这个主题的课程的任何尝试。②

[119]

(1) 十九世纪末中国教育中的逻辑学

十九世纪下半叶在中国教授逻辑学的一所学校是上海的耶

---

① 此外,艾约瑟将逻辑学作为西方哲学的三个古典分支之一加以引介,而哲学的这三个分支在由上海格致书院举办的课艺文章考试撰写的大量文本中或多或少一字不差地得以再现。例如,参见钟天纬,"格致说"(1889),重刊于《皇朝经世文三编》,陈忠倚编(台北:台联国风出版社,1965[1898]年),第1卷,第203—205页,第203页。关于一般而言的课艺文章考试的内容,参见熊月之:《西学东渐与晚清社会》,第362—391页;以及艾尔曼:《科学在中国(1550—1900)》,第334—351页。
② 根据某些说法,1820年代马六甲的英华书院(the Anglo-Chinese College)向西方和中国血统的学生教授逻辑学课程。参见赖廉士(Lindsay Ride):《马礼逊其学其人》(*Robert Morrison: The Scholar and the Man*)(香港:香港大学出版社,1957年),第22页。然而,这一主张是基于对那所学院课程的误解之上,其中包括"伦理学"(ethics)而不是"论理学"(logic)。参见《中国近代学制史料》(Materials on the history of the modern Chinese education system),朱有瓛等主编(上海:华东师范大学出版社,1983—1993年),第4卷,第3—22页;第7—8页。另参见熊月之:《西学东渐与晚清社会》,第123—129页。

稣会神学院。他们的秩序在1814年得以重建之后,耶稣会传教士们于1841年重返中国,①并在利玛窦的良师益友和合作译者徐光启在徐家汇的旧居地基上建立了他们的总部,当时徐家汇还是一个距离快速扩张的通商口岸西南部八公里远的小村庄。②由于其受保护的位置,徐家汇不久就成为被饥荒、干旱和叛乱所驱离的新旧中国基督徒们的一个避难所。耶稣会士给他们提供稳定的生活,并热切欢迎众多灵魂的涌入,连续不断地在其核心居住区附近扩张设施。③ 其中最先增加的是一座教堂,一所孤儿院,一个图书馆,各种工场车间,以及一所寄宿学校:徐汇公学(the Collège St. Ignace)。④ 1862年,他们开设了一所"大修院"(a major seminary),其目的是为了使有才能的寄宿学校学生继续接受基督教教育,以加强本地神职人员队伍。⑤ 这所大修院最初位于上海远郊的董家渡,1868年迁移到徐家汇的新地基上。在这两个地方,见习修士的数量仍然很小。教学遵循多少切近

---

① 参见孟德卫(David E. Mungello),"1841年耶稣会士重返中国与中国基督教的对冲"(The Return of the Jesuits to China in 1841 and the Chinese Christian Backlash),载《中西文化交流史杂志》(Sino-Western Cultural Relations Journal)2005年第27期:第9—46页。
② 史式徽(Joseph de La Servière):《江南传教史(1840—1899)》(*Histoire de la mission du Kiang-nan. Jésuites de la Province de France* (Paris) (1840-1899))(上海:自立书局[Imprimerie de T'ou-sé-wé],1914年),第2卷,第91—92页。[译按]中译本参见史式徽:《江南传教史》,上海译文出版社,1983年。
③ 薄槠力(Guy Brossollet,居伊·布罗索莱):《上海的法国人(1849—1949)》(*Les Français de Shanghai*, 1849-1949)(Paris: Bellin, 1999),第159—170页。[译按]中译本参见居伊·布罗索莱:《上海的法国人(1849—1949)》,牟振宇译,上海辞书出版社,2014年。
④ 关于徐家汇图书馆的历史,参见 Gail King,"上海徐家汇图书馆"(The Xujiahui (Zikawei) Library of Shanghai),载《图书馆与文化》32,1997年第4期:第456—462页。徐汇公学的章程被译成中文,保存于《中国近代学制史料》第4卷,第225—230页。
⑤ 史式徽:《江南传教史(1840—1899)》,第92—94页。

1832年采用的耶稣会士课程计划的修订版。① 教育家马相伯(1840—1939),在大修院里学习了六年之后,于1870年被任命为牧师,回忆他在晁德蒞(Angelo Zottoli,1826-1902)的指导下花三年时间阅读欧洲的数学和哲学。② 虽然马相伯只提及他学过的哲学文献有亚里士多德和阿奎那(因此由传统学问构成),但来自董家渡的一列期末考试题清单表明,大修院的哲学教学至少必须包括对逻辑学的基本介绍。例如,1866年,考生被要求回答有关逻辑学主题的六个问题,范围从三段论的规则到人类记忆的可靠性和证据,再到获得并探明"绝对可靠的确定性"中感觉的作用。③ 不过,大修院的教学语言却是拉丁语而不是汉语,④并且也没有证据表明,学生在那里学到的任何逻辑学概念在二十世纪初期之前被翻译成汉语概念词汇。

[120]

十九世纪中国唯一一所用汉语教授逻辑学的学校应该是上海圣约翰书院(St. John's College)。尽管在这所学校1879年的创办

---

① 吉尔:《耶稣会士的教育学:历史与现状》,第33—45页。另参见阮仁泽和高振农合编:《上海宗教史》(上海:上海人民出版社,1992年),第667—671页。
② 马相伯:《一日一谈》(Daily Conversations,1963),重刻于《马相伯集》,朱维铮编(上海:复旦大学出版社,1996年),第1070—1168页;第1083—1084页。另参见李天纲,"信仰与传统——马相伯的宗教生涯",同上,第1227—1278页;第1243—1244页。关于晁德蒞,参见方豪:《中国天主教史人物传》,第3卷,第260—262页。
③ "公元1866年全部哲学考试"(Examen de tota Philosophia, anno 1866),载"徐家汇,大修院"(法国耶稣会档案馆,中国档案303)(Archives Françaises de la Compagnie de Jésus, Fonds Chinois 303),1a。参见顾有信(Joachim Kurtz),"圣心报:李问渔(1840—1911)和晚清上海的耶稣会报业"(Messenger of the Sacred Heart: Li Wenyu (1840-1911) and the Jesuit Periodical Press in Late Qing Shanghai),载《从木版印刷到互联网:转型中的中国出版和印刷文化,约1800到2008年》(From Woodblocks to the Internet: Chinese Publishing and Print Culture in Transition, circa 1800 to 2008),包筠雅(Cynthia Brokaw)和芮哲非(Christopher A. Reed)主编(Leiden: Brill, 2010),第81—110页。
④ 张天松:《马相伯先生读书生活》(香港:公教真理学会,1950年),第34—36页。

章程里没有提到这门学科,①课程表里有一门叫作"辩实学"(the science of discerning truth)的课程在 1880 年 2 月的上海申报上被公布出来。② 然而,无论是学校记录还是后来的研究都没有提到这门课程实质上是作为独立的单元来讲授的。③ 不如说,逻辑学在课程框架里是被放在心理学中由英国圣公会牧师颜永京(1839—1898)展开并讲授的。④ 作为第一批中国海外留学生之一,1854 年到 1861 年间,颜永京在俄亥俄州的凯尼恩学院(Kenyon College in Ohio)学习了神学和一些其他课程。回国后,他在很多基督教学校和大学里轮流但任牧师和英文教师,后来于 1878 年加入圣约翰书院,担任预科班的数学、自然哲学和神学教授。⑤

颜永京的心理学课——这是中国首次开设此类课程——以一本他在美国学习时就已经开始欣赏的书,约瑟夫·海文的《心灵学》(Mental Philosophy,或译《心灵哲学》,《精神哲学》,《心理学》⑥)的翻译为基础。⑦ 海文,一位虔诚的新教徒和阿默斯特学

[121]

---

① 《中国近代学制史料》,第 4 卷,第 435—447 页。
② 《申报》,1880 年 2 月 3 日,第 6 版。
③ 参见 Mary Lamberton:《上海圣约翰大学,1879—1951》(St. John's University Shanghai, 1879-1951)(New York: United Board for Christian Colleges in China, 1955),第 8—9 页,第 11—17 页。
④ 李喜所:《近代留学生与中外文化》(天津:天津人民出版社,1992 年),第 136—140 页。
⑤ 参见赵莉如,"有关《心灵学》一书的研究",载《心理学报》1983 年第 4 期:第 380—387 页;第 382—383 页。另参见《中国教会学校史》,高时良编(长沙:湖南教育出版社,1994 年),第 133—134 页。
⑥ [译按]海文的 Mental Philosophy 一书其实就是 psychology 即心理学,但 psychology 一词刚于 1850 年前后传入英文世界,当时还没有被广泛使用。参见阎书昌:《颜永京对西方心理学引入及其汉语心理学术语创制》,载《南京师大学报》(社会科学版),2012 年 7 月第 4 期。
⑦ 约瑟夫·海文(Joseph Haven):《心灵学:理智、感性和意志》(Mental Philosophy: Including the Intellect, Sensibilities, and Will)(Boston: Gould and Lincoln, 1857)。

院(Amherst College)"智力和道德哲学"讲座教授,将心理学看作是无所不包的"心智科学"(sience of mind),不仅涵盖人类理智的运作,他认为这其中包含天生的美和德性,还涵盖感性,也就是情感、爱和欲望,还有意志,他将后者描述为与基督教真理密切相关的选择能力。① 在他对人类理智的"反思能力(reflective power)"——我们拥有的表象、想像、反思和直觉四种能力的第三种——深入考察之后,海文用一章篇幅分析推理过程,其中他简要讨论了他确定为属于形式逻辑领域的问题,也就是对命题和三段论规则与形式的分析。② 根据海文的心理学观点,逻辑学论述"某种普遍形式,一切推理都被这些形式所范铸,并且按照思维的法则,它自然而然地就会采取这些形式"。这些形式由心理学家在它们"依赖于思维的法则,并只是作为在推理中运用的精神活动的模式"的范围内加以考虑。③ 由于逻辑学只涉及心理学分析的多种精神活动中的一小部分,所以它被暗中降低到更宽泛的"心智科学"的辅助性分支学科的地位,而在圣约翰书院中本身就是这样讲授这门学科的。

[122]

(2) 颜永京与心灵学

颜永京最初希望呈现出海文完整著作的一个概述性的翻译,但在他在圣约翰书院任职期间只完成了处理理智能力的第一部

---

① 约瑟夫·海文(Joseph Haven):《心灵学:理智、感性和意志》(*Mental Philosophy: Including the Intellect, Sensibilities, and Will*)(Boston: Gould and Lincoln, 1857)。第 iii - xvi 页。
② 同上,第 180—189 页,第 199—228 页。
③ 同上,第 203 页。

分。① 1889年,他的部分译文以《心灵学》(*The science of the Soul*, 也即 Psychology)为题出版。② 在解释了心理学就是"与灵魂及其功能相关的一门特殊科学"并称赞他这本书的价值是"为了所有希望建立学术的可靠基础的教育者"之后,颜永京在序言里指出,将海文的《心灵学》翻译成让人中国接受的文本所面临的诸多困难:

> 这本书中有很多观念在中国还从来没有人讨论过,我们甚至找不到合适的词语来翻译。因此,根本没有名称表达它们。我只能为那些不能表达的词暂时性地创造新的名称,并[用倒括号,见下文]勉强地将它们联结在一起(勉为联结)。对于从外部看[这些新词]的这本书的读者来说,他们可能会感到困惑,并且不容易区分,但是对那些用脑去思考过它们的读者来说,掌握其推导过程不会太难。我为不得不造出大量这样的词而深表歉意。③

所以翻译困难就被认为是来自于此书主题的新颖奇特及其与众不同的术语概念。这一特征尤其适用于讨论逻辑学的那一章。颜永京对这部分内容的译文是高度概括的。为了使文本适应课堂使用的需要,他去掉了海文几乎所有学理上的炫耀的论证。此外,他还删除了讨论思维规则的内容,而正如我们看到的,

---

① 傅兰雅(John Fryer):《对中国教育会出版或采纳的书籍、教学挂图、地图等的详细说明与价格清单》(*Descriptive Account and Price List of the Books, Wall Charts, Maps &tc. Published or Adopted by the Educational Association of China*)(上海:美华书馆,1894年),第26页。
② 颜永京译:《心灵学》(上海:益智书会,1889年)。我要感谢戴维·莱特在定位剑桥大学图书馆中这一文本的一个复印本给我提供的帮助。全本复刻于《新学备纂》,渐斋主人编(天津:开文书局,1902年),卷6。
③ 同上,序言,1a-b。

逻辑学据说恰恰依赖于这些规则；还删减了互相竞争理论的争议和有关这门学科历史的增长见闻的概述。① 相反，颜永京集中于海文自己理论的核心学说，特别强调对重要概念的定义及其运用的举例说明。

颜永京的文笔无可挑剔地明晰，很好地适合于传播他所介绍的密集内容。与艾约瑟形成对照，他所采用甚至提及的术语发明，颜永京都给予了解释，并对他必须重新措辞的所有专业术语都提出了汉语的对等词。② 他的词汇创新似乎并没有遵循一个清楚明确的翻译策略。某些词，像以"合杂全"（uniting into a composite whole，联合成一个复合整体）译"普遍化"（generalization）（参见表2.1，5.12项），或以"烦碎"（tiny pieces，微小碎片）来译"属性"（quality）（3.7项），都是很笨拙的；其他的，如以"表句"（expressive sentence，表达性的句子）译"命题"（proposition）（3.2项），或用"系连"（binding link，绑定链接）译"系动词"（copula）（3.5项）等，至少是以同样的方式提前使用了后来的命名法。在某些情况下，颜永京几乎是太过于机巧，以至

---

① 颜永京译：《心灵学》（上海：益智书会，1889年）。我要感谢戴维·莱特在定位剑桥大学图书馆中这一文本的一个复印本给我提供的帮助。全本复刻于《新学备纂》，渐斋主人编（天津：开文书局，1902年），67b—88b；参见海文：《心理学》，第212—213页；第218—225页。

② 对颜永京心理学术语的讨论以及与日本更早时期的学者西周（Nishi Amane, 1829－1897）的术语发明的比较，参见儿玉齐二（Kodama Seiji 児玉斉二），"颜永京及其汉译心理学用语"（Gan Eikyō to kan-yakushinrigaku yōgo ni tsuite, 顔永京と漢訳心理学用語について，Yan Yongjing and his Chinese translations of psychological terms），载 *Shinrigakushi-Shinrigakuron* 2, no. 2(2000)：第25—33页。西周的译文以《心理学》（*Shinrigaku*, Psychology）为题出版于1875年，这一概念在日本和中国逐渐成为这门学科的标准名称。关于西周在将心理学引介到日本的过程中所发挥的作用，参见托马斯·R·海文斯（Thomas R. Havens）：《西周与近代日本思想》（*Nishi Amane and Modern Japanese Thought*）（Princeton：Princeton University Press, 1970），第217—218页。

超出了他的实际能力,例如,提出用"屑录集成"翻译"三段论"（syllogism）（4.13项）,这个词既可看作是一种音调复制,也可视为对"零散记录之综合"义的语义借用;或用较少说服力的"希卜梯西"来译"假设"（hypothesis）（5.7项）,其中音调和语义借用的共享仅适用于头两个字（"希卜",这两个字可理解为"希望预卜"的意思）,而另外两个字（"梯西",如照字面来理解,其意义是"架梯去西方"）在这方面就完全失败了。然而,与他个人选择的优点或缺陷相比,尤其是与艾约瑟经常的词汇变换相对照来说,颜永京在翻译中将它们贯彻到底的连续性显得更为重要。

　　颜永京译文的一个独特性在于,他发明了一种意在提醒读者一串字符表示单一术语的编辑性标记符号。为此目的,他采用的标记符号是一种圆括弧,代替了左侧的竖划线,正如他在其序言中写道,那样就将构成这些术语的字符加以联结或"勉为联结"。轮换到适合西方段落的同一水平线上时,他对"syllogism"的译文在《心灵学》中就将呈现为"屑∪录∪集∪成"的样子。① 对这种标记符号的采用证实了颜永京强烈地意识到一种清晰明确的命名法对其翻译成功的重要性,以及他格外留心于促进其理解。然而,由于他的文笔的密集,特别是在逻辑学这一部分,他的译文几乎与《名理探》一样,充斥着大量新术语。把他译文中的典型段落重译回英语,就会像下面这样（《心灵学》中采用的新术语以下划线标出）:

　　　　"辨实"（Discerning truth, logic[逻辑学]）,在其"推出"（pushing outward, deduction[演绎推理,字面意义即"彰明"]）和"引进"（drawing inward, induction[归纳推理,字面

―――――
① 颜永京:《心灵学》,62a。

意义即"荐举"])的形式上,都有赖于"表句"(expressive sentences, propositions[命题])。一个命题(proposition)是一个句子,其中两个独立的"意影"(images of intentions, concepts[概念])被关联起来。这里的被关联意思是,两个概念(concepts)既一致又不一致。例如,当我们说"雪是白"(Snow is white)时,①这就是一个命题(proposition)。如果我们将"雪"这个概念(concept)记在心中(衷["内心感受","内心"]),同时也把"白/白色"的概念(concept)记住,那么我们就会知道"是白的"是一种从属于雪的"烦碎"(qualities,属性);也就是说,我们知道"雪"和"白/白色"是一致的。因此我们能够确定两个概念(concepts)由"雪是白"这个句子关联起来。每一个命题(proposition)都由三个[部分]构成。第一部分是某个被称为"表句目"(item of the proposition, subject, 主项)的概念(concept);最后一部分是某个被称为表题(topic of the proposition, predicate, 谓项)的其他概念;联结第一和最后[部分]的中间[部分]被称为"系连"(binding link, copula, 系动词)。所有这三个部分既可用一个字来表达,也可用几个字来表达。在刚才引用的"雪是白"这个句子里,"雪"是主项(subject),"白/白色"是谓项(predicate),而"是"(is)这个字则是系动词(copula)。"雪" [125]

---

① 这句选择说明不同的命题成分的话,根据欧洲逻辑学,其汉语表达仍然是不同寻常的。在汉语文言文中,"Snow is white"按照惯例应翻译为近似的子句"雪白也"。用后缀字"也"代替"是"——这个字在现代汉语中已经成为系动词,意思是"……是……",但是在文言文中,它被以各种不同的含义使用,从"这个","此","所有","正确/真实","为此"和"确然"到"赞同"或"证明,辩护"——不合语法但却改变了命题对某物的强调,类似于"雪白,是也!"这样的表达。参见葛瑞汉:"西方哲学中的是与中国哲学中的是/非和有/无之比较",第331—334页;以及蒲立本:《古代汉语语法概论》,第16页。

和"白"也被称为两"端"(ends, terms, 项)。①

在课堂上阅读并解释这些文字,辅以演习和操练,像这种密集的段落可以用基本的逻辑学概念和程序的类似观念很好地提供给学生,尤其是像圣约翰书院所宣传的那样在单独的课程中由明白其课程要求的指导者颜永京讲授的时候。然而,我们没有证据证明那时圣约翰书院或其他学校的学生在《心灵学》的基础上获得了这种知识。而课堂之外的学习,这本书不太能够在没有准备或未经指导的读者中激起逻辑学的兴趣,即使颜永京的翻译在连续性上胜过了艾约瑟更早的工作。讨论逻辑学的章节不只是过于简短和粗略——海文的论述省略了关于传统三段论解释术语及其属性的第一部分,而且对换位法和谬误论证也几乎什么都没说——以至于难以承担"辨别真实之科学"——颜永京这样称呼它——的可靠引导。更值得注意的是,他在《心灵学》精心撰写的大约二十页篇幅被隐藏于另一个完全不同学科的理论框架中,并且隐藏得如此之深,以至于读者根本不可能有望发现它作为一门独立的和基础性的科学研究之分支的潜在价值。关于颜永京的翻译内容甚至与那些被证实对新知识拥有好奇心的中国学者相比恰恰有多么不同的一个显著例证是,梁启超刊行于1896年的权威著作《西学书目表》,其中《心灵学》连同一部论感觉的书和一本论精神病的文本,被添加到关于"全体学"(anatomy)的文献类别中——原因在于所有这三本书都是讨论与神经即"脑气筋"(传递大脑生命力的筋络)有关的主题。②

---

① 颜永京:《心灵学》,81a-b。
② 梁启超:《西学书目表》,1:5a。

5. 作为理性科学的逻辑学

　　试图促成逻辑学向十九世纪的中国引进的最后一位新教作者是傅兰雅(John Fryer, 1839—1928)，那个时代最多产的科学翻译家。他于1861年以自学成才的传教士身份到达香港，不久就放弃了他的天职，另外，他搬家到了伯克利，在那里他于1896年成为首位东方语言学和文学教授，处于这两种身份之间，傅兰雅参与了上百部有关"西方知识"的翻译和编辑工作。① 另外，他还从事于广泛的努力，以将欧洲科学技术更具实践性的方面翻译到晚期的中华帝国，其中包括担任《格致汇编》的主编，上海格致书院的总监，以及格致书室的业主。②

　　到中国职业生涯的晚期，傅兰雅扩大了工作范围，除了为他赢得持久赞誉并广受好评的自然科学和应用科学领域之外，他进一步拓展业务，编撰了大量关于政府治理、政治经济学、金融贸易和国际公法以及更偏僻的西方礼俗和精神疾病方面的文献。③ 实际上在加利福尼亚大学获得教授职位之后，他就在每年的夏季年假期间来到上海，将"有用的知识"翻译成汉语。有一年暑假，他译写了一篇标题为《理学须知》的逻辑学小书，刊印于1898年

[126]

---

① 贝奈特(Adrian A. Bennett)：《傅兰雅：十九世纪中国西方科学技术的引进》(*John Fryer: The Introduction of Western Science and Technology into Nineteenth-Century China*)(Cambridge, Mass.：Harvard University Press, 1967)，第110—111页。关于傅兰雅的汉语出版物最可靠的名单，是王扬宗撰写的《傅兰雅与近代中国的科学启蒙》(北京：科学出版社，2000年)，第126—133页。
② 参见莱特：《翻译科学：中华帝国晚期西方化学的传入，1840—1900年》，第100—148页。另参见前揭，"傅兰雅与上海格致书院：为十九世纪中国科学创造空间"。
③ 参见贝奈特：《傅兰雅：十九世纪中国西方科学技术的引进》，第33—40页。

百日维新的动荡时期。①

《理学须知》可能是傅兰雅翻译中最不为人知的著作。在傅兰雅的个人藏书中没有发现这部著作的任何底稿,而且为他写传记的西方作者贝奈特(Adrian Bennett)和戴吉礼(Ferdinand Dagenais)也没有提到它。② 中国任何一本逻辑学史也没有对之论述。以馆藏于北京中国社会科学院图书馆的一个稀有复刻本为基础,王扬宗证明这个文献是傅兰雅从1880年代就开始翻译的内容广泛的中学教材(计划中的八十卷)所刻印的最后二十八卷。③

在先前的著作忽略了这个主题之后,傅兰雅决定给这个系列教材的欧洲逻辑学编译一个导言,这个决定可能是由于对艾约瑟的《辨学启蒙》不满意而激起的,或至少是后者的扩展版。尽管无数次称赞艾约瑟是"当代中国语言和中国文学方面最伟大的权威",④傅兰雅仍然认为他的前辈对耶芳斯《逻辑学》的译文是不合格的:"这个翻译带有高度浓重的文言色彩,所以对学生来说,一种对逻辑学原则更简单的阐述是必须的。"⑤《理学须知》就尝

---

① 傅兰雅:《理学须知》(What must be known about logic)(上海:格致书室,1898年)。
② 参见贝奈特《傅兰雅:十九世纪中国西方科学技术的引进》,以及戴吉礼,《傅兰雅年谱:函件、出版物以及各类文件摘录与注释(第3版)》(John Fryer's Calendar: Correspondence, Publications, and Miscellaneous Papers with Excerpts and Commentaries[Version 3])(未刊手稿,伯克利:中国研究中心,1999年)。
③ 王扬宗:《傅兰雅与近代中国的科学启蒙》,第102页。关于已出版的所有二十八卷一览表,参见前揭,第131页。
④ 转引自戴吉礼《傅兰雅年谱》中的1894年,第2页。
⑤ 傅兰雅:《对中国教育会出版或采纳的书籍、教学挂图、地图等的详细说明与价格清单》,第13页。在这一直率的评价之前几年,傅兰雅曾在为这套系列著作的广告中发表过一个内容虽然不是很丰富但立场更中立的说明,《辨学启蒙》在其中以这样的方式出现:"《逻辑学基础教程》由七个部分构成。一般而言,[逻辑学]与区分人类言说的意义、界定事物和事实、辨别是非和推断真实含义有关。它大体上类似于'是非学'(ethics[伦理学]),研究善恶之理及其证据,但也存在不同。掌握这一领域的学问能使我们推进和修正科学。那些不能清楚辨别万物之理的人,也不能认识是与非。他们坚持要告诉我们的事情又怎么会有任何价值呢?"《格致汇编》6,1891年第2期:49b。

试要提供这样一种阐述。

(1) 材料来源与专业术语

《理学须知》是一本四十一个对开页篇幅的短论文,分为六章,分别阐述"理学之原意"(The Meaning of Logic)、①"名与事实"(Terms and Facts)、②"求据之法"(Reasoning)、③"类推之法"[128](Induction)、④"错误之处"(Fallacies)、⑤以及"格致之理"(The Pattern of Science)。⑥ 尽管傅兰雅声称他是全书的原创者,但仔细检查就会发现,第1—5章很大程度上是以约翰·斯图亚特·密尔的《逻辑学体系》为基础的(如前面脚注所标明的);第6章是在奥古斯特·孔德(Auguste Comte)《实证哲学教程》(*Course in Positive Philosophy* [*Cours de philosophie positive*],1830 - 1842)的概述前提下对科学分类法所作的一个批判性改编。⑦

假如傅兰雅的目的真的是要为青年学生写出一本"更简单的

---

① 傅兰雅:《理学须知》,1a - 4a;参见约翰·斯图亚特·密尔:《逻辑学体系》(*A System of Logic, Ratiocinative and Inductive: Being a Connected View of the Principles of Evidence and the Methods of Investigation*)(1843),重印于前揭,《密尔全集》(*The Collected Works of John Stuart Mill*),33册,约翰·M·罗布森编(John. M. Robson)(London:Routledge,1973 - 1974),第7册和第8册;"导论",第7卷,第3—16页。
② 傅兰雅:《理学须知》,4a - 11b;参见密尔:《逻辑学体系》,"第Ⅰ卷:名称与命题",第7册,第19—156页。
③ 傅兰雅:《理学须知》,11b - 18b;参见密尔:《逻辑学体系》,"第Ⅱ卷:推理",第7册,第157—282页。
④ 傅兰雅:《理学须知》,18b - 25a;参见密尔:《逻辑学体系》,"第Ⅲ卷:归纳法",第7册,第283—640页。
⑤ 傅兰雅:《理学须知》,25a - 30a;参见密尔:《逻辑学体系》,"第Ⅴ卷:谬论",第8册,第735—832页。
⑥ 傅兰雅:《理学须知》,30a - 41b。
⑦ 奥古斯特·孔德:《实证哲学教程》(*Cours de philosophie positive*)(Paris:Rouen Frères,1830 - 1842),第1卷,第57—117页。傅兰雅一定是从孔德著作的诸多英文翻译(或摘要、论述等)中选择其一进行编译的,但没有迹象表明他使用的是哪个版本或文本。

阐述"，密尔的不朽著作《逻辑学体系》很难作为适当典型而成为明确选择。密尔的研究根本不是关于逻辑学学科的易于理解的指南，并且它显然不是写给初学者的。毋宁说，它是对逻辑学演绎主流的广泛批判，而这一主流是密尔打算在一个包罗万象的归纳理论之下加以抑制的。① 对密尔来说，所有推论都是归纳的，也即由特殊到普遍的归纳推理。与早期英国经验主义的怀疑主义认识论和康德的先验主义都保持距离，密尔坚持主张即使被认为是知识的最纯粹形式的数学公理也只源自于对原始事实的经验，仍是通过归纳推理从特殊事例中推导出普遍法则的。尽管密尔想削弱演绎地获得的知识的努力及其对他认为是人类推理之基础的心理过程的分析遭到傅兰雅编撰《理学须知》时代的广泛批评，②但他关于归纳法的四个实验方法或"原则"却继续被看作是科学研究中防范错误的最可靠手段，并在几乎每一本逻辑学教材中都原样不动地被复制，包括进入二十世纪之后论述科学方法论或科学哲学的教材。③ 这种与科学实践的紧密联系，连同密尔的著作在其十九世纪中叶的英国接受教育期间所享有的声誉，可能正是这些促使傅兰雅将他的书奠基于《逻辑学体系》之上。至于他为什么在《理学须知》的最后一章放弃了《逻辑学体系》，并用一个关于孔德的实证主义分类法的讨论代替了密尔对"道德科学的逻辑"的考察，其原因我们只能猜测了。然而，考虑到傅兰雅众

---

① R·F·麦克雷(R. F. McRae)，"导论"(Introduction)，载密尔：《逻辑学体系》，第 7 册，第 xxi-xlviii 页。
② 关于密尔在十九世纪心理主义发展中的地位，参见马蒂亚斯·拉特(Matthias Rath)：《德国哲学中的心理主义争论》(Der Psychologismusstreit in der deutschen Philosophie)(Freiburg: Alber, 1994)，第 128—142 页。
③ 莫里斯·克兰斯顿(Maurice Cranston)，"约翰·斯图亚特·密尔"(Mill, John Stuart)，载《科学家传记辞典》(Dictionary of Scientific Biography)，C. C.吉利思俾主编(New York: Scribner's, 1974)，第 9 卷，第 383—386 页；第 384 页。

所周知的对科学发现和进步的"陶醉"(intoxication),①我们可以再次说,其最简单且或许是最可能的解释是,他选择了一本容许强化他表现出来的通常的科学主义要旨的文本作为参考。

就像在他之前的艾约瑟和颜永京,傅兰雅似乎也对早期的耶稣会士方案浑然不知,因此他选择为从密尔和孔德那里摘录的逻辑概念创造他自己的专业术语。由其作为科学文献翻译家的长久职业生涯,傅兰雅在西方概念转换成汉语复制品的发明创造方面拥有丰富的经验。尤其是在化学领域,他在中国合译者的协作之下,或在较小范围内由他自己发明的词汇创新,产生了重大影响。② 与十九世纪中国的任何其他外国翻译家相比,傅兰雅可能对专业术语问题给予了更大的关注。他一丝不苟地记录下选中的词汇,③刊印双语词汇表和值得推荐的术语,并屡次敦促别人以他为榜样。④ 1880年,他在一篇写给《北华捷报》(*North China Herald*)的文章中概述了创造新术语的策略:

> 当有必要发明一个新术语时,有三种方法可以选择:
>
> a. 造一个其发音能够容易地从语音部分区分出来的新汉字,或使用一个现存而又罕见的汉字并给它一个新意义。
>
> b. 发明一个描述性词语(descriptive terms),尽可能少用汉字。

---

① 关于傅兰雅的科学主义倾向,参见莱特:《翻译科学:中华帝国晚期西方化学的传入,1840—1900年》,第123—125页。
② 王扬宗,"傅兰雅和徐寿化学概念翻译新探"(A New Inquiry into the Translation of Chemical Terms by John Fryer and Xu Shou),载朗宓榭等编:《新词语新概念:西学译介与晚清汉语词汇之变迁》,第271—284页。
③ 某些记录清单被戴吉礼的《傅兰雅年谱》所复制。
④ 王扬宗:《傅兰雅与近代中国的科学启蒙》,第66—68页。另参见贝奈特:《傅兰雅:十九世纪中国西方科学技术的引进》,第29—33页,第101—102页。

[130] c. 使用中国官话的发音以音标拼出外语词汇,并尽可能地努力做到对相同发音运用相同汉字,给出先前翻译者或编撰者最常使用的优先汉字。

所有这些被发明出来的术语都必须被看作仅仅是暂时性的,在作品刊刻之前,一旦发现以前就有的术语或能获得更好的术语,所发明的术语都应该被放弃。①

在《理学须知》一书中,就像他的绝大多数后继翻译者那样,傅兰雅几乎完全依赖于他的三个方法中的第二个,也就是说,发明"描述性词语"或借译(loan trsanslations)。有一个例外,就是他选择翻译"logic"本身的术语。"理学"(the science of pattern),或他更可能愿意理解成复合词"理性之学"(the science of reason),由于追溯到对新儒家思想倍受推崇的综合的宋代哲学家朱熹(1130—1200),作为这样一个使用历史如此悠久的名称,而被极有说服力地挪用过来。因为傅兰雅没有对他的选择作过任何解释,所以我们也只能猜测他想发掘中国传统思想这一分支中的"理性主义"想象——然而,它却是一种在近代西方解释者中比在那些到十九世纪末对其自己的"理学"日益不满的中国文人们中间更盛行的想象。无论如何,傅兰雅应该意识到了这样一种肆无忌惮劫持受尊重的本土术语的尝试,更多的是以耶稣会士迁就主义的风格,不大可能增加其主题的吸引力。

他的很多对"描述性术语"较少争议的选择,尤其是那些遵循

---

① 傅兰雅,"上海江南机器制造总局翻译馆说明"(An Account of the Department for the Translation of Foreign Books at the Kiangnan Arsenal, Shanghai),载《北华捷报》,1880年1月29日,第77—81页;第80页。这篇文献的再版,参见前揭,"科学在中国"(Science in China),载《自然》(Nature),1881年5月5日,第9—11页;1881年5月19日,第54—57页。

其简洁性要求的选择,似乎更值得接受。非常典雅的借译例子有:用"言是"(stating as true,真的陈言)和"言非"(stating as false,假的陈言)来译"肯定"(affirmative)和"否定"(negative);以"特用"(particular use)和"公用"(general use)译"特殊"(particular)和"普遍"(universal)(参见表2.1,3.19—3.22项);用"化分"(transform into parts)和"化合"(transform into unity)译"分析"(analysis)和"综合"(synthesis)(5.2和5.3项);以及用"设理"(supposed pattern)译"假设"(hypothesis)(5.7项)。傅兰雅用"项"(item)译"term"(2.1)一词,借自同时代数学命名法,① 期待能够重新创造出一种选择并在数十年后中国的符号逻辑方面的工作最终实现标准化。他所创造的用来描述三段论及其构成部分的术语受到中国法律语言的启发。因此"三段论"就变成了"成据之案"(case establishing evidence/proof)(4.13),"结论"就是"求据之说"(statement seeking evidence/proof)(4.5),而"前提"则是"设说"(hypothetical statement)(4.4)。考虑到他习惯于关注一致性,傅兰雅在专业术语上的某些明显的大错误揭示了没有什么典型特征的疏忽大意。他交叉使用"事功"(achievement)译"谓项"(predicate)和"效果[或意义]"(effect)(3.4和5.16)这两个词,或用"界限"(boundary, demarcation, circumference)译一个词项的"外延"(extension),同时用它译一个三段论的"式"(mood)(2.4和4.19),这在本质上不仅是不适当的,而且是毫无根据的,并误导了概念之间的相互关系。

(2) 傅兰雅与逻辑学的本质

"关于逻辑学,我们必须知道什么",根据傅兰雅的看法,首先

---

① 胡明杰:《合璧中西数学:中国代数和微积分导论》,第396页。

是这门学科与科学实践的密切关系。傅兰雅强调这种关系贯穿于他对密尔见解的高度选择性的改译中。在他展示它们的大幅缩略版中,密尔的任何更细微的区分或理论辨析几乎都难以存留。取而代之的,是扮演科学家和实验者——那个时代世界上真正的博学之士——手中柔顺工具的西方意义上的"理性之学"(science of reason)。在《理学须知》的第一章,傅兰雅将逻辑学的功能界定如下:

> 逻辑学是一门考察种种事物之中的自然因果关系(天然相因之事)的科学学科。这门学科的方法能在每一科学领域的研究中给人们以引导。实验者可将[它们]应用于发现具有因果相关性的事物中以辨别其因果关系是否真实。人们相信或不相信的一切都由于其支持性证据而依赖于这些方法。因此,凭借逻辑学,一方面能使我们审查新理(new patterns),另一方面,获得确实的证据。同时,它允许我们获得可靠证明来解决所有与实验和方法有关的问题。因此,不论我们为什么相信某件事是真是假,[逻辑学]都能使我们确定证明是否可靠并达到最大可能的[明晰]。这难道不是每个人都应该珍爱的东西吗?①

[132] 纵观这个文本,傅兰雅在他讨论与他作为一个翻译家和科学提倡者的难得经历相关的主题时最轻松自在。他用来说明逻辑规则和定理而插入的例子几乎都是专门从各种自然科学中挑选出来的,并且讨论归纳法和科学分类的章节要比那些致力于传统逻辑学更常规主题的章节更连贯一致得多。这一点尤其适用

---

① 傅兰雅:《理学须知》,3b-4a。

于《理学须知》的第 2 章和第 3 章,它们都专用于讨论演绎推理。像密尔一样,傅兰雅坚持陈述的古典形式,并把他的描述区分成论名称、命题和推理的三个部分。"名"(Names)在逻辑学中必须被处理,因为它们有助于确定事物的性质。傅兰雅只介绍了密尔区分的许多类名称中的两类:指单个事物、地点或人的"定名"(fixed names, singular names),像"中国、尼罗河、拿破仑、老子,或尼亚加拉大瀑布"等,和标明共有某种性质的不同事物的"通名"(comprehensive names, general names)。① 此外,他还以很不精致的形式简短地概述了密尔尝试用亚里士多德的范畴代替的"可命名事物"的种类,也就是,①"'性情'(qualities),那就是,能被感知和被感受到的事物"(密尔:"情感,或意识状态");②"'心灵'(the soul),那就是,能够感知上述性质的事物"("经验那些情感的心灵");③"'心外之物',也就是,那些引起性情、感知或感觉的事物"("激起某种上述情感的实体,或外在对象,连同其激起它们的能力或属性");以及 ④ "人所感知的事物,或者连续或者'并有'(coexist),或者相似或者不相信"("情感或意识状态之间连续或并存,相似或不相似")。② 另外,他还强调"解说"(definitions,定义)对于预防科学和争论中的误解的重要性。原则上,定义应该详尽无遗地包含一个名称的所有性质,并用简单来解释复杂。③

---

① 傅兰雅:《理学须知》,4a - 5a。关于密尔作为名称的所有术语的独特概念,参见威廉·涅尔和玛莎·涅尔:《逻辑学的发展》,第 373—374 页。
② 傅兰雅:《理学须知》,5a - 6b;参见密尔:《逻辑学体系》,第 7 册,第 77 页。
③ 同上,10b - 11b。

[133] 然而,单独的名称和定义与我们对某一事物的真假意见无关。为此,"公说"(general statements, propositions)是必需的,因为它们能使我们确定某一事物是真/对或假/错,并以证据加以支持。不幸的是,傅兰雅对命题的论述相当粗疏。比如,对于为什么系动词是所有命题的一个必要构成部分,他的解释并不比以前的艾约瑟或颜永京更能让中国读者相信:

> 所有的"公说"(propositions,命题)都由确立两个事物之间的一种关系所形成。如果它们只包含一个事物,人们就没有什么可相信或怀疑的。例如,当我们说,"火烧"或"金黄色"时,每一个陈述都由两个相关的事物构成。"火"是一个事物,"烧"是另一个事物;仅当两个事物依据规则相关联时,人们才会相信或怀疑,而只有这样它们才形成了一个命题。"金"是一个事物,"黄色"是另一个事物;但是如果我们单独谈到这两个事物,哪一个都不能形成一个句子,因此就不能确定起命题。然而,当我们说"金[被认为]是黄色"(金为黄色),那么"为"这个字就充当了一个"系词"(贯联之字,"系动词"),而只有包含这个字我们才能形成一个命题。因此,命题必须含有一个"实字"(noun)和一个"活字"(verb),以便人们能去相信或怀疑它们。

> 从这一点我们能够看到,命题必须包含两个"项"(terms)。一个是"题目"(topic, subject,主项),另一个是"事功"(achievement, predicate,谓项)。这两个项还有一个顺序,那就是,主项在前,而谓项在后。在它们之间必须有一个系词对它们加以肯定或否定。当我们说"金为黄色","金"就是主项;"黄色"就是谓项;而"为"这个字就是联系动词。虽

第二章 偶然的序曲:十九世纪新教徒作品中的逻辑学

然"为"字及类似的字最经常被使用,但还有其他字也能充当"为"和"是"字的角色。①

如果傅兰雅意识到,他支持明确系动词的必要性以及它有固定位置即在每一个命题的主项和谓项之间的论证,是可疑的,因为它不能与中国语法相一致,那么,他就不会打算去增加另外的解释或例子以克服其困难了。相反,他转而去概括密尔对能够被命题肯定或否定的事物之间不同种类关系的思考——连续、共在、单在、因果和相似——然而,却没有告诉读者这些区分会如何增进逻辑研究。② [134]

《理学须知》最成问题的部分是傅兰雅对三段论的介绍。在一个他直接改译自密尔的介绍"成据之案[三段论]"各个构成成分的关键部分中,概念混淆和编辑疏漏的组合效果简直就是灾难(傅兰雅的事实错误放在方括号中以突出强调):

> 所有合理的"成据之案"必须由三个且不超过三个"说"（statements, propositions, 陈述, 命题）构成:一是"求据"（seeking evidence/proof, conclusion, 也就是"有待证明之命题"）,一个是"成据"（establishing evidence/proof）,还有一个是"设说"（hypothetical statement, premise）[纠正:"一个结论或'有待证明之命题'与两个确立证明的前提"]。"求据说"（conclusion）[纠正:"一个三段论"]必须包含三个且不超过三个"项"（terms）。[三项]之中的第一个是"题目"（topic, subject, 主项）,第二个是"事功"（achievement, predicate, 谓项）,而[第三个]是"中项"（middle term）。在大项和小项

---

① 傅兰雅:《理学须知》,7b-8a。
② 同上,8b-10b。

[纠正:"命题",应该是"前提"]中间是一个包含中项和小项的前提,它被称为大前提,以及一个包含中项和小项的前提,它被称为小前提。①

在这一章剩下的几页里,傅兰雅提供了对三段论不同的"格"(figures)和"式"(moods)及其转换规则的详细且更为可靠的说明。② 尽管如此,在其核心部分有缺陷如此之大的介绍,对学生们和其他潜在读者来说,弄清楚他对"合理的成据之案"因而对传统欧洲理解中的"理性之学"的核心,仍然是很困难的。

[135] 傅兰雅对密尔关于归纳法或"类推之法"(the method of pushing on by [similarity] in kind,由种类[相似]进行推论的方法)的观点的概述更为连贯一致,这至少应归功于他对观察和实验的词汇与过程极为精通的缘故。归纳法在明确的原因及其结果之间建立联系。为了确定某一原因及其结果之间关系的真实性,密尔制定了四种"实验法"(methods of experimental inquiry,"实验探究的方法")——"相同法"(method of agreement,求同法),"相异法"(method of difference,求异法),"其余法"(method of residue,剩余法),"同时改变法"(the method of concomitant variation,共变法)——旨在依次消除与某一原因无关的结果。③

---

① 傅兰雅:《理学须知》,12b—13a。密尔的原文无可挑剔地清晰:"对于一个合理的三段论,必须要有三个且不超过三个命题,即结论或有待被证明的命题,以及两个一起证明它的命题,后者被称为前提。必须要有三个且不超过三个项,即主项和结论中的谓项,以及另一个所谓中项,中项必须在两个前提中出现,因为正是借助于它,其他两个项才能被关联起来。结论中的谓项被称为三段论的大项;结论中的主项被称为三段论的小项。由于只能有三个项,所以大项和小项每一个都必须在一个且只能在一个前提里出现,与也在它们两者之中的中项一起。含有中项和大项的前提被称为大前提;含有中项和小项的前提被称为小前提。"《逻辑学体系》,第7册,第164页。
② 同上,13b—18b;参见密尔:《逻辑学体系》,第7册,第164—171页。
③ 同上,20a—22a。

然而，大多数现象是多个原因的结果，其法则不能单由消除而得以理解，因此就需要另一种更综合的方法，密尔多少有点误导地称之为"演绎方法"。为了避免混淆，傅兰雅聪明地选择用一个新词来译这一特殊意义上的"deduction"，把它叫作"揣疑法"（the method of estimation，估计方法）。在密尔的解释中，揣疑法涉及三个阶段：从特殊原因到其个别法则的推演；关于这些个别法则的可能关系的推理（再次地，就是演绎法，傅兰雅将其意译为"对通常基于普遍法则之不同事例的解释"）①；以及最后，对认为是复杂现象的解释之法则的实验验证。②

论谬误的章节是对"通过各种逻辑方法能够被消除的错误"的一个折中的目录表。③ 傅兰雅首先介绍了改译自密尔《逻辑学体系》第五卷中挑选的一些谬误，区分成三类："思想中由人心的不充分训练而引起的错误"，他用此指迷信，而密尔则称之为"观察的谬误"；"由评价方法的使用而引起的错误"，在这个标题下他讨论了密尔"改变前提的谬误"的一个例子；以及"由语言混淆引起的错误"，也就是，模糊不清的词语和错误的类推而导致的谬误。④ 在第二部分里，他列出三段论推理中某些被密尔在其《逻辑学体系》中忽略了的更通常谬误的例子，安排在两个类别中："源于语言本身的谬误"，也即逻辑谬误（logical fallacies）；以及"来自语言之外的谬误"，即实质谬误（material fallacies）。⑤ 由于他几乎没有提供任何解释，傅兰雅的这个目录表其有用性就像

[136]

---

① 傅兰雅：《理学须知》，22b。
② 同上，22b-24b。
③ 同上，25a。
④ 同上，25a-27b。
⑤ 同上，27b-30a。

他对演绎法的概略说明一样成问题,即使它不包含更严重的错误。

傅兰雅对逻辑学本质的说明,以一个偏离主题的关于科学分类法的冗长讨论结束,其中逻辑学几乎没被提到。关于逻辑学在他此章概述的学科基体(disciplinary matrix)中所处的位置,他也绝口不提,而只是宣布《理学须知》介绍的各种方法能有助于描述各个学科的边界。① 如果逻辑学是如此具有基础性地位,以至于没有必要以一种特别关注的方式将其置于学科关系中,这对他来说是清楚的,那么,他就没有将此种洞见透露给中国读者。这一点格外不幸,因为他对其思考的撰写明显是希望影响在中国开始出现的一种新的学科分类法的形成。② 傅兰雅对这种新分类法的合意形式拥有特色鲜明的强烈看法。孔德将科学划分为数学、天文学、博物学(physics,"the science of nature",也即物理学)、化学、活学(biology,"the science of life",即生物学)和会学(sociology,"the science of [human]association",即社会学)等种类,这种对学科的划分只是给他提供了讨论未来各种潜在学科的一个方便的出发点,因此也是中国需要对它们加以提升的一个起点。③ 按照他对这一潜在学科的评价,傅兰雅在两个方面改编了

[137]

---

① 傅兰雅:《理学须知》,30a。
② 参见 David. C. Reynolds,"重绘中国的知识地图:十九世纪中国的科学图像"(Redrawing China's Intellectual Map: Images of Science in Nineteenth-Century China),载《晚期中华帝国》(*Late Imperial China*)12,1991年第1期;第38—51页;以及顾有信(Joachim Kurtz),"如何对待中国的民族基质? 临床病史对抗民族研究,1898—1911"(Was tun mit Chinas Nationaler Essenz? Disziplingeschichte versus Nationale Studien, 1898 - 1911),载 *Über Himmel und Erde. Festschrift für Erling von Mende*, ed. Raimund Th. Kolb and Martina Siebert (Wiesbaden: Harrassowitz, 2006), 261 - 280; 261 - 263。
③ 傅兰雅:《理学须知》,20b - 31a。

孔德的计划:天文学丧失了其特许的地位,被统一到博物学(物理科学)之中,而心灵学(phsychology,心理学)被从活学(生物学)中分离出来,成为一门独立的学科。在所产生的基质中各学科分支间——数学、物理学、化学、生物学、心理学和社会学——最惊人的进展将是来自对如下两个学科的期待,其一是心理学,这一学科的目标是理解人心的构造和功能,其二是社会学,它的目标是综合所有研究人类联合的科学之结果,以便为优良的政府治理和得体的社会法则配制药方。① 傅兰雅因此并没有去总结"理性之学"的内容,而是将他的书结束于出人意料地呼吁支持两门新学科,而这两门新学科与逻辑学的关系难以捉摸,并且他还增加了一个请求,即通过以其标准来综合西方科学从而更新中国的"文教"。②

总之,《理学须知》必须被视为一个有良好意图但却考虑不周的尝试,即试图填补新教徒在十九世纪中国的西方知识介绍方面的持久空白。由于它的不连续、偏见和错误,这本书不适合承担其预期目的即"为年轻学生提供更简单的阐述"。即使在课堂之外——它也从未在课堂上被使用——,此书也找不到任何共鸣。傅兰雅是试图使逻辑学处于对中国读者来说有意义的语境之下的首位作者。然而他坚决主张这门学科是实验科学必不可少的辅助者的观点,这可能不会是那个时代最有效的倡导策略。直到1898年,甚至保守的官员都早已接受了科学的功用;并且傅兰雅最热心的读者改良派已继续前进,探索西方在政治、法律和社会领域能提供什么——假如他们不是忙着在百日维新失败的余波

---

① 傅兰雅:《理学须知》,39a-b。
② 同上,41b。

[138] 中试图拯救自己的生命的话。另外,传教士和其他西方人已经开始丧失他们作为新知识在中国的唯一解释翻译者的优越地位。越来越多的中国学生留洋海外,与日本进行交流,自1894—1895年中日战争之后,其数量快速增长,这些学生将会成为二十世纪第一个十年中国走向现代世界的桥梁。无论其原因是什么,对于中国逻辑学史几乎彻底遗失了的一个世纪来说,《理学须知》的无声共鸣是一个适宜的尾声。

结束语

因此,欧洲逻辑学在中国翻译的第二阶段有了一个缓慢的开始。新教徒作者们不愿意像他们致力于传播其他学科那样以同样的关切和紧迫提倡逻辑学这门学科,这反映在中国人对这个领域长期的漠不关心。最终开始介绍逻辑理论和概念的零星尝试基本上是无效的。像两个多世纪之前李之藻、傅泛际和南怀仁的成就,之后艾约瑟、颜永京和傅兰雅的努力,都证实将逻辑学翻译到中华帝国晚期是可能的,即使它持续要求数量可观的词汇创新。但是他们工作的无效也强烈地表明,或多或少可理解的文献生产并不足以吸引其读者的注意力。在二十世纪之前,几乎没有任何中国作者提及欧洲逻辑学,即使在那些明确要求对从西方蜂拥而入的新科学需要加强注意的文本。

进入十九世纪最后十年,逻辑学这门学科被从主流甚至改良派话语中排斥得有多远,由若干更进一步的观察就能说明。或许最引人注目的表现是同时代中国目录学家在介绍这项研究时引证的令人吃惊的混乱。另一个明确指示是如下事实,即其他西方科学在"西学中源"的理论中得到了大量普及,而逻辑学却仍然缺席。① 甚至在这一话语的总结性文献,多卷本的《格致古微》——此书的撰写是为了证明所有能想象得到的来自西方的新知识分支,都根源于中国——一书中,也只有关于逻辑学或语法的一条单线。② 唯一的例外是由在百日维新中牺牲的烈士谭嗣同(1865—1898)所作的简短评论,他在其著名的《仁学》(1898)一书和一篇题为"论今日西学与中国古学"(1898)的短文中,将"辨学"(欧洲逻辑学)的起源追溯到先秦哲学家惠施和公孙龙,但他没有为其主张提供任何证据。③

最后,逻辑学在中国文献和语境中持久的陌生感,又由十九世纪词典编纂者甚至不能为"logic"这个词本身提供一个可接受的或至少未来潜在可接受的对等词而证实了。由于没有注意到现存的翻译,整个十九世纪的西方双语英汉词典编纂者或者完全遗漏了这个词——如马礼逊、④ 麦都思(Walter Henry Medhurst,1796-1857)⑤和卫三畏(Samuel Wells Williams,

---

① 参见全汉升,"清末的西学源出中国说",载《岭南学报》4,1935年第2期:第57—102页;朗宓榭,"源自东方的科学?——中国式'自断'的表现形式",载《二十一世纪》2003年第4期:第85—95页;胡志德(Theodore Huters)《把世界带回家:清末民初的西学中用》(*Bringing the World Home:Appropriating the West in Late Qing and Early Republican China*)(Honolulu:University of Hawaii Press,2005),第23—42页。
② 王仁俊:《格致古微》(1896),重印于《中国科学技术典籍同汇》,任继愈主编(郑州:河南教育出版社,1993年),第1卷,第7页。参见曾建立,"《格致古微》与晚清'西学中源'说",载《中州学刊》6,2000年第11期:第146—150页。
③ 谭嗣同:《谭嗣同全集》,蔡尚思和方行主编(北京:中华书局,1981年),第317页,第399页。
④ 马礼逊(Robert Morrison):《五车韵府》(*A Dictionary of the Chinese Language, in Three Parts*)(Macao:The Honourable East India Company's Press,1815-1823)。
⑤ 麦都思(Walter H. Medhurst):《英华字典》(*English and Chinese Dictionary*)(上海:n. p., 1847-1848)。

1812-1884)①——或者被迫提出大量替代性的译法,其中任何一个似乎都不是根源于现行的汉语词汇,或是挪用到汉语中的。仅只引用几个例子就可以说明,罗存德(Wilhelm Lobscheid)在其多卷本《英华字典》(*English and Chinese Dictionary*, 1866-1869)中提供了不止一个替代性词语:"明理"(elucidating patterns)或"明理之学"(the science of elucidating patterns),"理论之学"(the science of rational discussion),"思之法"(the laws of thought),以及最后一个,后来傅兰雅的选择"理学"(the science of pattern/reason),罗存德同时列出"哲学"(philosophy)作为其对等词。② 以类似的方式,童保录(Paul Perny)在其出版于1869年的《西语译汉入门》(*Dictionnaire Français-Latin-Chinois*)中提出历史悠久的儒家术语"格物",不仅可以译"logic"(逻辑),而且还可以译"philosophy"(哲学)。③ 稍后,庐公明(Justus Doolittle)重新使用"推论之法"(the methods of inference)一词——它在《名理探》中已被使用过——并增添了补充译法"明论之法"(the methods of clear discussion)。④ 后来的建议包括顾赛芬(Séraphim Couvreur)的"辨理法"(the methods

---

① 卫三畏(Samuel Wells Williams):《英华韵府历阶》(*An English and Chinese Vocabulary*)(Macao: Office of the Chinese Repository, 1844)。
② 罗存德:《英华字典》(*English andChinese Dictionary with Punti and Mandarin Pronunciation*),四卷本,(香港:孖剌西报局[Daily PressOffice],1866—1869年),第1124页。
③ 童保录(Paul H. Perny):《西语译汉入门》(*Dictionnaire Français-Latin-Chinois de la langue mandarine parlée*)(Paris: Firmin Didot, 1869),第265页,第330页。
④ 庐公明(Justus Doolittle):《英华萃林韵府》(*A Vocabulary and Hand-Book of the Chinese Language, romanized in the Mandarin dialect*),两卷本(Foochow: Rosario, Marcal & Co., 1872-1873),第290页。

of discerning patterns 或 the methods and patterns of argumentation);①施莱格(Gustave Schlegel)的"道"(the Way, logos),或"思之理"(the patterns or laws of thought);②以及最后但并不是最不重要的,邝其照(Kwong Ki-chiu)十分笨拙的意译,"学扩心思之法"(the methods of learning to extend one's thoughts),③上述译法都脱离了语境,几乎是不可避免地成为对这个仍然完全是外来概念的无用译法。

表2.1 十九世纪新教徒著作中的逻辑学术语

[141]

英文术语	艾约瑟,《辨学启蒙》,1886	颜永京,《心灵学》,1889	傅兰雅,《理学须知》,1898
A. 普通逻辑术语			
1.1 logic	罗吉格 辨学	辨实学 录集克	理学
1.2 reasoning	辨论 分辨 推揣逆料之法	辨实	推论
1.3 thought		思	思想
1.4 judgment	论断语		说
1.5 argument	辨论语	议论	议论
1.6 truth	意真 意真语	实理	真实 真实

---

① 顾赛芬(F. Séraphim Couvreur):《法汉常谈》(Dictionnaire Français-Chinois contenant les expressions les plus usitées de la langue mandarine)(Ho Kien Fou:Imprimerie de la Mission Catholique,1884),第570页。

② 施莱格(Gustave Schlegel):《荷华文语类参》(Nederlandsch-Chineesch Woordenboek met de Transcriptie der Chineesche Karakters in het Tsiang-Tsiu Dialekt),13卷本(Leiden:E. J. Brill,1886),第6卷。

③ 邝其照(Kwong Ki-chiu):《英华字典集成》(English and Chinese Dictionary)(香港:n. p.,1882年),第174页。

续表

	英文术语	艾约瑟,《辨学启蒙》,1886	颜永京,《心灵学》,1889	傅兰雅,《理学须知》,1898
1.7	form, formal	式	格式	
1.8	symbol, symbolic	记号	记号	记号
1.9	law of identity			
1.10	law of contradiction			
1.11	law of excluded middle			
1.12	principle of sufficient reason①			
B. 与词项相关之术语				
2.1	term	得耳马 界语 界	端 名目	名(name) 项(term) 名目(terminology)
2.2	concept (idea)		意影(意绪)	思念
2.3	intension	精密意		
2.4	extension	扩大意		界限
2.5	definition	定名语	界	解说
2.6	category			类
2.7	substance			体质
2.8	(five) predicables			
2.9	genus	类 科	类 部类	类
2.10	species	种	族 族种	种 种类
2.11	difference	种异处	参差	
2.12	property	情形		
2.13	accident	偶异处		

① [译按]表中有词没有译出,一仍其旧。

续表

英文术语		艾约瑟,《辨学启蒙》,1886	颜永京,《心灵学》,1889	傅兰雅,《理学须知》,1898
2.14	singular term	专语 专名		定名 独用名目
2.15	general term	同语 同名		通名 公用名目
2.16	collective term	浑论语 总名		
2.17	positive term	正面语		
2.18	negative term	反面语		
2.19	concrete term	有体质实物之界语		
2.20	abstract term	贴附实物加以形之界语 照显实物形式之界语 申明物形式之界语		
2.21	absolute term			
2.22	relative term			
2.23	categorematic term			
2.24	syncategorematic term			
C. 与命题相关之术语				
3.1	sentence	语句	语句	句
3.2	proposition	语句 完全语句 申明事实之语句	表句	公说 说
3.3	subject	专重语	表句目	题目
3.4	predicate	申明语 申明形式语	表题	事功

[142]

续表

	英文术语	艾约瑟,《辨学启蒙》,1886	颜永京,《心灵学》,1889	傅兰雅,《理学须知》,1898
3.5	copula	联洛成句之活字 联洛之活字 联洛字 哥布拉	系连	贯联之实字 贯联之活字
3.6	attribute			
3.7	quality	情节	烦碎	性情 称式
3.8	quantity	分数		数目
3.9	true	是 真	真 是 实	真 是
3.10	false	非 否	假 非	假 非
3.11	some	分数 有数间		有 某
3.12	all	全数 凡…皆	凡 拢总	凡
3.13	distributed	包括至于尽头处	有统盲意义	分
3.14	undistributed	包括未至尽头处	无统盲意义	不分
3.15	categorical proposition		真切表句	
3.16	hypothetical proposition	首冠如若等字之语句 如若字样之虚拟语	不真切表句	
3.17	conjunctive proposition			

续表

英文术语	艾约瑟,《辨学启蒙》,1886	颜永京,《心灵学》,1889	傅兰雅,《理学须知》,1898
3.18 disjunctive proposition	分歧口头语句		
3.19 affirmative proposition	正面语句 正面语	正连表句	言是之说
3.20 negative proposition	反面语句 反面语	反连表句	言非之说
3.21 particular proposition	包括未至尽头处之语句 数无尽之语句	特目表句	特说 特用(之说)
3.22 universal proposition	包括至于尽头处之语句 数有尽之语句	公目表句	公用(之说)
3.23 universal affirmative proposition	包括至尽头处之正面语 数有尽之正语句		
3.24 universal negative proposition	包括至尽头处之反面语 数有尽之反语句		
3.25 particular affirmative proposition	包括未至尽头处之正面语 数无尽之正语句		
3.26 particular negative proposition	包括未至尽头处之反面语 数无尽之反语句		
3.27 conversion	转换 倒置		化成法
3.28 simple conversion			简法

[143]

续表

	英文术语	艾约瑟,《辨学启蒙》,1886	颜永京,《心灵学》,1889	傅兰雅,《理学须知》,1898
3.29	limitedconversion			偶变法
3.30	contraposition			
3.31	opposition			
3.32	contradictory		矛盾	
3.33	contrary			
3.34	subcontrary			
3.35	subaltern			
	D. 与推论(三段论)相关之术语			
4.1	inference	推出 推阐 推揣	推知 推度	推引 求据之法
4.2	deduction	凭理度物之推阐法 即理推事物 连类推测 推测	推出辨实 推出	揣拟法 凭据法 成据之法
4.3	induction	即物察理之辨法 即事察理 藉物察理 凭事察理	引进辨实 引进 引导	类推之法 类推法 连类推知
4.4	premise	先出之语句 先出语 出语	先阶	设说 设公说
4.5	conclusion	结收语 断定语句 断定语	结句	求据 成据
4.6	majorpremise	首先出语 首出语	大先阶	大设说

续表

英文术语	艾约瑟,《辨学启蒙》,1886	颜永京,《心灵学》,1889	傅兰雅,《理学须知》,1898
4.7 Minorpremise	次先出语 次出语	小先阶	小设说
4.8 majorterm	大得耳马 大界语	大端	大项
4.9 minorterm	小得耳马 小界语	小端	小项
4.10 middleterm	中界语	中端	中项
4.11 antecedent	如若倘苟设等虚拟首冠字样 如若等虚拟字样 前句 先几		
4.12 consequent	明告余等所必继续情形之字样 后语 后验		
4.13 syllogism	三语句次第连成之论断语 次第连成之论断语 三语句论断语 西罗基斯摩	屑录集成	成据之案
4.14 hypotheticalsyllogism			
4.15 disjunctivesyllogism	口头分歧三语句		
4.16 Sorites			
4.17 enthymeme			
4.18 epicheirema			

[144]

续表

英文术语		艾约瑟,《辨学启蒙》,1886	颜永京,《心灵学》,1889	傅兰雅,《理学须知》,1898
4.19	figure(of syllogism)	类(式)		式
4.20	mood(of syllogism)	式		界限
4.21	fallacy	差谬 语病 差误 妄言	谬	错误 误
4.22	logical fallacy			
4.23	material fallacy			
4.24	begging the question	应有确据不得确据之理		行平圜之误
4.25	illicit major			
4.26	illicit minor			
4.27	undistributed middle term	中界语未包括至尽头处	中端无统盲意义	不分中项之误
4.28	equivocation		两处之意义不同	用双意之误
4.29	ambiguity	语意合		
E. 与科学方法论相关之术语				
5.1	method	法	法	法
5.2	analysis		分覆	化分
5.3	synthesis		汇归	化合
5.4	fact	事实	实事	实事
5.5	experience		经历	经历
5.6	observation	检察 究察	试观	查
5.7	hypothesis	悬拟之说 悬拟之理	希卜梯西 虚设	设理

续表

英文术语		艾约瑟,《辨学启蒙》,1886	颜永京,《心灵学》,1889	傅兰雅,《理学须知》,1898
5.8	experiment	验试	试验	试验法
5.9	proof	证明	证明	凭据
5.10	verification	征验	试验	推证法 证明
5.11	classification	分类	分部类 归类	分类
5.12	generalization	由数端推及全局	合杂全	
5.13	analogy	由一物推及相似他物	形势相似	
5.14	explanation		解释	解释
5.15	cause	原因	所以然 原因	缘故
5.16	effect	效功 情节	效	成事 事功
5.17	necessity		必然之实	
5.18	probability		两可之实	
5.19	theory	辩论之矩	说	
5.20	axiom			公理
5.21	law	公理	法	公例 公法
5.22	principle		理	总理 理
5.23	rule	规式 款式	总理	
5.24	uniformity of nature		天然事物之常	万物往往不变

续表

	英文术语	艾约瑟,《辨学启蒙》,1886	颜永京,《心灵学》,1889	傅兰雅,《理学须知》,1898
5.25	method of agreement	相符处之辨论法		相同法
5.26	method of difference			相异法
5.27	joint method of agreement and difference			
5.28	method of concomitant variation	隔相等时分诸变更		同时改变法
5.29	method of residue			其余法

第三章 灿烂的前景：严复与欧洲逻辑学的发现

> [穆勒之]《名学》……中间道理真如牛毛茧丝。
>
> 此书一出，其力能使中国旧理什九尽废，而人心得所用力之端。
>
> ——严复，"与张元济书，十二"①

鉴于前面章节中所说的长久冷漠，1900年左右逻辑学在中国话语中的突然出现似乎显得更加不同寻常。令书目学家感到大感不解的是，在目前唯一能找到的逻辑学文本出现之后不到十年，这门学科就不仅在中国最有名望的高等学术机构而且在整个国家的大学和师范院校都被讲授了。很多如雨后春笋般冒出来的新期刊②

---

① [译按]转引自严复：《严复集 第三册 书信》，王栻主编，北京：中华书局1986年，第546页。
② 有关这方面的一个全面概述，参见《辛亥革命时期期刊介绍》，五卷本，丁守和主编（北京：人民出版社，1982年）。

刊载有关这门学科的文章,多半从日语翻译过来,①并且私人出版机构也努力提供可读性强的介绍以满足教育机构和越来越多好奇读者日益增长的需求。② 各种逻辑学社团和研究小组,不仅在上海这样的国际化大都市的中心,而且也在不太可能的偏远内陆城市如遥远的大西南贵阳,纷纷建立起来了。③

1. 对确定性的寻求

[148]　　欧洲逻辑学在中国的最终发现是与1894—1895年中日战争中中国战败的余波导致的权力危机以及同时发生的正统教义合法化的丧失紧密相关的。尽管普通民众几乎没有受到清朝舰队在与日本海军的倒霉交战中表现不佳的影响,但中国的领土、财政和面子都丧失在以前不屑一顾的东方邻居手中,这对其政治和知识精英的自信与士气却是一个毁灭性的打击。④ 在很多学者和官员看来,由《马关条约》的签订而来的这个令人尴尬的挫败令从十九世纪中叶就开始的所有"自强"的努力都名誉扫地,并且也使对"洋务"的宣传奠基于其上的选择性前提贬值。⑤ 更有甚者,

---

① 基本的书目数据在周云之等主编的《中国逻辑史资料选》第5卷,第1部分,第503—543页;以及《1900—1949年全国主要报刊论文资料索引》,复旦大学哲学系资料室和四川大学哲学系资料室编(北京:商务印书馆,1989年),第215—222页,可以找到。
② 王云王:《商务印书馆与新教育年谱》(台北:台湾商务印书馆,1973年),第16页。
③ 王延直(编撰):《普通应用论理学》(贵阳:贵阳论理学社,1912年),第1—3页。
④ 参见 Paula Harrell:《播下变革的种子:中国学生,日本老师,1895—1905》(*Sowing the Seeds of Change: Chinese Students, Japanese Teachers, 1895 - 1905*)(Stanford: Stanford University Press, 1992),第23—29页。
⑤ 参见约瑟夫·列文森(Joseph R. Levenson):《儒教中国及其现代命运》(*Confucian China and Its Modern Fate: A Trilogy*)(Berkeley and Los Angeles: University of California Press, 1959 - 1965),第1卷,第98—104页。

它似乎表明——如果不是证明的话——中华文明不"配"对很多人视为独特的冷酷时代的挑战做出回应。缺乏自信以及对中国传统秩序的各个方面包括对它的某些政治和社会制度的怀疑主义,至少从1880年代起就在受过教育的精英们中间逐渐增长,但是这种态度的公开表达尚被限制在学术和政治话语的边缘。而现在它们迅速地向中心地带扩散。中国的符号世界及其建基于其上的经学文献的神秘光环开始变得暗淡并逐渐消失。① 由自称是守护者的操控对传统教义文献基础的毁坏跟与日俱增的直率批评导致的侵蚀一样严重。在《马关条约》的沉重打击之后的几年之内,几个世纪以来为帝国秩序提供基础的信念体系丧失了合法性,随后留下一个方向性的危机,这种危机促使中国精英们疯狂地追求秩序和意义,借用张灏的恰切表达,②它将一直持续下去,远远超出1911年最后一个王朝的灭亡。

正如晚清佛教的复兴所表明的,③政治性宗教如社会主义和[149]无政府主义的成功,④以及或许最明显的是,康有为(1858—1927)想要将孔教设置为一种国家信仰的无效尝试,⑤寻找或如有必要就创造出替代性的确定性根源的迫切要求就是这种追求

---

① 参见张灏:《危机中的中国知识分子:寻求秩序与意义》,第1—20页。
② 参见张灏:《危机中的中国知识分子:寻求秩序与意义》,第1—20页。
③ 参见陈善伟(Sin-wai Chan):《晚清政治思想中的佛教》(*Buddhism in Late Ch'ing Political Thought*)(香港:中文大学出版社,1985年),第13—52页。另参见麻天祥:《晚清佛学与近代社会思潮》(开封:河南大学出版社,2005年),第33—128页。
④ 参见贝尔纳(Martin Bernal):《1907年之前的中国社会主义》(*Chinese Socialism to 1907*)(Ithaca: Cornell University Press, 1976);以及黎宇宁(Yu-ning Li):《中国社会主义的引入》,第3—21页。
⑤ 萧公权:《近代中国与新世界:康有为变法与大同思想研究》(*A Modern China and a New World: K'ang Yu-wei, Reformer and Utopian, 1858-1927*)(Seattle and London: University of Washington Press, 1975),第384—385页。[译按]中译本参见萧公权:《近代中国与新世界:康有为变法与大同思想研究》,汪荣祖译,南京:江苏人民出版社,1997年。

的关键要素。正是在这种绝望和思想骚动的气氛中,某些中国学者将他们的注意力和希望转向到目前为止他们选择忽视的一门外国科学——逻辑学,欧洲的"科学之科学",它承诺提供解决在信念问题上的怀疑的新方法,并能确认为政治和社会行动提供的药方是有效的。

2. 作为一切科学之科学的逻辑学

对新发现的这门学科,最热情的传播者是严复,二十世纪初的几年里最有影响力的中国作家之一。严复在近代中国知识史中的作用往往被夸大了,但在逻辑学狭窄的范围内他的涉入却的确是决定性的。严复是全国范围内坚持要发展对"名学"(science of names)的持续热情的第一位中国学者,正是他提出将这个新的领域称为"名学",并且不遗余力地说服与他处于同等地位的人相信,逻辑学也能够帮助他们克服怀疑和绝望。最近讨论严复对欧洲逻辑学引入中国的贡献的作者特别强调他编译密尔的《逻辑学体系》(1903—1905年,即《穆勒名学》)和耶芳斯的《逻辑学初阶》(1909)所产生的影响,[①]正如我们已经看到的,这两部著作

[①] 张志建和董志铁,"试论严复对我国逻辑学研究的贡献",载《中国逻辑史研究》(北京:中国社会科学出版社,1982年),第303—320页;周云之,"评严复在译释《穆勒名学》中的逻辑思想",载《逻辑学论丛》,中国社会科学院哲学研究所逻辑研究室(北京:中国社会科学出版社,1983年),第186—196页;李先焜,"严复在西方逻辑再输入上的重大贡献",载《湖北大学学报》1987年第2期:第72—79页;张志建:《严复学术思想研究》(北京:商务印书馆,1995年),第113—133页;孙中原,"论严复的逻辑成就",载《文史哲》1992年第3期:第80—85页;关兴丽,"严复对西方逻辑的输入及其影响",载《福建论坛》1999年第2期:第15—19页;以及陈鸿儒,"从《穆勒名学》按语到《名学浅说》:试论严复逻辑思想轨迹",载《科学与爱国——严复思想新探》,习近平主编(北京:清华大学出版社,2001年),第51—60页。

第三章 灿烂的前景：严复与欧洲逻辑学的发现

都已经被新教传教士作者们介绍过，虽然都没有多大的效果。然而，至少同样重要的是他为了这门学科从中日战争之后就立即开始的不间断的宣传。如同蔡元培(1868—1940)在 1920 年代就已经观察到的，严复将逻辑学视为"革新中国学术最要的关键"，①因而是他计划中的中国与西方文化综合的基石。② 在这种综合之内，逻辑学，或更具体地说，定义和归纳推理的现代艺术，能够充当确保在政治、道德和精神救治良方的确实可靠性上超越儒家经典智慧的方法论基础。正如严复所明确的，正是由于这种独特的功能，公众对欧洲逻辑学的冷漠态度终于转变为好奇的兴趣，如果最初是困惑的话。

[150]

对严复来说，逻辑学远远超过了一种纯粹的学术关切。深深地扎根于密尔"狂热的归纳主义"——1878—1879 年他在伦敦附近的格林威治皇家海军学院学习时就已迷恋上了这种归纳主义③——严复把逻辑学想象为一种遍及一切的科学和艺术，当连贯一致地运用时，它就能保证科学和社会政治的无穷进步。西方力量的基础就是培根的科学探索精神，但这种精神只有通过逻辑学和数学之类的"玄学"(abstract sciences)才能发现其实

[151]

---

① 蔡元培，"五十年来之中国哲学"(1923)，重印于《北京大学百年国学文粹：哲学卷》，北京大学中国传统文化研究中心主编(北京：北京大学出版社，1998 年)，第 27—43 页；第 27—28 页。
② 本杰明·史华慈(Benjamin Schwartz)：《寻求富强：严复与西方》(*In Search of Wealth and Power: Yen Fu and the West*)(Cambridge, Mass.：Harvard University Press, 1964)，第 186—187 页。
③ 史华慈：《寻求富强：严复与西方》，第 189—190 页。1877 年和 1879 年严复在英国学习航海技术，先是在朴茨茅斯，后在皇家海军学院。参见戴维·莱特，"严复和翻译家的使命"，载朗宓榭等编：《新词语新概念：西学译介与晚清汉语词汇之变迁》，第 235—256 页；第 236 页。关于严复在格林威治上过的课程表，参见孙应祥：《严复年谱》(福州：福建人民出版社，2003 年)，第 33—34 页。

201

际运用。① 逻辑学尤其能够使西方民族确立"新理"(new patterns),这种新理在近代让他们的国家富强起来。另一方面,中国不能遵循普遍的道路进步,因为她的科学和方针政策建基于其上的经学文献缺乏逻辑的严密性和想象力,并且由于长期顽固地漠视正确定义而充斥着各种歧义。②

概括地说,这是严复在一系列发表于1894和1898年间的文章中提出的支持逻辑学的论证,这为他在不断增长的愿意接受这门学科的读者群中赢得了对中国"旧"知识最尖锐批评家的美誉而一举成名。③ 在这些文章中,他的一个主要观点是,引导中国以前的自强奋斗的两个目标已经不再协调一致了。中国无力抵抗日本的侵略并捍卫自己的主权,这表明,只有与同时并存的为正统儒家教义辩护的"保教"努力分离开来,"保国"——他有时也用"保种"——才可能成功。④ 若不进行社会和政治秩序之"体"的实质性变革,中国就将在像自然界那样残酷的主宰国与国之间关系的"生存竞争"中被淘汰。如果这个国家所传承的信仰不能为中国作为一个国家而生存所必需的适应性提供鼓舞人心的支持——事实证明的确如此——那么,严复争辩道,它就必须被遗

[152]

---

① 严复,"西学门径功用"(1898),重印于前揭,《严复集》,五卷本,王栻主编(北京:中华书局,1986年),第92—95;第94页。严复从赫伯特·斯宾塞(Herbert Spencer)《群学肄言》(*The Study of Sociology*)一书中借用"抽象"与"具体"科学之间的区分,这本书自从他于1880年初次阅读之后就给他留下了持久的印象。参见皮后锋:《严复大传》(福州:福建人民出版社,2003年),第132—133页;以及汪晖:《现代中国思想的兴起》(北京:生活·读书·新知三联书店,2004年),第3卷,第888页。
② 参见彭漪涟:《中国近代逻辑思想史论》,第62—65页。
③ 关于这些文章中最有影响力的四篇文章,参见胡志德:《把世界带回家:清末民初的西学中用》,第47—56页。
④ 严复,"保教余义"(1898),重印于前揭,《严复集》,第83—85页;以及前揭,"保种余义"(1898),重印于前揭,《严复集》,第85—88页。

弃,而无须考虑其神圣的古代荣光。

严复将中国的国家学说在实践中的失败解释为一种严重的方法论缺陷综合征,这种缺陷贬低了被经学文献奉为圭臬的道德和实践原则大厦的价值。在其早期文章中,也像在晚期关于"群学"(sociology)和"政治学"(politics)的作品中一样,通过比较奠定了西方近代科学基础的逻辑学和知识论,严复使这些缺陷格外醒目。"中国之政,所以日形其绌,不足争论者",他着重申明,"亦坐不本科学,而与通理公例违行故耳"。① 严复认为对国家和社会的理解,就像对自然界的理解一样,必须建立在严格的科学基础之上,他的这一确信来自于英国达尔文主义者赫伯特·斯宾塞,他早年的主要灵感来源。② 斯宾塞教会他所有的社会和政治问题都能够以绝对的确定性加以解决,当且仅当用综合了"名"(name,"logic")、"数"(number,"mathematics")、"质"(substance,"chemistry")和"力"(force,"mechanics")这些基本科学结果的方法对它们充分研究的情况下。严复在他的全部演讲和作品中一再重复这一咒语。在他的一篇早期文章,刊行于1895年3月的《原强》(On Strength)里,他以下述方式陈述自己的情况:

> 是故欲治群学,且必先有事于诸学焉。非为数学、名学,则其心不足以察不遁之理,必然之数也。非为力学、质学,则不知因果功效之相生也。③

[153]

---

① 严复,"与《外交报》主人书"(1902),重印于前揭,《严复集》,第 557—565 页;第 559 页。
② 参见浦嘉珉(James R. Pusey):《中国与达尔文》(*China and Charles Darwin*)(Cambridge: Cambridge University Press, 1983),第 155—175 页。[译按]中文译本参见浦嘉珉:《中国与达尔文》,钟永强译,南京:江苏人民出版社,2009 年。
③ 严复,"原强"(1895),重印于前揭,《严复集》,第 5—15 页;第 6—7 页。

几年之后，严复又根据托马斯·H·赫胥黎（Thomas H. Huxley）的观点为社会和政治行动必不可少的科学基础进行辩护，在后者广受欢迎的作品《天演论》(On Evolution, 1898)中的一篇演讲《进化论与伦理学》(Evolution and Ethics)里，他宣传介绍了斯宾塞的学说。① 在写给《外交报》杂志主编的一封信中，严复写道：

> 其曰政本而艺末也，愈所谓颠倒错乱者矣。且其所谓艺者，非指科学乎？名、数、质、力，四者皆科学也。其通理公例，经纬万端，而西政之善者，即本斯而立。故赫胥黎氏有言："西国之政，尚未能悉准科学而出之也。使其能之，其致治且不止此。"……是故以科学为艺，则西艺实西政之本。②

因此，中国和西方治理方式之间的差异在于，在西方政治学已经成为一门科学，或至少正接近这一理想，而在中国它仍旧植根于古典文献之中。③ 在其《政治学讲义》(1906)一书中，严复提醒他的读者，一种行政和政府治理的科学方法需要与中国人思考和辩论社会与政治问题的根深蒂固的陋习彻底决裂：

> 盖政治一宗，在西国已成科学……故当开讲之始，不妨先告诸公：欲得真知，先须耐性。且讲科学，与吾国寻常议论不同，中有难处：一是求名义了晰，截然不紊之难；二是思理层折，非所习惯之难。④

---

① 史华慈：《寻求富强：严复与西方》，第 99—112 页。
② 严复："与《外交报》主人书"，第 559 页。
③ 参见周振甫：《严复思想述评》(台北：台湾中华书局，1964 年)，第 104—107 页。
④ 严复：《政治学讲义》(上海：商务印书馆，1906 年)，重印于前揭，《严复集》，第 1241—1316 页；第 1243 页。

因此，政治学的新方法，以及其他确定性已经丧失的领域的新方法，可以说，都要求一种与现代科学更一致，并且首先要与严复受培根和密尔所激发而理解的逻辑学、这门"一切法之法，一切学之学"①的方法论基础更协调的"推理形式"(style of reasoning)。②

3. 作为一种新的推理形式的逻辑学

按照严复的观点，有三种要素是这种新的推理形式的核心：一种将要代替传统中国相信先天直觉知识和文献权威的经验主义认识论，正确的定义方法，以及对归纳法的清晰理解。严复极端经验主义的坚定信仰，即作为人类理解中通过感觉调停而构想出来的原始事实是精确可靠知识的唯一可能来源，这一信念来自于斯宾塞和密尔，后者试图表明，要是完全不触及经验，甚至恐怕连数学的纯粹公理都不可能宣称是先验真理。③ 与他的西方老师相类似，严复在拒绝所有种类的"预据"(a priori intuitions，先验直觉)方面是坚定不移的。④ 对他而言，对中国典籍的直觉主义的解释，最著名的莫过于陆象山(1139—1193)和王阳明(1472—1529)在其"心学"中所树立的典范，这种直觉主义阻碍了中国数个世纪的科学进步，因为它为后世有"惰窳敖慢之情"的学

---

① 严复(译):《穆勒名学》(Mill's Logic)(1903—1905)，重印于《严译名著丛刊》(上海：商务印书馆，1931年)，部甲页 2—3，按语一。
② 我不加限制地从截维森和哈金在导论中引用的文章中借用这一用语，它似乎能抓住严复计划的本质。
③ 李泽厚，"论严复"(1977)，重印于李泽厚:《中国近代思想史论》(台北：三民书局，1996年)，第 259—297 页；第 281—290 页。
④ 严复:《政治学讲义》，第 1244 页。

[155] 者提供了一种"捷径",因而不愿去面对坚硬事实的世界。① 同样地,密尔也曾批判物理学家惠威尔(William Whewell)关于科学发现和发明过程中独立的心理行为具有重要意义的主张。为了强调在对确定性的寻求中经验知识的价值,严复和密尔都激烈地反对唯一地由其在人的心灵中的根源提供正当性根据的基本理念的可能性。②

尽管严复对那些支持"良知"(innate knowledge,先天知识)信念的人保留了最严厉的批判,而他还与一切将知识的根源置于古典文献的学术形式展开争论。"吾人为学穷理,志求登峰造极,"他在1898年写道,"第一要知读无字之书",正如培根在将近三百年前就已经要求的那样。③ 更近些时候,赫胥黎也曾坚持认为:"能观物观心者,读大地原本书;徒向书册记载中求者,为读第二手书矣。"④这样的第二手书,连续世代一再重写,不可避免地含有错误,并且这些错误被那些依据书本而不是从他们自己的观察中发现知识的人又不断复制和繁殖扩大。对书本知识的信赖最不利于自然科学的进步,但严复又发现它还会危害到国家和社会的管理。"而政治道德家,因不自用心而为古人所蒙,"他争辩道,"经颠倒拂乱而后悟者,不知凡几。诸公若问中西二学之不

---

① 严复,"救亡决论"(1895),重印于前揭,《严复集》,第40—54页,第44—45页。参见史华慈:《寻求富强:严复与西方》,第189—194页;以及周振甫:《严复思想述评》,第57—60页。
② 劳拉·J·斯奈德(Laura J. Snyder),《变革哲学:维多利亚时代关于科学与社会的一场辩论》(Reforming Philosophy: A Victorian Debate on Science and Society)(Chicago: University of Chicago Press, 2006),第44—54页。参见汪晖:《现代中国思想的兴起》,第3卷,第902—903页,第908—915页。
③ 严复,"西学门径功用",第93页。
④ 同上。

同,即此而是"。①

破译大自然的第一手书,就像西方学者和官员习惯于做的那样,要求遵守严格的方法程序,在中国并不是所有这些要求和程序都被充分认识。传播这些程序就成为严复最迫切的使命。他于1898年百日维新失败的最后几个星期里,在北京通艺学堂担任客座教授时所做的一场演讲中,可以找到他以之描绘科学探究的逻辑方法的一个早期例子:② [156]

> 大抵学以穷理,常分三际。一曰考订,聚列同类事物而各著其实。二曰贯通,类异观同,道通为一。考订或谓之观察,或谓之演验。观察演验,二者皆考订之事而异名者。盖即物穷理,有非人力所能变换者,如日月之行,风俗代变之类;有可以人力驾驭移易者,如炉火树畜之类是也。考订既详,乃会通之以求其所以然之理,于是大法公例生焉。此大《易》所谓圣人有以见天下之会通以行其典礼,此之典礼,即西人之大法公例也。中西古学,其中穷理之家,其事或善或否,大致仅此两层。故所得之大法公例,往往多惧,于是近世格致家乃救之以第三层,谓之试验。试验愈周,理愈靠实矣,此其大要也。③

但是学者如何能够从通过对其经验研究的三个阶段获得的材料中推导出普遍规则和自然法则呢?在这方面,欧洲逻辑学的洞识就是绝对必要的。根据严复的观点,逻辑学规定的第一个必要步骤是,将知觉和经验材料通过清晰界定的"名"(names)连结

---

① 严复,"西学门径功用",第93页。
② 关于严复在通艺学堂的受聘,参见皮后锋:《严复大传》,第129—135页。
③ 严复:《西学门径功用》,第93页。

[157] 起来。(与密尔和傅兰雅一样,严复用"名"[name]这个字指的是逻辑学中更常见的被称为"词项"[term]的一个对等词。)因此,要注意"界说"(definitions,定义),或者像他经常意译的"正名"(the correct use of names,对名称的正确使用),①成为他演讲和文章中反复强调的重点关切。"既云科学,"他这样教导《政治学讲义》的听众,"则其中所用字义,必须界线分明不准丝毫含混。假其不然,则虽讲至口举手拚,于听者无几微之益也。"②严复确信,与那些能清晰表达的欧洲语言相比,意义模糊对中国话语造成了更大程度上的损害,因为意义模糊不仅在自然科学中而且也在政治、社会和精神事务方面妨碍了有意义的讨论。在他看来,有很多原因使得在汉语中更易引起意义模糊。或许最根本的原因在于,与依靠字母书写的语言形成对照,在汉语中"字类"(parts of speech,词类或词性)的标记不是太明显。为了确定一个字在一个给定的句子中是表示"名物"(noun,名词)、"动作"(verb,动词)、"区别"(adjective,形容词)还是"形容"(adverb,副词),读者别无选择,只能考虑上下文语境和语法的"文理"(textual patterns)。然而,传统"小学"(philology,"lesser learning",文献学)不能为这个目的提供可靠的方法,因为中国从未发展出"文律"(grammar,语法)方面的专业研究。③ 语言学上的评注大多数情况下只是提供了有助于描述意义("训")和阐明那些意义随时间而发生的改变("诂")的语义注释(semantic glosses,"训诂"),

---

① 例如参见严复:《政治学讲义》,第1247页,第1285页。另参见严复:《穆勒名学》,部甲页1。
② 严复:《政治学讲义》,第1280页。
③ 严复:《穆勒名学》,部乙页9。参见金岳霖:《金岳霖解读〈穆勒名学〉》(北京:中国社会科学出版社,2004年),第142—143页。

而不能确定一个字所表示的事物的真实性质。① 此外,意义模糊又被粗心大意的词章家进一步扩大了,他们的作品"多含糊闪烁之词",他们因对字词的粗俗滥用而把中国文字"谴用败坏"了。② 相反,欧洲学问自亚里士多德以来就强调定义的价值,因此西方学者中没有人对"正名"的规则如此无知,从而故意违犯确立的规范而破坏他自己的语言。③ [158]

严复对正确定义的强调被认为是对被他看作是中国学者致命缺陷的一种直接的矫正方法。不像是中国学生为了准备科举考试而世世代代被训练掌握的训诂,逻辑定义不仅将"名"与其他"名"相关联,而且还把它与经验材料和知觉并因此而与客观现实相联结。与后来的解释者明显不一致,如胡适就主张古代训诂家的研究在本质上是现代经验论的早期表现形式而应重新利用,④ 严复狠批训诂是清朝教育系统在培养真正的科学精神方面表现无能的主要原因。"且中土之士",他在1896年写道,"必求古训。古人之非,既不能明,即古人之是,亦不知其所以是。记诵词章既已误,训诂注疏又甚拘。"⑤最糟糕的是,严复继续说道,学生需要在科举考试所要求的八股文中证明他们对这种训诂学的掌握程度。对他来说,这种实践接近于故意"破坏人材——复何民智之开之与有焉?"⑥它所能做的一切只是反复灌输扼杀科学进步所

---

① 严复:《政治学讲义》,第1247页;以及前揭,《穆勒名学》,2:23-24。另参见金岳霖:《金岳霖解读〈穆勒名学〉》,第147页。
② 严复:《政治学讲义》,第1247页。
③ 严复:《穆勒名学》,2:23。
④ 例如参见胡适,"清代学者的治学方法",载胡适:《胡适文存》(上海:亚东图书馆,1928年),第1卷,第383—412页。
⑤ 严复,"原强修订稿"(1896),重印于前揭,《严复集》,第15—31页,第29页。
⑥ 严复,"原强修订稿",第29页。对八股文有害影响的甚至是更具毁灭性的评价,参见严复,"道学外传"(1898),重印于前揭,《严复集》,第483—485页。

依赖的创造力的陈腐自满之"心习"而已。

考虑到他赋予定义的这种巨大意义,严复却出人意料地没有提到确立定义必须遵循的正确方法。他在很多文章中强调的最重要的原则,是"夫科学之一名词,只涵一义,若其二义,则当问此二者果相合否。合固甚善,假使冲突不合,则取其一者,必弃其一,而后其名词可行……此正是科学要紧事业,不如此者,无科学也"①。因此定义的技术就扮演着为确定词项合适恰当而又清晰明确的意义而提供新且优良的手段的角色。为了做到这一点,严复在他的一本译著中添加了一条注释以解释"界说[定义]"是"析物之德,取而陈之,于以成一类之界也。界说善者,必与其所界之物相尽,不出不入"。② 严复很少提及形式规则,而自亚里士多德起它们就一直处于讨论定义问题的核心。他不涉及任何细节地描述它们的唯一的地方是,在通艺学堂为一个官员出席的他的一场演讲草草记下的概括了传统"界说五例"(Five Rules of Definition,定义的五个准则)的一张表:

1. 界说必尽其物之德,违此者其失混。
2. 界说不得用所界之字,违此者其失环。
3. 界说必括取名之物,违此者其失漏。
4. 界说不得用诂训不明之字,犯此者其失荧。
5. 界说不用"非"、"无"、"不"等字,犯此者其失负。③

这张表中第 1,2,3 和 5 条准则直接取自密尔;第 4 条准则将

---

① 严复:《政治学讲义》,第 1285 页。
② 严复(译):《名学浅说》(上海:商务印书馆,1909 年),重印于《严译名著丛刊》(上海:商务印书馆,1931 年),第 44 节。
③ 严复,"界说五例"(1898),重印于前揭,《严复集》,第 95—96 页。参见皮后锋:《严复大传》,第 150 页;以及孙应祥:《严复年谱》,第 129 页。

第三章 灿烂的前景：严复与欧洲逻辑学的发现

传统欧洲提法与另一条箴言结合起来，但又没有把科学定义和训诂注释相混淆。没有准备的读者在缺乏进一步解释和例证的情况下是否有能力运用这些准则，对此必须保持怀疑。然而，这种技术细节超出了严复关注的范围。他的主要目的是确定并传播对中国的救亡至关重要的逻辑学方法，而不是去教授它们的实际应用。[160]

严复发现并推销的对于中国学术的复兴具有决定意义的另外两个逻辑方法是关于"内导"（induction，归纳法，inward leading）或"内籀"（pulling inward）之"涂术"（applied arts），以及"外导"（deduction，演绎法，outward leading）或"外籀"（pulling outward）之"涂术"。在他的一篇早期文章里，严复介绍了研究的这些基本程序，以作为流行和科学推理的补充内容：

> 而于格物穷理之用，其涂术不过二端。一曰内导；一曰外导。此二者不是学人所独用，乃人人自有生之初所同用者，用之，而后智识日辟者也。内导者，合异事而观其同，而得其公例。粗而言之，今有一小儿，不知火之烫人也，今日见烛，手触之而烂；明日又见垆，足践之而又烂；至于第三次，无论何地，见此炎炎而光、烘烘而热者，即知其能伤人而不敢触。且苟欲伤人，且举以触之。此用内导之最浅者，其所得公例，便是火能烫人一语。
>
> 其所以举火伤物者，即是外导术。盖外导术，于意中皆有一例。次一案，二一断，火能烫人是例，吾所持者是火是案，故必烫人是断。合例、案、断三者，于名学中成一联珠，及以伤人而人果伤，则试验印证之事矣。故曰印证愈多，理愈坚确也。……学至外导，则可据已然已知以推未然未知者，

此民智最深时也。①

[161]　　按照严复的说法,"具体"科学("糸著学"),像化学和力学,还有天文学、地质学、生物学、动物学和植物学,多依赖于归纳法,而演绎法则在"抽象"科学像数学和逻辑学中更为流行。② 尽管两种技术都是科学研究的必要手段,但严复却在其整篇著作中赋予归纳法以更高得多的价值。③ 归纳法的独特吸引力,正如培根已经表明的,是它认可"新理"(new patterns)的发现,因此比演绎法能导致人类知识更显著的增长,而演绎法则只能从已经确立的规则和原理中抽绎出新的线索。严复宣称,归纳法独自就使牛顿、伽利略和近代的其他英雄制造出他们伟大的发明。④ 所以,用斯宾塞的达尔文主义术语来说——严复几乎不加限制地采纳了这些术语——归纳法是更"进步的"程序,在人类进化中更符合必要的倾向。

就定义来说,他对归纳法的颂扬指向形成传统中国学术的一个特殊习惯,在这种情况下,要发现普遍准则就要依赖于心的直觉。严复论证道,由直觉主义学派倡导的准则和原理,在中国仍然被广泛接受,但那总是"其例之立根于臆造,而非实测之所会通"。⑤ 实际上,正如我们在上面所看到的,严复怀疑人心中任何直觉的存在,就像他在一份支持归纳法的恳求中明确重申的那样:

---

① 严复,"西学门径功用",第94页。
② 同上。
③ 参见孙中原,"论严复的逻辑成就",第83—85页;以及张志建:《严复学术思想研究》,第117—121页。
④ 严复:《天演论》(1898),重印于前揭,《严复集》,第1321—1409页;第1385页。
⑤ 严复:《穆勒名学》,部乙页66。参见汪晖:《现代中国思想的兴起》,第908—910页。

第三章 灿烂的前景:严复与欧洲逻辑学的发现

> 盖天生人,与以灵性,本无与生俱来预具之知能。欲有所知,其最初必由内籀。内籀,言其浅近,虽三尺童子能之。①

归纳方法的浅易和可靠使得它可以运用于一切可能的科学的最多样化的领域中。显然,严复最感兴趣的是它在社会学和政治学中的运用。考虑到中国的困境,归纳法承诺确立的普遍准则[162]在这两个领域是最需要的,因为就是在这里,确定性危机是最严重的。所以,有什么能比认识到源自于归纳法的普遍规则(公例)"必无时而不诚",故"无人而不信",甚至在最具竞争性的辩论领域也是如此,更令人安心的呢?②

严复对归纳法的热情支持,如果不是过于乐观的话,其中一个不同寻常的方面是,他坚决主张历史记载,因此很多中国的"考"(old books,古书),作为归纳推理的原料,与自然的原始事实同样有效:

> 内籀(即归纳)必资事实,而事实必由阅历。一人之阅历有限,故必聚古人与异地人之阅历为之。如此则必由纪载,纪载则历史也。③

所以历史和"考"(古书)对于社会和政治处方的构想都保有某种价值,但却被降到次要地位上。而传统的推理把古典文献提供的历史材料看作是可靠的和被验证了的规则的化身,由此,通过演绎推理,政策制定者就能够为行动推导出策略,严复认为,事

---

① 严复:《政治学讲义》,第 1243—1244 页。
② 严复,"译斯氏《计学》例言"(Introductory remarks to the translation of Mr. Smith's *On the Wealth of Nations*)(1901),重印于前揭,《严复集》,第 97—102 页;第 100—101 页。
③ 严复:《政治学讲义》,第 1244 页。

213

实上，它们只能为进一步更科学因而更可靠的归纳研究充当出发点。

严复在 1909 年他翻译的耶芳斯《名学浅说》中总结了他关于归纳法和演绎法各自优点的最成熟见解。略去耶芳斯关于主项的观点，严复重写了如下一段完整的话：

> 此编前此所论，总名外籀之术。大抵前时传有公例，而目前又有一案，吾辈由之推究，而得判词。然此公例，从何而有，尚未论及。如中国由来论辨常法，每欲求申一说，必先引用古书，诗云子曰，而后以当前之事体语言，与之校勘离合，而此事体语言之是非遂定。此术西名为 Deductive，而吾译作外籀。盖籀之为言紬绎，从公例而得所决，由原得委，若紬之向外，散及万事者然，故曰外籀。夫人类智识，积世日多。今天演家谓人类之见于地球，模略在二十五万年左右。而人道之所以成于今日者，自是积其经历为之。而经历若由一人，则此数十寒暑之中，所得能有几许。是以前事不忘，后事之师。必赖古人所已得者，积久弥多，传之于我。此博学多识之所以为有益也。古人以其阅历，传为公例，吾用之以断决事理。此似人人所能，然往往有不如法，遂成谬见。欲其无差，必精外籀之术，庶不至所据者是，而所断者非也。
>
> 然而外籀术重矣，而内籀之术乃更重。内籀西名 Inductive。其所以称此者，因将散见之实，统为一例，如以壶吸气，引之向里者然。惟能此术，而后新理日出，而人伦乃有进步之期。吾国向来为学，偏于外籀，而内籀能事极微。宋儒朱子，以读书穷理解格物致知。察其语意，于内外籀原未偏废。盖读书是求多闻。多闻者，多得古人所流传公例也。

[163]

穷理是求新知,新知必即物求之。故补传云:在即物以穷其理,至于豁然贯通。① 既贯通,自然新知以出,新例以立。且所立新例,间有与古人所已立者龃龉不合,假吾所立,反复研证,果得物理之真,则旧例不能以古遂可专制。固当舍古从今,而人道乃有进化。故曰:生今为学,内籀之术,乃更重也。②[164]

因此归纳法是第一流的道路,沿此,中国如此迫切需求的社会科学和自然科学才能前进,但是这一卓越的方法需要由演绎法给予补充,坚持严格的准则,承诺进一步"解开"蕴含在归纳所确定的普遍准则之中的线索。基于坚实的经验基础和明确的定义,如同严复向他的读者反复保证的,这一推理的新形式,用西方科学的名称即两种方法论之"端"(extremes)对此是极为重要的,为中国在科学、社会或政治上的很多疾病提供了完美的治疗。

严复宣称这种新形式的连贯一致的运用就能平稳地产生更多个人利益。这一点明显来自于他所主张的逻辑学能够确立的"诚"(truths)。与他作为其精神激励之源的科学家和哲学家不同,严复对只是巩固论证有效性或客观事实与经验现实一致性的伦理上中立的真理不太感兴趣。当两者都将其关心的重点放在哲学和科学研究上的时候,严复却坚持逻辑学的最终目的是"求诚"(quest for authenticity)。③ 实质上,他将这种追求描述为对

---

① 朱熹:《四书章句集注》(北京:中华书局,1983年),第6—7页。
② 严复:《名学浅说》,第108节。
③ 严复:《穆勒名学》,部甲页4。参见汪晖的富有启发性的讨论,《现代中国思想的兴起》,第903—908页。

个人成圣之路的探索,要把对外部世界宽广知识的追求和道德上自我完善的不懈努力结合起来。严复认为在密尔的逻辑学肖像,即它是一门其"唯一目标……是引导一个人自己的思想"①的学科,与宋代哲学家朱熹解释的《大学》的理想之间存在着共鸣,对此他详加阐述并予以扩展。暗合着朱熹的经典表述"圣人教人,只是'为己(之学)'",②也即是说,目的是道德上的自我完善,严复宣称:"名学者,所以讨论人类心知,以之求诚之学……夫求诚所以自为也。"③考虑到他严厉批判传统认识论和基于文献的学术的有害痴迷,严复却按照传统的成己理想来编译逻辑学的前提,这似乎是令人惊讶的。然而,它却与晚清中国很多拥有改良意识的学者们共有的愿望非常一致,并超越了想要用综合了——如同现在站不住脚的先前信仰所做的那样——政治、社会、道德和精神领域的一种新"主义"填补由正统教义终结而产生的导向性真空的观念。④ 我们将在下面看到,恰恰是逻辑学的最终目的

[165]

---

① 密尔:《逻辑学体系》,第7册,第6页。
② 朱熹:《朱子语类》,黎靖德编(北京:中华书局,1986年),第1卷,第243页。另参见 Daniel K. Gardner,"传道:朱熹及其学术计划"(Transmitting the Way: Chu Hsi and His Program of Learning),载《哈佛亚洲研究杂志》(*Harvard Journal of Asiatic Studies*)49,1989年第1:第141—172页;第142—143。在逻辑学与《大学》的教诲之间另一个直接的关联,参见严复,"教授新法"(New methods of teaching)(1906),重印于前揭,《〈严复集〉补编》,孙应祥和皮后锋主编(福州:福建人民出版社,2004年),第61—73页;第65页。
③ 严复:《穆勒名学》,部甲页5。
④ 参见顾有信," Philosophie hinter den Spiegeln: Chinas Suche nach einerphilosophischen Identität," in *Zwischen Selbstbestimmung und Selbstbehauptung: OstasiatischeDiskurse des 20. und 21. Jahrhunderts*, ed. Michael Lackner (Baden Baden: Nomos, 2008),222-238;223-224。关于近代中国话语中对"主义"的诉求更一般的讨论,参见 Ivo Spira:《中国的主义和主义化:意识形态话语现代化的个案研究》(*Chinese-Isms and Ismatisation: A Case Study in the Modernisation of Ideological Discourse*) (Ph. D. diss., University of Oslo, 2010)。

这一大大膨胀了的观念使得严复的某些最有影响的跟随者为他们自己的目的发现了这门外来学科。

严复对逻辑学的多种益处如此确信,以至于他在很多公共活动中都对此加以大力宣传,这大大有助于提升公众的科学意识。除了他的著作之外,当然还有他的翻译作品——我们立即就会转向它们——严复不屈不挠地为逻辑学游说,成为他那个时代最受欢迎的演说家之一。在 1896 年,严复以《天演论》初稿发行引起轰动而声名大噪,以及其后清王朝灭亡这一段时间里,严复在众多公众演讲中宣扬他的逻辑信仰。他的很多演讲,包括那些在北京通艺学堂所做的演讲,不仅出席人数很多,而且还在日报上被报道,因此扩大了它们的影响。甚至更明显的是严复参与了中国首个逻辑学会"名学会"(Logical Society),这是 1900 年他在上海金粟斋译书处的邀请和资助下创建的。① 从 1900 年 8 月到 1901 年 5 月,严复担任了首届主席和学会主要的演讲人。根据他自己的回忆,他是被卷入这一工作中去的,因为"一时学者以名学为格致管钥"。② 包天笑(1876—1973),其时是金粟斋的一位年轻编辑,在他的回忆录中提供了对学会之创建的更严肃的说明: [166]

> 那时候,严先生的《穆勒名学》刚在金粟斋译书处出版,因有许多人不知道名学到底是一种什么学问,"名学"这个名词,应作如何解释?便有人来和我们商量:趁严先生此次来上海,我们不如开一个会,请严先生讲演一番,使得大家明白

---

① 参见皮后锋:《严复大传》,第 216—217 页;以及孙应祥:《严复年谱》,第 149—150 页。另参见王蘧常:《严几道年谱》(上海:商务印书馆,1936 年),第 55 页。
② 严复,"与曹典球书"(1901),重印于前揭,《严复集》,第 565—566 页;第 566 页。

217

一点。我们于是请命于严先生,他也允许了,便即选定了一个日子,借了一所宽大的楼房,请了许多人来听他的演讲。我们这个会,定名为"名学讲演会"。①

无论名学会创立的背景如何,总的来说,严复的演讲和学会的活动立即取得了成功。许多上海乃至全国冉冉升起的知识明星蜂拥到此听这场就职演讲,包括章炳麟和他的随员,②章士钊,以及严复的朋友、通艺学堂创始人张元济(1866—1959),后者不久就在商务印书馆成为中国最有影响力的出版商。③ 严复的声望及其与出版商的关系也吸引着官吏、商人和许许多多怀揣明星梦的布衣平民。④ 在最拥挤的时候,超过五百名听众硬塞进一个临时凑用的大礼堂。⑤ 如果我们相信包天笑的回忆,那么满心期待的听众,他们的好奇心是不会失望的:

> 本来约定是下午两点钟的,但到了三点钟后,严先生方才来了。原来他是有烟霞癖的,起身也迟一点,饭罢还须吸

---

① 包天笑:《钏影楼回忆录》(台北:龙文出版社,1990年),第2卷,第271页。关于包天笑在金粟斋译书处的工作,参见李仁渊,"新式出版业与知识分子:以包天笑的早期生涯为例",载《思与言》43,2005年第3期:第53—105页;第81—87页。

② 关于章炳麟对严复演讲的回忆,参见黄克武(Max K'o-wu Huang):《自由的含义:严复与中国自由主义的起源》(*The Meaning of Freedom: Yan Fu and the Origins of Chinese Liberalism*)(Hong Kong: The Chinese University Press, 2008),第338—339页。

③ 关于严复与张元济的友谊,参见王宪明:《语言、翻译与政治——严复译〈社会通诠〉研究》(北京:北京大学出版社,2005年),第44—45页。

④ 包天笑:《钏影楼回忆录》,第2卷,第271—272页。另参见颜惠庆:《东西方万花筒,1877—1946:我的自传》(*East-West Kaleidoscope, 1877 - 1946: An Autobiography*)(New York: St. John's University Press, 1974),第10—11页。[译按]中译本参见颜惠庆:《颜惠庆自传:一位民国元老的历史记忆》,吴建雍、李宝臣、叶凤美译,北京:商务印书馆,2003年;另参见颜惠庆:《颜惠庆自传》,姚崧龄译,北京:中华书局,2015年。

⑤ 严复,"与甥女何纫兰书"(第9封,1906),重印于前揭:《严复集》,第833—834页;第833页。

第三章 灿烂的前景:严复与欧洲逻辑学的发现

烟,因此便迟了,他留着一抹浓黑的小胡子,穿了蓝袍黑褂(那时没有穿西装的人,因为大家都拖着一条辫子),戴上一架细边金丝眼镜,而金丝眼镜一脚断了,他用黑丝线缚住了它。他虽是福建人,却说的一口道地的京话。他虽是一个高级官僚,却有一种落拓名士派头。

我们的设备,也不似学校中那样有一座讲台,只在向东安置一张半桌,设了一个坐位,桌上供以鲜花和茗具。听讲的人排列了许多椅子,作半圆形……严先生讲演得很安详,他有一本小册子,大概是摘要吧,随看随讲,很有次序。不过他的演词中,常常夹杂了英文,不懂英文的人,便有些不大明白。但这种学问,到底是属于深奥的学问,尽有许多人,即使听了也莫名其妙。坦白说一句话,我是校对过《穆勒名学》一书的人,我也仍似[诗人陶]渊明(365—427)所说的不求甚解。所以这次来听讲的人,我知道他们不是来听讲,只是来看看严又陵[即严复],随众附和趋于时髦而已。①

即使并不是每一个人都能够或想跟随严复的思考,他通过名学会发起或增强的趋势却持续了很长一段时间。严复继续在每周一和周四就这一主题做演讲。就在严复离开上海并辞去名学会主席,由他以前的学生伍光建(1866—1943)担任此职之前不久,②孙宝瑄(1874—1924)于 1901 年 4 月和 5 月参加了两次这样的演讲,他回想起这两场报告仍吸引了大约三十多名听众,"有 [168]

---

① 包天笑:《钏影楼回忆录》,第 2 卷,第 271—272 页。
② 关于严复与伍光建的关系,参见黄克武:《自由的含义:严复与中国自由主义的起源》,第 87 页。

坐者,有立者"。①

严复的公众游说没有逃过中央行政机关的注意。张百熙(1847—1907),二十世纪初年的礼部尚书和教育改革的设计者,在1902年邀请严复担任北京京师大学堂译书局总办。② 在这一职位上,严复将要求更多逻辑学书籍的生产作为一项条款写进了译书局的官方章程("名学者所以定思想语言之法律")。③ 正如我们将在下一章中看到的,凭借与张百熙的关系,严复在为铺设一条逻辑学的最终综合以进入全国的师范学校和高等院校的道路也是很有助益的。然而,在严复自己看来,所有这些活动都只是对他能够翻译这门学科这一最伟大事业的辅助:将逻辑学文献翻译成简洁精练、高贵典雅的古文。

---

① 孙宝瑄:《忘山庐日记》(上海:上海古籍出版社,1983年),第1卷,第331页。孙宝瑄将拍摄于这两次相遇其中一次的一张照片出示给他的朋友宋恕(1862—1910),这张照片激起后者写了一首诗反映当时反复无常的政治情境,并从一个相当矛盾的角度暗示了严复及其活动:

一
流污羊头愧黑辛,
赵家熏腐足亡秦。
江湖满地鸣呼派,
祗逐山膏善晋人。
二
天南余烬思皇会,
江左清谈哲学家。
地发杀机终爆裂,
昭苏万蛰起龙蛇。

宋恕,"题《名学会同人图》",载《清议报》,1901年第100期,重印于《宋恕集》,第2卷,胡珠生主编(北京:中华书局,1993年),第852页。
② 参见皮后锋:《严复大传》,第228—241页;王宪明:《语言、翻译与政治——严复译〈社会通诠〉研究》,第57—60页;以及孙应祥:《严复年谱》,第174—175页。
③ 严复,"京师大学堂译书局章程"(1903),重印于前揭,《严复集》,第127—131页;第130页。

第三章 灿烂的前景:严复与欧洲逻辑学的发现

4. 严复:逻辑学翻译家

严复与翻译了一百多部外国文学作品而只懂汉语的单语口 [169]
译者林纾(1852—1924)①一起,被恰当地誉为帝国晚期最重要的
翻译家。与很多评注者的主张相反,严复并不是中国第一位直接
从英文翻译学术文献的作家——正如我们已经看到的,大约在严
复的《天演论》刊刻前十年,颜永京就出版了他的《心灵学》——但
是他的翻译所吸引的公众注意力确实是空前的。此外,现在仍很
著名的严复的"译事三难"表述——信、达、雅②——仍然是"中国
翻译理论的福音书",③正如最新的研究所表明的,即使它们实际
上借译自亚历山大·泰特勒的《论翻译的原则》一书。④

严复试图通过他的翻译证明,这些新观念——他将对这些
新观念的接受看作是中国唯一的救赎——是可与中国古代相
媲美、象征人类文明顶峰的文化成果。⑤ 这一意图反映在他认
为值得翻译的"巨著"(great books):亚当·斯密的《国富论》

---

① 参见胡志德,"写作新方式:晚清中国文学的可能性,1895—1908"(A New Way of Writing: The Possibilities for Literature in Late Qing China, 1895—1908),载《近代中国》(Modern China)14,1988 年第 3 期;第 243—276 页;第 252—254 页。
② 严复,"译例言"(1897),重印于前揭,《严复集》,第 1321—1323 页;第 1321 页。参见贺麟,"严复的翻译",载《东方杂志》22,1925 年第 20 期:第 75—87 页。
③ 参见王宏志(Lawrence Wang-chi Wong),"超越信、达、雅:晚清的翻译问题"(Beyond Xin, Da, Ya: Translation Problems in the Late Qing),载朗宓榭和费南山主编:《意义地图:晚清中国的新学术领域》,第 239—264 页;第 239 页;以及莱特,"严复和翻译家的使命",第 238—239 页。
④ 亚历山大·弗雷泽·泰特勒(Alexander Fraser Tytler):《论翻译的原则》(Essay on the Principles of Translation)(Edinburgh: Archibald Constable, [1791] 1813),第 16 页。参见沈苏儒:《论信达雅——严复翻译理论研究》(北京:商务印书馆,1998 年),第 120—121 页。另参见皮后锋:《严复大传》,第 485—486 页。
⑤ 贺麟,"严复的翻译",第 76—77 页。

221

(*Wealth of Nations*，1901—1902 年刊行的中文译本题为《原富》[*On Wealth*])，赫伯特·斯宾塞的《社会学研究》(*Study of Sociology*，1902 年刊行的中文译本题为《群学肆言》[*Learned words on the science of the horde*])，密尔的《论自由》(*On Liberty*，1903 年刊行的中文译本题为《群己权界论》[*On the boundary between the rights of society and rights of the individual*])，爱德华·甄克斯(Edward Jenks)的《政治简史》(*History of Politics*，1904 年刊行的中文译本题为《社会通诠》[*A full account of society*])，以及孟德斯鸠的《论法的精神》(*The Spirit of the Laws*，1904—1909 年刊行的中文译本题为《法意》[*The meaning of the laws*])都属于十九世纪欧洲最受欢迎的著作。① 严复最有影响的译作，基于赫胥黎的系列通俗演讲翻译的《天演论》，是一个显而易见的特例，但严复仅仅是把这个文本用作通向他所仰慕的斯宾塞不朽名著《社会学原理》中的观念的一个捷径，那是一本在他作为翻译家生涯的早期不敢去触碰的书。②

[170]

密尔的《逻辑学体系》——当严复在英国留学时，也被他看作是一部近代经典——是非常符合他的总体目标的一个选择。严复开始这项翻译的环境是极其悲惨的。1900 年 6 月的义和团运动将他在天津的家和北洋水师学堂的办公室毁于一旦。严复逃往上海，在那里他发现自己陷入了严重的经济困难之中，尽管他在文坛名声显赫。他曾一度如此缺钱，以至于不得不四处借钱以

---

① 到 1899 年，严复就已确定了他想要翻译的绝大多数著作。参见孙应祥：《严复年谱》，第 136—137 页。

② 史华慈：《寻求富强：严复与西方》，第 98—99 页。严复计划或开始翻译但未能出版的其他著作，参见皮后锋：《严复大传》，第 488—491 页，第 100—103 页。

第三章 灿烂的前景:严复与欧洲逻辑学的发现

敷家用。其中,他与金粟斋译书处的主人蒯光典(1857—1910)接洽,向他支取了 3000 元的预付款,以尚未完成的密尔《逻辑学》和亚当·斯密《国富论》的译著版权作为交换。① 蒯光典同意了,并且,正如我们所看到的,他还帮助严复通过公开演讲宣传其工作。不过,严复对以这种方式展开的合作并不感到高兴。他在一封信中抱怨说,蒯光典提出的协议条款给他施加了难以承受的压力。② 他还声称从未见到蒯光典承诺给他的钱,③由金粟斋的编辑包天笑的争辩引起了一场指控,后者反而归咎于严复的坏脾气性格以及由于吸食鸦片的恶习而更为怠惰。④

尽管有这些麻烦,严复仍然于 1900 年的夏天开始翻译《逻辑学体系》一书。他似乎进展相当快速,曾一度报告称他"每晚译八页"。⑤ 1901 年年中,他在一封写给张元济的信中分享了他对工作进展的兴奋: [171]

> 《名学》年内可尽其半,中间道理真如牛毛茧丝。此书一出,其力能使中国旧理什九尽废,而人心得所用力之端;故虽劳苦,而愈译愈形得意。得蒙天助,明岁了此大业,真快事也!⑥

---

① 史华慈:《寻求富强:严复与西方》,第 210 页。
② 严复,"与李明书"(1901),重印于前揭,《〈严复集〉补编》,第 225—231 页;第 227 页。
③ 皮后锋:《严复大传》,第 210 页。
④ 包天笑:《钏影楼回忆录》,第 2 卷,第 261—262 页。严复的鸦片瘾,始于 1880 年代末,一直持续到他生命的终结,关于此的一个更全面的讨论,参见汪荣祖,"严复新论",前揭,《从传统中求变——晚清思想史研究》(南昌:百花洲文艺出版社,2001 年),第 136—145 页;第 137—139 页;以及黄克武:《自由的含义:严复与中国自由主义的起源》,第 82 页。
⑤ 同上,第 100 页。
⑥ 严复,"与张元济书[12]"(1901),重印于前揭,《严复集》,第 545—546 页;第 546 页。在原信中,这整段话下面以双点划线,因此更加突显了严复的兴奋之情。

223

大约同时,严复向金粟斋递交了他的译稿的第一部分,由密尔《逻辑学体系》第一卷("论名称和命题")构成,①以便修订,到1902年2月完成。② 然而,之后不久,这项工作就停顿了。严复后来解释说:

> 思欲赓续其后半,乃人事卒卒,又老来精神茶短,惮用脑力。而穆勒书精深博大,非澄心渺虑,无以将事;所以尚未逮也。③

严复日趋严重的烟瘾也可能对他决定暂时搁下这一项目起到一定影响。仅包含上述"部甲"(第一部分)的第一版,于1903年2月在金粟斋南京分局以《穆勒名学》为题刊印了木刻版并发行。④ 1905年,严译的全本由上海商务印书馆以相同的题目出版,其内容略少于原书的前半部分。⑤ 严复从未放弃完成整本《逻辑学体系》翻译的希望。1912年和1917年期间,在经过几次重新回到翻译这本书的后半部分工作的无用尝试之后,他在1918年遵照张元济的请求作了最后的努力,但不久就因他日渐衰弱的身体而不得不停止。⑥

严复对逻辑学文献的第二次翻译是一项难度适中得多的任

---

① 密尔:《逻辑学体系》,第7册,第19—156页。
② 严复,"与张元济书[11]"(1901),重印于前揭,《严复集》,第543—544页;第544页。参见孙应祥:《严复年谱》,第176页。
③ 严复:《名学浅说》,序言,第1页。
④ 这本书确实公开刊行了,并不是像大多数评论者所猜测的,只在严复的同事中流传,这由同时代逻辑学课本的翻译经常性的引用——这一点将在后面加以分析——以及在顾燮光的著作中对此书的概括所证明,参见顾燮光:《译书经眼录》(杭州:金佳石好楼石印本,1931[1904]年),11a。
⑤ 严复的译稿截止到第三卷第13章,因而甚至还不到密尔讨论归纳法的一半,并且正好在他介绍的第六卷"道德学之逻辑"之前,后者是严复尤其感兴趣的内容。参见严复:《穆勒名学》,和密尔:《逻辑学体系》,第7册,第19—483页。
⑥ 皮后锋:《严复大传》,第342—343页。

务:对耶芳斯《逻辑学》——艾约瑟曾在1880年代与这同一本书斗争过——的一项比较轻巧的编译,后于1909年以《名学浅说》为题出版。正如严复在序言中回忆的,他决定翻译这本书纯属偶然:

> 戊申孟秋,浪迹津沽。有女学生旌德吕氏(吕碧城,1883—1943),谆求授以此学。① 因取耶芳斯浅说,排日译示讲解,经两月成书。② 中间义恉,则承用原书;而所引喻设譬,则多用己意更易。盖吾之为书,取足喻人而已,谨合原文与否,所不论也。③

尽管严复在其翻译三原则中对信特加强调,他对欧洲近代经典的编译却与今天所认为的可靠翻译几乎没多少共同之处。④ 严复很少逐字逐句地翻译原始文本。相反,他为了"达旨"的目的而截取不同长度的内容来翻译或概述,⑤扩展他发现是特别重要的观点,而省略他认为是多余的或可疑的观点。有时,他用与正

[173]

---

① 关于严复与吕碧城的关系,后者成为有造诣的诗人和教育家,参见方秀洁(Grace S. Fong),"近代中国新式女性或古典女性的抉择:吕碧城(1883—1943)的挑战之路,生平与诗歌"(Alternative Modernities, Or a Classical Woman of Modern China: The Challenging Trajectory of Lü Bicheng's (1883 - 1943) Life and Song Lyrics),载《男女》(*Nan Nü*)6,2004年第1期:第12—59页;第32—34页。
② 严复于1908年9月11日开始翻译,到11月13日译完。严复,"日记"(1908—1920),重印于前揭,《严复集》,第1477—1539页;第1480页,第1483页,第1485页。
③ 严复:《名学浅说》,序言,第1页。
④ 参见吴茂生(Ng Mau-sang),"严复《天演论》解读"(Reading Yan Fu's *Tian Yan Lun*),载《通过翻译诠释文化》(*Interpreting Culture through Translation*),安乐哲(Roger Ames)等编(香港:中文大学出版社,1991年),第167—184页;以及冼玉仪(Elizabeth Sinn),"严复",载《翻译学百科全书》(*An Encyclopaedia of Translation*),陈善伟(Sinwai Chan)和卜立德(David Pollard)编(香港:中文大学出版社,1995年),第432—436页。
⑤ 严复,"译天演论自序"(1897),重印于前揭,《严复集》,第1319—1321页;第1320页。

文分开的注释清楚地显示他这样做的个人评论;更多的时候他直接将它们移入译文的结构之中。① 严复的逻辑学翻译,因他在编译过程中所采取的自由程度而被放到上述天平不同的一端。严复在《穆勒名学》中可能比他在其他任何一本书的翻译中都更切合英语原文,尽管仍然没有精确复制密尔论证的顺序和语法安排,但严复将他的评论几乎完全限制在一万多字不同长度和规模的四十二个注释中。另一方面,他在《名学浅说》中充分利用序言里主张的修改空间。尽管如此,这两本书的翻译在很大程度上仍然忠实于原始文本中表达的观点。

[174] 在更切近地考察严复的注释和修改以及他阐述欧洲逻辑学的概念语汇时所使用的术语之前,有必要先简短地讨论一下他的译文的特殊文体。为了突出他所呈现的外国文献的尊贵,并从中国学术精英的最高阶层中吸引读者,严复坚持在语法和文体上使其翻译模拟各种简洁的先秦文法。② 在某种程度上,他在表达上的复古风格可被视为向高官显贵展现其文人才能的一种尝试,严复长期忍受着他们将其看作一个接受蛮夷教育的人的那种蔑视,因为他在四次科举考试中都落第了。③ 另外,他在文体上的特殊癖好并不像某些同时代人尤其是五四时期的知识分子所主张的那么离谱。④ 严复在文体上所受的启发主要来自于桐城派,这是一场文学运动,其散文理论提倡一种被认为是对所有受过教育的

---

① 参见王克非:《中日近代对西方政治哲学思想的摄取——严复与日本启蒙学者》(北京:中国社会科学出版社,1996年),第51—60页。
② 同上,第46—51页。
③ 朗宓榭,"环游于陌生世界:道安(314—385)和严复(1852—1921)论西方语法"(Circumnavigating the Unfamiliar: Dao'an (314 - 385) and Yan Fu (1852 - 1921) on Western Grammar),载朗宓榭等编:《新词语新概念:西学译介与晚清汉语词汇之变迁》,第357—372页;第366页。
④ 胡志德:《把世界带回家:清末民初的西学中用》,第67—68页。

读者都易于理解的统一的古文风格。① 与后来对反启蒙主义倾向的谴责相反,像严复的恩师吴汝纶(1840—1903)这样的桐城派文人相信,在确保表达准确的"古文"古风中体现了他们寻找的措辞明晰,因此是传达复杂观念的最佳方式。严复同样确信:

> 实则精理微言,用汉以前字法、句法,则为达易;用近世利俗文字,则求达难。往往抑义就词,毫厘千里。②

所以,当他确然无疑地相信,他打算用来取代传统经典的新经典,若其权威性要被他计划传达的精英读者所接受,必须用与儒家经典相同的语调来表达,严复似乎也认为这种语调真的能帮助他传达外来观念。

很多读者,甚至是那些像严复自己一样也用文言文写诗作文的读者,却并不这样认为。例如,梁启超在一篇讨论严复对《国富论》的编译的评论中说:

> 但吾辈所犹有憾者,其文笔太务渊雅,刻意模仿先秦文体,非多读古书之人,一繙殆难索解。夫文界之宜革命久矣,欧美日本诸国文体之变化,常与其文明程度成正比。况此等学理邃赜之书,非以流畅锐达之笔行之,安能使学僮受益乎?著译之业,将以播文明思想于国民也,非为藏山不巧之名誉也。③

[175]

---

① 参见胡志德,"写作新方式:晚清中国文学的可能性,1895—1908",第 249—254 页;前揭,《把世界带回家:清末民初的西学中用》,第 82—87 页;以及耿德华(Edward Gunn)《重写中文:二十世纪中国散文的风格和创新》(*Rewriting Chinese: Style and Innovation in Twentieth Century Chinese Prose*)(Stanford: Stanford University Press, 1991),第 32—34 页。
② 严复,"译例言",第 1322 页。
③ 梁启超,"绍介新著原富"(1902),重印于《严复研究资料》,牛仰山和孙鸿霓编(福州:海峡文艺出版社,1990 年),第 266—268 页;第 267 页。

严复并没有被这样的批评所困扰。比如,在回应梁启超的评论时,他只是嘲讽地说:

> 且不佞之所从事者,学理邃赜之书也,非以饷学僮而望其受益也,吾译正以待多读中国古书之人。使其目未睹中国之古书,而欲稗贩吾译者,此其过在读者,而译者不任受责也。①

从我们的角度来看,那些非常喜欢他的古文怪癖的年轻读者的责骂,以及受过古文训练的文人用十分明确的言辞抱怨其文章晦涩难懂,都证明严复的估计是错的,但这也没有多大关系。② 虽然他的著作的文体外观毋庸置疑会影响其可读性,并给予它们所呈现的观念以某种风味,但是对于严复努力引进的概念词汇的改译之成功或失败,那都不是关键性的。就此而言,他的术语选择更其重要。很多评论者指出,严复的复古癖也出现在他对关键术语的翻译中。确定无疑的是,严复在他对外国政治、伦理、经济和法律理论的介绍中重新定义了很多古代术语,并且他还用浓厚的或多或少对先秦思想的明确暗示歪曲了欧洲思想家的一般哲学词汇。③ 然而,在不太明显地显示了与传统中国话语概念重叠的"新"知识领域中,他的术语学方法必然更加多样化。戴维·莱特曾用文献证明严复为自然科学如化学和物理学选择专业术语

---

① 严复,"与新民丛报论所译群学肆言"(1902),重印于前揭,《严复集》,第515—518页;第516页。
② 史华慈:《寻求富强:严复与西方》,第93—94页。
③ 参见黄克武:《自由的所以然——严复对约翰弥尔自由思想的认识与批评》(Theraison d'être of freedom. Yan Fu's understanding and critique of John Stuart Mill's liberalism)(上海:上海书店出版社,2000年),第71—81页。另参见赫兰德:《个人自由与公共善》(Personal Liberty and Public Good),第22—25页,第83—87页。

第三章 灿烂的前景：严复与欧洲逻辑学的发现

的折中主义。① 一种类似的折中主义也可用来描绘在他的密尔和耶芳斯翻译中对逻辑术语的改译之特征。

一项对《穆勒名学》和《名学浅说》所使用逻辑术语的考察（参见下表 3.1）表明，严复为其术语创新利用了各种资源。真正的"古典"术语并没有在任何作品中占支配地位，这再次昭示古代词汇不能为逻辑学概念提供易于辨识的对等词，正如我们在以前章节始终强调的。甚至像严复这样自称古典派的学者也只能辨别出为数不多的几个古代词语，似可借来用作对逻辑术语的可接受的翻译。当然，在这方面最显著的例子是他用"名学"（the science of names）译"逻辑学"（logic）（参见表 3.1，1.1 项）并用"名家"（expert on names）来译"逻辑学家"（logician），其中在逻辑学及其从业者与古代中国名家学派之间隐含着不会弄错的同源关系，正如我们下面将看到的，即使严复为其选择提供了某种稍微不同的辩护。更多的例子包括他用"会通"（to bring together and make communicate，聚合并使沟通）译"普遍化"（generalization）(5.12)，前者是真正拥有历史悠久的哲学根源的一个词，一个在《易经·系辞》中表示"极深而研几"（penetrating understanding）的隐喻；以及他建议用"品"（"character"，品性；"property"，属性、性质；"moral standing"，人品；"grade"，品级；"rank"，品阶）或"德"（"virtue"，德性；"power"，能力；"inherent ability"，内在固有之能力）译"性质"（quality）(3.7)。② 虽然这些

---

① 参见莱特，"严复和翻译家的使命"，第 240—242 页，第 250—255 页。
② 在《穆勒名学》里的一个注释中，严复警告读者，他在"性质"（quality）这个意义上使用"德"，冒着引起困扰的危险，因为这个词在古典文献中涵盖的意义很宽泛。他以他的目的是避免一个他认为是与传统中国思想完全不同的概念创造全新的词为理由对他的选择进行辩护，并建议读者仔细研究密尔对"性质"（quality）一词的定义，以防产生误解。参见严复：《穆勒名学》，部乙页 107。

229

[182] 译法都或多或少基于汉语和英文词汇之间的明显相似性,但在严复改译中的绝大多数其他貌似古代词汇的例子,事实上它们或者是带有伪经学表象的新词,或者是通过从与逻辑学不相关或至少是不直接相关的传统语境中转移词义而改编来的借用词语。

第一类中的例子是由严复为了他的翻译特意复活并重新定义的古体字所表达的术语构成的。因此,他引入"旍"字,一种古代旗帜的通用名称,用之译亚里士多德的"谓项"(predicables)一词(2.8);用"系名"这一由非词汇化的极端成分"系"(threaded silk,螺纹丝线)构成的复合词翻译"抽象名词"(abstract name)(2.20);用"缀系"(to connect [by a thread],[用一根线]联结)翻译"系动词"(copula)(3.5);用"眢"(dried-up well,干涸的井)翻

[183] 译"谬误"(fallacy)(4.21);①还有"籀"(to draw out,勾出,引出;to recite,列举)字,正如我们在上面所看到的,在他建议的复合词中用来翻译"induction[归纳]"(内籀)和"deduction[演绎]"(外籀)(4.2 和 4.3)这两个概念。在语境转换的第二类中,严复甚至展示了更大的创造性。这种转换的更合理的例子包括下列几项:(1)在他翻译"positive"(肯定名词)和"negative term"(否定名词)(正名和负名)以及"affirmative"(肯定命题)和"negative proposition"(否定命题)(正词和负词)时挪用在传统中国数学中表示正数或负数的"正"和"负"两字(2.17—2.18 和 3.19—3.20);(2)用司法名词"例"(precedent,先例,前例)、"案"(case,案件)和"委"(end,结束)或"断"(decision,结论;verdict,裁定)来翻译三段论的构成要件"大前提"(major premise)、"小前提"(minor premise)和"结论"(conclusion)(4.5—4.7);还有(3)"设

---

① 参见严复《穆勒名学》第170节中的辩护理由。

第三章 灿烂的前景：严复与欧洲逻辑学的发现

复"(guess the answer! 猜答案!)，一款类似于英国"我是小侦探"或德国"我能看到你看不到的东西"之类小游戏的名字，严复用这个词作为英语"hypothesis"（假设）一词很多暂定译法中的一种（5.7）。

严复最富想象力同时也是最成问题的借转，是他用"连珠"（linked verse，连歌［三行诗节与两行诗节交替出现的一种日本诗形式，由两个或多个诗人合作］，或字面意义；pearls on a string，串在一跟细绳上的珍珠）一词翻译"三段论"(syllogism)，而"连珠"是公元三和四世纪繁盛一时的中国骈文的一个小流派的名字。① 当迫不得已去为他的选择辩护的时候，严复用以下方式来解释这种选择，即可以对他意识到逻辑推理的形式准则的重要性提出质疑：

> 案演连珠见于《文选》，乃一体之骈文。常以臣闻起，前一排言物理，后一排据此为推，用故字转。② 其式但作两层，[184]与三词成辨者，实稍殊异。虽然，使学者他日取以审谛，其义意乃与此同。但旧是骈文，语多俳丽，遂生云雾，致质言难见耳。不佞取以译此，无所疑也。西文原字"司洛辑沁"，此言会词，意与此合。惟日本谓名学为论理学，已极浅陋，而呼连

---

① 参见苏瑞隆（Jui-lung Su），"连珠"，载《印第安纳州中国传统文学指南》（*The Indiana Guide to Traditional Chinese Literature*），倪豪士（William H. Nienhauser）编（Bloomington, Indianapolis: Indiana University Press, 1998），第2卷，第89—92页。苏瑞隆将"连珠"界定为一个"高度重视修辞润色的散文流派，以华丽的辞藻、丰富的用典、平衡的对偶和大量排比为其鲜明特色，经常用这种文体处理政治说服之事"（同上，第89页）。
② 一个"连珠"的标准例子是下面陆机（261—303）所作的八重奏："臣闻利眼临云，/不能垂照；/朗璞蒙垢，/不能吐晖。是以明哲之君，/时有蔽壅之累；/俊乂之臣，/屡抱后时之叹。"转引自苏瑞隆，"连珠"，第89—90页。

231

珠为三断,①窃以为不及吾译。因所汇三词,仅成一断,名为三断,转或误会。不可以东学通用而从之也。②

古文书学家饶宗颐曾把严复的改译作为不断侵袭近代中国话语的许多跨文化交际中的误解的一个绝佳例子加以讨论。③其他评论者,像现代新儒家哲学家贺麟(1902—1992),就曾经赞美严复的选择是"中国化"(Sinicizing)翻译的早期范例,有助于突显中西方文化比较的重要性。④双方观点似乎都是对一个单一的、无庸置疑也是牵强附会的、隐喻性转借之意义的言过其实。在我们看来,严复的解释是有趣的,因为一方面它证实了他对他将之作为中国救亡的基石而加以宣扬的科学专业性的漠不关心;而另一方面,也由于它突显了他对大约从1902年以来开始在中国发生的由日语借词的厌恶,正如我们不久就将看到的那样。

尽管有这种厌恶,严复还是将大量来自日语的借译包含在他的翻译之中,哪怕只是作为次等替代方案。最有可能的是,这是对读者的一种妥协,因为他们可能通过学习1902年以来中国高等院校就已开设的这门课程的教材,而对这些词汇比较熟悉了——尤其是,如同我们所看到的,多亏严复的游说。广泛流传

[185]

---

① 严复用一个同音异形异义字"三断"误传了日语这个借译词。日语翻译"syllogism"的正确书写形式应该是"三段"(three stages),这使得严复对他自己的创新的论证变得毫无意义。
② 严复:《名学浅说》,第71节。
③ 饶宗颐,"五四运动前后的中西接触与西方文化的汉语误释:个案研究——连珠与逻辑"(The Sino-Western Contact and the Chinese Misinterpretation of the Western Culture Shortly before and after the May Fourth Movement: A CaseStudy—*Lianzhu* and Logic),载《中国1919年五四运动的国际文学与国内文学问题》(*Interliterary and Intraliterary Aspects of the May Fourth Movement 1919 in China*),马立安·高利克(Marian Galik)编(Bratislava: Veda, 1990),第253—256页。
④ 贺麟,"严复的翻译",第82页。

第三章 灿烂的前景：严复与欧洲逻辑学的发现

的假设认为，严复过于自信或自大，以至不考虑其他译者的工作，然而与此相反，他的术语表显示，他不仅熟悉从日本输入的术语，而且还通晓其他各种各样讨论逻辑学概念的著作，毫不犹豫地借用他认为有用的概念。因此，他无所顾忌地采纳耶稣会士创造的词汇，如以"界说"译"definition"（定义）（2.5），用"伦"译"category"（种类，范畴）（2.6），以及用"端"译"term"（词项）（2.1），或挪用颜永京的"希卜梯西"音译"hypothesis"（假设）（5.7）。他甚至拉长了艾约瑟对"induction"（归纳法）的隐喻性意译的寿命，即采自朱熹《大学》集注的"即物穷理"（approaching things in order to fathom patterns）一词，在他自己的评释中反复使用它。①

严复仍然为他自己的词汇创新发现了充足的空间，尤其是在他早期译作《穆勒名学》中。他铸造新词的方法与从其他译者或被遗忘了的古代字词遗产那里借用个别术语相比，其折中色彩不相上下。按照桐城派行文简洁的理想，他提议尽可能用单字，例如，在他译亚里士多德的五种谓项（predicables）时，他提出用"类"（kind）字译"genus"（属），用"别"（differentiation）字译"species"（种），用"差"（to be short of）字译"difference"（差），"撰"（inherent quality，固有性质）字译"property"（属性），以及用"寓"（to contain）字译"accident"（偶性）（2.9—2.13）。然而，在很多情况下，严复也不得不为了可理解性而放弃这一简明的理想。他的大多数双字造词都是基于它们用来传达的术语之定义，如用"词主"（ruler of the proposition）译"subject"（主项），用"所谓"（that which is said about [something]）译"predicate"（谓项）[186]

---

① 严复似乎不同意上引对艾约瑟著作的否定性观点。例如，在《穆勒名学》的一条按语中，他特意推荐《辨学启蒙》对三段论式的更进一步的解释。参见严复：《穆勒名学》，部丙页17—18。

(3.3和3.4);或者用"内涵"(contained within)译"intension"(内涵),以及用"外举"(chosen outside)译"extension"(外延)(2.3和2.4)。其他的像用"丐问"(begging to ask)译"[the fallacy of] begging the question"(内定结论[的谬误],或乞求问题[的谬误])是直接的借译(4.24)。

严复专业术语上应该被提到的最后一个方面是他编入其文本中的大量音译。在多种情况下,严复使用英文词语的音调复本不仅要表明他为特定译文提供的原始词汇,而且还作为他所使用的可与借义词相交换的单独的词汇项。通常的例子包括用"逻辑"或"逻辑学"译"logic"(1.1),用"斯毕稀"译"species"(2.0),以及上面提到的用"希卜梯西"译"hypothesis"(5.7)。只有一种情形,以"萨布斯坦思阿"译"substance"(实质,本质,要旨,材料)(2.7)时,他才引入了一个音调复制词而没有同时暗示一个借义译法。严复的某些选择令人怀疑他的发音技巧的可靠性。即使将方言变化也考虑在内,像"恭什布脱"译"concept"(2.2)或"鄂卜捷"译"attribute"(3.6)这样的改译都很难说在语音学上有足够的代表性。由于所有这些词,不考虑它们的准确性,因其笨拙的长度都违反了老式文体散文的审美要求,我们只能推测,在这种特殊情况下,严复有意识地随意改变文体,以便给通常只懂一种语言的读者对他在英语方面来之不易的流畅以深刻印象。

5. 边缘化的逻辑学

除了文体风格和专业术语之外,将严复的逻辑学翻译区别开来的第三个典型特征是他插入评论与注释的特有做法。与他那

第三章 灿烂的前景:严复与欧洲逻辑学的发现

几乎一半篇幅由注释构成的《天演论》①相比,严复在他翻译密尔和耶芳斯时,使用这种策略相对来说要稀少了。他的四十二个"按"散布在《穆勒名学》的全书之中,服务于各种各样的目的,并致力于非常不同的主题。正如我们所看到的,有一些帮助解释严复的术语选择;②其他的是为了阐明他发现对读者来说是困难的段落。③ 有一些提供了补充性的文化或历史信息,如关于《一千零一夜》,④或亚里士多德对经院哲学的重要意义。⑤ 出人意料的是,极少有空间留给与逻辑学相关的主题。有一个按语,严复在其中举例说明,形式上有效的三段论,如果其前提是错的,也会导致错误的结论,选的两个例子可能会与热衷于竞仿欧洲国家的财富和权力的读者们产生共鸣。其第一个这样的三段论是:"富者不远适异国以求利,今西人远适异国以求利矣,则非富也。"第二个三段论是:"强者无事人之保护,今西人立约以求保护矣,则非强也。"⑥在进一步更明确与逻辑学相关的注释里,严复提醒读者注意,西方逻辑学的最新发展拓展或修正了密尔的观点,因此暴露出他自己对这一主题的解读并未限制在《逻辑学体系》一书。例如,严复提到,密尔最忠实可靠的支持者亚历山大·培因(Alexander Bain,今译亚历山大·拜恩)就证明了他的导师对亚

[187]

---

① 吴茂生,"严复《天演论》解读",第 167—169 页。
② 参见严复:《穆勒名学》,部甲页 14—15,在那里他为其将"philosophy"译为"理学"进行辩护以反对竞争性的译法,最突出的是反对源自日语的借译"哲学"。
③ 参见同上,部甲页 37—38,在那里他将他的麻烦归结为汉语词汇的不适当;以及同上,部丙页 51,在那里他又让密尔的原文负责。
④ 同上,部乙页 18—19。另一个文化方面的注释解释了一个涉及到西方医学的(不是特别有趣的)玩笑,同上,部乙页 57。
⑤ 同上,部乙页 109。
⑥ 参见严复:《穆勒名学》,部丙页 75([译按]实为部乙页 75)。其他关于逻辑学问题的按语提供了对"统宇内一切物"的肯定和否定名称("正负二名")、反对之名以及对待之名的属性的说明;参见同上,部甲页 26,30。

里士多德范畴学的批评;①以及奥古斯都·德·摩根(Augustus De Morgan)的《法名学》(*Formal Logic*,《形式逻辑》)讨论了几个新观点,像数量确定的三段论中词项的量词问题(例如,"设谓凡乙大半皆丙,又谓凡乙大半皆甲,则有甲为丙,可以无疑"),其中严复介绍给读者的,是有所省略的"稽或之术"(the art of examining some,审察某些事物的技术)。②

严复在《穆勒名学》中大多数按语所用心的领域是知识论、形而上学和科学。在他关于知识论的注释中,严复根据洛克的观点重复了对内在知识信念的攻击,③并强化了他对只强调书本知识而排斥其他知识的学习方法和中国"三千年之文教"产生出来的"怀心术"(bad habits of the heart,应为"心习")的批判。④ 似乎最能激起他的兴趣的形而上学问题是思想与现实之间的关系问题。严复以重述笛卡尔"我思"(*cogito*)意义的沉思之方式着手处理这个问题,他将其关联到儒家《中庸》的观点和佛教关于各种意识状态之真实的理论。⑤ 这些复杂的沉思没有任何一个与我们互相关联的问题群直接相关。同样的情况也适用于严复对运动定律、⑥诸科学中的数学材料⑦和他在《易经》与现代西方科学之

[188]

---

① 参见严复:《穆勒名学》,部丙页 75([译按]实为部乙页 75)。其他关于逻辑学问题的按语提供了对"统宇内一切物"的肯定和否定名称("正负二名")、反对之名以及对待之名的属性的说明;参见同上,部乙页 33—34。
② 同上,部丙页 17—18([译按]实为部乙页 17—18)。
③ 同上,部丙页 80,84([译按]实为部乙页 80,84)。
④ 同上,部丙页 66([译按]实为部乙页 66)。
⑤ 同上,部乙页 49—51,53—54,63—64([译按]实为部甲页 49—51,53—54,63—64,且只有佛教理论和道家如庄子观点,未见严复用儒家《中庸》观点)。
⑥ 参见严复:《穆勒名学》,4:46—48([译按]实为 3:46—47,即部丙页 46—47,严复《穆勒名学》只有甲、乙、丙三部[卷],没有丁部[卷],所以应知顾有信此处的数字一定是错的)。
⑦ 同上,部丙页 69—70,105([译按]实为部乙页 69—70)。

间识别出的相似性的思考。根据严复,《易经》如同诸科学一样,源自基于数字的演绎推理的定性知识,主要与原因和结果相关。① 虽然对它们自身有兴趣,并且也可能是对严复在其多数作品里猛力批判的教义的一种复古式依恋的迹象,② 从我们的观点看来,他的反思最能激起兴趣的方面是,他能够毫不费力地将其与古代中国人思考的知识论、形而上学和科学中的核心问题关联起来,然而他却不能在逻辑学本身的狭窄领域内暗示出任何此种比较,除了在第五章以下讨论的一个显著的例外。

严复在其耶芳斯《逻辑学》初级读本的译文中所作的评注和交流,其重点稍有不同,关键在于密尔和耶芳斯逻辑学方法之间的差异。耶芳斯并没有为形而上学的玄思提供任何机会。尽管如此,严复还是找到了很多更新其对传统中国思想批判的时机。在一个讨论"丐问"谬误(the fallacy of begging the question)的段落中,严复粗率地指出,中国哲学文献"十(之)八九"都是由这种谬误构成的,并且这就是中国科学成就"所以无可言"[几乎不值一提]的原因。③ 在另一段话中,他记起欧洲学者"三百年以前"即已将一切真理都置于书本即旧约和新约之中,但后来他们[189]学会了观察"事理"(patterns of affairs)。因此,"吾国人言,除六经外无书,即云除六经外无事理也"④。在一段类似的文脉中,严复通过对中国传统思想中某些最著名术语的严厉谴责,再次批判了传统思想中对意义含混的不负责任的容忍。按照他的看法,像

---

① 参见严复:《穆勒名学》,部丙页 70,4:36—37([译按]实为部乙页 70,部丙页 36—37)。
② 参见胡志德:《把世界带回家:清末民初的西学中用》,第 56—60 页,第 66—67 页。
③ 严复:《名学浅说》,第 185 节。
④ 同上,第 109 节。

"气"(vital energy)、"心"(heart)、"天"(heaven)、"道"(Way)、"仁"(benevolence)和"义"(righteousness)等字的意义都无可救药地歧混百出,而对于它们不太可能的拯救方法,只能"有待于后贤也"。①

考虑到严复对其用"连珠"译"syllogism"(三段论)的译法所作的冗长辩护,指出如下一点是很有趣的,即他不能想起充分遵照《名学浅说》相关段落中的三段论结构的任何经典论证。相反,他从北宋诗人苏轼(1037—1101)所写的一篇文章中找到一个论证:"以臣伐君,武王非圣人也。"他还增加了如下解释以使其适应于三段论推理的标准结构:

> 二语仅列一案一断。若将其全叙,当云:圣人不以臣伐君(例),今武王以臣伐君(案),故武王非圣人也(断)。略举此三式,学者可悟。②

严复对耶芳斯所举例子和说明的编译也要考虑到与艾约瑟关于他们在文化与政治敏感性上各自评价的较早解决方案的有趣比较。③ 正如我们所看到的,在艾约瑟那里把格莱斯顿和迪斯雷利替换成唐代诗人韩愈和柳宗元,在耶芳斯这里,严复插入了张之洞(1837—1909)和袁世凯(1859—1916),④当时中国最有权势的政治人物;非具体所指的个人泛称约翰·罗伯逊,在艾约瑟的译文中用某个张甲的身份给出,此处则成了爱国烈士岳飞(1103—1142);⑤以及在一处涉及黑人的恶名昭彰的例子中,艾

---

① 严复:《名学浅说》,第 30 节。
② 同上,第 71 节。
③ 另参见莱特,"严复和翻译家的使命",第 239—240 页。
④ 严复:《名学浅说》,第 101 节。
⑤ 同上,第 186 节。

约瑟没有触及,而严复则用日本人代替了中国人。① 另外,严复没有回避对当前事件的评论。例如,他用了几个例子以概述支持立宪政府的论证,②甚至找到一个地方抱怨中国不合理的价格畸高的电报,他认为这将是国家进步的一个障碍。③

最后,在耶芳斯对归纳法实验程序的讨论中,严复从《易·系辞传》中引用一句"圣人有以见天下之会通,而行其典礼",作为对密尔"求同法"的一种早期期望,④而在耶芳斯那里则解释道,研究者必须特别注意"周期性变化之物",严复将这一要求比作中国人"极早"对"阴""阳"永恒迭代的深刻洞察,并通过复制十二世纪的"太极图"说明其循环,而没有作进一步的解释。⑤

结束语

我们应该怎样总结严复在中国对欧洲逻辑学的发现中所发挥的作用?作为一位翻译家,他的成绩显然是含混复杂的。其复古风格对增强文本的可读性帮助不大,尽管他确定了提高清晰性的目标。甚至他的桐城派导师吴汝纶在读过《天演论》的一份手稿之后——严复在其中首次展示了他对独特体裁风格的偏爱——

---

① 严复:《名学浅说》,第82节。
② 同上,第97节。
③ 同上,第168节。
④ 严复:《名学浅说》,第140节。这个隐喻性类推依赖于严复已经在更早的作品中确立起来的《易经》"典礼"对科学的"自然法则"的认同;参见他的"西学门径功用",第93页。
⑤ 同上,第147节。关于"太极图",参见朗宓榭,"以图示法规划思维"(Die Verplanung des Denkens am Beispiel der tu),载《早期近代中国的生活世界和世界观》(Lebensweltund Weltanschauung im frühneuzeitlichen China),施寒微(Helwig Schmidt-Glintzer)(Stuttgart: Franz Steiner, 1990),第133—156页;第135—138页。对此的一个图示,参见第4章,图4.10以下。

[191] 都怀疑中文和西语之间的差异能否要求一种全新语言的创造,虽然一种新的写作风格也曾被发明出来以用来翻译梵文佛经。①严复在编译其逻辑学词汇时的折中主义同样对他试图传达的观点的可理解性不利。但是严复的逻辑学翻译并不是在一切方面都是失败的。首先也是最重要的,他一再强调只有最雅致考究的翻译才能使欧洲逻辑学的精妙之处得以充分展示,这种坚持确实有助于提升这一表面看来最深奥难懂的科学的声望。另外,严复的按语和评论缓和了由密尔和耶芳斯概述之理论的他异性,即使他在评论中极少触及具体的逻辑学问题。与其他翻译相反,严复并没有打算使他新找到的西方消息提供者的教导屈服于他自己的观点,或将两者混合,而只是尽其可能在很大程度上忠实地把它们呈现出来。他那非同寻常的谨慎的一个原因可能是,他充分意识到他作为一位"名学专家"的限度,正如我们从他在《名学浅说》序言中的一段话所推断出来的那样:

> 朋友或訾不佞不自为书,而独拾人牙后慧为译,非卓然能自树者所为。不佞笑领之而已。②

另一方面,严复作为逻辑学宣传者的影响再怎么高估也不为过。他在很多文章中并通过他作为演说家、教育家和慕僚的活动而为了这门学科不停地游说,几乎独力促成了逻辑学在中国知识地图中的一席之地。大量读者被诱使去浏览他那变幻莫测的"名学",即使有些人只是受严复名声的吸引,而不是对这个主题真正感兴趣。然而,严复最重要的贡献是建立起最终跨越欧洲逻辑学

---

① 胡志德,"写作新方式:晚清中国文学的可能性,1895—1908",第 250—251 页;另参见前揭,《把世界带回家:清末民初的西学中用》,第 83—87 页。
② 严复:《名学浅说》,译者自序,第 1 页。

关键问题和当时中国话语之间分歧的坚固的概念桥梁。严复是首位将逻辑学视为适合于修正类推和推理之"心习"的新推理方式的一种关键组件而加以提倡的著名作者,他试图说服他的读者,正是这种"心习"阻碍了中国学术的进步,并危及中华帝国和"种族"的生存。他对训诂学的无情诋毁可能是不公平的,并且在 [192] 某种程度上植根于他在要求掌握语义注疏的科举考试中未能成功的挫折之中,但是他的用逻辑学定义代替训诂学的要求,在共同的概念空间里运行的相互竞争的方法之间确立起一种完美选择。以同样的方式,他对密尔经验论归纳主义的热情拥护建立在怪异而又过分渲染的期望的基础上。然而,通过将这一占据统治地位的推理方式与中国国家教义的直觉主义基础相并置,严复把归纳推理的原则嵌入进一种有意义的中国语境中,并因此使一个核心逻辑概念变成学术和意识形态争论的流行用语。通过把逻辑学提升为通向新推理方式的关键,这种新推理方式承诺"可转变吾人之心习,而挽救吾数千年学界之流弊",①严复把这门学科置于一种不再由传统教义和经典文献建构的新兴概念空间的核心地位。

在一段令人虚弱的怀疑时期里,由严复这样高度的智慧之星对一种有效新推理方式的强力引介,此新推理方式也就具有几乎令人无法抗拒的感染力,一时形成包天笑描述并被其他人确证的逻辑学风尚。然而愿意听从严复号召的读者们发现,他的作品在为了成功运用这一新的逻辑学方式而学习必要的技术细节方面提供的帮助不大。为了这一目的,他们必须转向更少野心但同时又更容易理解的材料,而只有当逻辑学开始在正规教育中被讲授

---

① 严复,"教授新法",前揭,《严复集补编》,第71页。

时,这些材料才变得唾手可得。

[177]

表 3.1 严复译著中的逻辑学术语

英文术语		《穆勒名学》, 1903—1905 年	《名学浅说》, 1909 年
A. 普通逻辑术语			
1.1	logic	名学 逻辑 逻辑学 论理学	名学 逻辑 论理学 辨学
1.2	reasoning	思籀 思议 思辨	思籀 思议 思辨 推论
1.3	thought	思	思想 思维
1.4	judgment	比拟 判断	比拟 辨
1.5	argument	辨	判断
1.6	truth	真理	真理
1.7	form, formal		
1.8	symbol, symbolic		
1.9	law of identity		
1.10	law of contradiction		
1.11	law of excluded middle		
1.12	principle of sufficient reason		
B. 与词项相关之术语			
2.1	term	端 名	端 名
2.2	concept (idea)	意 概念 恭什布脱	意

续表

英文术语		《穆勒名学》,1903—1905年	《名学浅说》,1909年
2.3	intension	内涵	内涵 内包
2.4	extension	外举	外举 外延
2.5	definition	界说 定义	界说
2.6	category	伦 范畴	
2.7	substance	萨布斯坦思阿	
2.8	predicables	旌 布理的加门	
2.9	genus	类 甄谱斯	类
2.10	species	别 斯毕稀	别
2.11	difference	差 差德 的甫连希亚	差德
2.12	property	撰 常德 波罗普利按	常德
2.13	accident	寓 偶德 亚锡登斯	寓德
2.14	singular term	单及之端	单及之端
2.15	general term	普及之端	普及之端
2.16	collective term	总名	撮最之端
2.17	positive term	正名	正名

[178]

续表

英文术语		《穆勒名学》，1903—1905年	《名学浅说》，1909年
2.18	negative term	负名	负名
2.19	concrete term	察名 具体之名	察名
2.20	abstract term	糸名 抽象之名	悬名
2.21	absolute term	独立之名	独立之名
2.22	relative term	对待之名	对待互观之名
2.23	categorematic term	有谓之名 加特歌勒马之名	
2.24	syncategorematic term	合谓之名 沁加特歌勒马之名	
C. 与命题相关之术语			
3.1	sentence	句法	句
3.2	proposition	词 首 命题	词句 词 命题
3.3	subject	词主 句主	词主 句主
3.4	predicate	所谓 布理狄桀	所谓 布理狄桀
3.5	copula	缀词 缀系	缀系
3.6	attribute	鄂卜捷	
3.7	quality	品 瓜力塔思	品
3.8	quantity	量 观特塔思	量

[179]

续表

英文术语		《穆勒名学》,1903—1905年	《名学浅说》,1909年
3.9	true	真 是	真 是 实
3.10	false	否 非	否 非 虚
3.11	some	凡	有 某
3.12	all	有	凡
3.13	distributed	普及 周延	尽物
3.14	undistributed	不普及 不周延	未尝尽物
3.15	categorical proposition	径达之词 定言命题	径达之词 定言命题
3.16	hypothetical proposition	未定之词 有待之词 相生之词 设言命题	假设之词 假言命题
3.17	conjunctive proposition		
3.18	disjunctive proposition	析取之词	析取之词 选言命题
3.19	affirmative proposition	正词	正词
3.20	negative proposition	负词	负词
3.21	particular proposition	偏谓之词 特称命题	偏及之词 特称命题
3.22	universal proposition	全谓之词 全称命题	统举之词 全称命题
3.23	universal affirmative proposition	普及正词	统举正词

续表

英文术语		《穆勒名学》,1903—1905年	《名学浅说》,1909年
3.24	universal negative proposition	普及负词	统举负词
3.25	particular affirmative proposition	偏谓正词	偏及正词
3.26	particular negative proposition	偏举负词	偏及负词
3.27	conversion	转词 词之换位	调换词头之法
3.28	simple conversion	互转	简捷转头 简易之转头法
3.29	limited conversion	取寓之转	限制转头
3.30	contraposition	更端之转	
3.31	opposition		
3.32	contradictory	互驳	全反
3.33	contrary	全反	反对
3.34	subcontrary	偏反	
3.35	subaltern	兼容	
D. 与推论(三段论)相关之术语			
4.1	inference	推证 推籀	推知 推
4.2	deduction	外籀 演绎	外籀 演绎
4.3	induction	内籀 归纳	内籀 归纳
4.4	premise	原词 原 前提	原 原词 前提
4.5	conclusion	委词 委 断案	委词 委 判 断案

[180]

续表

英文术语		《穆勒名学》,1903—1905年	《名学浅说》,1909年
4.6	major premise	大原 大前提	例 大原 大前提
4.7	minor premise	小原 小前提	案 小原 小前提
4.8	major term	大端 大语	大端 大语
4.9	minor term	小端 小语	小端 小语
4.10	middle term	中端 媒语	中介 中端 媒语
4.11	antecedent	安梯西登 前事 提设	前事 前件 提设 安梯西登
4.12	consequent	后承	后承 后件 康西昆士
4.13	syllogism	联珠 连珠 三断	连珠 联珠 司洛辑沁
4.14	hypothetical syllogism		有待连珠
4.15	disjunctive syllogism	析取连珠	析取连珠
4.16	sorites		
4.17	enthymeme		
4.18	epicheirema		
4.19	figure (of syllogism)	式	式
4.20	mood (of syllogism)	目	

[181]

续表

英文术语		《穆勒名学》,1903—1905年	《名学浅说》,1909年
4.21	fallacy	发拉屎 罥词 伪论	罥词 伪论 发拉屎
4.22	logical fallacy		
4.23	material fallacy		
4.24	begging the question	丐词 丐问罥词	丐词 丐问罥词
4.25	illicit major	大端不合法之罥词	大端不合法之罥词
4.26	illicit minor	小端不合法之罥词	小端不合法之罥词
4.27	undistributed middle term	中介不尽物之罥词	中介不尽物之罥词
4.28	equivocation	歧义之罥词	
4.29	ambiguity		歧义之罥词
E. 与科学方法论相关之术语			
5.1	method		方法 法
5.2	analysis	分析 析观	分析 分明
5.3	synthesis		
5.4	fact		事实
5.5	experience	历验	经历
5.6	observation	观察	观察
5.7	hypothesis	希卜梯西 设复 臆说	希卜梯西 置复 设臆 臆说 设复

续表

英文术语		《穆勒名学》, 1903—1905 年	《名学浅说》, 1909 年
5.8	experiment	试验	试验
5.9	proof	证	证
5.10	verification	印证 印证法	推证 印证
5.11	classification	分类	区分物类 类族辨物
5.12	generalization	会通 推概	推概 观同
5.13	analogy		比例相似穷理 之术 比拟
5.14	explanation	解例	
5.15	cause	因	因
5.16	effect	果	果
5.17	necessity	必然	
5.18	probability①		
5.19	theory	说	说
5.20	axiom	公论 公理	公理
5.21	law	公例	公例 法律
5.22	principle		理
5.23	rule	例	律令
5.24	uniformity of nature	自然常然	
5.25	method of agreement	统同术	类异见同术

[182]

---

① [译按]表中有词没有译出,一仍其旧。

续表

	英文术语	《穆勒名学》, 1903—1905 年	《名学浅说》, 1909 年
5.26	method of difference	别异术	
5.27	joint method of agreement and difference	同异合术	
5.28	method of concomitant variation	消息术	消息之术
5.29	method of residue	归余术	

第四章 传播信息：晚清教育和大众话语中的逻辑学

> 无论何人，只要他了解某个学科，例如逻辑学或其他学科，并尝试将其翻译成他的母语，都将发现无论在内容上还是在文字上，母语都显得力不从心。
>
> 罗吉尔·培根（Roger Bacon），《论语言知识》（De linguarum cognitio）(1267)①

[193]

将逻辑学整合进中国的教育系统之中，这是欧洲逻辑学被归化到晚清话语中的第二个重要步骤。我们在第二章已经表明，十九世纪期间，无论是中国还是外国的学校，除了上海的圣约翰大学和耶稣会神学院，都没有把逻辑学包括进他们的课程里。但自《马关条约》的震动之后，这种情况发生了变化，当时一种极为普遍的共识在改良派和保守派中流行开来，即如果中国要想抵抗得

---

① 转引自安德烈·勒菲弗尔（André Lefevere）：《翻译/历史/文化：资料大全》(*Translation/History/Culture: A Sourcebook*)(London: Routledge, 1992)，第49—50页。

住帝国主义的攻击从而作为一个主权国家生存下来,西学,或像现在所称之的"新"学,①就必须在正规教育中被给予更多空间。②多亏由严复的活动所造成的日益增长的关注,欧洲逻辑学在二十世纪之交被纳入到新兴学科的经典之中,开始在整个清王朝的高等院校中被讲授。修订课程刺激大批新教材的产生,这些新教材又帮助传播新的专业术语,并引进严复作品所要求的新推理形式的模式。逻辑术语和论证迅速地从教材浸透到流行于二十世纪头十年里创建的各种方兴未艾的新期刊页面上关于中华民族复兴道路的激烈争论中。

[194]

1. 新式学校课程中的逻辑学

第一批尝试更完整地引进西方课程的中国学校是那些主要或专门致力于"新学"的私立大学和专科学院。有些学校在中日战争之后立即开设了逻辑学课程。例如,从1897年开始,"辩学"(逻辑学)科就与其他西方主科一起被包括进上海育材书塾、南洋公学以及由此产生的今天的交通大学的英文课程之中。③ 同一年,张元济公布北京通艺学堂的课程计划,在课程表中添加了"名

---

① 参见王先明:《近代新学——中国传统学术文化嬗变与重构》(北京:商务印书馆,2000年),第167—206页。
② 参见魏定熙(Timothy B. Weston),"京师大学堂的创建与中国现代化的出现"(The Founding of the Imperial University and the Emergence of Chinese Modernity),载《1898年戊戌变法再思考:清末中国的政治与文化之变》(Rethinking the 1898 Reform Period: Political and Cultural Change in Late Qing China),瑞贝卡·卡尔(Rebecca E. Karl)和沙培德(Peter Zarrow)编(Cambridge, Mass.: Harvard University Press, 2002)。
③ 参见《中国近代学制史料》,第1卷,第2部分,第598—607页;关于逻辑学在学校课程中的地位,参见上书第606页。

学",也即"辨学"(逻辑学),以及"理学"(哲学)。① 张元济的主动遵循的是严复——正如我们所看到的——在1898年所作的关于逻辑学的演讲中提出的一个建议。② 然而,普通班从未执行那个课程计划,因为张元济找不到他希望引进的合适的逻辑学和其他新式学科的教材。③ 尽管如此,在引进新式的和更全面的课程方面,像张元济创办的私立学校,其开拓之功还是值得赞赏的。

(1) 新式学校章程中的逻辑学

官办学校需要更多的时间去改变。课程改革仍然是高度敏感的话题,无论是在政治上还是意识形态上。只要科举考试还是成功的主要途径,这个国家就不仅在意愿上还是在权力上都必须保证教育内容与政府利益相一致。然而,自从甲午中日战争中国战败之后,甚至正统的维护者都公开支持扩大教学范围。然而,他们仍坚持新学必须被驯化以捍卫已然四面楚歌的国家教义的完整性。

他们希望达到这种驯化的策略被概括为"旧学为体,新学为用"之类的老生常谈,自1862年同治中兴开始以来,这种体用关系曾激励中国奋发"自强"的努力。④ 由于军队和工业现代化指导方针名誉扫地,1895年之后,关于中学和西学在教育中应处的合适地位的辩论中,最突出的是总督张之洞(1837—1909)的畅销

[195]

---

① 张元济,"通艺学堂章程"(1897),重印于《中国近代学制史料》,第1卷,第2部分,第712—717页。
② 参见周武:《张元济:书卷人生》(上海:上海教育出版社,1999年),第17—20页。
③ 《中国近代学制史料》,第1卷,第2部分,第711页。
④ 参见卫德明(Hellmut Wilhelm),"内部与外部问题:儒家融合之尝试"(The Problem of Within and Without: A Confucian Attempt at Syncretism),载《思想史杂志》(Journal of the History of Ideas)12,1951年第1期:第48—60页。

书《劝学篇》(1898)里，上述"中体西用"的口号又粉墨登场。① 潜存于体用表述之中并与针对将小心挑选出来的欧洲文明分支移植到中国文化的自然之"体"上的合理化相关的理论缺陷，很早就被列文森及其他学者揭示出来了，此处无需赘述。② 从我们的角度来看，唯一重要的是要记起，体用表述，尽管它在理论上是贫瘠的，但它为政治辩论保留有相当大的灵活性。这样，直到1912年中华民国成立，它作为教育改革的可能建议的引导性原则仍然保持其活力。③

此次关于京师大学堂课程设置的激烈辩论被视为自1898年以来教育改革的核心部分，所有参与者在他们的草案中都表态支持或敷衍这种体用均势。④ 由于京师大学堂章程明确地要被作为全国范围内学校改革的先例，就它们将逻辑学包括进课程设置这种方式而言，它们值得仔细考察，即使其条款从未在实际中得到完全实现。在1898年——慈禧太后(1835—1908)于北京创建京师大学堂的那一年，那是百日维新的暴力结果之后幸存下来的少数创举之一——和在新的民国统治下将此学校重组为北京大学的1912年间，清廷批准了三个版本的大学章程。⑤ 不是别人

[196]

---

① 参见威廉·艾尔斯(William Ayers)：《张之洞与中国的教育改革》(*Chang Chih-tung and Educational Reform in China*)(Cambridge, Mass.：Harvard University Press, 1971)，第105—109页。
② 参见列文森：《儒教中国及其现代命运》，第1卷，第59—78页；以及卫德明，"内部与外部问题：儒家融合之尝试"，第54—55页。
③ 参见王先明：《近代新学——中国传统学术文化嬗变与重构》，第250—281页。
④ 参见魏定熙，"京师大学堂的创建与中国现代化的出现"，第103—105页。
⑤ 参见郝平：《北京大学创办史事考源》(北京：北京大学出版社，1998年)，第173—207页。

恰恰正是梁启超撰写的第一份草案,在1898年夏季被广泛传播。① 与其改良主义主张相一致,梁启超章程条款的设置在如下意义上而言可能是所有三个章程中最"进步的",即它明确地把中国之"体"与西方之"用"之间的关系界定为两种互相补充同时又不可或缺的要素之间的关系。② 就其继续忽视逻辑学而言,它没有给人留下多深的印象。正如我们所看到的,最近就在1896年,梁启超还将逻辑学或者看作是不可归类的,或者视为与神经功能相关的解剖学的一个分支,而他显然并没有改变他对这一学科的观点。

梁启超的章程在1902年被张百熙修订的草案所代替,后者在义和团拳乱之后京师大学堂返回京城之际接受清廷的任命,而成为它最初存在的四年里的第三任管学大臣。在愤怒的外国列强的虎狼环伺之下,张百熙建议将学校转变为代表中学和西学全部财富的真正世界性的高等学府。③ 尽管他在保留"旧学"和在其中被奉为神圣的伦理价值方面比梁启超投入更多,但张百熙更为详细的课程设置表明,他对新学的任何分支都毫无保留,并把旧学和新学看作是完全兼容的。④ 遵循严复的建议,张百熙甚至为"名学"(逻辑学)找到一个位置,诚然没有将其看作是一个独立学科,而只是作为学校"政治科"(government division)预备课程 [197]

---

① 梁启超,"总理衙门奏拟京师大学堂章程"(1898),重印于《北京大学史料·第一卷:1898—1911》,北京大学校史研究室编(北京:北京大学出版社,1993年),第81—87页。
② 同上,第82页。
③ 张百熙,"钦定京师大学堂章程"(1902),重印于《北京大学史料·第一卷:1898—1911》,第87—97页。
④ 参见魏定熙,"京师大学堂的创建与中国现代化的出现",第114—117页。

的一部分。① 考入京师大学堂修这一科的学生——它把他们引向更高的法律和行政管理方面的学习——将从设计出来以训练他们的三年制课程开始其教育,国学方面,则从基于对经学的和子学的哲学以及文学、历史、诗歌和韵文的精通熟悉的良好文化素养开始。在新的西方课程中,学生逐渐了解数学、世界史、地理、西方语言和物理学,还有逻辑学、法律和经济学等的基本要点。逻辑学在全部三年中每星期讲授两小时。第一年和第二年致力于传授这门学科的"大意"(general idea);第三年则专事"演绎"(deduction)。② 预科课程结束时,学生必须通过一个包括六个逻辑学问题的入学考试以便升到更高的科。③ 由于预科班是京师大学堂的一个独特特点,逻辑学在清帝国与张百熙的草案一起发布的高等院校总体指导思想的其他部分中并没有被提及。④ 然而,至少在北京,这门学科最终被纳入正规的课程表中,即使只是在初级水平上。

京师大学堂章程的最终修订版于 1904 年 1 月获得批准(1907 年和 1910 年又通过了修正案,但没有影响到逻辑学)。这份草案由张百熙、荣庆(1895—1917 年,蒙古正黄旗人)和张之洞共同设计,后者对后来内容上大部分的修改负责。⑤ 与张百熙一

---

① 张百熙,"钦定京师大学堂章程",第 89 页。对于他为什么从"艺科"(technology division)中很大程度上平行的课目的课程设置中删除逻辑学,张百熙没有为此提供任何说明。参见郝平:《北京大学创办史事考源》,第 210—213 页;以及庄吉发:《京师大学堂》(台北:国立台湾大学文学院,1970 年),第 44—46 页。
② 张百熙,"钦定京师大学堂章程",第 89—90 页。
③ "奏定考选入学章程"(1902),重印于《中国近代教育史料汇编:学制演变》,陈元晖等编(上海:上海教育出版社,1991 年),第 252—256 页;第 252 页。
④ "奏定高等学堂章程"(1902),重印于《中国近代教育史料汇编:学制演变》,第 256—263 页。
⑤ 张百熙、荣庆和张之洞,"大学堂章程"(1904),重印于《北京大学史料·第一卷:1898—1911》,第 97—130 页。

样,张之洞以日本大学为模型范例,尤其是借鉴其院系组织,来设[198]计他的蓝图。① 然而,依照他宣布的旨在保存传统中国文化之"体",张之洞在一个主要方面上偏离了日本的模型:他拒绝建立哲学系,而坚持保留或重建"经学科"(专门致力于中国经典的科系)。② 此外,他提出在中文系开设必修课"理学",即对儒家经典的传统注疏(绝非傅兰雅的"理性科学")。③ 这两个决定都反映了张之洞对一切有可能进一步动摇中国"名教"(enlightened doctrine)基础的新学领域的不信任,因而映射出他的提议更为保守的趋势。④

有些令人吃惊的是,由于严复的宣传,逻辑学并没有受到张之洞疑虑的影响。虽然如此,它的地位也由于预科部分的废除而发生了变化。在张之洞的课程表中,他用来指"辨学"("辨学在日本被称为'论理学',在古代中国则以'辨学'而著名")⑤的这门学科被列为"随意科目"(选修课),中文系学生在其学习的第一和第

---

① 关于日本对晚清教育改革的影响,参见阿部洋:《中国近代教育与明治日本》(Tōkyō: Fukumura huppan, 1990);前揭,"借鉴日本:中国最初的近代教育体系"(Borrowing from Japan: China's First Modern Educational System),载《中国教育与工业化世界:文化迁移研究》(China's Educationand the Industrialized World: Studies in Cultural Transfer),许美德(Ruth Hayhoe)和巴斯蒂(MarianneBastid)编,(Armonk, N. Y.: M. E. Sharpe, 1987),第 57—80 页;以及任达:《中国,1898—1912:新政革命与日本》,第 131—150 页。
② 张百熙、荣庆和张之洞,"大学堂章程",第 98—101 页。对这一决定最直言不讳的批评者是年轻的王国维,他在《教育世界》杂志上刊发了极具破坏性的评论。参见 Hermann Kogelschatz:《王国维与叔本华:一个哲学对话》(Wang Kuo-wei und Schopenhauer. Eine philosophische Begegnung)(Stuttgart: Franz Steiner, 1986),第 28—30 页;以及波纳(Joey Bonner):《王国维学术评传》(Wang Kuo-wei: An Intellectual Biography)(Cambridge, Mass.: Harvard University Press, 1986),第 35—39 页。
③ 张百熙、荣庆、张之洞,"大学堂章程",第 104—105 页。
④ 参见魏定熙,"京师大学堂的创建与中国现代化的出现",第 117—121 页。
⑤ 张百熙、荣庆和张之洞,"大学堂章程",第 101 页。

[199] 二学年期间可选修此科。那些选了文学、历史或外语系的学生们只能在他们第一学年的时候选修它。其他系的学生,包括法律系和自然科学系的学生,则没有办法选修这门课。①

对张之洞来说,逻辑学的功用似乎只是局限于小学(philological studies,文字学)领域中。这种印象又由与1904年京师大学堂规章一起颁布的"优级师范学堂"章程中对这门课程的评论而增强了。② 在那里,逻辑学("辨学,也即论理学")被界定为关心"发明立言著论之理"以及"措辞驳论之法"的一门科学。③ 如此一来,逻辑学,和伦理学、经学、中国文学、日语、英语、数学和体育一起,都是"公共科"的入门课程之一,在学生的第一个学年里都要选修。逻辑学每周有三个学时的课程,致力于介绍这门课的"大意"以及"演绎"、"归纳"和"方法论"的基本要点。尽管正如我们下面将要讨论的,这种区分符合于大多数逻辑学教材的结构,这些教材在清朝最后十年期间变得易于获得,但是在章程的这个版本中的另一个条款则强调,张之洞和他的同事在很大程度上将这门学科理解为古代中国文字学(小学)的现代延展。

[200] 在第三学年里,中文系的学生们被教授"辨学"的另三个学时,即致力于"声音学"(phonology)和"博言学"(rhetoric)这样的课程,

---

① 张百熙、荣庆和张之洞,"大学堂章程",第101页,第104页,第107页。在其提出的与严厉批评一起刊发的可供选择的建议中,王国维认为中文系、西方哲学系和中国与外国文学系的课表中应该包括逻辑学(名学)。王国维,"奏定经学科大学文学科大学章程书后",《教育世界》,第118—119页(1906),重印于前揭,《王国维学术文化随笔》,佛雏主编(北京:中国青年出版社,1996年),第22—31页;第30页。
② "奏定优级师范学堂章程"(1904),重印于《中国近代教育史料汇编》,第414—428页。"优级师范学堂"是附属于京师大学堂的,并且每个省会至少都要有一所这样的大专院校。参见李杰泉,"清末的师范教育(1897—1911)"(博士论文,未刊,香港中文大学,1997年),第97页。
③ "奏定优级师范学堂章程",第415页。

这些科目不太容易在传统欧洲科学的疆域之内找到位置。①

(2) 教育实践中的逻辑学

关于这些理想的章程是如何被移植进教育实践中的,几乎没有什么信息被保存下来,至少在以名学或辨学的名义新设立的课程中这种信息是空白的。一个明显的问题是招聘有能力讲这门新课的老师。京师大学堂通过雇用外国教员绕过了这个死胡同,这些教员大多是从日本聘请的。② 在最早的日本雇员中就有服部宇之吉(Hattori Unokichi,1867－1939),③在其于 1909 年回到东京之后,他就成为日本最重要的汉学家之一。1902 年,服部宇之吉被任命为京师大学堂的心理学和哲学教授。他甫一到任就被晋升为师范馆的主任,从 1904 年开始,他在此讲授教育学、心理学和逻辑学,另外还要履行其行政职责。④ 京城里另外一所其课表中包含逻辑学的学校是京师法政学堂。这里的逻辑学课程是由一位名叫小林吉人的日本讲师从 1906 年开始讲授的。小林

---

① "奏定优级师范学堂章程",第 418 页。关于语言学科目在新课表中的位置,以及提到它们与逻辑学课程的关系,参见白莎(Elisabeth Kaske):《中国教育中的语言政治学,1895—1919》(*The Politics of Language in Chinese Education*,1895－1919)(Leiden: Brill, 2008),第 250—272 页;关于逻辑学,参见第 268—270 页。
② 关于从 1902 年起在中国教学的日本教员数量的增加,参见巴斯蒂(Marianne Bastid), *Aspects de la réforme de l'enseignement en Chine au début du 20e siècle d'après des écrits de Zhang Jian* (Paris: Mouton, 1971), 49－51。
③ 参见大冢丰,"中国近代高等师范教育的萌芽与服部宇之吉",*Kokuritsu kyōikukenkyūjo kiyō* 115 (1988): 45－64。
④ 参见 Paula Harrell,"引导者:服部宇之吉"(Guiding Hand: Hattori Unokichi in Beijing),载《中日研究》(*Sino-Japanese Studies*)11,1998 年第 1 期:第 13—20 页;第 16—17 页;以及王道元,"京师大学堂师范馆",载《北大旧事》,陈平原、夏晓虹编(北京:生活・读书・新知三联书店,1998 年),第 18—19 页。服部宇之吉在高等师范学堂讲授逻辑学的两本教材分别出版于 1904 年和 1908 年,他自己还撰写了介绍逻辑学的简短导论,这些内容下面将会讨论。

[201] 吉人给第二学年预备学习法律和行政管理的学生每周上一个小时的逻辑学课,而给最后一学年的大学通识课程上两个小时。①

坐落在京城之外以及像上海这样的国际化大都会——那时的上海不仅西方人社区而且日本人社区都盛极一时②——之外的学校,在聘请合格教职的事情上甚至有更大的困难,如果他们确实想去招聘的话。根据阿部宽(Abe Hiroshi)的研究,甚至京城周边直隶省的学校在清朝最后几年里都不能提供逻辑学课程,而且也没有证据表明在其他省份拥有更有利的环境。③ 江苏省是一个例外,那里的江苏师范学堂在总教习日本人藤田丰八(1870—1929)的倡议下于1906年开设了逻辑学课程,藤田丰八曾在中国从事教育将近十年。④ 在江苏师范学堂,逻辑学被作为通识学习课程的一部分在第一学年每周讲授两个小时,第二学年每周讲授一个小时。⑤

很多情况下,逻辑学的教学有赖于个人的倡议,如说服严复在1908年的天津给她私人授课的吕碧城。类似地,王国维也曾于1902年的上海南洋公学由刚刚提及的藤田丰八在一对一的晚

---

① 参见二见刚史,"京师法政学堂的日本人教习"(The Beijing College of Law and Administration and Japanese instructors),载 *Kokuritsu kyōiku kenkyūjo kiyō* 115 (1988):75-89;76-79.
② 参见傅佛果(Joshua A. Fogel),"'上海—日本':上海的日本居民社团"("Shanghai-Japan": The Japanese Residents' Association of Shanghai),载《亚洲研究杂志》(*Journal of Asian Studies*)59,2000年第4期:第927—950页.
③ 参见阿部宽,"清末直隶省的教育改革与渡边龙圣"(Educational reforms in late Qing Zhili and Watanabe Ryūsei),载 *Kokuritsu kyōiku kenkyūjo kiyō* 115 (1988):7-25.
④ 参见阴山雅博,"清末江苏的教育改革与藤田丰八"(Educational reforms in late Qing Jiangsu and Fujita Toyohachi),载 *Kokuritsu kyōiku kenkyūjo kiyō* 115 (1988):26-44;43.另参见阿部宽,*Chūgoku no kindai kyōiku*,172-176.
⑤ 荫山雅博,"清末江苏的教育改革与藤田丰八",第36页.

课指导下学习耶芳斯的《逻辑学初阶》。① 个人倡议的另一个例子由一个看似不大可能的地方,即内陆省份贵州省省会贵阳所证实,在那里一个叫王延直(1872—1947)的人于1905年创建了贵阳论理学社。在1905年和1912年间,王延直向十分好奇的公众讲授了十九次逻辑学课程,并编撰了他自己的教材以为其课程提供补充。② 在上海,从1903年开始,这门课程就在梁启超赞誉为"祖国[第一所]完备有条理之私立学校"③的震旦学院中被开设。震旦学院创建者马相伯,也是该院校长,在徐家汇的耶稣会神学院接受的教育,在他的监管之下,学院全面贯彻了受法国人启发的课程表。自1905年以来,逻辑学作为哲学高等课程的一部分由马相伯自己讲授,当时在被民族主义唤醒的学生和学院中的耶稣会支持者之间存在的裂痕由于震旦和复旦大学前身复旦公学的创建而暂告结束。④ 一俟复旦公学开始运行,马相伯就在新学校里继续讲授逻辑学。震旦学院复办后,逻辑学课程继续由马相

[202]

---

① 王国维,"自序",载《教育世界》1907年第148期,重印于前揭,《王国维学术文化随笔》,第36—42页;第39页。参见 Kogelschatz:《王国维与叔本华:一个哲学对话》,第17—18页;以及波纳:《王国维学术评传》,第57页。
② 王延直:《普通应用论理学》,序言,2a-b。参见金建国和黄恒蛟,"论王延直《普通应用论理学》——云南近代第一本普通逻辑",载《云南师范大学学报》,1983年第4期:第43—49页;以及苏岳,"王延直的《普通应用论理学》",载《法制与社会》,2008年第18期:第270—271页。
③ 梁启超,"祝震旦学院之前途"(1902),重印于《马相伯与复旦大学》,宗有恒和夏林根主编(太原:山西教育出版社,1996年),第238—239页。参见许美德(Ruth Hayhoe,"迈向中国大学气质之锻造:震旦与复旦,1903—1919"(Towards the Forging of a Chinese University Ethos: Zhendan and Fudan, 1903-1919),载《中国季刊》(*China Quarterly*),1983年第94:第323—341页;第329—330页。
④ 同上,第333—336页。马相伯自己对这一分裂的评论,参见马相伯:《一日一谈》,第1106—1111页。另参见赵少荃,"复旦大学创立经过",载《马相伯与复旦大学》,第257—265页。

伯的同学和同事耶稣会见习修士李问渔(李杕,1840—1911)讲授。① 马相伯和李问渔都介绍了耶稣会-亚里士多德逻辑学的种种现代形式,正如我们下面在分析他们为课程编撰的教材时将会看到的,他们的教学与当时其他学校所讲授的这门课程几乎完全不同。

[203] 晚清中国的学生到底能从这些早期的教育尝试中真正学到多少逻辑学知识,尚难确定。由充满热情的学习者撰写的美好回忆极为罕见。哲学家冯友兰(1895—1990)在他的自传中回忆,清朝灭亡后他在中国公学所上的逻辑学课程几乎没有什么启发性。他的这门课是基于耶芳斯《逻辑学初阶》的原版来讲授的,主要目的是提高学生的英文知识。如果我们相信冯友兰有点自鸣得意的表述,那么,他的老师,"如同多数时人那般",对这门课程完全无知,因此没有人能够帮他回答被附加到耶芳斯课本中的学习问题,哪怕是其中的一个。② 然而,假如冯友兰的经历确实是有代表性的,那是很有可能的,我们就不得不推测,尽管有此节所叙述的那些努力,逻辑学教育——除了极少数特殊学校之外——直到清末民初时期,充其量仍然只是处于起步阶段。

---

① 参见方豪:《中国天主教史人物传》,第3卷,第284—288页。对于李问渔著作的概述,参见顾有信(Joachim Kurtz),"李问渔的著作(1840—1911):中国耶稣会宣教员参考书目"(The Works of Li Wenyu (1840 - 1911): Bibliography of a Chinese Jesuit Publicist),载 Wakumon 2006年第11期;第149—158页;关于他作为出版商的活动,参见前揭,"圣心报:李问渔(1840—1911)和晚清上海的耶稣会报业"。
② 冯友兰:《三松堂自序》(北京:生活·读书·新知三联书店,1984年),第197—198页。参见郭桥:《逻辑与文化——中国近代时期西方逻辑传播研究》,第131—132页。

2. 新式教科书中的逻辑学

无论在新式的"没有教师的学校"——正如一位评论者尖锐地称呼它们的那样①——中教学质量如何，在新的中国课表中的逻辑学综合，它的一种有利影响可能是由众多为这门预备性课程争相提供教材的新式出版机构刺激起的兴奋活动。就像历史学家汪向荣所观察的，"那个时候的中国[即 1902 年新式学校章程被颁布的时候]还没有一本适合现代学校的教科书，也无一人有资格撰写此种教科书"②。尽管这种一刀切式的评价可能夸大了关于整个教育体系存在问题的严重程度——毕竟中国通过将大约十几门新课程包含进国家的课表，没有突然变成知识上的一片空白——但是，它却准确地反映了逻辑学的形势。正如我们在上面所看到的，甚至严复都感到没有能力撰写他自己关于这一主题的书。因此，逻辑学教科书，正如许多其他学科的教科书一样，直到 1912 年中华民国成立，几乎都只是翻译的产物。③ [204]

事实上，在这十年间出版的所有逻辑学教科书都是基于日本的模式翻译过来的。自从中日战争中日本那令人印象深刻的力量展示之后，它就被看作是中国走向现代化的捷径。张之洞自己曾在他的《劝学篇》中明确表达了转向东方的强有力呼吁。日本人已经从巨量而又"极其复杂"的西学之体中过滤出了一切可能对中国有利的事物，张之洞认为，而因为日本和中国"同族同文"，

---

① 参见任达：《中国，1898—1912：新政革命与日本》，第 117 页。
② 汪向荣：《日本教习》（北京：生活·读书·新知三联书店，1988 年），第 156 页。
③ 参见谭汝谦，"中日之间译书事业的过去、现在与未来"，载谭汝谦和实藤惠秀：《中国译日本书综合目录》（香港：中文大学出版社，1980 年），第 37—117 页；第 62 页。

汲取日本努力的成果一定比尝试直接从欧洲或北美寻求智慧要容易得多。① 基于这一前提,清政府在1898年首次派出十八位中国学生去日本留学。1900年,留学生数量增加到一百人,而到了1906年的高潮时则有六千名新的留学生到达日本。②

这些留学生中的绝大多数,与百日维新之后逃离中国流亡海外的改良派一样,与日本现代性的遭遇直接打开了一个新世界。梁启超以典型的戏剧性语言描述他在到达这个新世界时的敬畏之心,这种敬畏之心反映了他的许多同行者的共同印象:

> 畴昔所未见之籍,纷触于目;畴昔所未穷之理,腾跃于脑。如幽室见日,枯腹得酒。③

[205] 几乎是从一开始,中国留学生就尽力与祖国的同胞们分享他们在日本才获知的令人兴奋的新知识。1900年,一群决心从事于日文书籍和文章翻译的留学生们在东京创办了第一个翻译社团,译书汇编社(the Translation Society)。④ 尽管这个社团存在时间很短,并且只出版了数量有限的书,但它确立了一个随后的

---

① 参见熊月之:《西学东渐与晚清社会》,第639页;以及韩子奇(Tze-ki Hon),"张之洞的改良建议:《劝学篇》新解"(Zhang Zhidong's Proposal for Reform: A New Reading of the *Quanxue pian*),载瑞贝卡·卡尔和沙培德:《1898年戊戌变法再思考:清末中国的政治与文化之变》,第77—98页。关于中日之间的"同文"问题更详细的讨论,参见赫兰德(Douglas R. Howland):《中华文明的边界:帝国终结时期的地理和历史》(*Borders of Chinese Civilization: Geography and History at Empire's End*)(Durham, N.C.: Duke University Press, 1996),第43—62页。
② 沈殿成编:《中国人留学日本百年史1896—1996》,两卷本(沈阳:吉林教育出版社,1997年),第1卷,第110—115页。
③ 梁启超,"论学日本文之益"(1899),重印于前揭,《饮冰室文集》,林志钧编(北京:中华书局,[1936]1990年),4:80—82;4:80。英译转引自任达:《中国,1898—1912:新政革命与日本》,第114页。
④ 参见实藤惠秀:《中国人日本留学史》(A history of Chinese students in Japan),谭汝谦和林启彦译(北京:生活·读书·新知三联书店,1983 [1960]年),第217—221页。

第四章 传播信息:晚清教育和大众话语中的逻辑学

十多年间很多类似的专门组织争相模仿的先例。许多组织刊行他们自己的杂志,杂志的名字(《浙江潮》、《湖北》、《江苏》等等)都反映了如下事实,即日本的中国留学生都是以他们的原籍地区为基础成立兄弟会组织。① 在中国本土,大量来自日本的新式期刊取得一时的成功,出版商争相利用新式教育体系为可用教科书的生产者提供的机会。② 在这种努力之下,与日本的联系被证明是无价的。一个典型的例子就是,那个时代获利最多的出版商,上海的商务印书馆,③是一家中日合资企业。其他著名的出版社在这方面也毫不逊色,都依赖于从东方的日本进口的书籍和专业技术。通过与日本的出版社合资,中国出版界就能立即获取现代知识的最新主题,并且伴随着日益增长的前往日本或从日本回国的留学生数量,寻找拥有良好语言能力的译者的问题也越来越容易解决。

1896 到 1911 年间中国出版的从日语翻译过来的译著数量超过了整个十九世纪新教徒的作品数量。根据熊月之的研究,在这十五年时间里,至少有 1014 本基于日语文本的专著在中国出版。④ 尽管有熊月之严谨翔实的考察工作,以及更早的谭汝谦和实藤惠秀的研究,⑤但是,对清朝末年日本通过翻译对中国影响的精确程度的一切判断都必定是探索性的。特别是通常用便宜的纸张印制且很少被图书馆购买的教科书,在印量上确实是远远

[206]

---

① 参见 Harrell:《播下变革的种子:中国学生,日本老师,1895—1905》,第 89—94 页。
② 参见"教科书发刊概况 1868—1918"(1934),重印于《中国近代出版史料初编》,张静庐编(上海:上杂出版社,1953 年),第 219—253 页;第 220—240 页。
③ 参见戴仁(Jean-Pierre Drège):《上海商务印书馆,1897—1949》(*La Commercial Press de Shanghai*, 1897 - 1949)(Paris: Institutdes Hautes Études Chinoises, 1978),第 16—21 页。
④ 熊月之:《西学东渐与晚清社会》,第 640 页。
⑤ 谭汝谦和实藤惠秀:《中国译日本书综合目录》,见前揭。

265

大于研究者能够确定的数量。这一点由逻辑学教科书之例可得证实。虽然熊月之、谭汝谦和实藤惠秀提到在1911年以前只有五部从日语中译的逻辑学教科书,而陈应年却确认有六部,①并且当代中国目前的逻辑史研究则提到总共有七部,②我已经查找到二十二本这样的教科书。(完整的名单,参见附录A。)

选译的书籍反映了日本当时科学的状况。二十世纪的头十年里,日本的逻辑学界沿着与这个国家的哲学家们相似的两条线分裂了,刚开始他们集中于自由主义和经验主义的西方欧洲思想被来自德国观念论尤其是新康德主义的启发所替代。③ 在逻辑学领域,这一分裂被转换成关于这门学科的定义在宣传上相互分歧但并非是互不相容、反映欧洲当时争论的两大阵营之间的竞争。第一个阵营,由英国逻辑学家如耶芳斯领导,把逻辑学看作是一种检验论证中推理规则的相当贫乏的科学;第二个阵营,由德国心理学派引领,这个学派曾被执掌过东京帝国大学哲学讲席的路德维希·布塞(Ludwig Busse, 1862 – 1907)和拉斐尔·科贝尔(Raphael von Koeber, 1848 – 1923)带到东亚,它将逻辑学视为一种思维的变化(Denkwissenschaft),也就是一门研究人类真正思维方式的科学。④ 二十世纪的最初十年里,从这两个阵营中选

[207]

---

① 陈应年,"近代日本思想家著作在清末中国的介绍和传播",载《中日文化交流史论文集》,中日文化交流史研究会编(北京:人民出版社,1982年),第262—282页。
② 李匡武:《中国逻辑史》,第4卷,第162—180页;周云之、刘培育等:《中国逻辑史资料选》,第6卷,第660—661页;宋文坚:《逻辑学的传入与研究》(福州:福建人民出版社,2005年),第16—21页;以及郭桥:《逻辑与文化——中国近代时期西方逻辑传播研究》,第47—61页。
③ 参见 Gino K. Piovesana:《日本近代哲学思想史,1862—1962》(*Recent Japanese Philosophical Thought, 1862 - 1962: A Survey*)(Tōkyō: Sophia University Press, 1968 [1962]),第28—31页。
④ 参见船山信一:《明治论理学史研究》,第36—37页。

取的不同质量和长度的作品被翻译到中国。

(1) 作为推理科学的逻辑学

以第一阵营的书籍为基础的教科书,其共同特征包括对演绎推理的形式方面的强烈关注,以及对思维规则的心理学解释或多或少的完全忽视。另外,这些教材在范围、复杂性以及无疑还有翻译的可靠性上互有不同。第一部从日语翻译的教科书,杨荫杭(1878—1945)的《名学》,①是由一位拥有令人惊讶的自信的译者翻译的深奥难懂但却用语典雅的著作。在上海南洋公学译书院获得职位之前,杨荫杭曾在东京学习法律。② 根据他的"读者导言",他花了"十几天"的时间就完成了翻译。③ 他能够如此迅速推进的一个原因是,他实质上原样不变地借用了原文的专业术语。某种程度上更具通融性的是他对例句的选择,他既从中国古代典籍中也从反映当时社会关切的时文中择取例句。在其序言中,他将逻辑学的发端追溯到古希腊和"东洋之名学"发源地印度,并拒绝承认中国的名家学派曾产生过有价值的逻辑学洞见,因为像公孙龙和惠施或许很喜欢辩论,但对这门学科的核心理论关切即"辩论规则"漠不关心。④ 杨荫杭书中介绍的逻辑学都是严格推演的,从词项、命题和三段论经过间接推理再转换到谬误清单,有二十章之多。

《论理学问答》(1903)甚至为演绎推理提供了更为简明的介绍。⑤ 它出现在一套中学启蒙书中,这套书译自日本富山房出版[208]

---

① 杨荫杭(译):《名学》(*Logic*)(东京:日新丛编社,1902年)。
② 参见邹振环:《译林旧踪》,第102—104页。
③ 杨荫杭:《名学》,第5页。
④ 杨荫杭:《名学》,第2—3页。
⑤ 范迪吉(译):《论理学问答》,载《新编普通教育百科全书》,范迪吉主编(上海:汇文学社,1903年)。

社(the Japanese Fuzanbō press)发行的相关图书,辅以日本帝国百科全书(1898—1908)某些章节的翻译。① 这套书总共有102本,据称是在某个范迪吉的指导下短短一年内就完成了,关于这个范迪吉,世人知之甚少。② 低劣的印刷和纸张质量显示了一个粗糙但尚且可用的生产流程。然而,至少逻辑学那一卷译文还是非常可靠的。对于这样一本六十八个对开页的书,其中的五十八页用于演绎推理之类的标准主题,从词项和命题开始,推进到对位和换位法,结束于三段论规则。余下的页码则被用来说明三段论的有效式的图表所填满(见下文)。

1902年由汪荣宝(1878—1933)为译书汇编社编译③的高山林次郎(樗牛,1871—1902)《论理学》,④讲授了一种极为相似的逻辑学。高山林次郎主要以报人、文学评论者和日本主义(Japanese nationalism)理论家名世,但是1895年从东京帝国大学哲学专业毕业之后,他最初在仙台市一所中学担任英语和逻辑学教师。他的教科书就是以他在那里的讲课为基础撰写而成的。尽管其哲学观点深受尼采和新黑格尔主义者格林(T. H. Green)的影响,但他的逻辑学则丝毫没有显示出任何观念论倾

---

① 逻辑学的那一卷,由某位无名氏撰写,标题是《论理学问答》(*Questions and answers on logic*),载《普通学问答全书》(*Complete anthology of questions and answers on general sciences*)(东京:冨山房,1896年)。关于这一套书所有主题的评论,参见实藤惠秀:《中国人留学日本史》,第226—229页。
② 参见任达:《中国,1898—1912:新政革命与日本》,第114页;以及邹振环:《译林旧踪》,第112—114页。
③ 汪荣宝(译):《论理学》,译书汇编2,1902年9月第7期:第1—59页。关于汪荣宝,参见沈国威"新爾雅及其词汇"(新爾雅とその语汇,On the "New Erya" and itsvocabulary)(Tōkyō: Hakuteisha, 1995),第4—7页。
④ 高山林次郎(Takayama Rinjirō):《论理学》(*Logic*)(Tōkyō: Hakubunkan, 1898),关于高山林次郎,参见 Piovesana:《日本近代哲学思想史,1862—1962》,第60—62页。

向。高山林次郎将这门学科界定为"推论之形式法则的科学"。①他反对归纳推理具有独立价值,因此在他的讲课中只介绍了了演绎推理形式。②汪荣宝的译文涵盖高山林次郎原书的前六章,其中包括一个一般性的导言,之后就是对词项、命题、三段论、换位法和直接推理的讨论。③

迄今看来,那些打算作为自学手册的书比上述教科书更有影响力,由儿童教育专家和教育学与心理学教授高岛平三郎(Takashima Heizaburō,1865－1946)在东京所作的真实课堂讲课的两个译本就是这样的自学手册。高岛平三郎在日本逻辑学界没有产生多少影响。然而,由于他在担任广文学院(the Kōbun Gakuin)——一所为中国留学生在日本大学学习预作准备而建立的学校——教员时展现的出色能力,④他逐渐成为这门学科的象征,数以百计有志气的年轻中国人到达日本后都选修了他的逻辑学导论课。他的学生中不乏著名人物,如小说家鲁迅(周树人,1881—1936),国民党创始人之一黄兴(1874—1916),以及中国共产党创始人之一陈独秀等。从 1903 年开始,高岛平三郎讲课的部分手稿在激进学生月刊《江苏》上加以连载。1906 年,一个完整的版本由江苏省教育委员会委托编汇,并被包括进江苏高等师范学校的课表内。⑤ 在随后的一年里,一个在高岛平三郎的同事,在广文学院教日语的金太仁作指导下翻译的商业上更成功的

[209]

---

① 汪荣宝(译):《论理学》,第 3 页。
② 参见船山信一:《明治论理学史研究》,第 79—82 页。
③ 汪荣宝(译):《论理学》。另参见顾颉刚:《译书经眼录》,6.12a。
④ 关于广文学院及其中国学生人数,参见实藤惠秀:《中国人留学日本史》,第 46—47 页。
⑤ 江苏师范生(译):《论理学》(南京:江苏宁属学务处,1906 年)。

修订译本出现在上海。① 尽管有心理学专业背景,高岛平三郎坚持在他自己的学科和逻辑学之间做出清晰区分,认为逻辑学是"支配思维形式的法则的科学"。② 逻辑学并不分析人类心灵的实际运作,它只关心概念在言说中被表达的方式。高岛平三郎的讲课体系遵循演绎推理的标准模式,结束于对归纳推理及其在科学中的应用的简短评论。通过他的工作,高岛平三郎竭力去预测学生的问题,并寻找与之相关的例子。比如,在他对定义的解释中,他首先讨论了他称之为"训诂之定义"(definition by glossing)的传统中国的做法:"对字词追根溯源,确定其被提炼成定义时由[早期字典]《说文》和《尔雅》所示例之意义,此即所谓'训诂之定义'。但是,"他似乎在回应严复般补充说,"这种理论永远无法统一,往往相互矛盾,并且与现实关系不大。"③高岛平三郎随后又草草处理了"记述的定义"(descriptive definitions),也即是基于事物之偶然属性的定义。在说明这种定义的弊端时,他只挑出孔子的一个引证,那就是自孟子时就一直被认为是对保持操控变幻不定的人心的完美描述:"操则存,舍则亡;出人无时,莫知其乡。"④根据高岛平三郎,这句话不能被看作是一个正确的定义,因为它没有穷尽它想要掌握的现象的所有方面。对于将青少年记忆几乎全部用于这样的引语记诵上的中国学生来说,高岛平三郎大胆无畏的姿态——他不仅使儒家箴言服从于这样严格详细的审查,而且也让佛学和道家名言屈服于这样的审查——可

---

① 金太仁作(Kaneda Nisaku)(译):《论理学教科书》(*A textbook of logic*)(上海:东亚公司,1907年)。
② 江苏师范生:《论理学》,第2页。另参见金太仁作:《论理学教科书》,第5—9页。
③ 江苏师范生:《论理学》,第24页。
④ 同上。引自《孟子》6A.8。英译文遵循刘殿爵译《孟子》(*Harmondsworth: Penguin Books*,1970),第165页。

能令他课程中的这种主题至少在某种程度上变得更具吸引力。另外,在讨论演绎推理的形式时,高岛平三郎深入极其繁琐的细节,最大可能地保证所有学生都能学会相对轻松地运用它们。① 总的来说,以他的讲课内容为基础的这两本书仍然比当时能找到的大多数教科书更好地符合教学目的。

二十世纪头十年里最具有理论先进性的汉译日作品是胡茂如对大西祝(1864—1900)权威逻辑学著作《论理学》的翻译。② [211] 大西祝在早稻田大学的前身东京专门学校教哲学史、逻辑学、伦理学和美学。③ 1898 年,他与日本旅行团一起参观了莱比锡的威廉·冯特实验心理学研究所,与代表团其他成员一样,他深受在那里了解到的东西的影响。然而,他的《论理学》是在那次参观之前写成的,坚持逻辑学与心理学的严格分离。④ 这部多卷本著作分为三个部分:第一部分致力于演绎推理,介绍了大量常规内容,但却包括了缺省三段论和假言三段论。此外,附录提供了关于"客语之附量"(quantification of the predicate,谓词的量化)的一个短章,这表明大西祝的工作反映了时代发展的最前沿,即使这些内容不久就被证明是误入歧途的。第二部分又进一步分为两个小部分:对印度佛教逻辑的一种现代再诠释和一节归纳推理的内容。大西祝偏离主题去讨论佛教推理,以现代形式逻辑的方式对因明的最早研究得以在汉语中出现,包括在佛教"三支作法"

---

① 在挑选例子以说明逻辑形式时对偶像的玩笑式破坏("圣人发现了所有的礼义;孟子不懂礼义;所以,孟子不是圣人"),以及他的解释中对细节的艰苦讨论,这两个方面在金太仁作指导下编辑的高岛平三郎讲课稿的扩展第二版中被进一步引申和增强。参见金太仁作:《论理学教科书》,第 55 页及以下。
② 胡茂如(译):《论理学》(Logic)(N. p.:河北译书社,1906 年),基于大西祝(Ōnishi Hajime)《论理学》(*Logic*)(Tōkyō:Tōkyō senmongakkō, 1895)。
③ 参见 Piovesana:《日本近代哲学思想史,1862—1962》,第 42—47 页。
④ 胡茂如(译):《论理学》,第 4—5 页。

(tripartite inference,三支推理)与亚里士多德三段论之间的一个详细比较。① 讨论归纳推理的几章强调了佛教和西方三段论中的演绎推理对科学实践的不足,结束于对密尔"归纳四原则"的详细考察。这部著作的一个独有的特色是据称由某个李鸣阳撰写的序言,但事实上是由译者胡茂如自己撰写的,② 它除了提供了对译著的大量赞美之外,还有对中国没能产生出任何有价值的逻辑洞见的严厉批判。胡茂如借李鸣阳之口写道,尽管孔子和孟子都认识到"正名"的重要性和"知言"的必要性,但他们都没有能够解释"名之何恃而正,言之何恃而顺"。③ 甚至清楚地理解了名的传统本性的荀子也没有领会到那些规则,而根据此类规则,这些名需要与规则相关联才能做出有效论证。更加"荒唐可笑"的是认为名家学派解决了此类问题的那些主张,并认定古代哲学提供了适当工具的断言,都是对这一目标的更进一步的远离。冷酷的真实情况是,"数千年间"中国思想史"遂无一"思想家曾明确提出一种"正名知言之术"。结果,"学术之所以日晦,政教之所以日衰,文教停滞而国群乃大有沦胥之势"。④ 正如大西祝的书中所指出的,"为救败扶倾之计",没有什么比学习"知言之术,正名之学"更重要的了。大西祝不仅是日本最受尊敬的逻辑学家;由于将佛教逻辑也包含在他的论述中,他还被视为一种新"天下之论理学"(universal logic,普遍逻辑,泛逻辑)之父,从而超越了当时

[212]

---

① 胡茂如(译):《论理学》,第55页。参见船山信一:《明治论理学史研究》,第84—87页以及第117—119页。
② 此篇序言由胡茂如撰写,这一点在胡的早产儿夭折后的1914年刊行的第三版中他的好友谷钟秀(1874—1949)所写的另一篇序言中予以承认。胡茂如(译):《论理学》(上海:泰东图书局,1914年),谷钟秀所写序言,第 i 页。
③ 胡茂如:《论理学》,李鸣阳写的序言,第 i 页。
④ 同上,第 ii 页。

最前沿欧洲学者的见识。①

篇幅短小的《论理学初步》,由上海均益图书公司的无名编辑编撰,以一个要求教育工作者在对这门新学科的研究中竭尽全力的强有力呼吁开篇。"思而后有成"(Achievements are born from thought),编者在其序言中模仿《大学》著名的连锁论证风格这样写道,

> 且今日之少年将决定未来世界之成就。期待其少年之成就避免错谬者,必首先确保其思想避免错谬。希望其未来思想避免错谬者,必首先确保今日之知识避免错谬。而希望今日知识避免错谬者,必先确保教育者之知识避免错谬。教育者希望其知识避免错谬,最要者莫过于论理学。②

考虑到编者挑出以作为植根于腐败的中国习俗的思想错谬的东西,强加于教育者身上的负担就显得尤其沉重了。有五种错谬特别恶劣:"封闭心灵"(Close-mindedness)是中国区域隔离的结果,它阻碍了民族团结和新观念的散播。"空虚无知"(Emptiness),也就是迷信鬼神,是盲目坚持未经证实的说教的结果。"谨小慎微"(Punctiliousness)、"昏庸拙笨"(muddle-headedness)和"顺承他人"(readiness to echo what others say)被深深嵌入僵硬死板的社会阶层之中。③ 编者认为,学习逻辑学,通过训练心灵遵循确定的法则,就能纠正所有这些错谬。《论理学初步》的内容很难说做到了这样夸张的说法。此书仅仅只提供

[213]

---

① 胡茂如:《论理学》,李鸣阳写的序言,第 iii 页。
② 均益图书公司(编):《论理学初步》(*First steps in logic*)(上海:均益图书公司,1907年),序言,1a。
③ 同上,1b—2a。

了演绎推理关键原则的一个精简版,逐字过滤而没有参考早期的同类主题。这本书唯一引人注目的部分是承诺阐明逻辑学与语法之间复杂关系的三节内容。然而,并没有提供切题的解释,此处编者不过只是复制了第一部用中文写成的汉语语法书,马建忠(1844—1900)的《马氏文通》中给出的关于言说及其语义功能的定义,也没有标明出处,而且没有在逻辑学和个性化语言的具体特征之间建立起有意义的联系。①

在这方面更为成功的是对耶芳斯《逻辑学初阶》(*Elementary Lessons in Logic*)的部分编译,②1906 年 12 月到 1908 年 1 月间分九个部分连载于改良派杂志《学报》上。③ 正如在其使命声明中概述的,创办这份杂志就是要介绍"吾今时代须学习之一切知识,以成就中国公民与世界公民"。④ 教授如何在思考和辩论中运用"普遍规则"的逻辑学之传播,是这一普世性事业的重要构成部分。因为逻辑学是一门非常"深奥"的学科,编辑们允诺提供逻

---

① 均益图书公司(编):《论理学初步》(*First steps in logic*)(上海:均益图书公司,1907年),2b - 8a。所有的引用都采自《马氏文通》的导论部分;参见马建忠:《马氏文通》(北京:商务印书馆,1983 年),第 19—32 页。关于马氏此著,参见刘禾的讨论,《帝国的话语政治:从近代中西冲突看现代世界秩序的形成》(*The Clash of Empires: The Invention of China in Modern World Making*),第 191—209 页。[译按]刘禾著作的中译本,参见杨立华等译,北京:生活·读书·新知三联书店,2009 年。
② 威廉·斯坦利·耶芳斯:《逻辑学初阶:演绎与归纳,附带大量问题和实例,以及逻辑词汇表》(*Elementary Lessons in Logic: Deductive and Inductive, with copious questions and examples, and a vocabulary of logical terms*)(London: Macmillan,[1870]1886)。这本书是十九世纪末二十世纪初在欧美得到最为广泛运用的教科书,被译为所有主要的西方语言。
③ 张立斋[张君劢](译),"耶方思氏论理学"(Mr. Jevons's *Logic*),载《学报》1,1906年第期:第 1—28 页;1,1907 年第 2 期:第 29—60 页;1,1907 年第 3 期:第 51—72页;1,1907 年第 4 期:第 1—48 页;1,1907 年第 5 期:第 1—44 页;1,1907 年第 6期:第 1—36 页;1,1907 年第 7 期:第 137—156 页;1,1908 年第 11 期(未见到);以及 1,1908 年第 12 期:第 13—35 页。
④ "叙例",《学报》1,1906 年第 1 期:第 iii - iv 页。

辑学书籍的"清晰流畅"的翻译。① 耶芳斯著作的译文,由此书三十三章中的十七章构成,②没有辜负这一宣传。译者张君劢(1887—1969)曾就读于上海江南制造局广方言馆和震旦大学,后于1906年留学于日本东京早稻田大学。尽管据他自己承认,张君劢的英文比日语更为流利,③但他为了提供出一个精确而又具有高度可读性的译本,查阅了此书英日两种语言的版本。④

以严复为榜样,张君劢用大量的注释对其译文进行补充。这些注释大约有一半是对欧洲逻辑学史的叙述,并尝试将耶芳斯的观点置于张氏所处时代的争论中。以一种权威性的语气呈现的这些信息量丰富的题外话,其中绝大多数都来自《大英百科全书》(1902—1903年第十版)。张君劢以直接引用其中提到的作者和作品来掩盖他对这部书的依赖。⑤ 几处他较为独立写出的注释讨论关键词语如"logic"(对此他与严复相反,倡导用"论理学"[the science of reasoning]这个词)、"term"(端辞,end word)和

---

① "叙例",《学报》1,1906年第1期:第vii页。
② 《学报》稍有删节地呈现了第一到十课和第十二到十八课的译文。
③ 参见程文熙,"张君劢先生之言行",载《张君劢先生七十寿庆纪念论文集》,王云五编(台北:文海出版社,1956年),第1—53页;第12页。
④ 张君劢能找到的耶芳斯《逻辑学初阶》的日文译本是添田寿一(Soeda Juichi)(译)的《惹稳氏论理新编》(Tōkyō: Maruzen, 1883)。关于耶芳斯在日本的接受史,参见船山信一:《明治论理学史研究》,第36—39页。
⑤ 没有提及百科全书的作者,因而张君劢引用"罗伯特·亚当森[Robert Adamson]所撰之书"(《大英百科全书》"逻辑学"词条的作者),还有其中引用的大量作品,包括"密尔论汉密尔顿之文"、"宇伯维克(Überweg)享誉全球之《哲学史》"等等。张君劢,"耶方思氏论理学",载《学报》1,1907年第2期:第45页;1,1907年第2期:第54—55页;1,1907年第5期:第33—35页。有意思的是,我们注意到张君劢关于欧洲逻辑学和佛教因明推理之间相似性和差异性的讨论也依赖于亚当森在《大英百科全书》中对"印度逻辑学体系"的评论;参见《学报》1,1907年第2期:第57—59页。

[215] "syllogism"(推测式,a form of inference)等的翻译。① 然而,张君劢最具原创性的贡献,即关于逻辑学与语言之间的密切关系,正如他所指出的,也是被耶芳斯强调的。如果耶芳斯"一国之论理学"盖由其语言形成这一假定是正确的,那么,将这门学科加以改编以照顾到汉语的独有特征,以及它通常被理解的方式,就是很有必要的了。张君劢在阅读大西祝的《论理学》时曾警觉地注意到这一复杂问题。作为第一位从东亚视角这样做的学者,大西祝否定了传统三段论认为系动词是逻辑命题中相互关联的两个词项之间不可缺少的环节的主张。相反,他论证道,它的存在不是一个普遍性的要求,而是欧洲语言的独有特性,也即用于表语功能以及用来表达同一性和存在性的动词"to be"所具有的含义模糊的结果。② 张君劢"极其敬佩"地引用了大西祝的分析,这种分析重申了弗雷格(Frege)和罗素(Russell)所明确表达的内容。他从对大西祝的阅读中得到的一个直接结论是,没有必要去模仿碰巧是英语表达逻辑命题的方式,从而以违反"通行文例"的方式改写汉语句子。③ 但它还是导致了他必需对中国的逻辑学与语言之间的关系进行更多实质性研究。

关于此项研究应采取的方向,张君劢在他的注释中提供了某些思考。扩展汉语语言学的范围是至关重要的。虽然中国学者

---

① 张君劢,"耶方思氏论理学",载《学报》1,1906年第1期:第16—17页;1,1907年第2期:第46—47页;1,1907年第3期:第52页。
② 胡茂如:《论理学》,第12—13页。对这种含义模糊及其结果的深入讨论,参见刊载于由Simu Knuuttila和Jaakko Hintikka主编的《关于Being的逻辑学:历史研究》(The Logic of Being: Historical Studies, Dordrecht: Reidel, 1986)中的系列文章。用以说明"to be"的三个经典例子是"苏格拉底是智慧的"("Socrates is wise"),表语功能,"苏格拉底是柏拉图的老师"("Socrates is Plato's teacher",表示同一性),和"苏格拉底存在"("Socrates is",表示存在性)。
③ 张君劢,"耶方思氏论理学",载《学报》1,1907年第3期:第52—53页。

通常精通于"辨字"(distinguishing characters),但语言学的洞察力仍然分散于传统文献之中。此外,仅仅只有"正字"(semantics,语义)和"音韵"(phonology,音韵学)在精练程度上达到了令人满意的水平,而欧洲语言学中的其他两个分支——词性(morphology,词法学)和章句(syntax,句法学)——并不发达。① 因此,在中国由于有大量的同音异形异义字而尤其令人烦恼的一种现象,即意义含糊的措辞,至少自二世纪以来就得到富有成果的分析。② 但是仍然没有类似于耶芳斯《逻辑学初阶》中所讨论的、关系到其逻辑品质的英语短语清单那样的定义句子基本类型的汉语语法。张君劢也没有在中国哲学中发现有助于说明"具体"和"抽象"词语之间差异的材料,这一点在西方语言中的词法形态上是显而易见的(例如,英语中用"-ness"或"-ity"之类的后缀来表示),而在汉语中则必须从上下文意义上加以推断。③ 虽然张君劢的探讨总体上没有提供关于汉语中语言和逻辑之间内在关系的综合性理论,但他那深思熟虑的看法突显了其他译者到此时仍从未涉及的关键问题。所以,令人更感遗憾的是,当《学报》在1908年1月骤然停刊时,他的翻译计划也随之流产。

[216]

产生于清朝最后十年从而享受到最强烈的官方支持的翻译是王国维的《辨学》,④它是耶芳斯《逻辑学初阶》一书的新译本,仅在张君劢的译本停顿之后的数月间就完成了。王国维无疑是他那个时代最有造诣的翻译家之一。由于精通英语和日语,并具

---

① 张君劢,"耶方思氏论理学",载《学报》1,1907年第3期:第55—57页。
② 张君劢,"耶方思氏论理学",载《学报》1,1907年第4期:第7—9页。中国学者已经密切关注"破同"(desynonymization,对同义词加以辨义)的过程,也即对源初同义字的依次区分。同上,第28—29页。
③ 张君劢,"耶方思氏论理学",载《学报》1,1907年第3期:第59—60页。
④ 王国维:《辨学》(Logic)(北京:京师五道庙售书处,1908年)。

备阅读德语和法语知识的能力,他已经翻译了十二部专著和几十篇文章,主题从农学、地理、教育、物理、数学和法律到哲学的广泛领域,凭借他早年的理智热情,① 当时他被北京图书编译局所信任,编译耶芳斯的《逻辑学初阶》。像张君劢那样,王国维为他的翻译查阅了英文原本和日译本。与他的早期著作一致,王国维对清晰性和一致性给予了同等重视。他的译文紧紧跟随原文的措辞,但又不盲从;文体风格自始至终都清澈明晰。他附于译本之后的 121 个主要术语的中英文对照词汇表显示出他从耶芳斯此书的日译本中借用了专业术语——唯一例外的是"辨学"(logic)这个词,自张之洞执管京师大学堂时将其嵌入章程之中起,学部就一直在其官方出版物中继续使用它。王国维没有留下序言,仅只添加了几个注释。其中一个注释简略地解释了系动词在西方语言中是万不可或缺的,但在中国语句中往往略去,"然仍含'是'字之意"。② 他唯一作了主要更改的是删掉了《逻辑学初阶》的第 11 章,其中耶芳斯解释了日常语言和逻辑规则之间的关系。因为这种讨论很大程度上是基于英语的特殊性,王国维或者是认为它翻译起来太困难,或者是认为对大多数只懂一种语言的读者来说意义不大。他的译著得到官方认可,一俟其印行就立即被学部推荐给课堂使用,从而在几年内成为中国被使用最为广泛的教科书之一。

(2) 作为思维法则的逻辑学

从日本译过来的教科书中的第二大类把逻辑学看作是思维

---

① 除了哲学领域之外,迄今为止,还没有关于王国维译著的完整清单。关于哲学方面,参见佛雏:《王国维哲学译稿研究》(北京:中国社会科学出版社,2006 年)。
② 王国维:《辨学》,第 9 页。

法则的一种科学训练,或者将其视为心理学的必要组成部分,或者认为它是具有强烈认识论或形而上学成分的一种哲学学科。出自这一阵营的最早翻译是林祖同的《论理学达旨》(Guide to Logic, 1902)。① 不满意艾约瑟和傅兰雅对这门学科尽是些"无关紧要之探讨"的"不合格"介绍,② 林祖同编译了由清野勉(Kiyono Ben, 1853—1904)撰写的虽然稍微有点过时但却值得尊敬的日文教科书。③ 紧随西周(Nishi Amane, 1829—1897)之后,他以密尔和孔德的早期传播者而名声在外,④并且正如我们下面将看到的,在日本哲学和逻辑词汇创造方面他也扮演着重要角色,清野勉是他那个时代第二有名的日本逻辑学家。尽管他批评了西周很多术语上的建议,但清野勉仍然像作为密尔归纳主义的坚定拥趸一样视其为自己的对等者。然而,与西周和密尔不同,他还是坚持逻辑学是一种实证的而不只是理论的科学,这门科学像在语言中表达的那样描述支配人类思维真实运动的法则。⑤ 这一崇高的观念使他将逻辑学展示为具有潜在的无限实际应用的科学,不仅在自然科学领域,归纳方法几乎确保了源源不断的新发现,而且在法律和政治辩论中,那些熟悉演绎推理的人一定能够令其对手陷入绝境。⑥《论理学达旨》遵循这些着重强调的承诺的更常规篇章打破了归纳和演绎之间的务实平衡。此书的三十一节内容,前二十四节用于讨论演绎推理,而余下的七节介

[218]

---

① 林祖同(译):《论理学达旨》(A guide to logic)(Tōkyō: Wenming shuju, 1902)。参见顾颉刚:《译书经眼录》,12b。
② 林祖同:《论理学达旨》,第 i 页。
③ 清野勉(Kiyono Ben):《演绎归纳论理学》(Logic, deductive and inductive)(Tōkyō: Kinkōdō, 1892)。
④ 海文斯:《西周与近代日本思想》,第98—107页。
⑤ 林祖同:《论理学达旨》,第2—4页。
⑥ 同上,第5—9页。

绍像观察、实验和证明等归纳方法。林祖同的译文仿效清野勉原本的结构和术语,但有时对没有耐心的读者来说,在"精简"主题方面又走得太远。①

另外一本带有明显唯心主义倾向的早期作品是田吴炤(1870—1926)的《论理学纲要》(Outline of Logic),就在出版商进入教科书市场不久从商务印书馆获得了一个精美版。② 在其"例言"中,田吴炤提醒其读者他的这本书虽然用了一个不同的名字,但介绍的仍是艾约瑟《辨学启蒙》和严复《名学》同样的科学。③ 十时弥(Totoki Wataru, 1874 - 1940),田吴炤所译书的日文原本作者,④是东京大学哲学教授中岛力造(Nakajima Rikizō,1858 - 1918)的学生。⑤ 后者为日语原版写了一篇序言,十时弥从他的老师那里继承了一种"逻辑唯心论"(logical idealism),即将客观存在归因于思想法则。⑥ 然而,在这本由商务印书馆选择翻译的简明著作里,唯心主义的弦外之音被消除了。如果这种弦外之音还有的话,它们也只是在讨论思想法则和思想与语言之间关系的首章比较明显。这本书的主体覆盖了较少有争议的领域,

---

① 林祖同:《论理学达旨》,第 ii 页。对林祖同术语的讨论,参见顾有信,"对科学之科学的翻译:中国逻辑术语形成中的欧洲和日本模式,1886—1991"(Translating the Science of Sciences: European and Japanese Models in the Formation of Chinese Logical Terminology, 1886 - 1911),载《历史编纂学和日本的价值与规范意识》(*Historiography and Japanese Consciousness of Values and Norms*),詹姆斯·巴克斯特(James C. Baxter)和傅佛果(Joshua A. Fogel)编(Kyoto: International Research Institute for Japanese Studies, 2002),第 53—76 页。
② 田吴炤(译):《论理学纲要》(*Outline of logic*)(上海:商务印书馆,1903 年)。
③ 田吴炤:《论理学纲要》,1a。
④ 十时弥(Totoki Wataru):《论理学纲要》(*Outline of logic*)(Tōkyō: Dai Nihon tosho, 1900)。
⑤ 关于中岛力造,参见 Piovesana:《日本近代哲学思想史,1862—1962》,第 63—66 页。
⑥ 参见船山信一:《明治论理学史研究》,第 186—193 页。

解释了标准的主题,包括定义和分类法、命题、演绎推理、三段论和归纳法。最后一章提供了辩论中逻辑规则运用的练习。比内容更引人注目的是田吴炤处理其翻译的胆小态度。在他的导言中,田吴炤通过指出他的主题的新奇来为他的极端谨慎辩护:

> 是类书多有未经见之字面,乃专门学说本来之术语。日本学者由西书译出,盖几经研求而得,今初译读仅能略窥门径,故不敢妄行更易。①

事实上,田吴炤甚至连非专业词汇都保持不变,还回避了例子、符号以及有时候例句语法的改译,这使他通常会添加让人有点尴尬的解释。比如说,一个想通过这本书获得进步的学生会被这样的注释所阻碍:"注:日本人称西书为洋书。"②不过,即使他的谨小慎微影响到此书的可读性,总体而言田吴炤的翻译仍然是始终如一和值得信赖的。

晚清中国唯心主义逻辑学最强大最具影响力的声音是北京京师大学堂师范馆教务长服部宇之吉(Hattori Unokichi)。有三本书是基于服部宇之吉的讲课稿翻译的,到达中国之前他还在日本于1904—1908年间出版过一本简明的逻辑学导论。《论理学讲义》③是服部宇之吉自己撰写以作为他在师范馆的课堂指南。在他的前言中,服部宇之吉不再考虑不适合其目的的中国教科书的存在。而日语或欧洲语言写成的作品也不能提供适宜的可行方案:学生的日语知识参差不齐,而某些学生学的是英语,另一些

---

① 田吴炤:《论理学纲要》,1a。
② 同上,4b。更多的例子,参见同上,6b,16b‑18a。
③ 服部宇之吉:《论理学讲义》(Lectures in logic)(Tōkyō: Fuzanbō;上海:劝学会,1904年;第二版1905年)。

学的则是德语或法语。服部宇之吉主张，他概述的内容，辅以口头解释和实践训练，在一学期课程中每周可讲授四小时。若是用服部宇之吉的一本薄薄的《论理学教科书》的中文译本，所需的时间会更少。译者唐演向可能的读者承诺，全书内容可在三十课时内讲完。① 更具野心的是由其学生韩述组编译的对服部宇之吉讲课内容的带有注释的课堂记录，于1908年以《论理学》为题刊行。② 韩述组同时也出版了一卷他老师的心理学讲课稿，不仅吸收了服部宇之吉自己概述的"口头解释"和"补充练习"，还声称添加了有关归纳法部分的实质性内容。为了给这两部书做广告，韩述组恳求高级官员撰写序言。职业外交官达寿(1894)称颂逻辑学是治疗中国在国际条约谈判中持续疲软的一剂可能的良药，③ 翰林院大学士王荣官(1883—？)赞美这门学科是"寻求知识统一性之[基础]科学"。④ 韩述组自己用其"读者导言"强调服部宇之吉的观点即"论理学是心理学之一部"，并且两者缺少其中之一则对另一个的研究就不可能取得丰硕成果。⑤

对在柏林大学接受了部分训练的服部宇之吉来说，⑥逻辑学不仅仅是传统演绎论著中所讲的形式科学。与德国新唯心论者的立场一致，他坚持认为形式方面也必须主要地把理解人类心灵的实质运作考虑进来。作为这一更广泛计划的一部分，逻辑学家尝试重新建构理智是如何表达概念的，以及它们是如何与客观现

---

① 唐演(译)：《最新论理学教科书》(*Latest textbook on logic*)(上海：文明书局，1908年)，第 i 页。此书的原著即是服部宇之吉的《论理学教科书》(*A textbook of logic*)(Tōkyō：Fuzanbō, 1899)。
② 韩述组(编译)：《论理学》(*Logic*)(上海：文明书局，1908年)。
③ 同上，达寿所撰序言，第 i 页。
④ 同上，王荣官所撰序言，第 ii 页。
⑤ 韩述组：《论理学》，第2页。
⑥ 参见 Harrell,"引导者：服部宇之吉"，第14—15页。

实相联系的。所有三本书服部宇之吉都有参与，遵循的是同样的结构。它们以一个概述思想的范围、形式和内容的导言开篇。主要的"实质性"内容从对概念的说明到判断和推理次第展开，所有这些都通过遵循因果法则的各种三段论和演绎推论形式而植根于经验上可证实的思想法则。最后的"方法论"部分用来讨论定义、分类法和证明。选择的例子来源十分广泛，从《孟子》和《韩非子》到自当前政治讨论中拿来的表述，后者通常显示出坚定的保守信念："基于一二实行共和政府之国家之强大，吾不能得出结论曰此类政府形式为一切国家中最好者。"①因此，服部宇之吉似乎不仅转换了他对逻辑学目的和功能的激进唯心主义理解，而且还改变了日本明治晚期与对这门学科的理解相关联的政治倾向。

  远没有服部宇之吉复杂的一部教科书，是由商务印书馆编译，1906年以《论理学》这个通用标题刊印，用于初等师范学校课程的教材。杨天骥（1882—1958），此书"修订本"的监制人，在其序言中表明，这部教材译自日语，但没有留下与原著或译者有关的任何线索。② 此书的基本框架与在同一家出版社早几年出版的田吴炤《论理学纲要》一致。两书都把逻辑学展现为心理学的分支学科，而后者是探究与推论和推理相关的心理现象的。虽然杨天骥宣称这本新书提供了"归纳法与演绎法之更多细节"，但它事实上不过只是提供了基本逻辑概念的一系列粗劣而又不太连贯的定义而已。尽管它声称十分重视实践应用，但此教材明显是为死记硬背式的学习而设计的。它没有讨论谬误并举例说明之，而只是给学生至多留下了八个亚里士多德三段论规则的清单。③

[222]

---

① 韩述组：《论理学》，第167页。
② 杨天骥（修订），《论理学》（*Logic*）（上海：商务印书馆，1906年），序言，1a-b。
③ 同上，9b-11a。

甚至它唯一的新特征,一个关于"论理学在教育中之应用"的附录,也挫败了教员对亲身实践建议的寻求。像"从具体到抽象"这样的一般"原理"也很难对在实际的课堂教学中讲授任何课程的人产生启发。①

　　林可培的《论理学通义》是对日本模式另一种有问题的编译。② 基于当时在日本能找到的五部最新教科书,③译者在其日本老师的协助之下,试着"抽取其所有理论之本质,并诠释其主旨"。然而,准确地说,因为他的原著作者的理论在根本上是不一致的,这种努力从一开始在构思上就是错误的。林可培只是抱怨了术语上的差异,对此他尝试"用整合各种选择并使之达成一致"来解决。④但他却没有认识到,统一基本理论上的分歧甚至是更为困难,如果不是完全不可能的话。他综合的结果是产生了一个包含常见错误的全然驳杂之作。它介绍的主题包括思想、概念、判断、推理、三段论、归纳法、方法论和关于谬误的一个简短附录。例子主要来自教育领域,林可培希望在这个领域中发现他的目标读者。所以,一个用来说明"递归连锁推理"(regressive sorites)的例子是这样的:"当人之知识得以开启,社会将会进步。当教育

---

① 杨天骥(修订),《论理学》(Logic)(上海:商务印书馆,1906年),26b–27a。
② 林可培(编译):《论理学通义》(*Comprehensive introduction to logic*)(上海:中国图书公司,1909年)。
③ 根据编译者序言,这本书"主要基于"今福忍(Imafuku Shinobu)的《最新论理学要义》(*Latest essentials of logic*)(Tōkyō: Hōbunkan, 1908);渡边又次郎(Watanabe Matajirō)的《论理学》(*Logic*)(Tōkyō: Tōkyōhō gakuin, 1894);和北泽定吉(Kitazawa Sadakichi)的《论理学讲义》(*Lectures on logic*)(Tōkyō: Kōdōkan, 1908)。这些主要的原著都由大西祝的《论理学》(*Logic*)(Tōkyō: Keiseisha, 1903)和十时弥的《论理学纲要》(*Outline of logic*)(Tōkyō: DaiNihon tosho, 1900)予以补充。
④ 林可培:《论理学通义》,1a。

得以推广,人之知识必将开启。惟当无数私立学校之增加,教育才会推广。惟当精英之士全力支持公益,无数私立学校方能增加。因此,当精英之士全力支持公益,社会就会进步。"①

过耀庚在他翻译的纪平正美(Kihira Tadayoshi,1874－1949)《最新论理学纲要》一书中也介绍了另外一种逻辑学。② 纪平正美以一种其目标是要通过矛盾的解决达到终极真理的"形而上学论理学"而闻名于日本。③ 他的《纲要》以一个关于"思想之意义"的简短导言开篇,紧接着是有关演绎思维的"实质性"内容,包括关于论证之"因明"形式的一章,④和论"方法论"的一节。尽管纪平正美教授的逻辑学存在深刻的问题,至少是后见之明的,并且也没有发现很多追随者,但过耀庚的译文仍然是令人注目的。显然,过耀庚能流利地讲日语和英语,并且显示出对其职业缺陷的非凡意识。在序言中,他警告那些"以古朴典雅之文风提升自我"的译者们不要以信实为代价,这是对严复在文体上的癖好的一种含沙射影的批评,并捍卫他对日文术语的采用,因为这些术语展示出更少的含糊性,且事实上也并非都是"东洋"的。在过耀庚看来,仅有不到 10—20% 的日语哲学词汇是由真正的新词构成的,其余的都借自梵文或中文。⑤

还有两本教科书,出版于清朝灭亡之前,钱家治(1880—1969)

---

① 林可培:《论理学通义》,第 175 页。
② 过耀庚(译):《最新论理学纲要》(Latest outline of logic),2 卷本(上海:中国图书公司,1909 年);译自纪平正美:《最新论理学纲要》(Tōkyō: Kōdōkan, 1907)。
③ 参见船山信一:《明治论理学史研究》,第 215—220 页;以及 Piovesana:《日本近代哲学思想史,1862—1962》,第 195—196 页。
④ 过耀庚:《最新论理学纲要》,第 124—129 页。
⑤ 同上,第 7—10 页。

[224] 的《名学》①和陈文的《名学教科书》,②主要从翻译的角度来看也是很有趣的。两本书都以心理主义倾向消化了未命名的日语教科书,但又设法表达了由严复明确介绍的此种类型的逻辑学。这一相当复杂的运作要以如下事实为前提,即作者不仅至少对两套逻辑术语系统相当熟悉,而且还对这些专业术语所要传达的观念极为了解。两位作者处理这种复杂问题的自信和准确,彰显了到那个年代末为止逻辑学知识传播的程度,尤其是与他们那位迹近滑稽的胆小前辈吴烪相对照来看,这一点更为明显。

(3) 作为"原言"的逻辑学

二十世纪的第一个十年里,唯一不是对日语原著的翻译或消化的逻辑学教科书,除了严复的作品以及某种程度上王国维的作品之外,就是上海天主教震旦大学编撰的教材了。正如上面所提到的,这两本书都是由接受过耶稣会训练且受到基于此学科现代学术观念的种种逻辑学教育的作者写成的。因此它们的影响主要局限于基督教圈子以及他们周围的环境。首先,马相伯的《致知浅说》1926年才出版,但马相伯在1903年到1905年间在震旦大学讲授此课程时就已写出草稿。在写于1924年的一篇序言里,马相伯指出,他将这本书设计为一部新《哲学教程》的一部分,

---

① 钱家治(编译):《名学》(*Logic*)(n. p.,1910)。钱家治,今天可能是以核物理学家钱学森(1911—2009)的父亲而最为人所知,他在1902年到1904年间和鲁迅是弘文学院的同学,最后拿到了历史学和地理学的学位。1906年,他与鲁迅一起问学于章太炎,并且直到1908年他返回杭州后还保持联系。他编译《名学》,以准备到浙江高等学堂去当一名老师,后者是浙江大学的前身。由于他没有留下序言或其他注释,所以不可能确定钱家治是在什么时候以及为什么将他的逻辑学观念从弘文学院时期各种演绎教诲转变为他的书中传达的心理主义烙印。

② 陈文(编译):《名学教科书》(*A textbook of logic*)(上海:科学汇编译部,1911年)。在上一年,以《名学释例》为题出版了这本书的一个篇幅较短的版本(*Logic, with explanations and examples*)。

包含如下三个内容的介绍,即"原有"(ontology,本体论或存有论)、"原行"(ethics,伦理学)和"原言"(logic,逻辑学)。① 关于"原有"(本体论或形而上学)的部分从未完成,并且其他两个部分"所存亦无多",以至于马相伯需要几个月的时间"辑散补亡,勉续未成者,录付排印"。② 因此,虽然尚不清楚马相伯在震旦大学任职期间,现存文本完成了多少,但我们能够推测,至少这部著作的结构或多或少仍然没有改变。

在其现存的形式中,《致知浅说》只有部分内容致力于逻辑学。此书的组织结构遵循这门学科的经典耶稣会分类法。第 1 章和第 2 章用于论述简单的理解和判断,"理智之三种运用"的前两种;第 3 章和第 5 章概述认识的方法(modi sciendi)即剖分(division,分析)、界说(definition,定义)和推显(ratiocination,推理)。尽管这几节内容遵循更古老的耶稣会知识,但第 6 章,至少从章名来看,"论推显功用等方法"(*De methodo congruente in operationibus scientificis observanda*),是对十九世纪标准的一种改变。在这个与其他章节分离的一章里,马相伯讨论了逻辑学在科学研究中的可能应用,以及辩论的实践法理、诡辩和他的"原言"(foundation ofwords)与佛教逻辑因明之间的相似性。这一比较的部分和通篇使用的一种令人惊异的现代符号记法③十有八九是后来添加的。同样的方法也运用于马相伯在其手稿中收

---

① 马相伯:《致知浅说》(*Philosophy primer*)(上海:商务印书馆,1926 年[＜1906 年]),重印于前揭,《马相伯集》,第 635—738 页;第 635 页。马相伯的序言在由许美德(Ruth Hayhoe)和陆永玲主编的《马相伯:近代中国的头脑(1840—1939)》(*Ma Xiangbo and the Mind of Modern China*, 1840 - 1939, Armonk, N. Y.: M. E. Sharpe, 1996, 253 - 268)一书中能找到一个相当粗糙的英文译文。
② 马相伯:《致知浅说》,第 654 页。
③ 同上,第 692—693 页。

集的各种不同层次的术语表上(参见表 B.6,第 2 列)。为逻辑学关键概念准备四个或更多不同的术语将是不可能的,这会分散一个实际的课堂情境。最有可能的是,它们所包含的内容是马相伯对自他于 1860 年代在徐家汇做见习修道士时就密切关注的一个主题所进行的持续反思的结果。

李杕,马相伯在徐家汇神学院时的同学,终其一生都是更加忠诚得多的耶稣会士,1905 年接任马相伯成为震旦大学校长和哲学与逻辑学教授。在这个职位上,李杕基于罗马格列高里大学推荐的书目,翻译了一系列基督教哲学教科书。他以《哲学提纲》为题出版的一部教材,其译本远不及马相伯的不完整介绍那么大的抱负,但却比后者要更加实用得多。紧随心理学和生理学概论之后,这一系列中的第三卷,论述的是当时的耶稣会士逻辑学。①

[226] 尽管《名理学》这个题目表明了与早期耶稣会士事业的连贯性,但事实上李杕在他的译著中提供了对这门学科的一种完全现代的介绍。设计出来以训练学生在辩论中捍卫信仰的传统研究模式(*modus quaestionis*)被用简洁的译文加以表达。《名理学》由三个部分构成,分别处理"思想之例"(*dialectica*,论辩法),也就是"推理法则";"辨理之据"(*critica*,标准),也就是"真理标准";以及"布置之法"(*methodologia*,方法论),即"秩序法则"。"思想之例"部分以标准耶稣会——不过或多或少在意识形态上是中立的——的方式介绍了推导的机制。处理"辨理之据"的部分更直

---

① 李杕(译):《名理学》(*Logica*),以及李杕(编译):《哲学提纲》(*Outline of philosophy*)(上海:土山湾印书馆,1908 年)。这卷内容自由地编译自孟迪维(José Mendive, S. J.):《经院哲学机构,圣托马斯和苏亚雷斯思想:逻辑学》(*Institutiones philosophiae scholasticae, ad mentem divi Thomae ac Suarezii: Logica*)(Valladolid: Cuesta, 1887)。

第四章 传播信息：晚清教育和大众话语中的逻辑学

接的目的是说服学生,进而帮助他们说服其他人,使之确信有且只有一个终极确定性的根源——基督教的上帝。此书的最后一部分,概略性的"布置之法"部分,是对现代科学经典的半心半意、不甚热情的赞同,长久以来人们认为后者是对"辨理之据"部分所要捍卫的确定性的一种威胁。李杕创造的不寻常的术语,与典雅用语一起,作为对严复词汇建议的一种本土替代(参见表 B.6,第 3 列),①然而此书反科学的倾向严重限制了在非基督徒读者中间的吸引力。如同它所构成的一部分的那个系列一样,它在耶稣会团体之外从未产生任何影响。

3. 符号、图表和图式中的逻辑学

前面章节讨论的所有逻辑学教科书共同拥有的一个特征是无处不在的图表和符号表征,甚至比欧洲相关主题的著作中出现的更频繁。因此,两本尚未提及的书完全依赖于表格、图表和图形来解释逻辑观念和原理:汤祖武的《论理学剖解图说》②以及无名氏的《论理学表解》。③ 这两本书都是对日本原著的编译。第[227]一本的翻译是由陈淑钟开始的,他是改良派报纸《新民丛报》的撰稿人,在其序言中他深情地回想他在东京弘文学院学习时如何逐渐迷恋上逻辑学的复杂性。然而,陈淑钟说,他也认识到仅凭文

---

① 参见顾有信,"对科学之科学的翻译:中国逻辑术语形成中的欧洲和日本模式,1886—1991",第 59—63 页;另参见郭桥:《逻辑与文化》,第 67—69 页。
② 汤祖武(编译):《论理学剖解图说》(*Analysis of logic, illustrated and explained*)(东京:清国留学生会馆,1906 年)。
③《论理学表解》(*Logic explained in tables*),载于《表解丛书》(*Anthology of explanations in tables*),黄履思编(上海:科学书局,1912 年),第 i 页。这本书是以后藤嘉之(Gotō Yoshiyuki)和美岛近一郎(Mishima Kin'ichirō)的《论理学表解》(*Logic explained in tables*)(Tōkyō: Rokumeikan, 1904)为基础编译的。

字表征不可能记住那么多逻辑形式。因此,他就委托他的一个学生将这门学科改编成一种图表式的概述,让日本文化部分发给逻辑学老师们。正如他以前在《新民丛报》中连载的讨论教育学和心理学的两卷一样,陈淑钟认为逻辑学的图表式概述不仅对老师们有益,而且也能用于帮助学生和有兴趣的公众学习。

生产成本低得多的《论理学表解》的出版遵循类似的思路。按照它的编辑者的观点,此书的目标是"以简洁而又全面之方式介绍逻辑术语及其意义,以使读者以费可能最少之时间而理解本学科之本质"。① 为了这个目的,他们编制了一系列帮助记忆的"图表、例示和符号"。像汤祖武的编译一样,《论理学表解》主要集中于对演绎推理的形式的图解,而留给归纳法和科学方法论的篇幅不多。这本书也没有提供对不同种类词项的解释,因为,正如编译者在其"例言"中所认为的那样,词项"与论理学仅具极为表面之关系"。相反,此书开始于"句"(propositions,命题)的简短介绍,并为各种有效三段论式的说明保留了大部分篇幅。此外,编译者提醒其读者,系动词将不予解释,因为它的使用只在完整前提中联系两个词项的西方语言里才有必要,并且他们应该意识到了源自于日语的"名词"一词的意义含糊性,因为它同时指语法中的"名词"和逻辑学中的"词项"两义。②

中国和日本的作者与译者编译晚期欧洲三段论图表式和符号式的词汇表所采用的方法多种多样,不少于他们在术语和文体上的选择。在当前的语境下,他们努力的三个因素尤其令我们感兴趣:(1) 对变项和逻辑符号的改编;(2) 描述各种命题的图形表

---

① 《论理学表解》,序言,第 1 页。
② 同上,序言,第 2 页。

第四章　传播信息：晚清教育和大众话语中的逻辑学

征；以及(3)示例说明概念序列和类别的图表运用。在这些领域中，每一领域里都将汉语的和引进的符号资源调动起来解释逻辑学理论。

(1) 对变项和逻辑符号的改编

由于自1910年以来数理逻辑或符号逻辑的出现，对清末中国引进的那种晚期传统三段论而言，符号表征不如它曾经所是的那么重要了。① 如果真要说它重要的话，符号表示法与其说被用于促进真理价值的评估，倒不如说被当作复杂观念的速记法或仅只是记忆助手。或许由于它们相对不重要，符号才会是这样一个领域，其中的欧洲逻辑学书的翻译者们大量地吸收了本土资源。考虑到恰恰通过同样的书，几乎完全新异的基本逻辑术语被纳入到更加广泛的传播之中，正如我们在下一节将会看到的，在对变项和符号的改编中传统符号的频繁使用尤其引人注目。除了严复和他的几个追随者之外，没有哪个译者在其术语选择中表现出对文化连续性的严肃关切。相反，很多人坚持重新定义传统符号资源，以用来翻译他们作品中解释的变项和逻辑运算符(the variables and logical operators)。

在这一章中讨论过的几乎所有教材都利用中国科学与数学文献中的变项及其历史悠久的用法来呈现逻辑符号。这显然是一种明智的策略。正如上面所提到的，至少自公元前三世纪中国就已经知道变项，而且很多读者从十九世纪数学著作中的编译里了解了它们。② 事实上，这种实践的功效被田吴炤从反

---

① 参见弗洛里安·卡约黎(Florian Cajori)：《数学符号史》(*A History of Mathematical Notations*)(Chicago: Open Court, 1928)，第2卷，第281—314页。
② 参见马若安：《中国数学》，第371—389页。

面(*ex negativo*)确证了,这位译者是如此害怕犯错,以至于他在其对十时弥《论理学纲要》的翻译中不敢改动一个字。田吴炤的胆怯使他保留下象征"主项"和"谓项"的字母 S 和 P,并用罗马字母表示描述三段论有效式的 *Barbara*(三段论第一格第一式 AAA)、*Celarent*(三段论第一格第二式 EAE)和其他助记语之类的词汇。然而,唯恐他的读者感到困惑,他在其"例言"中不得不指出,所有这些"西字",都"仅借以作记号",毫无深意。①

更自信的译者毫不犹豫地自作主张,并将他们自己的选择强加到符号表征领域中。最主要的,表示"天干"的字,甲、乙、丙、丁等等,通常用来代替不确定的数字或事物,是他们在逻辑学书中遭遇到的一切变项的明显等价词。一个使人烦恼的结果是,天干经常被用于表示多种含义,例如,作为词项的一般变项(比如说,像在"所有 S 都是 P"中,译为"凡甲为乙"),以及在更加专业意义上的代表四种直言命题的罗马字母 A、E、I 和 O,以区别于传统三段论(甲＝A＝全称肯定命题,也就是"所有 S 都是 P";乙＝E＝全称否定命题,即"所有 S 都不是 P";丙＝I＝特称肯定命题,即"有些 S 是 P";以及丁＝O＝特称否定命题,即"有些 S 不是 P")。② 那些更有心的译者的作品,像范迪吉的《论理学问答》,避免了这样的模糊性。范迪吉保留了甲、乙、丙、丁专有地象征 A、E、I、O 的做法(图 4.1),并且为其他符号和变项提供了新的解决方法。他运用对"subject"("主辞"中的"主"字)和"predicate"("宾辞"中的"宾"字)的汉语翻译的缩写形式来替代 S 和 P,而为了展示三段论中的"major"(大名辞)、"middle"(中名辞)和

---

① 田吴炤:《论理学纲要》,第 iia 页。
② 举例来说,林祖同:《论理学达旨》;汪荣宝:《论理学》;唐演:《最新论理学教科书》。

"minor"(小名辞)这些术语,他从十三世纪的代数学"天元术"中借用了变项"天"(Heaven)、"地"(earth)、"人"(man)(图 4.2)。① 运用清楚确定的含义,传统变项就能因之发挥出色的作用,即使它们似乎并不像欧洲经院哲学创作的三段论诗歌那样具备同样的速记品质。

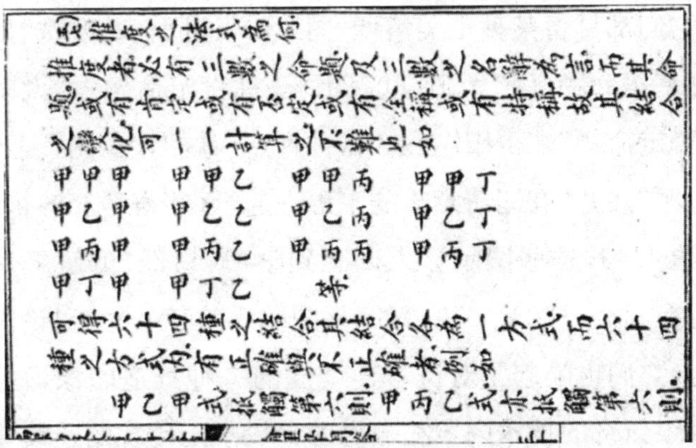

图 4.1 范迪吉《论理学问答》,30a

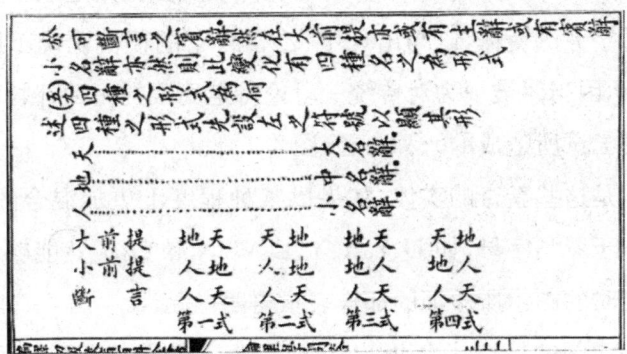

图 4.2 范迪吉《论理学问答》,31a

---

① 关于"天元"代数,参见马若安:《中国数学》,第 258—265 页。

[231]　　有些译者并不想让自己避免含糊不清,而努力追求更具创新性的符号解决方法。最好的例子是杨荫杭,他受《易经》中的卦象和六十四卦中爻的线形符号的启发,发明出新的变项：A(|),E(¦),I([)和O(])。要想知道这些符号是否比罗马字母更容易被晚清的读者所掌握,从当时的视角是很难确定的,但不可否认的是,它们都具备某种审美情调(图4.3)。连同杨荫杭选择用以标注四种基本命题(用"太阳"以表示"全称肯定命题","太阴"表示"全称否定命题","少阳"表示"特称肯定命题","少阴"表示"特称否定命题")的富有煽情意味的术语一起,这些符号能够被组合成图示(图4.4),这些图示让人回想到学习《易经》的解释性图形,就像是在胡渭(1633—1714)的《易图明辨》(1706)中讨论的那样。同样地,它们也唤起了对符号连续性的一种舒适印象,这是一种与没有跟新奇的技术内容相分离的珍贵本土传统的连续性。

《易经》也是由胡茂如在他对大西祝《论理学》的翻译中建议的另一组变项(元、亨、利、贞)的根源。胡茂如运用这组字以及加上"口"字旁的变体,以与出现甲、乙、丙、丁的惯例明确不同的方式,表示因当时被视为对传统三段论特定局限的一种补救而量化谓项的尝试所造成的八种命题(图4.5)。

但是这些新奇的实体,如果以某种程度上更加混合的设计,并依赖于罗马字母,如 U、I、A、Y、E、W、N 和 O,显然能够像过耀庚稍晚时的图示所验证的那样表示得明白无误。

在清朝的最后十年里出版的译著或讨论的此种类型逻辑学中,公式并没有发挥重要作用。某些数学运算符仍然能找到它们进入晚清教科书的路径。一个例子就是运算符"∴",即

"所以",①这是在图 4.7 对各种连锁推理或复合三段论的符号性描述中显示的。② 在这些例子里,图形习惯一般要遵循将欧洲和中国符号组合起来的先例,这种先例是自 1860 年代末起出版的西方代数学教科书中确立起来的。③

[235]

[232]

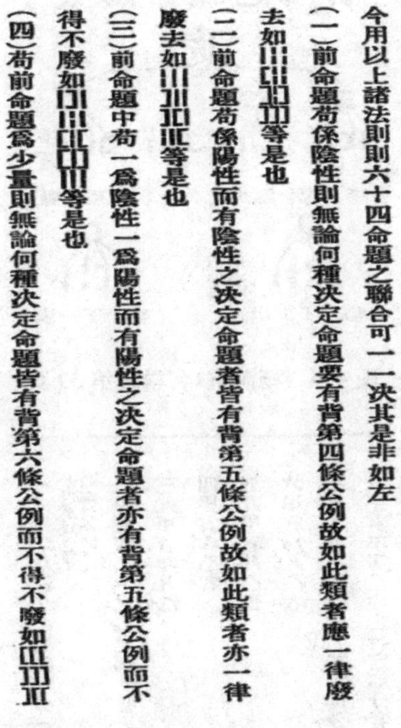

今用以上諸法則六十四命題之聯合可一一決其是非如左

（一）前命題苟係陽性則無論何種決定命題要有背第四條公例故如此類者應一律廢去如ⅢⅡⅢⅢⅢⅡ等是也

（二）前命題苟係陰性而有陰性之決定命題者皆有背第五條公例故如此類者亦一律廢去如ⅢⅢⅢⅡⅢⅡ等是也

（三）前命題中苟一為陰性一為陽性而有陽性之決定命題者亦有背第五條公例而不得不廢如ⅢⅢⅢⅡⅢⅡ等是也

（四）苟前命題為少量則無論何種決定命題皆有背第六條公例而不得不廢如ⅢⅢⅢⅡ

图 4.3　杨荫杭《名学》,第 51 页

---

① 参见卡约黎:《数学符号史》,第 2 卷,第 282 页。
② 另一个例子在江苏师范生所译《论理学》中,第 12 页。
③ 参见马若安:《中国数学》,第 372—375 页。

中国逻辑的发现

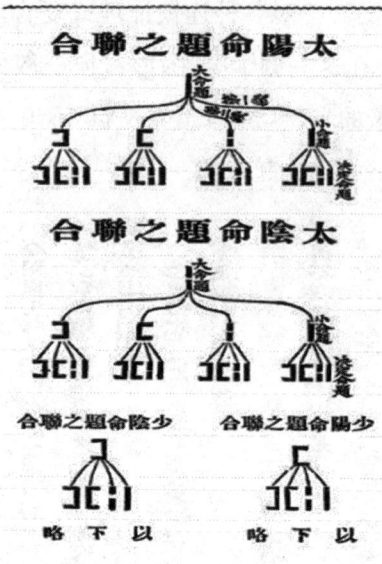

图 4.4　杨荫杭《名学》，第 39 页

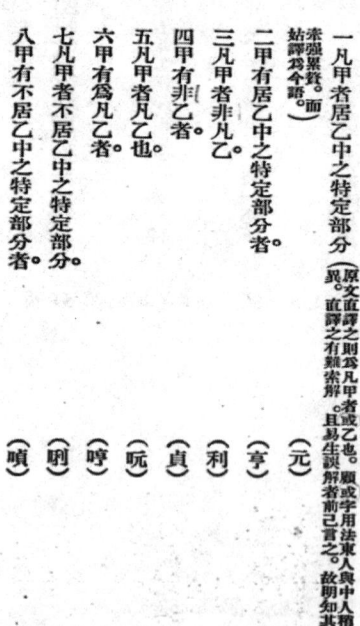

图 4.5　胡茂如《论理学》，第 146 页

第四章 传播信息：晚清教育和大众话语中的逻辑学

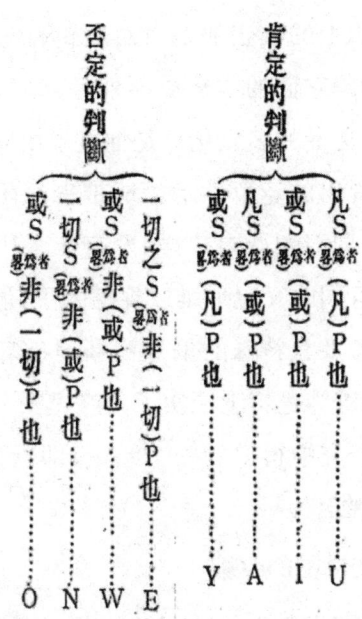

图 4.6 过耀庚《最新论理学纲要》，第 70 页

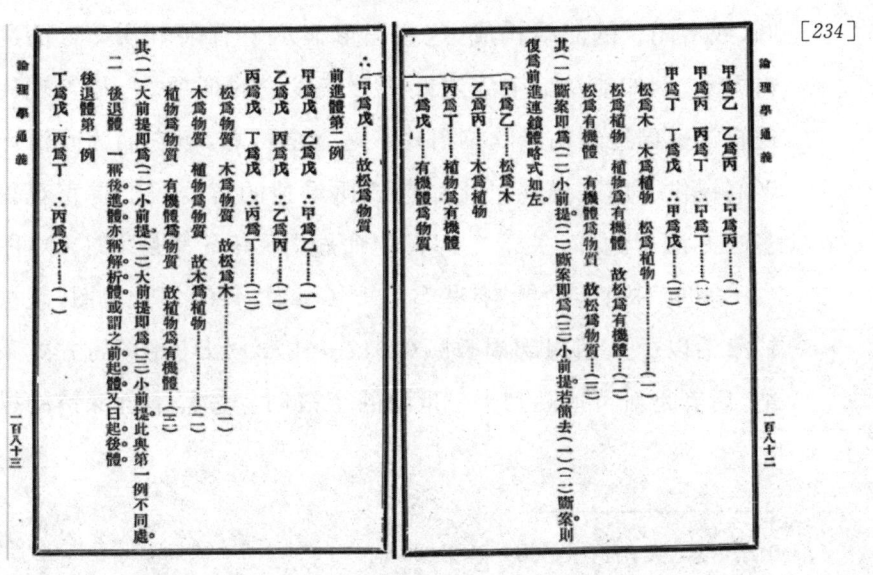

图 4.7 林可培《论理学通义》，第 182—183 页

主张任何认识上的收获都是由对逻辑符号和变项的各种翻译产生的,而不考虑它们的本地或国外品味,这将是令人难以置信的。相反,符号选择的多元化只是加重了由晚清中国大多数现有逻辑学作品中提出的竞争性术语所带来的困惑。在符号标记的领域,正如逻辑词汇领域内一样,没有什么比标准化和文本间的一致性更重要且同时又更加难以捉摸的了,但这两者又被有个性译者的创新才智及其特殊的偏好不断地破坏。如果有什么区别的话,我们的调查为逻辑学证实了弗洛里安·卡约黎从他对数学符号的全球史研究中得出的一个结论,即"符号对语言边界的穿越远不如……观念"。①

(2) 对欧拉图和文恩图的改编

有些经常被用于确实促进理解逻辑关系的二十世纪早期教科书中的图案是所谓的欧拉图和维恩图。由重叠或分离的圆,或者闭合的曲线构成,这些图形显示了有限事物集合的逻辑关系,例如涉及单个陈述或整个三段论的词项。② 尽管现代逻辑学家已经表明老欧拉图并不是完全可靠,但它们为晚清译者们提供了用来描述量化命题的比单独的言语表征更直观得多的方法。例如,关于全称肯定命题"所有 S 都是 P"(A)(图4.8)和特称肯定命题"有些 S 是 P"(I)(图4.9)的欧拉图,就被钱家治以令人回想起周敦颐(1017—1073)"太极图"的方式采纳,后者是对可追溯到十一世纪的宇宙创生过程饱含深情的描

---

① 卡约黎:《数学符号史》,第 2 卷,第 338 页。
② 参见基思·德夫林(Keith Devlin):《数学语言:让不可见者可见》(*The Language of Mathematics: Making the Invisible Visible*)(New York: W. H. Freeman, 1998),第 56—58 页。

述(图 4.10)。① 在钱家治的图中,实曲线标志着由命题的主项所占据的空间,虚线则标志着由谓项所占据的空间。图 4.9 中的三角形强调只有主项或谓项的一部分被包含在另一个里面。

[237]

[236]

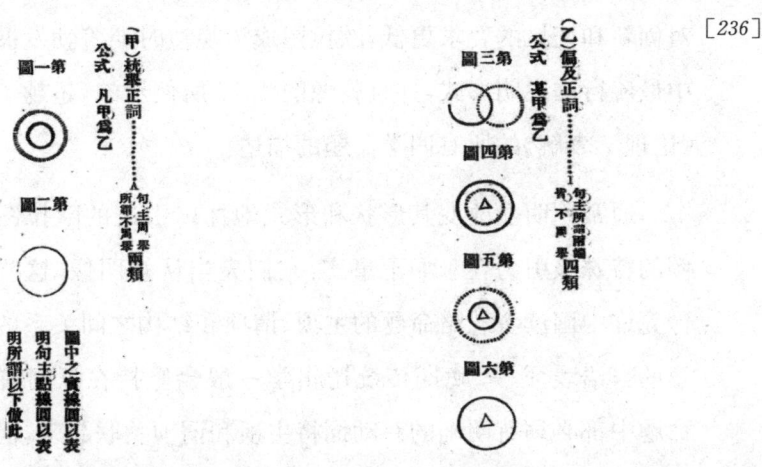

图 4.8　钱家治《名学》,第 30 页　　图 4.9　钱家治《名学》,第 31 页

图 4.10　周敦颐,《太极图》

---

① 周敦颐,张载,徐必达,和今井宇三郎(Imai Usaburō):《周张全书》(*The complete works of Zhou [Dunyi] and Zhang [Zai]*),3 卷本(台北:中文出版社,1972 页),第 1 卷,第 39 页。

与欧拉图形成对照,表面看来更复杂但也更精确的维恩图以阴影区突出了空集,正如在田吴炤作出的关于特称否定命题"有些 S 不是 P"(O)的一个例示中表明的那样。不过,或许因为它们对创新和记忆的要求更低,欧拉图成为晚清时期蓬勃发展的文献中最流行的说明形式,并且就像图 4.12 所例示的,超越了对取自《论理学表解》的所有四类命题的描述。

通常不明显改变其形状和形式地加以引进的欧拉图和维恩图的特殊吸引力在于如下事实:它们充当认知图像,这些认知图像允许中国读者忽略命题的主项、谓项和结构之间关系的不尽人意的言语表征。① 晚期传统逻辑学一般会坚持在任何有意义的命题中都必须有明确的系动词将主项和谓项关联起来,但正如符号逻辑已经表明的,这一主张在印欧语言的特定语法上自动失效了。② 在晚清中国,系动词通常隐含地保留于肯定命题中,或者由"也"或"焉"之类的字来表达。然而很少有中国或日本作者(除了拥有独立立场的那些学者,如大西祝和张君劢)对拒绝或细致描绘欧洲理论的此种特殊偏见的这一早期阶段感到自信。相反,正如第 2 章和前面几节中所强调的,译者努力写出确定包含有瑕疵的分析的句子,有时还要以冒犯读者的语法敏感性为代价。在晚清教科书的很多馆藏版本中,不符合语法的句子如(用来翻译

---

① 关于"认知图像"(epistemic images),参见 Christoph Lüthy 和 Alexis Smets,"语词,线条,图形,图像:朝向一种科学形象史"(Words, Lines, Diagrams, Images: Towards a History of Scientific Imagery),载《早期科学与医学》(*Early Science and Medicine*)2009 年第 14 期:第 398—439 页;第 399 页,第 420—424 页。
② 参见 James Van Evra,"体现在 1600—1900 年间三段论之命运的逻辑学之发展"(The Development of Logic as Reflected in the Fate of the Syllogism 1600‑1900),载《逻辑的历史和哲学》(*History and Philosophy of Logic*)2000 年第 21 期:第 115—134 页;第 128—129 页。

第四章 传播信息:晚清教育和大众话语中的逻辑学

"Snow is white"的)"雪是白"这句话,就被恼火的读者给划掉或"修改"了。① 增添交集的图形以使主项和谓项之间的关系形象化,而不是强使其进入不自然的言语表征,这为加强逻辑洞识的直觉合理性提供了一种便捷方式。同时,它也给他们普遍的自命不凡提供了支撑。当范迪吉在其《论语学问答》中决定删去所有十九个三段论有效式和某些无效式对系动词的提及而增加图形说明时,他似乎获得了一种相似的结论(例如图 4.13 和 4.14)。范迪吉的决定是最明显的迹象,表明欧拉图和维恩图期望成为一种不那么狭隘的逻辑,这种逻辑将被证明在非印欧语系甚至要比十九世纪晚期三段论的最精简版本都更易于接受,这一点被如此之多其他教材的改编所确证。

[239]

[238]

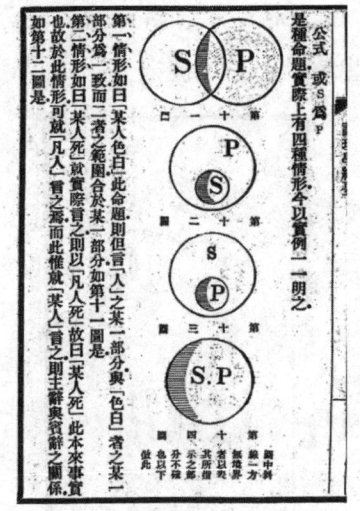

图 4.11 田吴炤《论理学纲要》,18b

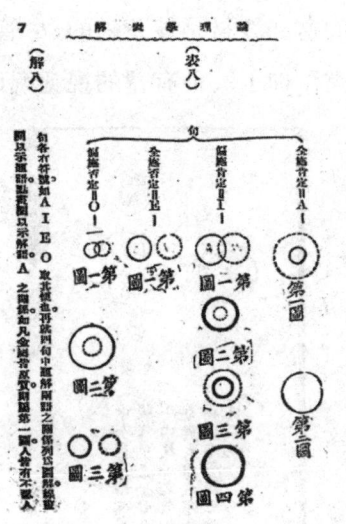

图 4.12 《论理学表解》,第 7 页

---

① 复旦大学人文图书馆和上海市图书馆各自保存的田吴炤《论理学纲要》和钱家治《名学》的版本中就有这样的例子。

301

(3) 概念和概念结构图示

除了技术性的图形之外,晚清逻辑学教科书运用了多种不那么严格的形式化图示,以增强教材的教学价值。在其最简单的形式中包含的这种认知图像,在没有增加多少理解的情况下,可以说是夸大了个别概念如演绎法和归纳法之间的差异(图 4.15)。更为复杂精致的图形被以组织图的方式设计出来。这种图形的主要功能是澄清教材主体中提到的概念关系和类别。由主题所决定,它们能够取得令人印象深刻的复杂性。对概念类别的更常规的描述之一是《论理学初步》中用来例示演说部分的一个图;下面是一份各种"状字"(adverbs,副词)和"连字"(conjunctions,连词)的摘录清单(图 4.16)。正如上述所说,此种分类以之为基础的这部教材是抄袭来的,尽管如此,由于对马建忠新奇的语法分类添加了一种有益的视觉解说,那些编者仍必须被记上一功。①

[240]

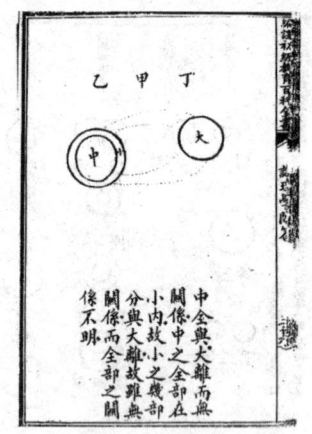 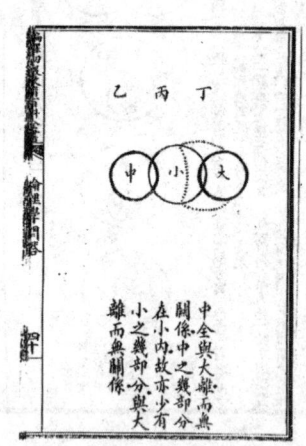

图 4.13 范迪吉《论理学问答》,39b　　图 4.14 范迪吉《论理学问答》,40a

---

① 对马建忠分类法及其介绍的术语的一个评论,参见贝罗贝(Alain Peyraube),"关于《马氏文通》资料的几点反思"(Some Reflections on the Sources of the *Mashi wentong*),载朗宓榭等编:《新词语新概念:西学译介与晚清汉语词汇之变迁》,第341—355 页。

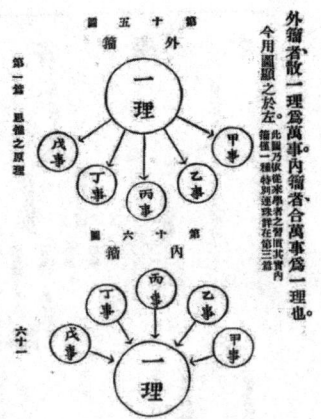 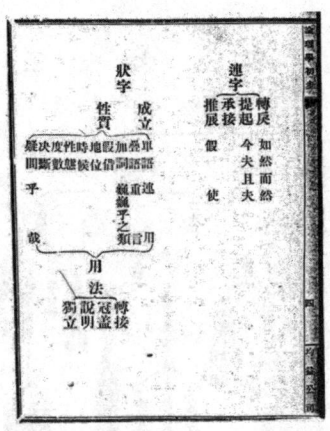

图4.15 陈文《名学教科书》,第61页　　图4.16 《论理学初步》,4b

然而,有很多图表更其复杂,目的在于展示完整的概念图式。[242] 一个更有野心的认知图式的好例子是由钱家治做出的关于推理谬论的详细目录,他试图想要将一个严格的类别结构中的所有实例都整合为一体(图4.17)。甚至更具野心的一个图表是杨荫杭绘制的想要在一个图中描述这一完整学科的结构或至少是其"三大部"的尝试(图4.18)。

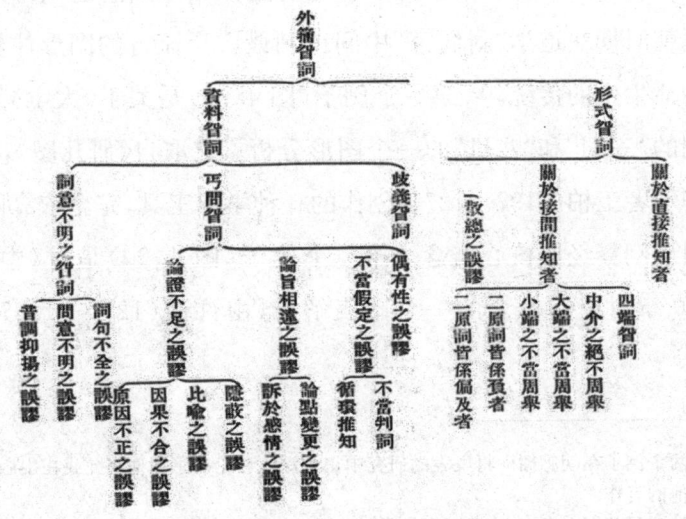

图4.17 钱家治《名学》,第138—139页

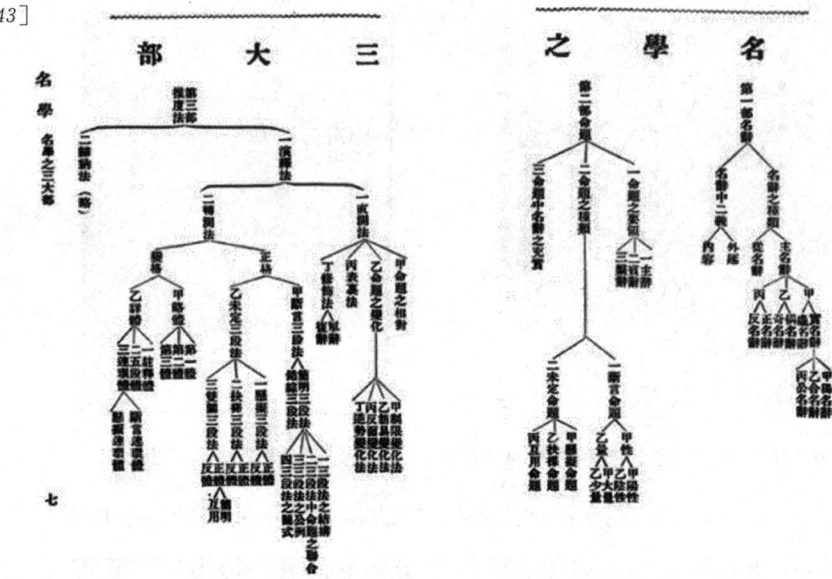

图 4.18 杨荫杭《名学》,第 6—7 页

想要将这种无处不在的概念排序与本土解释实践相关联,这是颇具诱惑的,那种概念排序在汉语和日语翻译中要比在欧洲语言的原著中更常见。两个例子就可能足以让人回想起南宋末年和元朝时期在道学"新儒家"中间得到最广泛流行的图形注释的一种活生生的传统。① 第一个例子(图 4.19)是关于《大学》开篇提到的"三纲"和"八目"的一个图形分析。它取自《研几图》,②由金华学者王柏(1197—1274)创作的一种学习工具,完全依靠图表和图形阐释经典核心概念。第二个例子(图 4.20)是对《中庸》第 20 章讨论的概念的一个图表解析,由许谦(1270—1337)为

---

① 这两个例子在朗宓榭即将发表的研究中得到深入讨论。感谢他惠允我在出版前引用他的著作。
② 王柏:《研几图》(上海:商务印书馆,1937 年)。

其《读四书丛说》一书而绘制。① 在那里面,许谦形象化地将《中庸》此章阐明"智"、"仁"、"勇"三种德性之间关系的重要概念,与被孔子认定的三种学者类型("生而知之者","学而知之者"和"困而知之者")以及他们试图达至道的方式关联起来。②

[245]

[244]

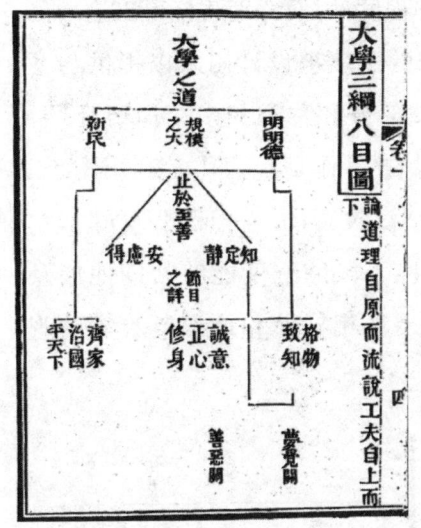 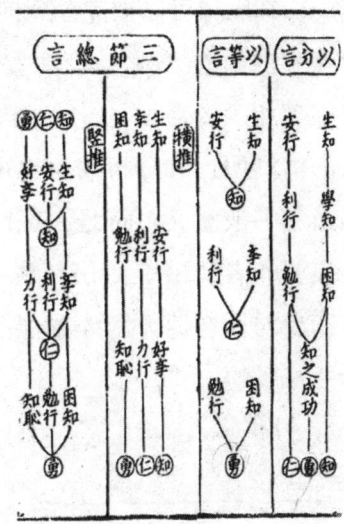

图 4.19　王柏《研几图》,1:4b　　图 4.20　许谦《读四书丛说》,4:5a-b

在这些早期教材和杨荫杭"名学三大部"的图表中——毕竟杨荫杭详细剖析了一个几乎完全未知的主题——安排概念以便显示它们的系统关系,对这种安排的精确度及其担忧是令人震惊的。这一手法的教学价值没有逃过精明的出版商的眼光。至少

---

① 许谦:《读四书丛说》(上海:商务印书馆,1934 年)。
② 对儒家注疏中这种图表运用,尤其是王柏、许谦著作的概述,参见朗宓榭,"思维的规划"(Die Verplanung des Denkens);以及前揭,"作为一种词语手段之结构模式的图表:《研几图》"(Diagrams as an Architecture by Means of Words: The *Yanji tu*),载《中国技术知识生产中的制图法与文献:经与纬》(*Graphics and Text in the Production of Technical Knowledge in China: The Warp and the Weft*),白馥兰(Francesca Bray)、魏德理(Vera Dorofeeva-Lichtmann)和梅泰理(Georges Métailié)主编(Leiden: Brill, 2007),第 341—377 页。

有两家出版社委托制作可视化的选集以介绍最流行新学科的主要概念，最终也包括逻辑学在内。在这些选集中逻辑学方面的一本不成熟的教材《论理学表解》里有一个例子，我们在上面已经讨论过了（图4.12）。另外，更为精致复杂的《论理学剖解图说》证明了认知图像可以被完善到何种程度，因而特别适合得出这一简短考察的结论。图4.21中复制的图表被设计出来以提供与逻辑推理相关的命题的定义、构成部分和种类的一个简要介绍。它的清晰明白和分析简单也可以被看作是晚清作者利用图表、图形和一般意义上符号表征的精湛技巧的一个证据。同时，它也表明作者和出版商信任说明性手段的程度能够帮助他们及其读者与所有西方科学的甚至最具相异性和最深奥难懂的观念达成妥协。

[246]

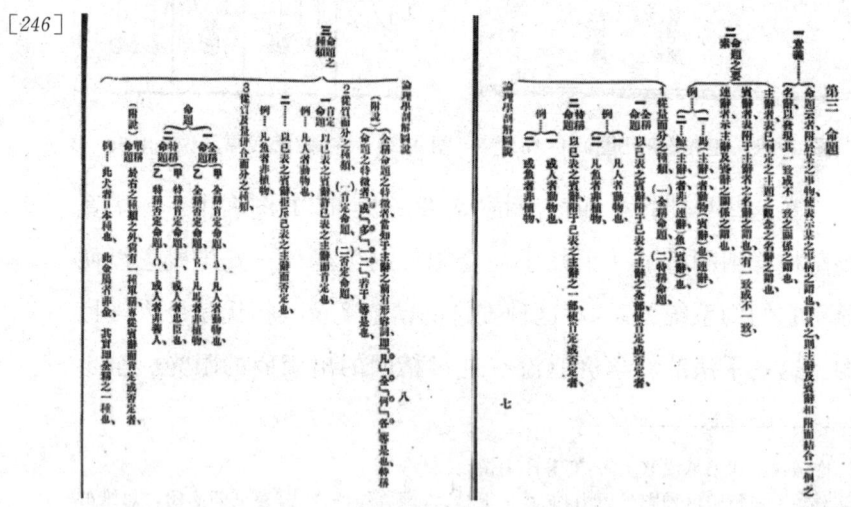

图4.21　汤祖武《论理学剖解图说》，7a－b

4. 说出真理的新术语

被投放到日益繁荣的教材市场上去的大量教科书,在二十世纪的头几年里刺激了公众对逻辑学的兴趣。在标题上容忍这门学科的名字的著作存在本身就有助于提升书商与其顾客中间的意识,并且很多逻辑学教科书的重印和再版也证明新书并没有被束之于书架。或许新式教科书对逻辑学在中国的被接纳所做出的最重要贡献是几乎全盘转译自日本的对核心逻辑学概念的新词汇的引入。得利于新书在全国范围课堂内外被流通和学习的巨大数量,新词汇获得了迅速传播。逻辑学术语以惊人的速度进入中国话语主流。不到十年,一种相当稳定的词汇系统出现了,为今天仍然继续被传播的这门学科的主要概念的术语表奠定了基础。[247]

附录 B 中的表 B.1 - B.8 给出了被用于二十四本教材中的术语,这些教材出版于 1902 年和 1911 年之间,翻译了五套逻辑学概念,在导论中解释了它们的构词法。这个挑选包含来自上述从日语改译的二十二部教科书中的二十一部的材料。① 此外,它还列出了由马相伯和李杕建议的术语,他们的著作是基于拉丁文原著翻译的,以及一份委托学部编订名词馆于 1909 年编译的《辨学中英名词对照表》手稿。② 除了结合了基于服部宇之吉的著作

---

① 被删掉的只有陈文的《名学实例》(1910),其术语与同一作者的《名学教科书》(1911)完全一样。
② 《辨学中英名词对照表》,学部编订名词馆编(北京:学部,1909 年)。关于被委托完成此项任务的第一家国立机构学部编订名词馆的成立,参见王树槐,"清末翻译名词的统一问题",第 65—67 页。

[248] 和演讲而改译的三本书的表 B.4 之外，八个表格都以时间为序编排。这些表格都以来自汉语和日语词典的参考资料为补充。表 B.9 列出了《哲学字汇》的三个日文版中的逻辑学术语，它们都是在 1881 年到 1912 年间由东京帝国大学编撰的。① 它还必须包括第一部专业的汉语哲学词典中建议的术语，这部词典是 1913 年由新教徒李提摩太（Timothy Richard）和季理斐（Donald MacGillivray）基于《日本百科全书》（the Encyclopedia Japonica, 1909 年版）的哲学卷编辑的。② 最后，表 B.10 追溯了中国逻辑术语超越我们所考察的时代的标准化历程，从《英汉官话口语词典》（1916），其中包括以前民国教育部准备的但尚未出版的标准术语推荐规范，③到樊炳清（1876—1931 [?]）的《哲学辞典》，④民国时代在这个领域里所出现的最权威的出版物，再到 1994 年由中国社会科学院组织编写的《逻辑百科词典》。⑤

利用保存于所有这些符号外壳中的历史信息的一种方式是，从与解读这些表格的两种补充方法相一致的两个不同角度来看

---

① 井上哲次郎（Inoue Tetsujirō）和有贺长雄（Ariga Nagao）：《哲学字汇》（Philosophical dictionary）(Tōkyō：Tōyōkan, 1881)；前揭：《改订增补哲学字汇》（Philosophical dictionary, revised and enlarged）(Tōkyō：Tōyōkan, 1884)；以及井上哲次郎和元郎勇次郎（Motora Yujirō）：《哲学字汇》（Dictionary of English, German, and French Philosophical Termswith Japanese Equivalents）(Tōkyō：Maruzen, 1912)。由于在头两个版本里提出的术语几乎都是关于逻辑学的，我把这些材料都合并到第 1 栏里去了。
②《哲学术语词汇》（A Dictionary of Philosophical Terms: Chiefly from the Japanese），李提摩太和季理斐编（上海：广学会, 1913 年）。
③ 赫美玲（Karl E. G. Hemeling）：《英汉官话口语词典》（English-Chinese Dictionary of the Standard Chinese Spoken Language (Guanhua 官話) and Handbook for Translators, including Scientific, Technical, Modern and Documentary Terms）（上海：中国海关, 1916 年）。
④ 樊炳清：《哲学辞典》（Dictionary of Philosophical Terms）（上海：商务印书馆, 1926 年）。
⑤《逻辑百科词典》，周礼全编（成都：四川教育出版社, 1994 年）。

第四章　传播信息：晚清教育和大众话语中的逻辑学

这些材料。一种垂直的立柱式评估提供在"从意译到直译再到超越"——这被确认为是知识的跨语际转换中重复出现的特征——的旅程中关于此一过程的信息，或此信息的缺乏。① 垂直考察也有助于评估每个不同作者选择的一致性，并揭示他们对概念上的相互关系的掌握程度。另一方面，一种水平的逐行式解读则有助于确定在哪里尤其难以发现对等词汇，因而突出持续的概念不一致之处。

在某种非常普遍的层面上，罗列于表 B.1 – B.8 中的对材料的立柱式评估确定了如下一点，即日语图表借译允许逻辑教材的中文译者，在从意译通过直译而达到完全成熟的术语系统的道路上，可以越过最初的几个步骤。当逻辑术语的早期表达，如同前面几章的分析所强调的那样，在种种令人困惑的概念选择、音译和意译改写之间犹疑不定时，随着对日语材料的最初翻译的出现，词汇创新的范围立即就变窄了。尽管还没有像更显著的科学那样拥有严格的标准化词汇表，②但是那些与日语文本相遇的逻辑词汇的中文译者们，已经通过了术语发展的预备阶段。1865年，西周(Nishi Amane)从莱顿市学习归来，正是他在此时将逻辑学引入了日本。③ 就像三十年之后严复在中国所扮演的充满信心的角色那样，西周不屈不挠地致力于提升这门学科。他编撰了日语中能被发现的最早的逻辑学手册，在许多学校教授这门课

[249]

---

① 斯科特·L.蒙哥马利(Scott L. Montgomery):《翻译在科学知识跨文化跨时代传播中的作用》(*Science in Translation: Movements of Knowledge through Cultures and Time*) (Chicago: University of Chicago Press, 2000)，第17—34页。
② 同上，第227—249页。
③ 参见船山信一:《明治论理学史研究》，第19—27页。

程,并成功游说新创立的东京帝国大学将逻辑学包含到其课程表中。① 在我们的考察中最重要的是,他在其著作中将这门新课程不断精练化,在日语逻辑词汇的形成中产生了决定性的影响。② 尽管没有被明确采纳,西周的术语仍然形成了分别出版于1881年和1884年的官方哲学辞典最初两个版本(表 B.9,列1)中建议的词汇表的基础。根据森冈健二(Morioka Kenji)的说法,西周的术语得到了教育部门的认可,这一点确保了西周著作建议的787个借译词中的332个成为近代日语的标准化表达。③ 只要有可能,西周和其他西方著作的早期译者都会遵循日语创造新词的主要方法,即细致审察古典中国文献,以寻找切近他们想要翻译的那些术语意义的词语或词组。④ 在逻辑学领域之外,以及较小程度上在知识论领域之外,这一策略被证明是高产的:西周被保存下来的术语中,超过三分之二借用自古典文献。但是甚至西周都不能确定经典中逻辑学概念的同源词。

[250]

由西周创始的九十个词语中,超过一半是由逻辑学术语构成的,这些词汇最终在近代日语和汉语词典中被规范化。在他的造词中,像"定义(固定/确定意义)"这样的基本术语被用来翻译"definition","演绎(展演并阐明)"译"deduction","归纳(总结并

---

① 参见麻生义辉(Asō Yoshiteru):《近世日本哲学史》(*A history of modern Japanese philosophy*)(Tōkyō: Kondō shoten, 1943),第292—308页。
② 参见 Piovesana:《日本近代哲学思想史,1862—1962》,第11—15页。
③ 参见森冈健二:《近代语言的演变:明治时期语言汇编》(*The evolution of modern language: The vocabulary of the Meiji era*)(Tōkyō: Meiji shoin, 1969),第159—181页。
④ 参见李伯特(Wolfgang Lippert):"现代进程中的语言:西方概念和术语在十九世纪汉语和日语中的集成"(Language in the Modernization Process: The Integration of Western Concepts and Terms into Chinese and Japanese in the Nineteenth Century),载朗宓榭等编:《新词语新概念:西学译介与晚清汉语词汇之变迁》,第57—66页;第62页。

第四章　传播信息:晚清教育和大众话语中的逻辑学

接受)"译"induction"。① 西周的造词模拟了源自古典模型中最普通的构词方式。鲜有例外,他的发明多是双音名词,多数情况下由两个意义相近的词素构成。这一词型在日语科学和哲学文献中是如此流行,以至于对西周术语持批评态度的作者在形成可供选择的建议时都接受了它。因此,甚至在逻辑学这种标准化尚难以捉摸的领域里,二十世纪初的中国学生在其中得到训练的日语术语都显示出高度的形态一致性。无论某些个别术语优点有多少,作为一个整体的日本逻辑术语使最早的中国译者开始致力于日语逻辑教材的翻译。

与用汉文撰写学术术语的日语实践一起,日语逻辑词汇在形态学和体系上的一致性极大地促进了中国译者的工作。正如更富有经验的译者不久就承认的,②即使对图表不加批判的采用也要冒产生假同源词的风险,多数人更满足于利用被张之洞总督赞为日本和中国的"共享脚本(shared script)"所提供的便利条件。对图表借用的依赖,减轻了译者寻找自己的术语或将他们在其原文中遇到的那些词语与现存的借译词以及它们在欧洲语言中的模式进行匹配的负担。熟悉早期翻译的读者一定会被翻译作品中的系统一致性所震惊,这种一致性甚至在最早译自日语的逻辑学作品中都有所显示。除了一个例外,③这些直到清朝灭亡之后才出版的对日语教材的翻译,没有哪一个包含有一个意译,也没有任何译者看到诉诸音译借词的必要性。相反,幸亏有了这些日

[251]

---

① 参见森冈健二:《近代语言的演变:明治时期语言汇编》,第176—179页。
② 例如,杨荫杭的《名学》,第ii页。
③ 胡茂如的《论理学》提供了翻译不同类型谬误的说明性解释(参见表B.4,列2,第4.21—4.29项),但这些谬误仍然被大西祝所使用。参见大西祝:《论理学》,第147—172页。

语材料,甚至是最没有经验且时间压力巨大的译者,就像对附录B中材料的一项立柱式解读所表明的那样,也能够或多或少地介绍完整的术语集和术语系统。

日语原文的专业化也有助于防止折磨早期中国翻译的不一致性,最明显的是由艾约瑟和傅兰雅(表2.1,列1和3),还有严复的作品(表3.1,尤其是3.15—3.26项)引起的那种不一致。① 相比而言,由译者从日语材料生产出来的文本,极少有疏忽大意的情况。在此处分析的二十一本教材中,唯一的不一致关系到用来译"term"(2.1)一词的书写形式的不同变化,或者写成"名辞",或者写成"名词",以及对包含有动词"推"的复合词的相当随意的使用,一般而言用"推出(to push forward)"来译"reasoning(推理)"(1.2),以及更为特殊的"inference(推论,推断)"(4.1),这两个除了它们更特殊的逻辑意义之外还拥有广泛的口语含义的词。尽管如此,至少在逻辑学领域,我们的材料反驳了如下指控,即对不够资格的译者的放纵要为二十世纪初中国持久的术语混乱和某些学者不愿意接受新知识的顽固不化负责。

虽然日本捷径有助于形成在程度上无与伦比的术语连贯性和一致性,但它无法减少新兴的中国逻辑词汇的异族面相。就其本身而言,与早期汉语新生词相比,借译自日语的术语也是新的和外来的。主宰日语逻辑学和哲学教材的双音节词,几乎像音译借词和意译词一样损害了传统文体的敏感性。批评者反对这些新术语,他们认为这些词笨拙而又重复,并且在古典文献中缺乏根据。② 也有一些对源自日语的术语直言不讳的拥护者,其中之

---

① 在严复的科学术语翻译中,这种不一致性出现地并不是很频繁。参见莱特,"严复",第236—237页。
② 参见王树槐,"清末翻译名词的统一问题",第73—74页。

一是王国维。① 王国维的基本论据是实用主义的。他承认许多日本个人的选择很不理想,不仅是因为它们看起来粗野不雅,而且更重要的是因为它们都是或者基于对外国概念自身的误解,或者是对为其表达而采用的汉字意义的误释。虽然如此,总的来说,王国维认为日语术语并不比例如严复那备受称赞的古雅创造有更大的缺陷。对于王国维而言,有两个理由使得中国学者采纳日语术语势在必行:第一,借用已经被专家审查过并被有判断力的阅读公众所接受的术语,是一个比在每一种情况下都要彻底从头创造术语更为快捷且更少麻烦的方式。第二,王国维主张共享词汇表将确保中日之间观念的稳定传播,类同于把拉丁语作为通用语言来使用促进并加强了中世纪和早期近代欧洲的学术交流。这些论证并没有使他的所有同辈人都信服。尤其是严复保持了坚定不移的拒斥态度。然而,正如我们在上面所看到的,甚至严复都在他的穆勒和耶芳斯译作中将日语来源的术语与他自己的创新词并置在一起,即使只是作为对他的思想上更开明或审美上更大度的读者做出的一种让步。正如严复隐约认识到的,比主张或反驳其相异性的论证更引人注目的是,二十世纪最初几年里日语外来词被引介进来的绝对数量。在不到十年的时间里,本来是在日本杜撰的"外来"术语,如果不是毫无争议的话,已经成为中国学术词汇表中必不可少的一部分,而且不仅仅是在逻辑学领域。

打个比方说,转向图表并逐行考察我们收集的词汇数据就会揭示,随着时间的推移,个人观念如何被译入不同的作品之中。

---

① 王国维,"论新学语之输入"(1905),重印于前揭,《王国维文集》,第3卷,第40—43页。

[253] 数据表明,从日语引入的词汇实质上与早期译者创造的词毫无共同之处。除了非常普通的术语,如译"method"的"法"(5.1),译"cause"的"因"(5.15),或译"effect"的"果"(5.16)等之外,清末逻辑学教科书中引介的所有日语借用词都是新增加到汉语上去的。由于这些新来词并不能立即代替通用词汇,某种程度上的竞争几乎存在于我们所有129个样品案例中,再次确认逻辑概念的明确对等词在帝国晚期的词汇表中极其稀少。从史料编纂的视角来看,这种争执并非都是不幸的。它强迫我们检查竞争表明了何处存在一种特殊的困难,让译者感到有必要一次又一次地使用更恰当的选择。持久分歧的例子包括像"deduction"(4.2)、"induction"(4.3)、"hypothesis"(5.7)和"syllogism"(4.13)这样的一些关键术语。然而,最具争议的一项,甚至延续到帝国时代结束之后,是"logic"一词本身。超过五十个副本被提出来,用以翻译这一个概念,关于它的最恰当译法的讨论演变成了一场事关外来概念集成到汉语自身的最佳策略的公共辩论,正如我们将在下一节所看到的那样。

尽管这场延续日久的争论例子不胜枚举,但对日语借用词的编译导向了汉语逻辑词汇的一种快速而又持久的稳定化。更切近地考察运用于日语作品翻译中转译二十六个基本逻辑概念的术语有助于证实这一主张。表4.1综合了本章所分析的二十一本教科书中提到的翻译这些概念的术语。如果有多种术语被建议,它们就被按照受欢迎程度的递减次序加以排列。只有在六个例子中达成了明确的一致。在所有其他实例中则存在着各种分歧。但是这些分歧被限制在一定的范围之内。大多数情况下,不同的术语建议在词形上是完全相同的,并且仅仅显示细微的语义差异,因此读者能够轻易地辨认出它们是在翻译同一个或至少是两个或多个紧密相关的概念时的尝试。只有在提供翻译"subject"(12项)和"predicate"(13项)的可选项时才有可能产生了混淆,因为它们模糊了这两个术语的语法意义和逻辑意义之间的区别。作为翻译"fallacy"(24)一词的候选项,因明术语"过""transgression(超过、违反)"的选择也暗示了两个词之间存在着概念上的同一性,但这两个词虽然相似但却明显不同,因此其间的同一性是毫无根据的。尽管如此,这种较小的不一致并不会破坏在一般意义上诉诸日语借译词的要求。或许它们持久的影响力最为明确地昭示了如下事实,即列于表 4.1 中的二十六个概念,其中的二十五个词的不同翻译,已经包含了现代标准汉语中最终将被规范化的字词。

[255]

表 4.1 译自日语的逻辑概念术语,1902—1911①

[254]

	英文术语	汉字	汉语拼音	重译
1	logic	论理学	*lunlixue*	'the science of the patterns of reasoning'
2	reasoning	推论 * 推知 推究	*tuilun* *tuizhi* *tuijui*	'to push forward and discuss' 'to push forward and know' 'to push forward and explore'
3	thought	思想 * 思考 思虑	*sixiang* *sikao* *silü*	'to think of and consider' 'to think of and examine' 'to think of and ponder'
4	judgment	断定 判断 * 判定 论断	*duanding* *panduan* *panding* *punduan*	'to decide and determine' 'to judge and decide' 'to judge and settle' 'decision of an argument'
5	truth	真理 * 真伪	*zhenli* *zhenwei*	'true patterns' 'true or false'

① 表中标志星号(*)的词在现代汉语中已经成为标准术语。

续表

	英文术语	汉字	汉语拼音	重译
6	term	名词*（名辞） 语 项* 端辞	mingci yu xiang duanci	'name-words' 'word' 'item' 'extreme word'
7	concept	概念* 总念	gainian zongnian	'general idea' 'comprehensive idea'
8	intension	内包 内容 内涵	neibao neirong nerhan	'that which is included' 'that which is contained within' 'that which is enveloped'
9	extension	外延* 外郛	waiyan waifu	'outward extension' 'outer limit'
10	definition	定义* 界说* 释义	dingyi jieshuo shiyi	'fixing/determining the meaning' 'explaining the limit' 'explaining the meaning'
11	proposition	命题* 词（辞） 断定	mingti ci duanding	'[something] assigning a topic' 'words' 'to decide and determine'
12	subject	主词*（主辞） 主语 主题	zhuci zhuyu zhuti	'primary/host word' 'primary/host word' 'primary/host topic'
13	predicate	宾词*（宾辞） 客语 所谓词 说明语	binci keyu suoweici shuomingyu	'secondary/guest word' 'guest word' 'words attributed to [something]' 'words explaining [something]'
14	affirmative	肯定*	kending	'to consent and determine'
15	negative	否定*	fouding	'to negate and determine'
16	particular	特称* 特别	techeng tebie	'special designation' 'special'
17	universal	全称*	quancheng	'complete designation'
18	inference	推理* 推测 推度 推定	tuili tuice tuidu tuiding	'to push forward according to patterns' 'to push forward and calculate' 'to push forward and estimate' 'to push forward and determine'

续表

英文术语	汉字	汉语拼音	重译
19 deduction	演绎法*	yanyifa	'the method to develop and unravel'
20 induction	归纳法*	guinafa	'the method to sum up and accept'
21 premise	前提* 提案 前引	qianti ti'an qianyin	'[something] raised first' 'raising the case' '[something] cited first'
22 conclusion	断案 决论 归结 结论*	duanan juelun guijie jielun	'verdict' 'decision' 'result' 'concluding statement'
23 syllogism	三段论* 推测式 演绎式 推理式	sanduanlun tuiceshi yanyishi tuilishi	'a discussion/argument in three stages' 'a form for pushing forward and calculating' 'a form for developing and unraveling' 'a form for pushing forward according to patterns'
24 fallacy	谬误* 过 误谬 伪论 虚伪	miuwu guo wumiu weilun xuwei	'error and misunderstanding' 'transgression' 'misunderstanding and error' 'false statement' 'empty and false'
25 hypothesis	假设* 臆说 假说 假定	jiashe yishuo jiashuo jiading	'tentative assumption' 'conjecture' 'tentative theory' 'determined tentatively'
26 proof	证明* 论证 论验 证权	zhengming lunzheng lunyan zhengquan	'to demonstrate and clarify' 'demonstration of a statement' 'evidence for a statement' 'power of demonstration'

[256] 无论是源自日语的术语整体上的连贯性,或它们进入流通的压倒性数量,还是严复相互矛盾的伪经典翻译的审美诉求,都不能保证汉语逻辑学词汇的快速标准化。比上述因素更能提供保证的是,技术术语的标准化有赖于持久的机构支持。但是在清末中国这样的支持出现得很缓慢。与日本形成对照,那里的专业团体使得新学科中的专家联合起来,讨论并表决术语的选择,这些术语选择将会通过公共机构而被提升为标准术语。①中国官员和学者在这一方面基本上不大活跃。清朝灭亡之前,逻辑学或哲学的专业词典尚未见出版,而绝大多数通用词典又很少关注逻辑术语。只有一个例外,那就是《新尔雅》(表 B.2,列 1),这本书的目的是帮助读者理解从日语译介过来的令人困惑的大量专业术语。② 就逻辑学领域来说,这本书的编撰者之一汪荣宝,通过将他在翻译高山林次郎的《论理学》时使用的日语借用词与严复的可选创新词并列在一起,尝试处理可能存在的歧义。③忠实于其著作所陈述的目的,汪荣宝记录了为争夺接纳而互有竞争关系的系列术语,而并没有对它们作逐个介绍。首个开始消除混乱的规范化努力,是1909年的学部成立了科学名词编定馆,但对缓解这一局势没有起到多大作用。虽然编定馆聘请到某些当时最著名的学者——王国维被聘为"协修"④,

---

① 参见蒙哥马利:《翻译在科学知识跨文化跨时代传播中的作用》,第 221—223 页。
② 参见王树槐,"清末翻译名词的统一问题",第 67—68 页。
③ 汪荣宝和叶澜:《新尔雅》,第 75—79 页。参见沈国威:《论〈新尔雅〉及其词汇》,第 30—34 页。
④ 参见陈鸿祥:《王国维全传》,北京:人民出版社[2003] 2007 年,第 259—260 页;第 278—280 页。

严复任"总纂"①——但它只是巩固了借译自日语的术语和严复的创新词之间新兴的双语现象。不是尝试去调和这两个最突出的贡献者的对立观点,编定馆反而在其推荐的初稿中选择了一种肤浅的折中。只要有可能,这个专业术语表就会欣然选定严复建议的术语,而他毕竟是王国维的上司,然后再用从王国维编译的耶芳斯《逻辑学初阶》中抽取出来的术语查漏补缺。②其结果就是一种不一致因而完全无用的可能的标准术语名单,它甚至都不是严复自己在其翻译中想要遵循的标准,正如我们从他那与科学名词编定馆术语表草案的刊行同一年出版的《名学浅说》术语中推断出来的那样(参见表 3.1)。除了它的不幸开始,这个术语名单继续得到很好的传播,直至进入民国时期。它对术语的混合选择在 1916 年的《英汉官话口语词典》中仍被标记为"部定"(表 B10,列 1),只有在 1926 年广受好评的《哲学辞典》中它才开始被更具连贯性的建议所取代(表 B.10,列 2)。③ 然而,即使如此,标准化仍然存在不稳定的问题,不仅仅是因为从 1920 年开始数理或符号逻辑的译介已经引入另一套逻辑术语,这套术语与几十年前更早的创新词为获得承认而产生了竞争(表 B.10,列 3)。④

[257]

---

① 参见皮后锋:《严复大传》,第 362—366 页;孙应祥:《严复年谱》,第 340—343 页。关于严复在科学名词编定馆中的工作,亦参见黄克武,"新名词之战:清末严复译语与和制汉语的竞赛",载《中央研究院近代史研究所辑刊》92 (2008):第 1—42 页;第 29—34 页。
②《辨学中英名词对照表》,第 1a—3b 页。
③ 赫美玲:《英汉官话口语词典》,随处可见。
④ See Xu Yibao, "Bertrand Russell," 183‑193;以及林夏水和张尚水,"数理逻辑在中国",载《自然科学史研究》2,1983 年第 2 期,第 175—182 页。

5. 逻辑，抑或在这个名字中隐藏了什么？

严复为逻辑学所做游说的联合效应，即它被综合进专业课程之中，以及许多设计精良、引介新概念的教科书的发行，都为这门学科在中国知识地图中获得一席之地提供了保证。大约从1902年开始，越来越多有影响力的学者纷纷提倡对这门学科的认真研究。在这一大合唱中最清晰可闻的声音之一是年轻的马君武（1881—1940），一位在二十世纪初叶推动学术和政治辩论的那些杂志的多产作者。① 在日本加入围绕未来党主席孙逸仙（1866—1925）周围的民族主义活动分子团体之前，马君武曾在上海震旦大学与张君劢一起在维新派学者康有为指导下学习，因翻译密尔的《论自由》一书而名声大振，被梁启超称誉为继严复著名的《天演论》以后在中国能被发现的"第二之善译本"。② 他对逻辑学的兴趣，在撰写于1903年论黑格尔的一篇短文中得到首次表达。承认黑格尔的逻辑学与对此学科的传统理解"迥不相同"，马君武努力让读者相信，"相反者相同"这样的概念并不像初闻之下那么"大可笑"。不如说，马君武争辩道，它们是黑格尔掌握心物之间辩证关系及其最终统一的唯心主义方案的基本构成部分。然而，最后他不得不承认，黑格尔的逻辑学，尽管效力甚巨，但仍然是如此"暧昧"而"难解"，以至于只有那些比他更具天赋的学者才有望

---

① 关于马君武思想方面的信息，参见黄嘉谟，"马君武的早期思想与言论"，载《近代史研究所辑刊》1981年第10期：第303—349页。

② 马君武（译）:《弥勒约翰自由原理》(*John Mill's On liberty*)"（上海：开明书店，1903年），重印于前揭，《马君武集（1900—1919）》，莫世祥主编（武汉：华中师范大学出版社，1991年），第28—80页。梁启超的序，参见同上，第28—29页。

第四章 传播信息:晚清教育和大众话语中的逻辑学

能深入洞察其奥妙。①

在马君武对密尔哲学的主要原则进行介绍时第二次涉足逻辑学领域,那时他听起来就自信得多了。② 现在他以与严复致力推广的观点相一致的语气写道,逻辑学在本质上由两个元素构成,一是关于"界说"(definition)的理论,另一是关于"证明"(proof)的理论。密尔已经表明,对于科学和社会进程而言,这两者都是必不可少的,但中国学者却固执地拒绝承认它们的重要性。由于不了解界说之唯一意义就是确定"其物为何物,有何原质,因何组织",他们经常嘲笑那些浪费其精力于试图"考定界说"之事务的人。但是这一艰巨任务恰恰立于任何科学发现的根本出发点;若没有它就没有任何新知识之可能。因此,一种有关界说的正确理论,正如密尔所说,是"普世界最重要而有益之事"。③ 将证据理论视为"无用"从而不考虑它,这仍然是"荒谬"的。密尔自己曾指出,传统理论通过演绎推理过于狭隘地关注证据,这只能由普通命题获得已然包含于前提中的关于特殊事例的知识。只有他的归纳理论才能提供一种确然的方法,通过不断实验从特殊事实中推出一般原则,从而获得新的知识。基于对事实间因果关系的可予证实的观察,这一方法保证了真知的最终获得,反过来又能服务于行动上的可靠向导。④

除了越来越多的中国文学中关于逻辑学的无处不在的这种夸大不实之辞外,马君武怀疑他的同胞能否为了认真研究的必要

[259]

---

① 马君武,"唯心派巨子黑智儿学说",载《新民丛报》1903 年第 27 期,重印于前揭,《马君武集》,第 99—107 页;第 105—106 页。
② 马君武,"弥勒约翰之学说",载《新民丛报》,1903 年第 29,30 和 35 期,重印于前揭,《马君武集》,第 135—152 页;第 148 页。
③ 同上,第 148 页。
④ 同上,第 149—152 页。

321

而聚集起持久的力量。在第三篇文章中他提出了被他视为他们要直面的持续不情愿的看法：

> 今中国竞言论理学矣（论理学译本有严氏、杨氏之《名学》，及汪氏之《论理学》。严书由英文译出，奇崛难知）。然吾闻据译本学论理学者，十九觉其无趣。是有二因焉：一因中国论理学之向不发达，译文新异，卒难会晤；一因贸贸然学论理学，而毫不知其有何用处，则亦等诸寻常不关紧要之科学，而不虚掷心力以研究之，固常人之情也。①

为了在他的昏昏欲睡的同胞中间唤醒真正的"论理学研究热心"，马君武再一次将其文章致力于阐明这门学科的有用性。正如马君武一再强调的，它的两个基本方法，归纳与演绎，对于所有科学和艺术而言都是至关重要的。归纳法，即"发明事物之法"，演绎法，即"综合法"，提供了两种互补且同等重要的追求"真理"的路径，因此指向一切学术之最终目的：第一种路径提供了"由万殊以求一本之法"，第二种路径则教导如何"以天则推人知"。②在随后讨论归纳法的主要概念时（作为后续计划的演绎法从未刊行），马君武极少透露，见多识广的读者们不能从容易找到的、即便更技术性的教科书中获取知识。尽管如此，他的呼吁暗示了一种对逻辑学及其多种用途更加严肃对待的稳定而又逐渐增强的诉求。

随着越来越多的作者为这门学科更接近公共话语中心而寻求其位置，逻辑术语开始渗入在改良者的新兴势力和民族主义革

---

① 马君武，"论理学之重要及其效用"，载《政法学报》，1903年第2期和第4期，重印于前揭，《马君武集》，第180—186页；第181页。
② 同上，第181—182页。

第四章 传播信息:晚清教育和大众话语中的逻辑学

命之间关于中国政治未来的激烈辩论。① 互相交流的主题形形色色,如土地国有化,驱除"异族"满人的必要性,或中国公民是否足够"成熟"到可以生活在一个共和宪制之下的问题,作者们像改良派的梁启超②和革命派的朱执信(1885—1920)③,都试图通过将逻辑学流行语编织进他们的论证中,以加强其主张的可信性,这些流行语有"定义"(definition)、"前提"(premise)、"断案"(conclusion)和"类推"(analogy)等。有时他们甚至会引入完整的三段论式,包括形式表达,来支持他们的观点。④ 朱执信似乎尤其精通他从严复、汪荣宝和大西祝的著作中了解到的逻辑学语言。⑤ 他对梁启超文章的严厉批评,形成了完整的系列,有"认识之谬论"、"形式之谬论"和"内容之谬论",其破坏性如此之大,乃至于后者在一次孤注一掷却步入歧途地尝试自卫之后,又以不那么脆弱的说法表达了他的观点。

[261]

在某些政治性语境下,逻辑学概念获得了与学术文献的功能没有多少关系的意义。一个例子就是刘师培著作中关于"归纳"

---

① 关于这两派总部都在日本的势力之间逐步升级的争议,参见黎宇宁:《中国社会主义的引入》,第 22—68 页。
② 最显著的例子是梁启超,"开明专制论"(1906),重印于前揭,《饮冰室文集》,17:13—83 页。在其导言性评论中,梁启超指出全篇论文遵循严正的"论理法"之要求,并且他"不敢有一语凭任臆见"。同上,17:14 页。将逻辑概念运用于政治辩论,大略同时的尝试,参见前揭,"驳某报之土地国有论"(1906),重印于前揭,《饮冰室文集》,18:1—59 页;以及前揭,"答某报第四号对于新民丛报之驳论"(1906),重印于前揭,《饮冰室文集》18:59—131 页。关于梁启超在这些文章中提出之观点的某种背景,参见张灏:《梁启超与中国思想的过渡,1890—1907》(Cambridge, Mass.: Harvard University Press, 1971),第 252—258 页;以及张朋园:《梁启超与清季革命》(长春:吉林出版集团,2007),第 154—167 页。
③ 朱执信,"就论理学驳新民丛报论革命之谬",《民报》1906 年第 6 号:第 65—78 页。重印于前揭,《朱执信集》(北京:中华书局,1979 年),第 1 卷,第 70—79 页。
④ 例如,梁启超,"开明专制论",17:34—37 页;以及前揭,"答某报第四号对于新民丛报之驳论",18:76—78 页。
⑤ 朱执信,"就论理学驳新民丛报论革命之谬",第 71 页,第 74 页。

和"演绎"在不同学术派别中的优点和缺点的讨论。从这个概念汉语表达的字面意思出发寻找其线索,刘师培尝试将新创立的逻辑术语的时尚魅力运用于他对如下问题所持观点的概要上,即关于在学术和意识观念事务上对(从"归纳法"—"内推","总结和接纳"等等而来的)"一致性"或(从"演绎法"—"外推","发展和阐明"等等而来的)"多元性"的支持之间的争论问题。① 这样一种对逻辑术语的不断重复在多大程度上有助于给革命派和改良派都希望赢得的读者们留下深刻印象,是很难衡量的。对刘师培那种富有想象力的思考有所反应是极为稀少的。然而,即使他们没有增加一条有效的推理形式,这种借助逻辑的权威达到政治目的的多重努力也证实,作者希望通过展示其对逻辑术语和概念的精通来加强他们论证的说服力量。

(1)"逻辑":从混乱到争用

对逻辑学迅速增长的兴趣,一个更明显的证据是扩大了的公共辩论,这些辩论不仅关乎这门新学科的优点或缺陷,抑或其在政治和学术讨论领域中的运用,而且还关乎其名称的最恰当翻译。在审察这一长久论战中提出的证明之前,回想一下如下事实可能是有用的,即这一学科在整个欧洲历史上也以很多不同的名称而被认识。只需引用较为著名的例子,我们现在知道的"逻辑学"(logic)这门科学曾用过多种名称,如"论辩法"(dialectic)、"工具论"(organon)、"规范论"(canonic)、"良药"(*medicina mentis*)、"辩论术"(*ars disputationis*)、"理性哲学"(*philosophia rationalis*)、关于知识的知识(*scientia scientiarum*)和思维艺术

---

① 刘师培在其《周末学术史序》(1905)的前言中做出这一奇怪的论证,将在本书第5章中详细讨论。关于文献细节,参见第294页以下。

(*l'art de penser*)①。虽然这些术语中的每一个都有其独特的历史,可是它们都想要突出这门学科似乎被其他名称所隐蔽了的一项特性,而也就是这一点引起了对"logic"一词汉语译法的争论。②

正如我们在前几章中看到的,到 1900 年为止,几乎每一个提到逻辑学的作者都至少为这门学科发明了一个新名称。(表 4.2 提供了 1623 年和 1921 年之间给出的"logic"一词汉语译法的所有名称按年代顺序的概述。)因此,从符号学的角度来看,对这门科学近乎全中国的长期冷淡,却反常地是最富生产力的时期。一旦中国学者最终决定他们必须向这门学科妥协,由这一基本上是毫无意义的生产力造成的术语混乱很快就会被减少到在数量有限的更严肃的可选项之间的竞争了。在二十世纪初,为公众所认可的三个主要的竞争者,作为这门科学的标准名称,是艾约瑟在 1886 年发明的"辨学",即"辩论之学"(the science of debate),或以一种更字面的译法,"辨别之分"(the science of distinction);严复在 1895 年初创介绍的"名学",即"辨名之学"

---

① See Wilhelm Risse, "Logik," in Historisches Wörterbuch der Philosophie. Band 5, ed. Joachim Ritter and Karlfried Gründer (Darmstadt: Wissenschaftliche Buchgesellschaft, 1980), 357 – 362.

② 有相当多的作者涉及了这场争辩的个别方面。参见董志铁,"关于'逻辑'译名的演变及论战",《天津师大学报》1986 年第 1 期:第 25—28 页;黄河清,"'逻辑'译名源流考",《词库建设通讯》1994 年第 5 期:第 11—15 页;周云之,"'名辩学'之名的由来及其约定俗成过程",载《理有固然——纪念金岳霖先生百年高诞生》,中国社会科学院哲学所逻辑室编(北京:社会科学文献出版社,1995 年),第 140—157 页;前揭,《名辩学论》(沈阳:辽宁人民出版社,1996 年),第 1—23 页;以及最近的研究,熊月之,"《清史.西学志》纂修的一点心得——晚清逻辑学介的问题",《清史研究》,2008 年第 1 期:第 124—135 页,这项研究主要基于顾有信,"与'逻辑'达成妥协:一个西方概念在中国的归化"(Coming to Terms with 'Logic': The Naturalization of an Occidental Notion in China),载朗宓榭等编:《新词语新概念:西学译介与晚清汉语词汇之变迁》,第 147—176 页。

(the science of names);以及源于日语的借译词"论理学",也即"推理之学"(the science of reasoning),这个词从 1901 年之后开始在中国流传。

[263] 表 4.2 "Logic"一词的汉语翻译:按年代顺序的概观,1623—1921 年

年份	汉语拼音	汉字	重译
A. 耶稣会士术语			
1623	luorijia	落日加	(音译)
1623	mingbian zhi dao	明辩之道	'the way of clear discernment'
1623	luorijia	络日伽	(音译)
1623	bian shifei zhi fa	辩是非之法	'the method to distinguish right/true from wrong/false'
1623	luorejia	落热加	(音译)
1631	mingli	名理	'the patterns of names'
1631	mingli tan	名理探	'the investigation of the patterns of names'
1631	mingli (zhi) xue	名理(之)学	'the science of the patterns of names'
1631	minglilun	名理论	'the theory of the patterns of names'
1631	bianyi	辩艺	'the art of debating'
1631	tuilun zhi zongyi	推论之总艺	'the general art of inference'
1631	tuilun (zhi) fa	推论(之)法	'the methods/laws of inference'
1683	libianxue	理辨学	'the science of rational debate'
1683	libian	理辨	'rational debate'
1683	lituixue	理推学	'the science of rational inference'
B. 近代术语			
1869	mingli	明理	'elucidating pattern'
1869	mingli zhi xue	明理之学	'the science of elucidating pattern'

续表

年份	汉语拼音	汉字	重译
1869	lilun zhi xue	理论之学	'the science of rational arguments'
1869	si zhi fa	思之法	'the methods/laws of thought'
1869	lixue	理学	'the science of pattern, philosophy'
1869	gewu	格物	'the investigation of things'
1873	minglun zhi fa	明论之法	'the methods/laws of elucidating arguments'
1873	luxi	路隙	（音译）
1873	yifa	意法	'the methods/laws of intentional thinking'
1875	luojige	罗吉格	（音译）
1876	bianlun zhi dao	辨论之道	'the way of argumentation'
1876	bianlun	辨论	'argumentation'
1880	bianshixue	辨实学	'the science of discerning truth'
1882	xuekuo xinsi zhi fa	学扩心思之法	'methods for learning to extend one's thoughts'
1884	bianlifa	辩理法	'the methods/laws of disputation'
1886	dao	道	'the Way, logos, reason'
1884	tuilunfa	推论法	'the methods/laws of inference'
1886	si zhi li	思之理	'the patterns of thought'
1886	lunbian lixue	论辩理学	'the philosophy of argumentation'
1886	libianxue	理辩学	'the science of rational disputation'
1886	bianxue	辨学	'the science of debate'
1889	lujike	录集克	（音译）
1895	mingxue	名学	'the science of names'
1896	lujike	录集克	（音译）
1901	lunli	论理	'reasoning'

[264]

续表

年份	汉语拼音	汉字	重译
1901	lunlixue	论理学	'the science of reasoning'
1902	luoji	逻辑	(音译)
1902	luojixue	逻辑学	'the science of luoji'
1904	bianxue	辩学	'the science of debate/disputation'
1906	yuan yan	原言	'the foundations of words'
1906	laojijia	牢记伽	(音译)
1906	luoji	落及	(音译)
1908	luojike	牢辑科	(音译)
1908	luoqike	罗奇克	(音译)
1908	tuilixue	推理学	'the science of inference'
1908	sixiang gongli zhi xue	思想公理之学	'the science of the general laws of thought'
1908	li	理	'pattern, reason'
1912	luoji	儸惧	(音译)
1912	luoji	纙集	(音译)
1912	luoji	落机	(音译)
1912	laojie	老诘	(音译)
1913	silixue	思理学	'the science of the patterns of thought'
1913	lilun	理论	'rational argumentation, theory'
1918	lize	理则	'the rules of reason(-ing)'
1918	lizexue	理则学	'the science of the rules of reason (-ing)'
1919	siweishu	思维术	'the art of thinking'
1921	bianlunshu	辩论术	'the art of argumentation'

鉴于对其《辨学启蒙》的微弱回应,艾约瑟的早期建议享受了令人惊奇的长寿。有一段时间,辨学甚至似乎已经成为这门科学的标准名称,如果只考虑一个相当尴尬的理由,即张之洞在其京师大学堂章程的 1904 年版本中将其作为一个可能的"古汉名"而支持它。① 由于清帝国最有权势的人之一对它的认可,辨学就被纳入到 1909 年官方术语标准的误导性的推荐之中,②即使严复和王国维在他们自己的著作中都不中意这个名称。因为它被包含在官方早期的推荐名单中,赫美玲的《英汉官话口语词典》仍然把这个名称标记为在 1916 年"得到了学部的批准"。③ 然而除了持续的官方支持之外,辨学只能被传教士提出的替代性建议所取代,比如罗存德(Wilhelm Lobscheid)的理学,即"推理之学"(the science of reason),正如我们所看到的,它在 1898 年曾由傅兰雅短暂地恢复使用过。由于与更著名的中国作者创造和传播的名称相对立,艾约瑟的发明并没有持续太长时间。

最初对辨学构成主要挑战的是严复的名学,"关于名称的科学"(the science of names)。④ 严复的选择很明显是受比他不知疲倦地寻找财富和权力的动机更普遍的关怀所促动,正如我们可从他在对密尔《逻辑学》翻译的最早注释中推断出来的那样:

> 案逻辑此翻名学。其名义始于希腊,为逻格斯一根之转。逻格斯一名兼二义,在心之意、出口之词皆以此名。引而申之,则为论、为学。故今日泰西诸学,其西名多以罗支结响,罗支即逻辑也。……精而微之,则吾生最贵之一物亦名

[265]

---

① 张百熙、荣庆、张之洞,"大学堂章程",第 101 页,第 104 页,第 107 页。
②《辨学中英名词对照表》,1a。
③ 赫美玲:《英汉官话口语词典》,第 812 页。
④ 严复在 1895 年的"原强"一文中首次使用这一名称,第 6—7 页。

> 逻格斯。此如佛氏所举之阿德门,基督教所称之灵魂,老子所谓道,孟子所谓性,皆此物也。故逻格斯名义最为奥衍。而本学之所以称逻辑者,以如贝根言,是学为一切法之法、一切学之学;……逻辑最初译本为固陋所及见者,有明季之《名理探》,乃李之藻所译,近日税务司译有《辨学启蒙》。曰探、曰辨,皆不足与本学之深广相副。必求其近,姑以名学译之。盖中文惟"名"字所涵,其奥衍精博与逻格斯字差相若,而学问思辨皆所以求诚、正名之事,不得舍其全而用其偏也。①

[266]　即便对他的同时代人来说,严复的解释在很多方面听起来也显得颇为怪异。他不仅曲解了《名理探》"对名理之探察"这一表达,从而建议用"探"来译"logic",更严重的是,他赞同将"名"作为对逻各斯(logos)的唯一可能翻译的论证也是完全不足以令人信服的。为什么"名"这个词比其他词如"道"——可再替代性地译为"大道(the Way)"、"理性(reason)"或"真理(truth)"——以及"理"即"理型(pattern)"、"原则(principle)"、"理性",更切近于逻格斯,而后两者事实上在很多基督教文献中都被用作对古希腊逻各斯的翻译?因此当梁启超指出严复选择名学的真正意图是想让欧洲逻辑学至少在名称上适合于名家,因为欧洲语言里以"论辩法家"、"辩论家"或"逻辑家"的称呼已经对名家学派逐渐熟悉了,他很有可能是对的。② 如同朱执信这样的批评家所补充的,③为了保持这一含蓄的类比,严复愿意付出的代价是,暗示逻辑学仍然是一门以名称或概念为基础的学科,其中概念或名称才是考

---

① 严复:《穆勒名学》,第1;2—3页。
② 梁启超,"今世文明初祖二大家之学说"(1902),重印于前揭,《饮冰室文集》,第13:1—12页,第13;3页。
③ 朱执信,"就论理学驳新民丛报论革命之谬",第65页。

察的主要对象,而不是命题或句子。除了这些批评之外,那些欣然接受严复的比较性暗示或珍惜其术语建议的高贵品味的作者,继续以"名学"的措辞来写关于逻辑学的作品。似乎是为了确证朱执信的异议,有些人把严复的译法完全做字面上的理解。一个例子是这样一种古怪的尝试,即将逻辑学置于颇受好评的杂志上匿名发表的其他欧洲科学之中,这些杂志为其读者提供了关于这门学科的想象谱系:

> 名学(或辨学,Logic):仓颉(传说是汉字的发明者)在汉字之六型说中首次谈到由假借形成的汉字。后代以注释和进一步扩展其意义的方式来解释这种假借字。这方面的例子不胜枚举,不仅在语言学领域,而且在每一事物和事件上都如此。由于这种模式沿用了很长一段时间,人们已经习惯了,不再审查汉字的原意,所以汉字的用法变得越来越矛盾,越来越难以理解。古希腊是名学的初创之地,其真正的创始人是亚里士多德,他研究的起点是语言和写作。亚里士多德设计了分类标准并对事物进行了区分,深思熟虑以澄清它们的区别。一旦他确定了一个词的意义,他就坚持前后一贯地使用它。正是由于此,英国人穆勒将名学称为对真实性的追求,这种追求之高于一切的价值在于,真理之呈现和谬误之消除。①

[267]

考虑到这种明显的误解,严复的术语名词在有影响力的中国科学社中还能找到某些最热心的支持者,这是令人惊讶的,直到

---

① 无名氏,"科学丛录二"(Collected records on science, part 2),《北洋学报汇编》3(1907):1a-15b;11a。[译按]译者没有找到《北洋学报汇编》3(1907)所载"科学丛录二"的原文,故只能以现代文体将英文意思翻译出来,而无法展现古文原貌。

1916年，这个社团在其为标准科学名词的推荐中还再次支持名学这一称呼。①

晚清时期表面上看来对"logic"一词最成功的翻译是"论理学"及其简称"论理"，是作为对日语 *ronrigaku*（论理学，"理性论证之学"）及其变体 *ronri*（论理，"理性论证"）的形象借译而引介到中国的。②论理学自身是作为英语词"推理之学"（science of reasoning）的借译而被创造的。③ 这个词在日本的规范化应归功于西周（Nishi Amane）的介入，他在一场发生于1880年代的虽然短暂但却颇有争议的辩论中支持这一译法。④ 西周在论理学这个词被提出之后就支持它，并且随后放弃了许多同样是试验性的中日语对等词，像"致知学"即"扩展知识之学"（the science of extending knowledge）和"明理学"即"阐明理则之学"（the science of elucidating pattern），后一个名称他采自罗存德的《英华字典》。论理学自身是借自对汉语词"理论之学"的倒置，这是罗存德迄今为止另一个没有产生什么结果的药方。⑤ 在日本争论中论理学一词最著名的竞争对手是被清野勉（Kiyono Ben）支持的"格致哲学"（the philosophy of science），还有"论说学"（the

---

① 中国科学社，"中国科学社现用名词表"，《科学》2，1916年第12期：第1369—1402页；第1370页。
② "论理"和"论理学"这两个词最早开始在汉语文本中流行，可能是叶瀚翻译的《泰西教育史》（南京：金粟斋，1901年），第1：13a页。叶瀚的翻译是基于一本由 Nose Eiichi 能势栄撰写的无法确定来源的资料；参见阿部宽（Abe Hiroshi），*Chūgoku no kindai kyōiku*，第51页。
③ 惣郷正明（Sōgō Masaaki）和飞田良文（Aida Yoshifumi）：《明治语汇词典》（Meiji no kotoba jiten 明治のことば？ 典）（Tōkyō：Tōkyōdō shuppan, 1989），第607—608页。参见李伯特（Lippert），Entstehung und Funktion, 225 - 226.
④ 船山信一：《明治论理学史研究》，第19—38页；以及髙田淳（Takada Atsushi）：《中国近代的"论理"研究》，第217—218页。
⑤ 参见森冈健二：《近代语言的演变：明治时期语言汇编》，第114页。

science of argumentation and explanation)和"论法"(the methods/laws of argumentation)。这些名称都没有寻找到进入汉语词汇的路径。由于西周的公众影响力,当汉语对日语逻辑学文本开始进行翻译时,所有这些替代词和很多更进一步的竞争者都被取代了。①

论理学和论理在中国二十世纪初的全面成功不可能由这两个词的任何内在固有的品质来解释。若是说在论理学和艾约瑟的辨学之间存在什么显著差异,那么,论理学似乎更为清晰地强调,逻辑学更关注对命题的分析,而不是名词或概念的辨析。然而,支持日语借译词的最强论据,正如我们所见,通常是从日本开始进入中国的词汇的绝对数量。仍然还是梁启超坦率地强调了这一事实,当其为自己对这个词前后不一致的译法进行辩护时,他说:

> Logic 之原语,前明李之藻译为名理,近侯官严氏译为名学,此实用九流"名家"之旧名,惟于原语意,似有所未尽。今从东译②通行语,作论理学,其本学中之术语,则东译严译,择善而从,而采东译为多。吾中国将来之学界,必与日本学界有密切之关系,故今毋宁多采之,免使与方来之译本生参差也。③

尽管梁启超预言式的主张在未来的几十年里证明是有效的,但最终致力于逻辑学研究的中国学者仍然产生出更多的术语选

---

① 参见船山信一:《明治论理学史研究》,第 27—36 页。
② [译按] 此处的"东译"即日语译法。
③ 梁启超,"墨子之论理学"(1904),重印于前揭,《饮冰室专集》,林志钧编(北京:中华书局,[1936]1990 年),第 37:55—72 页;第 37:55 页。

[269] 择。除了上面表 4.2 所列的几个新的音译借词之外，所提出的建议包括耶稣会士的术语"名理"和"名理学",①还有一些新创词，如"推理学"(the science of inference)、"思想公理之学"(the science of the general laws of thought),②或"思理学"(the science of the patterns of thought)。③或许最不寻常且最复杂的新候选词是马相伯的"原言"(the foundations of words)。马相伯基于其西方名称的拉丁词根为欧洲科学提供了一套完整的关于名称的新体系。关于逻辑学，他指出"言"(words)比"名"(names)更恰当，因为它既可以指单个的词语，也可以指短语和句子。④然而，尽管马相伯做出了颇有说服力的辩护，其建议仍然像其他新词一样，避免不了被慢慢遗忘的命运。

只有辨学、名学和论理学这三者在公共话语中确立了自己的位置。因此，清朝末年，对"logic"一词的汉语翻译情况聚集了自 1895 年起进入汉语关注焦点的绝大多数知识分支名称的信息：一个由严复杜撰的名称与一个或多个从日语借译的名称，以及许多更老的或那些极少被使用的可选译法之间进行竞争。因而有人似乎有很好的理由假设，在适当的时候日语借译词论理学将会被作为对"logic"一词的标准汉译名称而规范化。然而，与其他学术科目如物理学、哲学、社会学、政治学和更多直到今天仍保持了其源自日语的名称的学科形成对照，中国人如何接受"logic"的故

---

① 李杕:《名理学》,第 2a 页。
② 颜惠庆:《英华大辞典》(*An English and Chinese Standard Dictionary, comprising 120,000 words and phrases, … with a copious Appendix*),2 卷本(上海:商务印书馆,1908 年),第 1 卷,第 1359 页。
③ 卜道成(J. Percy Bruce)和周云路(译):《思理学揭要》(*Elements of logic*)(潍县:广文学校,1913)。参见钟少华,"清末中国人对'哲学'的追求",《中国文哲研究通讯》2,1992 年第 2 期:第 159—189 页;第 179—180 页。
④ 参见马相伯:《致知浅说》,第 640 页。

事出现了令人意料不到的转折。

(2) 章士钊与"逻辑学"

这个转折发端于由政治记者章士钊(1881—1973)撰写的一篇短文,"论翻译名义"。这篇短文最初发表于1910年11月,①[270]随即在报刊杂志中挑起了一场持续了将近十年的激烈论战,很多著名作家都卷入其中。由于这些辩论既是由适用于"logic"一词翻译之争议过程的一方提出,也是由适用于其他外来概念的争议过程的人提出,所以这个讨论值得更切近地详细审查。② 先前的争论,像围绕严复的文体风格的争议,没有详细阐述创造适当新词的一般原则。现在,有学识的中国受众第一次开始从事于对完美翻译术语之特性的系统理论反思。

章士钊,挑起这场争论的人,曾在1908年到1911年间于苏格兰阿伯丁大学学习政治经济学、法律和逻辑学。③ 在其学习期间,他就中国译者在从西方语言翻译科学和哲学术语时面临的特殊问题上发展了某些深刻的洞见。当他在一系列文章中以及在很多对批评者和支持者的回应中阐述其观点时,"logic"一词扮演了一个大受欢迎的例子。章士钊的出发点是如下争论,即义译并不能与它们想要翻译的概念相吻合并适用。因此,在他看来,名学作为对亚里士多德传统的逻辑学概念的翻译是合适的,但却不能表示自培根以后通常所理解的近代逻辑。④ 辨学和论理学具有同样的缺陷,因为它们都来自"推理"(reasoning)一词,所以仅

---

① 章士钊,"论翻译名义",载《国风报》1,1910年第29期,重印于前揭,《章士钊全集》,第1卷,第448—454页。
② 对在翻译理论方面汉语讨论语境下的争议的一个评价,参见陈福康:《中国译学理论史稿》(上海:上海外语教育出版社,1992年),第180—197页。
③ 参见邹小站:《章士钊传》(郑州:河南文艺出版社,1999年),第63—73页。
④ 章士钊,"论翻译名义",第449页。

仅只能表示"提达逻辑之一部"(演绎逻辑部分,one part of deductive logic)。① 对章士钊来说,所有这三个名称的共同毛病都是汉语字体的一个特殊性质的结果,即它难以被"他国文字"所表述。总之,译者因此别无选择,只能寻求语义译法(semantic renditions)。理想状态上,他们会找到一两个与原词语拥有同样外延的汉语字词。但是因为他们在大多数情况下找不到这样的字词,很多人就倾向于提供对外来术语的定义(definitions)的翻译,而不是翻译外来术语本身。这一普通程序的危险是,当基于先前术语的定义发生了变化或被驳斥了时,新的翻译术语就必须再被创造出来。然而,术语上的反复变化是科学进程的障碍,因此也是经济、社会和政治进程的障碍。②

章士钊在几篇文章中就"logic"一词明确倡导的解决方法是,完全放弃语义翻译(semantic translation),而依靠音译借词(phonemic loans)。就"logic"一词来说,他推荐使用词语"逻辑"或"逻辑学",这两个词,因缺乏一种可被接受的汉语音节表,曾被严复在其《穆勒名学》的翻译中作为对英语"logic"一词的音译表达而采用过。根据章士钊的说法,这种译法优越于其竞争词的决定性优势是,它们都避免了由语义借译(semantic loans)必然带来的误导性内涵的影响。若说对读者而言有什么"不便"的话,那就是它需要在首次读到它们时查阅这些词的定义,因为它们在其自身之中并不包含关于其应该怎样被理解的任何明显的线索。

章士钊支持可能的语义中立语音借译法的案例,对此,公众的反应是活泼而又多样的。很多评论,由于提供了对公众关于翻

---

① 章士钊,"释逻辑",载《民立报》,1912年4月12日,重印于前揭,《章士钊全集》,第2卷,第210—211页。
② 同上。

译问题的意识状态的深刻洞见,其本身就很有趣。因此,许多读者同意章士钊论证的总体方针,但又要求提供由语义借译引起误解的更多例子。另有一些人希望对"逻辑"有一个清晰的定义,或要求一种暗示,即在古典文献中,哪里可以找到关于这个复合词和每个单字的"古义"。① 还有某个叫耿毅(1881—1960)的人也提议采用"luoji"这个词,如同章士钊所要求的那样,但是却写成罕见的生僻字"㦬愓",通过"心"的词根"忄"生动地传达出与心灵活动的某种关联。②

[272]

反对章士钊理论观点的读者们反应有些迟钝。有一个叫张礼轩的人,在两封均发表于章士钊《民立报》、写给编辑的信中,总结了这些反对者的异议。③ 张礼轩论辩道,音译只应该被用于表示人名和地名,或新发现新发明的事物。至于一切其他事物,义译应被优先考虑:(1) 因为它们能够为读者提供所讨论对象的实时了解;(2) 因为只有义译才能保留一个术语和它源于外国文字的语义场之间的关联;(3) 因为音译难于记忆;(4) 因为严格应用章士钊的原则,即无论何时,若不能找到完全合适的义译就要用音译,那么,不可避免地会导致汉语中"无意义的"字词的急剧增加;以及最后,(5) 因为音译有如下风险,即引起意外的术语倍增,原因是同一个术语能够被以很多不同的方式转写,这些方式

---

① "问逻辑——致《民立报》记者",《民立报》,1912年4月18日;以及《民立报》,1912年4月21日。重印于章士钊:《章士钊全集》,第2卷,第201—203页;并及同上,第2卷,第212页。
② 《翻译研究论文集》(1894—1948),中国翻译工作者协会等编(北京:外语教学与研究出版社,1984年),第42页。
③ 张礼轩,"论译名",《民立报》,1912年5月17日,重印于章士钊:《章士钊全集》,第2卷,第305—306页;以及前揭,"论翻译名义",《民立报》,1912年7月6日,重印于章士钊:《章士钊全集》,第2卷,第401—403页。

取决于发音上的个人偏好或地区差异。①

章士钊并没有对所有这些争辩详加回复。然而,他坚持认为,关于直观的"大意"的貌似不成问题的便利,即其反对者视之为义译的优点,却经常是严重误解的根源。在他看来,正是音译的力量使读者不会对一个未知术语"望文而生知"从而产生误解,而是投入相当的精力去考察其正确的定义。② 保留外国术语的他异性是反对在审美上更令人满意但却不可避免地误导翻译的唯一保证。

[273]

仅仅考察已发表的辩论很难评定到底是争论的哪一方说服了更多的读者。义译仍然是现代汉语中借译的主要形式。不过,民国最初十几年"逻辑"一词的逐渐传播表明,章士钊在这个特殊事例上成功了,即确立了音译相对于现存义译是一种有吸引力的替代译法,尽管存在着由如下事实施加的系统压力,即所有其他科学的汉语名称都是从日本借译或进口的。自1920年以后,当逻辑学开始在中国扎根时,逻辑和逻辑学这两个词被应用于绝大多数关于数学或符号逻辑的作品翻译中。③

在这场争论过程中交流的观点还为中国翻译问题的未来讨论留下了一个共同的参考点。然而,至少直到1950年,当逻辑和逻辑学在中国大陆被规范化为"logic"一词的标准名称时,章士钊才算是成功地创造了一个为所有写作这个主题的人普遍接受的术语。甚至在这场争论已经停止之后,大量的新名称仍被引介。

---

① 张礼轩罗列了"糴集"、"落机"和"老诘"等作为"logic"一词更多可能的发音副本的例子。张礼轩,"论译名",第305页。
② 章士钊,"论译名",《民立报》,1912年5月17日,重印于前揭,《章士钊全集》,第2卷,第302—304页。
③ 参见郭桥:《逻辑与文化》,第70—121页;以及宋文坚:《逻辑学的传入》,第41—61页。

最著名的例子是孙中山创造的词"理则"(the rules of reason[ing])和"理则学"(the science of the rules of reason[ing]),台湾和香港的逻辑学家经常将其与逻辑和逻辑学并列使用,甚至取代后者,如果只是表达政治忠诚的话。① 虽然这场争论迟来的余波并没有增加多少新观点,但它们恰恰表明,自从二十世纪初的逻辑学发现之旅以来,中国学者为这门学科寻求正确的名称和恰当的地位而努力摸索,拥有多么强烈的热情。

结束语

一旦中国学者决定他们需要接受这一似乎是西方知识的深[274]奥分支,逻辑学在清末话语中就被快速归化了,这种速度确证了中国的知识精英与那些被完全殖民国家的知识精英不同,前者在很大程度上仍保留有对他们的四分五裂的领土的控制,甚至在残暴的帝国主义入侵时期也是如此。传教士及其本地合作者将逻辑学宣传为对中国学术的宝贵补充,这一宣传持续了两个多世纪,却未能在他们直接的盟友构成的狭窄圈子之外引起兴趣。但是一旦独立的中国学者发现这门学科的潜在用途,并建立起一个令人信服的案例,即逻辑学并不是一种外来的知识分子怪癖,而是一种向紧迫的时代问题许诺答案的通用科学,冷淡就迅速转变为好奇,有时候还会入迷。像严复和马君武那样有感染力的热情的展示,至少在精英杂志的读者们中间,成功地唤起了公众意识。但是对逻辑学隐藏价值的高度宣扬却对这一有限群体理解其实

---

① 孙中山,"孙文学说",载前揭,《国父全集》(台北:台湾中华书局,1965年),第1卷,第113—173页。有关其他几种译法,参见上面的表4.2。

际应用提供不了多少帮助,更不用说将这种理解传播给更广泛的受众了。为了达到如上两个目的,一种更持久的努力是很有必要的,而这要有赖于可靠的制度支持。

在私立大学犹疑不定的开始之后,这种支持就具体化为将逻辑学融入进清末最后十年内公布的各种新式学校课程中。虽然逻辑学的地位在不断变迁,但自1902年之后,所有改进了的大学和师范学校章程的起草都一致认为,这门学科必须成为全面的现代教育的一部分。有点令人惊奇的是,考虑到严复对逻辑学颠覆性力量的欣喜若狂,甚至由于害怕会进一步破坏帝国的意识形态基础而不允许欧洲哲学教义进入中国新式学校的张之洞,都对让学生接受新的形式推理方式的教育不持异议。对这门学科的正统容忍,有一个解释可能是,它或者被视为自然科学的辅助手段,或者被看作传统中国哲学的延伸,因此只是一种方法工具。同样地,教育机构的官员有很好的理由相信,它将会与意识形态敏感的领域保持安全距离。有一些记录重现了逻辑学在清朝末年和民国初年的课堂上实际上是如何被教授的,这些记录证实了他们[275]的观点。教师们,如果能找到的话,都与他们的学生一起努力去理解这个新领域的基础知识,而没有时间考虑它的规范性意蕴。

首先,突然的机构接受造成的最明显后果是,甚至在新式学校章程还墨迹未干之前,大量新的逻辑学教科书的出版物就已经开始打印了。尽管在它们的复杂程度上有差异,并在其理论观点上也绝不统一,但被投入到蓬勃发展的印刷市场上的数量庞大的教材,做得更多的是普及这门学科,而不是去实现它在科学、教学、法律、外交或行政管理上所曾经实现的有效性的最夸大其辞的主张。出版商为不同水平的学生提供合适的导读而竞争忙碌,这突出了甚至在如此技术性的一门课程的标题上的商业利益。

第四章 传播信息：晚清教育和大众话语中的逻辑学

意识到他们能够期待丰厚的利润，尤其是如果他们为其教材设法获得学部的认可，主要的出版社都会在他们的出版物中包含关于逻辑学的作品，并在报纸和期刊中经常一页一页地插入书的公告，在更直接的有吸引力的主题旁边为它们做广告宣传。

除了提高知名度之外，介绍主要概念的教科书无处不在的流通促进了新的逻辑词汇的规范化。由于对日本原始文本几乎一致的依赖，运用于新书中的词汇从一开始就比较早译本建议的术语更连贯一致得多。即使在个别术语或持续的系列术语的选择上有所变化，二十世纪初出版的教科书也充分介绍了根据固定的形态模式建立起来的成熟的术语体系。在不到十年之内，一个基于日本模式或多或少是稳定的术语集，作为一种新的准标准，出现了，没有人在讨论这个主题时可以忽视它。在严复的指导下，为学部设计的官方推荐的术语的对立表单，其中尝试至少保留一些他的复古造词以防灭绝，也几乎没有阻止这种趋势。到1909年，甚至那些高举审美理由而依然忠于严复术语的作者，也只是将其与源自日语的对等词并列使用，以确保他们的文本的可理解性。

借译自日本的术语也是另外一些作者的优先选择，那些作者想要利用政治和其他非技术性语境中围绕逻辑概念的权威光环。[276] 在严格的演绎形式中提出观点的过于招摇的努力，像梁启超为了宣扬其关于土地国有化的观点而做出的笨拙尝试，很明显都是对制造出一种新颖的、更加客观的推理形式的表象更感兴趣，而不是运用后者去检验他们结论的有效性。然而，当越来越多的文本主张要遵循无可反驳的逻辑形式，以及阅读公众成长起来，对那些仍然很容易被忽略的逻辑概念过于熟悉了，就会浮现出一种新"逻辑体"（logical style）的轮廓，二十世纪初，文学史家钱基博曾追溯过这一轮廓的出现。① 并不是每一个人都对这一新的写作方式留有印象。例如，作为1910年代和1920年代"文学革命"背后的驱动力量的胡适，就因其自以为是的古板姿态而嘲笑它是一种"欧化之古文"。其他人则质疑像严复这样的作者是否有能力遵守严格的"定义"和"推理"规则，他们声称自己支持这些规则，并因此嘲笑后者的文章是在练习"假欧学"。② 然而，即使是有争议性的反驳，也证实了逻辑及其所产生的新推理形式，在严复开始为此学科发起坚定的改革运动不到十年之后，已经在中国的话语中被归化了。

---

① 钱基博：《现代中国文学史》，第317—331页。
② 钱基博：《现代中国文学史》，第318页。

342

第五章 被开掘出来的遗产：中国逻辑的发现

近世泰西之文明，导源于古学复兴时代，循此例也。故[277]今者以欧西新理比附中国旧学，其非无用之业也明矣。

——梁启超，"墨子之论理学"

欧洲逻辑学在中国多元话语世界里开始扎根之后，不同学术和政治派别的学者几乎立即就开始从事第二次跨文化的翻译历程，这一历程最终导致了自那之后被称为"中国逻辑"的独特的多元领域的形成。根据前几章收集的谱系证据，应该明确的是，这种自觉的衍生话语雨后春笋般的涌现，远非不证自明的。与其他能够被相对容易地与大量古典中国文献加以关联的欧洲知识分支相对照——就像有关"西学之中国起源"的浩瀚文献所确认的那样——包含明确的逻辑反思内容的材料似乎非常难以发现。

或者这是第一批欧洲人的观点，正是他们开始在古典中国文献中寻找相关段落。利玛窦再三强调，中国学术尽管深奥精微，

343

但却"无任何逻辑规则之概念",并对"论辩法"一无所知。① 这一直率但却颇有影响的判断的余波在二十世纪又再次回响,甚至在中国学生中间也有此看法。1902年,一个研究名家现存文献的欧洲人佛尔克(Alfred Forke)写道,这些"中国智者"的"论辩法"只是"最初等的雏形……中国人的心灵从来没有超过这些雏形,并发展出一种完全的逻辑体系,或许是因为总体而言它本身就太不符合逻辑了"。②

[278]

尽管在他们的提法中少有傲慢,日本明治时期最早引介欧洲逻辑学的学者却同样确信,中国和日本都从来没有发现,抑或真正地需要或渴望,一种类似的知识分支。如果任何东方同行为这种彻底的欧洲事业努力过,这一点能够被确认的话,也只有佛教的因明(the knowledge of reasons)艺术了,二十世纪初有些日本作者尝试重新形式化地阐释这种独特的"东方逻辑",以便更适合"东方的社会习俗"。③

1. 向先驱致意!

(1) 谁发现了中国逻辑?

谁应该被誉为发现"中国逻辑"——再次强调,这是从古代中

---

① *Fonti Ricciane. Documenti originale concernenti Matteo Ricci e la storia delle prime relazioni tra l'Europa e la Cina* (1579 – 1615), ed. Pasquale D'Elia (Rome: Libreria dello stato, 1942 – 1949), vol. 1, 39; and vol. 2, 77. See also *China in the 16th Century: The Journals of Matthew Ricci* 1583 – 1610, trans. Louis J. Gallagher (New York: Random House, 1953), 30, 325, 341.

② Alfred Forke, "The Chinese Sophists," *Journal of the China Branch of the Royal Asiatic Society* 34 (1902): 1 – 100; 5.

③ 参见坂出祥伸(Sakade Yoshinobu),"明治哲学对中国古代论理学的理解",载船山信一:《明治论理学史研究》,第 242—268 页;第 242—248 页。

国文本中明确的逻辑理论而不是任何特有的中国人"思考方式"的意义上而言——的人,这仍然是一个很有争议的问题,至少在那些愿意承认中国逻辑事实上需要被发现的历史学家中间是如此。在中文研究中,这一发现通常被归于清末的训诂学家孙诒让(1848—1908)。孙诒让通过他对《墨经》的文本重构为中国逻辑的最终发现做出了不可估量的贡献。他那富有洞见的注释和校订,当其在1895年首次刊行面世时,立即引起了轰动。①《墨经》得以在道藏的某一个角落里被保存下来,或多或少有点偶然,直到十八世纪中期,它还被认为是一部无法修复的作品。② 随着在考证学运动的框架中子学的兴起,③对间接文本证据拥有敏锐眼光的注疏者,如毕沅(1730—1797)和张惠言(1761—1802),已经开始解决各个层面上导致作品不能阅读的损坏问题。但是尽管他们在连接文本断裂方面取得了一些进展,他们的工作最终也没有取得什么效果。④ 通过表明《墨经》中的"引说就经"如何联结,孙诒让恢复了这个文献被人遗忘了的结构。⑤ 虽然他没有解决围绕这一简短而又深奥的先秦文献残简的所有文本之谜,孙诒让仍然为随后一切更进一步的文本研究开创了方向。⑥

[279]

在其大量的行间注里,孙诒让多次暗示在"墨经"与欧洲科学

---

① 孙诒让:《墨子闲诂》(苏州,1895年)。
② 参见杨俊光:《墨子新论》(南京:江苏教育出版社,1992年),第308—320页。
③ 参见艾尔曼:《从哲学到文献学:中华帝国晚期知识和社会因素的变迁》(*From Philosophy to Philology: Intellectual and Social Aspects of Change in Late Imperial China*)(Cambridge, Mass.: Harvard University Press, 1984),第76—79页。
④ 杨俊光:《墨子新论》,第320—324页。
⑤ 参见崔清田:《显学重光:近现代的先秦墨家研究》(沈阳:辽宁教育出版社,1997年),第51—56页;以及郑杰文:《20世纪墨学研究史》(北京:清华大学出版社,2002年),第47—56页。
⑥ 杨俊光:《墨子新论》,第324—326页。

如光学和力学的基本观点之间存在相似之处。他的注疏以更早的邹伯奇(1819—1869)和陈澧(1810—1882)的观点为基础,曾提出,《墨经》是现在看起来更先进的西方知识的一个可能的中国源头。① 不过,就像其他"中国源头"论的提倡者一样,孙诒让没有在预料中能够与欧洲逻辑学相联系的"经"里辨别出任何段落,至少在经他重构的已刊行的版本中完全没有。而之所以通常还赞誉他是中国逻辑的发现者,其原因是基于在其去世后发现的写给梁启超的一封信,这封信可追溯至 1897 年。据称孙诒让在这封信里写道:

[280]
> 尝谓《墨经》揭举精理,引而不发,为周名家言之宗。窃其必有微言大义,如欧士亚里大得勒之演绎法,培根之归纳法及佛氏之因明论者。②(转引自《墨学源流》)

依此段文字的语言看,似应质疑其真实性。似乎更值得注意的是,没有读过任何外语的孙诒让可能会为"deduction"和"induction"这两个词选用源自日语的术语,1901 年之前这两个词还没有出现在任何汉语文本中,而不会去使用传教士的翻译或严复更流行的建议。不管怎样,孙诒让从未解释《墨经》的哪一部分使他猜想到这些缄默的共鸣。

第二位偶尔被称为中国逻辑的发现者的学者是严复。正如我们所看到的,严复在其于 1909 年发表的《名学浅说》中指出了

---

① 参见阿梅龙,"重量与力量:西方力学在中华帝国晚期的接受"(Weights and Forces: The Reception of Western Mechanics in Late Imperial China),载朗宓榭等编,《新词语新概念:西学译介与晚清汉语词汇之变迁》,第 197—232 页;第 214—215 页。
② 孙诒让,"与梁桌如论墨子书"(1897),重印于《孙籀顾先生集》(台北:文艺印书馆,1963 年),第 2 卷,第 581—585 页;第 582 页。[译按]此条引文为韩建国老师提供原文。

《易经》与西方归纳法经典两者洞见之间的关联,而且这种关联也在其选择"名学"(the science of names)一词作为这门学科最合适的中文名称上有所暗示。然而,严复关于中国古代哲学和欧洲逻辑学之间有类似性的最早的作品线索,已经可以在他为其最成功的译作《天演论》所撰序言中发现:

> 司马迁[于《史记》中]曰:"《易》本隐而之显。《春秋》推见至隐。"此天下至精之言也。始吾以谓本隐之显者,观象系辞以定吉凶而已;推见至隐者,诛意褒贬而已。及观西人名学,则见其于格物致知之事,有内籀之术焉,有外籀之术焉。内籀云者,察其曲而知其全者也,执其微以会其通者也。外籀云者,据公理以断众事者也,设定数以逆未然者也。乃推卷起曰:有是哉?是固吾《易》、《春秋》之学也!迁所谓本隐之显者,外籀也;所谓推见至隐者,内籀也。其言若诏之矣。二者即物穷理之最要涂术也。①

严复的声明超越了孙诒让的暗示,因为前者为中国经学中逻辑问题的两个主要方面提供了稳固的基础。但它并没有揭示严复是否同意这一基础维持了值得被称为中国逻辑的知识分支。他对从中国古代伪称的智慧那里寻找空虚的骄傲的学者以及坚持"中国源头"魔咒的可笑的老套作者深感怀疑。② 事实上,甚至上述所引声明,除了它对中国"逻辑遗产"看似热情的支持外,却以如下发人深省的话——这句话通常在明确肯定的中国逻辑学

[281]

---

① 严复,"译'天演论'自序",第 1319—1320 页。
② 参见胡志德:《把世界带回家:清末民初的西学中用》,第 55—56 页。

史中是被删除了的——继续说道:①

> 而后人不知广而用之者,未尝事其事,则亦未尝咨其术而已矣。②

因此,即使逻辑学已经在先秦萌芽开花,严复也确信这些蓓蕾已经被后来学者的疏忽给损坏了。他在自己的作品中最多也就只是参考了古代中国的逻辑洞见。关于这个主题,他最自信的主张是在其对耶芳斯《逻辑学》的翻译中的一段话,其中他指出:

> 夫名学为术,吾国秦前,必已有之,不然,则所谓坚白同异、短长捭阖之学说,未由立也。《孟子》七篇,虽间有不坚可破之谈,顾其自谓知言,自白好辩,吾知其于此事深矣。至于战国说士,脱非老于此学,将必无以售其技。盖惟精于名学者,能为明辨以析;亦惟精于名学者,乃知所以顺非而泽也。③

即使严复相信逻辑学"必已"存在于先秦中国,他也不能发现任何材料,基于这些材料那门遗失了的科学能够得以被重新建构。因此,他对中国逻辑的初期话语所做的唯一长久贡献仍然是,坚持"名学"是"logic"一词的最合适翻译,尽管正如上述表明的那样,这一术语的选择立即激起了各种批评。

第三位被零星提起并将中国逻辑学的发现归功于他的学者,是佛学作家宋恕(1862—1910)。④ 1902 年离开杭州求是书院时,

---

① 逻辑史资料众多,可参见周云之等编:《中国逻辑史资料选》,第 4 卷,第 254—276 页。
② 严复,"译'天演论'自序",第 1320 页。
③ 严复,《名学浅说》,第 76 节。
④ 例如参见曾祥云:《中国近代比较逻辑思想研究》,第 39 页;以及李匡武:《中国逻辑史:近代卷》,第 201—202 页。

宋恕创作了八首诗,在其中的一首诗中,他得出因明和欧洲"三字"(syllogism,三段论)的逻辑推论标准式之间最早版本的相似之处:

> 竺乾论理宗因喻,
> 希腊三字竟异同。
> 宋后魔禅亡义学,
> 欧西切讲振华风。①

将中国被遗忘了的逻辑遗产的踪迹落实到佛教因明推理上而不是那些子学的著作里,宋恕在关于"中国早已有之"这样的安慰性修辞上提出了新的并且明显更易于证实的变异观点。然而,无论是他在因明研究方面记录下来的专长,还是在他的诗中对这门科学的戏剧性的潜在贡献,都没有让宋恕更系统地探索他感觉到的那种相似性。结果,他的直觉,也就像他的前辈所怀疑的那样,很大程度上被忽视了。

由于孙诒让也好,严复或宋恕也罢,对于中国逻辑这块未知大陆,都不过是发现了大致的粗糙轮廓,就这一点而言赞美他们的功绩也就没有什么史学价值了。事实上,如果匆匆一瞥之下就足以获得中国逻辑的发现者这一尊称,那么,这一荣誉或者应该授予利玛窦,正如我们所见,他在十七世纪就已经识别出公孙龙的"白马"悖论的逻辑导入;或者应该授予德国语言学家嘎伯冷兹

[283]

---

① 宋恕,"留别杭州求是书院诸生诗"(1902),重印于前揭,《宋恕集》,第 855—859 页;第 857 页。显然担心读者可能不能理解他的诗,宋恕增加了一个注释解释其评价的历史背景:"《因明入正理论》为印度论理学要籍,自窥基作注后,唐、宋间说者数十家,讲经义者多问津焉。及禅盛而义衰,禅入魔而义几亡。净宗诤禅,稍救其弊,然亦不重讲义,盖因明之荒久矣。独日本师承不绝,至今益盛,禅、净之秀亦皆治之焉。西洋论理学祖希腊按理氏[Aristotle],按理氏立三句法[the syllogism],破魔之功极大。"同上。

(Georg von der Gabelentz),几乎在孙诒让、严复和宋恕发出他们的怀疑声音之前十年,他就已经在所出版的《墨子》译本的一个简短导言中写出如下文字:

> 卷十——第 40 到 43 章[即"墨经"的章节]——尤其难解。它看起来好像主要由定义构成;其文体极其简洁而抽象,并且在很多地方,文本似乎故意晦涩难明。整体上[这本书]具有一种深奥晦涩的风格。有时候我们被引导着猜测,一个综合判断或肯定命题或许隐藏在某个定义之后,然后它仿佛又通过例子来传授形式逻辑和论辩法。它是我所见到的最晦涩难懂的文本之一。①

(2) 日本明治时期的中国逻辑

关于逻辑学在古代中国可能存在的更严肃讨论首先出现在明治时期的日本。从 1880 年代开始,"支那哲学"就成为日本学者中间的一种时尚主题,他们开始重新思考"东方"对普遍哲学问题的贡献。② 在这些讨论中——这些讨论主要是用借自十九世纪德国新康德主义的术语展开的——古代中国思想被详察其遗迹,首先是形而上学和认识论方面的观点,然后是逻辑学的观点。③ 上面已经指出,大多数早期日本哲学及相关学科的学者——其中有大西祝,但也有更老练的中国通像藤田丰八(Fujita

---

① Georg von der Gabelentz, "Über den chinesischen Philosophen Mek Tik," *Berichte über die Verhandlungen der Königlich Sächsischen Gesellschaft der Wissenschaften zu Leipzig. Philologisch-Historische Klasse* 40 (1888): 62—70; 68.(德译英是我自己的翻译。)
② Piovesana:《日本近代哲学思想史》,第 32—37 页。
③ 参见梅约翰,"诸子学与论理学:中国哲学建构的基石与尺度",第 63—64 页;以及船山信一:《明治论理学史研究》,第 16 页。

第五章 被开掘出来的遗产:中国逻辑的发现

Toyohachi)和服部宇之吉——最初都否定在先秦思想中能够找到任何与欧洲逻辑学相类似的内容。① 某些更有雅量的声音争辩说,逻辑思考的"胚胎"(sprouts)可被追溯到构成中国论辩者修辞艺术之基础的隐秘洞见。第一个做出这种承认的作者大概是西周,② 但只有通过佛教学者松本文三郎(Matsumoto Bunzaburō,1869 - 1944)才使其得到更加充分的发展。在一篇发表于 1895 年论辩论家公孙龙的文章中,松本文三郎指出公孙龙对貌似矛盾的表达的熟练辩护,在精神上是与古希腊智者相接近的。③ 然而,像西周这样的学者,他拒绝如下观念,即古代中国哲学已经知道逻辑学本身。④ 在他的《支那哲学史》——这是在日本出现的有关这一主题的首部专著——中,松本文三郎甚至提出如下看法:"逻辑思维的缺乏"是早期中国和欧洲哲学之间最显著的区别。⑤

第一位提出较少批判性评价的作者是蟹江义丸(Kanie Yoshimaru,1872 - 1904),梁启超验证颇受启发的作者之一,他在荀子为回应名家学派提出的问题时提供的解决方案中发现了"逻辑价值"(logical value)。根据蟹江义丸的说法,荀子在"正名"这

---

① 更多的例子,参见坂出祥伸,"明治哲学对中国古代论理学的理解",第 242—244 页。
② 同上,第 245 页。
③ 松本文三郎(Matsumoto Bunzaburō),"公孙龙子",*Tōyō tetsugaku* 2, no. 4 (1895):145 - 150. 参见梅约翰,"诸子学与论理学:中国哲学建构的基石与尺度",第 64 页。
④ 松本文三郎,"支那哲学"(On philosophy in China),*Tōyōtetsugaku* 5, no. 4 (1898):170 - 172. 参见梅约翰,"诸子学与论理学:中国哲学建构的基石与尺度",第 64—65 页。
⑤ 松本文三郎:《支那哲学史》(*History of Chinese philosophy*)(Tōkyō:Tōkyō senmon gakkō, 1901),第 2—3 页。参见坂出祥伸,"明治哲学对中国古代论理学的理解",第 245 页。

一章揭示了有关命题起源及其必须运用的标准和规则方面的洞见。因此,荀子证明了古代中国存在一种"逻辑精神",与因明推理的典范一样,直到在他死后几个世纪之后才逐渐被人们认识。① 蟹江义丸的观点又被桑木严翼(Kuwaki Gen'yoku,1874－1946)详加扩展,后者在今天以伊曼努尔·康德的解释者著称。② 1898年,带着补充蟹江义丸的分析不足③并增加两年以来更全面的"古代中国论理思想发展概况"④的明确目的,桑木严翼写过一篇论述"荀子的论理学说"的文章。由于在东京大学受到系统训练,桑木严翼在其早期著作中致力于新康德主义在一种新的批判性认识论框架下调和哲学与自然科学的方案。他对逻辑学的兴趣只是这一事业的一部分。像他的老师中岛力造(Nakajima Rikizō)和黎尔(Alois Riehl)那样——后者是他于1907—1908年在柏林学习时的老师——桑木严翼将逻辑学和认识论看作是阐明有效知识的可能性条件的尝试中所必不可少的。⑤ 当认识论通过考察知觉的经验基础而确定知识的实质有效性时,逻辑学则通过解释概念据以与思想相关联的法则而提供形式上的确定性。

---

① 蟹江义丸(Kanie Yoshimaru),"荀子的学论"(Xunzi's study of debate),*Taiyō* 3, nos. 8-9 (1897). 参见坂出祥伸,"明治哲学对中国古代论理学的理解",第246—247页。
② 关于桑木严翼(Kuwaki Gen'yoku)的哲学背景和哲学训练,参见坂出祥伸,"明治哲学对中国古代论理学的理解",第248—252页;以及Piovesana:《日本近代哲学思想史》,第81—83页。
③ 桑木严翼,"荀子的论理学说"(Xunzi's logical theory),*Waseda gakuhō* 14 (1898),重印于前揭,《哲学概论》(*Outline of philosophy*)(Tōkyō: Hakubunsha, 1900),第449—463页。对蟹江义丸的参考,参见同上,第463页。
④ 桑木严翼,"支那古代论理思想发展概论"(An outline of the development of logical thought in ancient China)(1900),重印于前揭,《哲学概论》,修订扩展版(Tōkyō: Waseda daigaku shuppanbō, 1923),第473—500页。
⑤ See Niels Gülberg, "Alois Riehl und Japan," *Humanitas* (*The Waseda University Law Association*) 41 (2003): 1-32; 2-6.

这种对逻辑学的理解也启发桑木严翼中国古代逻辑的探究,正如他在其论荀子的文章导言中所揭示的——这是任何语言中运用"支那论理学"(Chinese logic)的第一个文本:①

> 三段论并不是真正的论理学最重要的部分。论理学的目的是解释思想自身的法则,也就是说,思想的形式法则;确定判断是否适当;以及阐明概念的意义。因此,荀子的"正名"篇就可被看作是对"精神概念"(mental conception)的一种论理学说的详细论述。在讨论这一学说之前,荀子解释了事物据以被认知概念表达的理式(patterns)。用他自己的话来说,在引出"名"(names)之前,他首先谈论了"知"(knowledge)。这与今天所谓"认识论的论理学"[286](epistemological logic)是完全一致的。②

桑木严翼在荀子那里确认的与逻辑相关的洞见,包括在"虚"与"满"或适当与不当之间的一种以经验为基础的区分,也即是说,这些词汇类似于在培根所批判的市场谬误(the idola fori)中表达的概念;③一种倾向于混淆属和种的"简单粗略"的分类理论;④确立同一与差异的标准;⑤以及三种"惑"(errors)的清单,类似于关于谬误的讨论,强调歧义的来源,要求尊重感觉材料,并揭

---

① 桑木严翼,"荀子的论理学说",第462页。
② 同上,第450页。
③ 同上,第458—459页,指的是《荀子》22.2g。引用的《荀子》的编号方式,参见约翰·诺布洛克:《荀子全本翻译和研究》(Stanford: Stanford University Press, 1994)。参见同上,第3卷,第130—131页。
④ 桑木严翼,"荀子的论理学说",第457—458页,指的是《荀子》22.2f。参见诺布洛克:《荀子全本翻译和研究》,第3卷,第130页。
⑤ 同上,第454—456页,指的是《荀子》22.2h。参见诺布洛克:《荀子全本翻译和研究》,第3卷,第131页。

露维持相互矛盾的假设在逻辑上的不可能性。① 虽然这些因素不能添加到一种全面的"认识论论理学"的理论之中，但荀子确实提出了这一理论不能忽视的基本问题。又由于他是以一种"组织的"(systematic,系统的,追求体系的)方式这样做的,桑木严翼指出,他不能被视为一个智者,而应该在逻辑史上给予其更高的地位,某种程度上应该是"在苏格拉底和亚里士多德之间"的地位。②

"系统的"(systematic)和"不系统的"(unsystematic)逻辑探究之间的区分也是引导桑木严翼第二篇论"支那古代论理思想发展概论"的文章的基本原则。桑木严翼写道,就像在古希腊和印度那样,系统的逻辑思考在早期中国是由诡辩家的出现引起的。战国时期政治秩序的衰落使得对知识分子自由的宽容达到了空前的程度,然后又推动了日益富有争议的论辩。虽然孔子极少依靠逻辑论证反驳对其道德缄言的挑战,但他的后继者毫不犹豫与其对手交战。孟子尤其经常性地与不负责任的游说者一起进入公共辩论,揭示他们如何利用歧义引诱他们的受众。因此,即使他从未以一种系统的方式阐述其逻辑观点,仍然应该在儒学思想家中给予孟子以特殊的地位。③ 在观念形态光谱的另一端,道家文本语境下的老子与庄子分享了儒家对伦理学和形而上学的关注,并在逻辑问题上也展示出同样有限的兴趣。他们在与逻辑相关的领域唯一可能有价值的贡献是坚决主张对立面的统一,以及

---

① 桑木严翼,"荀子的论理学说",第460—462页,指的是《荀子》22.3a-d。参见诺布洛克：《荀子全本翻译和研究》,第3卷,第131—132页。
② 同上,第451页。
③ 桑木严翼,"支那古代论理思想发展概论",第473—476页。

与之相关的摧毁矛盾律的尝试。① 不过,尽管这一出发点类似于黑格尔在近代哲学事业的开端,他们两者都浪费了在这一基础上建立完整成熟的哲学逻辑学体系的机会。桑木严翼对辩论家中持有的逻辑观点的描绘甚至更少同情。虽然惠施、公孙龙和其他辩论家在逻辑规则的运用方面很擅长,但他们将这种知识浪费在琐碎无聊的目的上,而不是更负责地用它去建构连贯一致的理论。因此,他们对思想法则、具体和抽象概念的属性以及将这些概念组合起来的某些规则的无可否认的掌握,以一种否定的方式,即激起对其诡辩挑战的更坚决抵抗的方式,为逻辑思想的发展做出了贡献。②

对辩论家的才智最强大的反应来自于荀子和墨子,桑木严翼承认他们是先秦中国唯一的两个"成体系的"逻辑思想家。正如在他的第一篇文章中表明的,桑木严翼为其概念化(conceptualization)或"概念"(conception)的精深理论而称赞荀子,用十九世纪末的逻辑学术语来称呼它,这一点他又用扼要的方式加以重申,并一起修正了他早期版本的某些错误,例如对诡辩家引语的滥用。③ 根据桑木严翼的说法,墨子,或更准确地说,《墨经》为这些洞见增加的是一种推导理论(a theory of inferential reasoning)。由于这个文本的严重损坏,只有这一理论中的一些片段是可被理解的。桑木严翼依据毕沅的版本,其中只有"经上"的部分,以及被标为"大取"和"小取"的部分看起来或多或少是可读的。在"经上"中,桑木严翼为"故"(consequence)和

---

① 桑木严翼,"支那古代论理思想发展概论",第 476—477 页。
② 同上,第 477—483 页。
③ 同上,第 491—499 页。参见坂出祥伸,"明治哲学对中国古代论理学的理解",第 257—258 页。

[288] "必"(necessity)之类不能将之与任何意义语境相关联的概念,挖掘出定义。"大取"和"小取",其主要目的是捍卫墨子关于"兼爱"的伦理学说,似乎更可接近更容易理解。桑木严翼声称这两个文本都包含着对重要逻辑观念和说明其运用的实例的解释。然而,他对这两章的解释难以令人信服。其中他的看起来更合理的主张是对墨家"辩"(to dispute or distinguish)的观念与"论理"或"论辩"的一致性的鉴定。"小取"将"辩"的目的解释为"明是非之分,审治乱之纪,明同异之处,察名实之理"。① 另一些有价值的对等建议包括桑木严翼将"今不然也"比拟为"假设"(hypothesis),以及将"效者,为之法也"比拟为"规范"(norm)。② 虽然这些定义至少显示了与他建议的对等概念的家族相似性,但桑木严翼为"或"(problematic probability)、"辟"(material example)、"侔"(equivalence)、"援"(conclusion)、"推"(analogy)提供的对等词,没有做更进一步的解释,是相当牵强附会的。但是更成问题的是他主张"墨经"以这八个概念的介绍确立了"论理学的完整轮廓"。③

虽然桑木严翼尽其所能将他发现的碎片联结起来,这些碎片之间的关联在最好的情况下也是脆弱的。但甚至最富创意的重构也不能掩盖如下事实:他从"墨经"较少残缺的部分抽取出来的概念工具太少了,远不足以充当一座与亚里士多德及其后继者真

---

① 桑木严翼,"支那古代论理思想发展概论",第485页。下面引用的《墨经》的页码和行数参见葛瑞汉在《后期墨家的逻辑学》(第499—525页)建议的道藏版本,在这个例子中是"小取"HC 6A.9 - 6B.1。翻译采用葛瑞汉:《后期墨家的逻辑学》,第472—475页。
② 同上,第486页,指的是"小取"HC 6B.3 - 4。参见葛瑞汉:《后期墨家的逻辑学》,第470—471页。
③ 同上,第488页。

正对等的理论大厦的可靠基础,正如他着重强调指出的。① 在其结束语中,通过指出墨子对推理规则的洞见,从系统观点看,仍然不完整的,桑木严翼也承认了这一点。然而,整体而言,他坚持认为,他的重构无庸置疑地证明了古代中国逻辑思想像古希腊和印度那样遵循了相同的目的论的发展路径——从"不系统的"思索,[289]经过诡辩发展到"系统的"探究。② 因此,他的《支那古代论理思想发展概论》确实可以夸耀说挖掘了丰富的遗产,如果不那么证据确凿的话,基本覆盖了桑木严翼理解的与欧洲逻辑学最先进形式相同的基础。所以,若是有必要确定一个中国逻辑的发现者,桑木严翼必须被称为最严肃的竞争者,尽管他更加高举的主张有着成问题的本质。③

所有这些早期的开拓者看来可能都一样富有独创性,但在二十世纪的中国,他们都只能对中国逻辑的话语赖以走向清晰的方式贡献模糊的灵感。在这方面更具决定意义的是那个时代最有影响力的四位中国学者——刘师培、章炳麟、梁启超和王国维——的解释性工作,他们在二十世纪初年几乎立即就开始将其注意力转向为新发现的逻辑学寻找本民族的先例。他们从这一时期开始的研究中,四位学者辨认出的主要问题,是自那之后在这个主题上写作的人都不能忽略的。从中国学术需要被新概念材料的翻译更新这样一种普遍的确信出发,每一位学者都从不同的角度,带着不同的目的,接近了中国逻辑的问题。虽然他们展示了这一被遗忘的遗产的不同版本,每个人都以自己的方式对

---

① 桑木严翼,"支那古代论理思想发展概论",第 492 页。
② 同上,第 499 页。
③ 关于桑木严翼的发现在二十世纪日本的影响,参见坂出祥伸(Sakade Yoshinobu),"明治哲学对中国古代论理学的理解",第 262—268 页。

这一概念空间的结构添加了一个核心元素，直到今天，中国逻辑话语还在这个概念空间结构中被表达。

2. 作为古典语言学的中国逻辑

刘师培在这一脉络中的角色经常被低估。这个有着源自扬州——自十七世纪起它就是"汉学"的中心之一——的杰出学术血统的早熟儿，①刘师培以其善变的政治激进主义著称。在他对一种精神上令人满意的政治意识形态的古怪寻求中，刘师培从满怀恶意的大汉族主义，经由无政府主义，再转换到不合时宜的君主政体上。② 然而，由于他在私塾中接受了良好的训诂学训练，他下笔如风，颇有文胆，勇于汲取外来观念并将之与本民族观念相融合，从而博学多识，在二十世纪最初几年里，他也被看作是中国最有希望的年轻学者之一。他的第一本著作，《中国民约精义》，完成于1903年，是这种才能的一个惊人的例子。③ 为了传播借自让-雅克·卢梭《社会契约论》的观念，后者通过从日语的转译在中国已尽人皆知，刘师培故意将这一文本截成片段，改述有用的段落，并通过附上经学和子学的中国文献引文，来证实他

[290]

---

① 关于刘师培的家庭背景，参见万仕国：《刘师培年谱》（扬州：广陵书社，2003年），第328页。
② 关于刘师培多变的政治观念，参见沙培德：《无政府主义与中国政治文化》(Anarchism and Chinese Political Culture)（New York: Columbia University Press, 1990），第32—45页；Fang-Yen Yang，"国家，人民，无政府：刘师培与近代中国的秩序危机"(Nation, People, Anarchy: Liu Shih-p'ei and the Crisis of Order in Modern China)（博士论文，University of Wisconsin-Madison, 1999），第2章和第3章；以及张灏：《危机中的中国知识分子：寻求秩序与意义》，第146—179页。
③ 刘光汉[刘师培]：《中国民约精义》(1903)，重印于前揭，《刘师培全集》（北京：中国中央党校出版社，1997年），第1卷，第560—597页。

的解释。① 刘师培绝不是首次运用这一技巧的人,很显然,它是由阐述西方科学中国起源的文本的好辩策略所激发的,但是他利用这种训诂方法,带来了比以前作者更具说服力的功效。但更重要的是,他将之与对一个越来越受欢迎的目标的追求相联系:抵抗满清帝国的"异族"统治者。

(1) 中国的名学

这种颠覆性的意图甚至在刘师培的第二部主要著作《攘书》中变得更为明显,这是一部激进的反满专著,里面包含了一些更学术性的章节。在这些较少政治争议的章节的其中一章里,刘师培宣布了他自己对"中国逻辑"的发现。在关于荀子一章"正名篇"的考察中,刘师培引用借自严复《穆勒名学》译文中的术语以论证荀子的观点,并且无论何处,只要为了其好辩目的的需要,就用引自《荀子》的文字来加强密尔的讯息。② 通过对解释前提和待解释词语秩序的自由变换,刘师培超越了"中国起源"修辞的解释惯例。他在两种概念框架之间不受拘束的漫游,这两种概念框架的优先性必须在每一特例中被决定,这是致力于中西知识融合的话语中的新元素。直到1897年,"中国起源"的作者们还在坚持中国术语的优先性,之后秩序突然翻转,传统中国学术开始被重新定义以便适应欧洲化的学科基质。③ 不过,中西学术的分类

[291]

---

① See Xiaoling Wang, "Liu Shipei et son contrat social chinois," *Etudes chinoises* 17, nos. 1-2 (1998): 155-190; and Steven C. Angle, "Did Someone Say 'Rights'? Liu Shipei's Concept of Quanli," Philosophy East and West 48, no. 4 (1998): 623-651.
② 刘光汉:《攘书》(1903),重印于前揭,《刘师培全集》,第2卷,第1—17页;第15—17页。
③ 第一个"中国起源"的文本,其中知识分类学被颠倒,是《格致精华录》,江标编(约1897)。关于江标,参见阿梅龙,"重量与力量:西方力学在中华帝国晚期的接受",第219—220页。

框架仍然被严格区分。然而,刘师培所考虑的,正是这些框架的折中融合,而随着这一尝试,他打开了西方学术在中国驯化的崭新一页。

这一新方法所需要的一个例子是刘师培对逻辑学的翻译,他非常字面化地将其设想为一种"名学"(science of names)。刘师培在这一课题上显然绝非专家。他对这门科学的理解几乎完全依赖于严复《穆勒名学》译文的第一部分。① 像严复那样,他也宣称"归纳"和"演绎"是逻辑学的核心问题,并且他还从严复《穆勒名学》翻译中引用了一段话,强调这门学科不能被看作是纯粹形式上的"思之学",而毋宁说是一种蕴含道德和精神维度的"求诚之学"。② 刘师培是否切近地研究过《穆勒名学》,这一点仍然是可疑的。与其说是被这部著作的内容还不如说是被其题目的字面意义所激发,刘师培呼吁西方"名学"——他就是这样理解的——与汉语文献学和校勘学(也即"小学")的一种合并。刘师培确信,将逻辑学方法综合进传统文献学的宝库之中,将有助于克服汉语声名狼藉的规则之缺乏,他把这一点视为学术进步的障碍。③ 在其大约与《攘书》同时撰写的"国文杂记"一文中,刘师培认为他提议的合并事实上构成了对古代实践的一种回归:

> 中国国文所以无规则者,由于不明论理学故也。论理学之用,始于正名,终于推定。盖于字类之分析,文辞之缀系,非此不能明也。吾中国之儒,但有兴论理学之思想,未有用

---

① 参见李帆,《刘师培与中西学术》(北京:北京师范大学出版社,2003年),第101—103页。
② 刘光汉:《攘书》,第2卷,第15页。
③ 刘光汉,"国文杂记"(1903),重印于前揭,《刘师培全集》,第3卷,第463—466页;第465页。

第五章 被开掘出来的遗产:中国逻辑的发现

论理学之实际。观孔子言"必也正名",又言"名不正则言不顺",盖知论理学之益矣。而董仲舒[约公元前 195—105 年]亦曰:"名生于真,非其真弗以为名。"则亦知正名为要务矣。而荀子"正名篇"则又能解明论理学之用,及用论理学之规则。然中国上古之著,其能纯用论理学之规则者有几人哉?若夫我国古时之名家在公孙龙、尹文之流,亦多合于论理,然近于希腊诡辩学派,非穆勒氏所谓求诚之学也,而儒家又多摒弃之,此论理学所以消亡也。今欲正中国国文,宜先修中国固有之论理学,而以西国之论理学参益之,亦循名则实之一道也。①

虽然刘师培计划合并的目的很明确,但察知如何能够完成这种合并却并非易事。在其《攘书》中,通过将大量关于"名"的属性和功能的古代观点综合进由荀子启发的概念化理论之中这种方式,刘师培近乎完成了他自己选择的任务。由于孙诒让和章炳麟两位学者的老师俞樾(1821—1907)的著作,荀子俨然成为清末附庸于"古文"经学的文人的重要参考点,俞樾一丝不苟的注疏,目标就是要在正统滥用了几千年后,复兴荀子关于人性的非正统观点。② 刘师培满腔热情地加入了这一事业,尤其是因为他相信荀子的观点以及他所支持的整个"名学",与穆勒或毋宁说是严复的"求诚之学"产生了共鸣。为了拓展此种共鸣,刘师培在他的《攘书》以及大量约略同时的文章里,鉴别出荀子和穆勒"名学"中主

[293]

---

① 刘光汉,"国文杂记"(1903),重印于前揭,《刘师培全集》,第 3 卷,第 465—466 页。
② 关于俞樾和他对荀子的维护,参见张灏:《危机中的中国知识分子:寻求秩序与意义》,第 105—107 页。

要术语之间的特定对等关系。① 例如,他把荀子的"共名"(general name)和"别名"(specific name)与穆勒的"公名"(general term)和"专名"(particular term)对等起来,并将荀子的"大共"(greatest generalization)和"大别"(greatest specification)这种表达与"归纳"(induction)和"演绎"(deduction)二词相匹配。② 好像这样还不够复杂,刘师培又将因明术语添加到这个概念混合体中,从而充实了孙诒让和宋恕对西方逻辑学与中国佛教推理之间具有相似性的猜测。因明文献在世纪之交的中国被重新发现,③连同其他替代性传统,但刘师培没有理由相信他的读者会熟悉独特的因明概念。不过,他没有为其如下主张提供任何证据,即因明术语"同品"(of similar quality)和"异品"(of different quality)在功能上与西方概念"公名"(general term)和"专名"(particular term)是等同的,先前他把后者与荀子的相关概念加以类同。④ 虽然刘师培在寻找对等词方面比他的前辈走得更远,但他坚持认为,西方逻辑学和因明都只能为中国文献学提供补充,而不能代替它,因为它们并不是在独特的中国语言和文字的基础上演化的。他在如下信念上从未产生动摇,即接近保存在古代中国文献中的普遍真理,要依赖

---

① 除了《攘书》之外,刘师培还在《小学发微补》(1905)中讨论了荀子和密尔,重印于前揭,《刘师培全集》,第1卷,第422—442页;《国学发微》(1905),重印于同上,第1卷,第474—499页;以及"荀子名学发微"(1907),第重印于同上,第3卷,第316—318页。
② 刘光汉:《攘书》,第2卷,第16—17页。这些运用于《荀子》的术语的英译文,采自诺布洛克:《荀子》,第3卷,第130页。
③ 关于清末民国时期佛教逻辑学的再发现,参见弗朗肯豪瑟尔:《中国佛教逻辑导论》,第205—217页;以及姚南强:《因明学说史纲要》(上海:三联书店,2000年),第328—339页。
④ 刘光汉:《攘书》,第2卷,第15页。关于"同品"和"异品"概念,参见沈剑英编:《中国佛教逻辑史》(上海:华东师范大学出版社,2001年),第134—139页。

于欧洲逻辑学和因明从来没有发展出来的注疏和文献学方法。

(2) 通向周朝末年的逻辑史

刘师培所宣称的对传统中国学术有效性的信念燃起他参与到自 1905 年开始发起的保存中国"国粹"（National Essence）运动的热情。在这一运动背景下，他为中国逻辑的新兴话语做出了另一个持续时间更长的贡献。由日本类似的努力激起的国粹派的一个目标，①就是带来与欧洲文艺复兴中古希腊思想的重新发现相媲美的中国精神遗产的复兴。② 关于此派期刊首要的问题，刘师培以"周末学术史序"为题为这样一种复兴设计了详细的计划。③ 在这一概述中他给出的建议不亚于是按照欧洲学术科目 [295]

---

① 参见贝尔纳，"刘师培与国粹"（Liu Shih-p'ei and National Essence），载《变化的限制：论民国时期的保守选择》（*The Limits of Change: Essays on Conservative Alternatives in Republican China*），费侠莉（Charlotte Furth）编，（Cambridge, Mass: Harvard University Press, 1976），第 90—112 页；以及范发迪，"中国政治思想中的自然与国家：二十世纪早期中国的国粹派"（Nature and Nation in Chinese Political Thought: The National Essence Circle in Early-Twentieth-Century China），载《自然的道德权威》（*The Moral Authority of Nature*），洛琳·达斯顿（Lorraine Daston）和费尔南多·维达尔（Fernando Vidal）编（Chicago: The University of Chicago Press, 2004），第 409—437 页；第 413—416 页。
② 参见郑师渠《晚清国粹派——文化思想研究》（北京：北京师范大学出版社，1997 年），第 132—139 页；王东杰，"《国粹学报》与'古学复兴'"，《四川大学学报》，2000 年第 5 期：第 102—112 页；以及韩子奇，"国粹、国学与文化：《国粹学报》、《学衡》和《国学季刊》中的历史书写"（National Essence, National Learning, and Culture: Historical Writings in Guocui xuebao, Xueheng, and Guoxue jikan），载《东西方史学》（*Historiography East & West*）1, 2003 年第 2 期：第 242—286 页；第 246—251 页。近代中国关于欧洲文艺复兴的观点，参见罗志田《国家与学术：清际民初关于"国学"的思想论争》（北京：生活·读书·新知三联书店，2003 年），第 90—107 页。
③ 刘光汉，"周末学术史序"（1905），重印于前揭，《刘师培全集》，第 1 卷，第 500—525 页。由于刘师培从未严肃地产生写作此概述似乎打算要写的这本书的想法，所以我把他的题目中的"序"字译为"绪论（prolegomena）"而不是"前言（prefaces）"。参见黎锦熙，"序"（1936），重印于《刘师培全集》，第 1 卷，第 26 页。亦参见吴光兴，"刘师培对中国学术史的研究"，载《学人》，1995 年第 7 期：第 163—186 页；第 172—176 页。

对中国古代思想史的完全修正——其中他心照不宣地插入了有关中国传统文字学的两章。① 紧随对"心理学"和"伦理学"的详察之后的,是关于这一历史的一种新方法的第 3 章,致力于"论理学史"的探究。

与他概括的题目("论理学史序")所表明的相反,刘师培并没有要把他的逻辑学概念修正为本质上是一种"名学"。用名学来疏释论理学这一术语之后,他以一连串引文为例阐发了"名"在中国古典文献中所获得的意义范围。以传统注疏方式,刘师培由公元二世纪的字典《说文解字》中对这个词的定义开始:

> 尝考《说文》一书,训"名"为"命"……[其释曰]"名"从"口"从"夕","夕"者"冥"也。冥不相见,故以口自名。②《礼记》云,"黄帝正名百物",以明命。③

关于这一术语之意义的更多的文字学证据来源于《释名》,一部撰写于公元 200 年左右的语义集释:

> "名","明"也。名实事,使分明。是则名也者,人治之大者也。人不可别,别之以名字,所以别万物万事也。④

此外,刘师培还提到宋代哲学家邵雍(1011—1077)("古人名起于言")和《大戴礼记》(约公元 80—100)("发志为言,发言为名")。经典的引用还包括《春秋左传》("名以制义");⑤《庄子》

---

① 对整个文本及其在近代中国思想史上的地位的详细分析,参见顾有信(Kurtz),"Was tun mit Chinas Nationaler Essenz."
② 许慎:《说文解字》(北京:中华书局,1963 年),第 31 页。
③ 刘光汉,"周末学术史序",第 1 卷,第 503a 页。关于《礼记》的引文,参见阮元(撰):《十三经注疏》(北京:中华书局,1980 年),第 2 卷,第 1590 页。
④ 刘光汉,"周末学术史序",第 1 卷,第 503a 页。
⑤ 阮元:《十三经注疏》,第 2 卷,第 1894 页,成公 2 年。

("名者,实之宾也";以及"名附于实,而即以见义");还有《尹文子》(公元3世纪)("形以定名,名以定事,事以验名")。

刘师培用这一连串的引文想要强调的一点是,名对于建立和维持思想、写作的秩序,乃至政府和行政管理都是必不可少的。同样地,正确的名是一切"文化形式"(forms of culture)之基准("文",字面意义就是"形迹、符号、图形,或标记",还有"修饰或文雅程度"),因为文化在本质上就是能够做出适当的道德和认知区分。所以,"名与文相辅而行,而统之者为书"。①

但是所有这一切与逻辑学有什么关系？正是在此处,刘师培提出其关注之事(他的很长的行间注我们在脚注中加以转录):

> 近世泰西巨儒倡明名学,析为二派,一曰归纳,一曰演绎。荀子著书[约公元前240年,其中有后人添加的内容]殆明斯意,归纳者,即荀子所谓大共也。② 故立名以为界。③ 演 [297] 绎者,即荀子所谓大别也。④ 故立名以为标。⑤ 立名为界,则

---

① 刘光汉,"周末学术史序",第1卷,第503a页。对刘师培审议中介绍的很多术语的一个讨论,参见鲍则岳(William G. Boltz):《中文写作系统的起源和发展》(*The Origin and Development of the Chinese Writing System*)(New Haven: American Oriental Society, 2003),第134—138页。
② 刘师培注:"《荀子·正名篇》["正名",22.2f]云:'物也者,大共名也。推而共之,至于无共而后止。'共即公名。"这里以及下面的脚注,《荀子》译文采自诺布洛克:《荀子》,第3卷,第127—131页。
③ 刘师培注:"西儒以界说以解析名义之词,所以标一名所涵之义也。凡公名必有所涵。"
④ 刘师培注:"《正名篇》["正名",22.2f]云:'鸟兽者,大别名也。推而别之,至于无别然后止。'别即专名。"
⑤ 刘师培注:"即亚氏所谓五种,[荀子]乃标名以为微识者也。"

易于询事考言。① 立名为标,则便于辨族类物。②

在这些文字中辨认出逻辑学踪迹并不容易,但至少是根据刘师培声称采纳的同时代欧洲人的理解。他显然混淆了"归纳"(induction)和"演绎"(deduction)与"定义"(definition)和"分类"(classification),或错误地将它们等同起来。对刘师培来说,正如对其古代老师荀子来说,所有语言表达都只是基于"名",并且只有这些内容,因而命题及其联结就完全不在他们的考虑之中了。

通过如下方式,刘师培进一步加深了这种印象,他继续其论证,参与了荀子对"名"的功能划分,后者将"名"分为四个不同的种类,而很难将其与通常的逻辑区分相联系:

[298]

古人以字定名,用之法例则曰刑名(names for punishments,或 legally binding titles)。③ 用之敕命则曰爵名(names of titles of rank and dignity)。④ 用之典制则曰文名(names of forms of culture,或 names of degrees of refinement)。⑤ 加于万物则曰散名(stray names)。⑥ 窃疑古代刑名、爵名、文名,皆特别之名词,犹之西人科学名词、哲学名词也。然斯时未闻特立学术也。⑦

---

① 刘师培注:"一名有一名之实义。书一名之实义而考之,名与实符,则其名正;名与实不符,则其名不正。"
② 刘师培注:"《春秋繁露》[公元五世纪作品,包含更早的资料,被归于董仲舒]《深察名号篇》序正名之用,一为察其名实,一为观其离合,则询事考言、辨族类物二派也。"
③ 刘师培注:"荀子[《正名》,22.1a]云:'刑名从商。'《繁露》云:'古之法家用民以明罚饬法。'尹文子之徒亦由名而至法。"
④ 刘师培注:"荀子[《正名》,22.1a]曰:'爵名从周。'《左传》曰:'名位不同。'又曰:'唯名与器不可以假人。'[成公2年]"
⑤ 刘师培注:"荀子[《正名》,22.1a]曰:'文名从礼。'故名家出于礼官。"
⑥ 刘师培注:"荀子[《正名》,22.1a]曰:'散名之加于万物则从诸夏之成俗曲期。'"
⑦ 刘光汉,"周末学术史序",第1卷,第503b页。

与前面一段文字相对照,在前面那段文字里,他的目的是确立荀子的区分与他所理解的核心逻辑概念之间的相似性,刘师培在这里认识到,欧洲名学没有谈到"名"的这三种由荀子加以提升到万物"散名"之上的带有道德主宰意味的类型,而万物之"散名"事实上是逻辑学最关心的内容。然而,刘师培并没有从这一差异中得出任何结论,他只是立即转而提供了关于中国先秦名学命运的历史概述:

> 春秋以降,名理之学日沦,故孔子首倡正名,荀子踵之,作"正名篇",谓后圣有作正名之道,在于循旧造新。……又由命物之初,推阐心体之感觉。……证以西儒之学,夫岂殊哉?①

因此,荀子关于命名的理论及其与感觉的关系就被归结为普遍而永恒的有效性,一种被它们与"西儒之学"的一致性证明了的地位。然而不久,这些有价值的洞见就被名家学派狡猾而又在道德上鲁莽的诡辩家给淹没了:[299]

> 而名家者流,则自成一家言。前有惠施②、邓析③,后有尹文④、公孙龙⑤,钩釽析乱⑥,以诡辩相高。……如"山渊平","齐秦袭","天地比","入乎耳,出乎口","钩子有须","卵有毛","臧有三耳","白马非马"之说是也。近于希腊诡辩学派。荀子讥之,以为察而不慧,辩而无用。……非

---

① 刘光汉,"周末学术史序",第1卷,第503b-c页。
② 刘师培注:"见庄子。"
③ 刘师培注:"邓析[约公元前501年]操两可之说,设无穷之词。"
④ 刘师培注:"今其书尚传于世。"
⑤ 刘师培注:"见《孔丛子》[公元三世纪面世的作品]。"
⑥ 刘师培注:"见班志。"即班固的《汉书·艺文志》。

过论也!

然而,除了荀子讥嘲之外,这些辩论家不负责任的伎俩传播得比他自己更精深微妙的洞见还要快,并传染给了那个时代为了被接受而竞争的其他学派的教义:

> 名家而外若墨家、①法家,②盛言名理,殆亦名家之支派与?③

因此,刘师培的历史概述就变成了对"诡辩家"的严厉批判,后者在今天却被公认为中国最深刻的逻辑思想家。然而,对于刘师培来说,由于他们道德上的弱点而必须从中国名学的记录中把他们抹去。"逻辑学",或更准确地说,正是刘师培自己所理解的名学,还保留着伦理追求,在那里对"求诚"的目的毫无意义的形式上的洞见没有地位,除非它们能够加强防御靠不住的"辩者"的论辩技巧:

> 独惜当时巨儒耻言名学,偶有持论,而驳诘之法无闻。④

从这个他以之结束其"论理学史序"的劝告判断,似乎值得怀疑的是,刘师培自己是否拥有由他任意支配的更为一致的方法,用以反驳诡辩教义。作为反对不负责任的诡辩家的潜在补救措施,他为读者提供的只是一份更诚挚的承诺,即需要致力于一种

---

① 刘师培注:"墨子经上下篇多论理学。庄子言南方学者以坚白异同之论相訾,即指经上下篇言也。又按《晋书·鲁胜传》云:'胜[约公元 300 年]注墨辩。'存其序曰:'墨子著书作辩,轻以立名。惠施、公孙龙祖其学,以正形名显于世。'孟子非墨,其辩言正词则与墨同。荀卿、庄周等皆非毁名家而不能易其误也。皆墨家辩名之证。"
② 刘师培注:"如尹文子,是故其言曰:'名正则法顺。'"
③ 刘光汉,"周末学术史序",第 1 卷,第 503c 页。
④ 同上,第 503c–d 页。

与中国古典文献学("小学")相同的"论理学":

> 若名家者流,则有托恢诞以饰诡词,不明解字析词之用,遂使因明之书流于天竺,论理之学彰于大秦,而中邦名学历久失传,亦可慨矣!今欲诠明论理,其惟研覃小学,解字析词,以求古圣正名之旨,庶名理精谊,赖以维持。若小学不明,骤治西儒之名学,吾未见其可也。①

总之,刘师培对中国逻辑的发现必须被看作是一种把文献学的旧酒倒进逻辑学的新瓶里去的相当初级的尝试。刘师培对欧洲名学只有某种粗浅的认识,并且以其在写作中表现出来的字面意义处理了从严复译文中借来的文雅术语。当然,他提出荀子洞察名与感觉的关系,以及他对分类和定义的兴趣,展示了与大量逻辑学问题的相似性,这并非全错。然而,他那令人困惑的注释努力首先所展现的,是自1905年起,无论是旧的还是新的概念词汇都变得多么流畅,也正是在这一年,中国历史悠久的科举制最终被废除了。在这样的背景下,他将传统中国学术纳入现代学科基质的观念是一种激进尝试,要在正统学说日益逼近的不可逆转的消亡之后一个不确定的新时代里保存其有效性的尝试。

刘师培要为他计划的新的周末学术史的所有章节回答一个问题,这个问题就是哪些文献、学校或个人应该被放在某一学科脉络下被讨论,或换句话说,哪些文献和观点应该被纳入中国逻辑和其他学科的新兴学科经典之中。在他的《攘书》中,他曾指出逻辑学与形形色色的古代文献之间的相似性,包括不太可能的候选者像《礼记》、《说文解字》,或董仲舒的《春秋繁露》。然而,现在

[301]

---

① 刘光汉,"周末学术史序",第1卷,第503d页。

他逐渐得出结论,早期中国逻辑史应该仅仅关注于荀子的"正名篇"。"训练"(discipline)中国国粹的必要性给他提供了一个难得的机会,从历史记录中清除国族有瑕疵的遗产,而刘师培满怀热情地抓住了它。

3. 作为佛教论辩法的中国逻辑

章炳麟,刘师培早期的良师益友和学术同伴,①分享很多刘师培的政治和思想倾向,甚至更加稳固地扎根于"古本"文献学之中,正如我们所看到的,这种学问在清末子学研究的复兴中扮演了决定性的角色。② 除了由孙诒让和其他学者的文献重构之外,③这一独特的学术品牌在我们的语脉中是很重要的,因为它阐发中国思想多样性的持续努力导致了作为被正统观念的坚定捍卫者所支持的孔子至高无上地位的严重侵蚀。只有这种侵蚀才能使刘师培在他的"序"里宣称"儒家"也只是先秦思想中"九家之一家",④并为中国思想史新的宏大叙事构思了一个子学计划,这一叙事有意忽略经学训诂和子学义理之间的传统区分。

[302]

---

① 关于章炳麟和刘师培之间的关系,参见李帆:《刘师培与中西学术》,第 83—87 页;以及姜义华:《章太炎》(台北:东大图书公司,1991 年),第 223—230 页。另参见姚奠中和董国炎:《章太炎学术年谱》(太原:山西古籍出版社,1996 年),第 82—83 页。
② 参见王汎森:《章太炎的思想——兼论其对儒学传统的冲击》(台北:时报文化出版公司,1985 年),第 26—33 页。关于清末"诸子学"复兴的一般性介绍,参见罗检秋:《近代诸子学与文化思潮》(北京:中国社会科学出版社,1997 年),第 50—200 页。
③ 参见葛瑞汉:《后期墨家的逻辑学》,第 64—72 页。
④ 《刘师培全集》,第 1 卷,第 500b 页。另参见郑师渠,"晚清国粹派论孔子",《娄底师专学报》,1994 年第 3 期:第 75—81 页。

(1) 为逻辑学创造空间

章炳麟在其学术研究中没有冒险走那么远。他与刘师培共同拥有如下观点,即儒家经典,像所有其他古代文献一样,应该被解读为"史"而不是圣经。① 但是他拒绝了刘师培将中国思想遗产与欧洲化的学科基质融为一体的提议。相反,他建议改编中国古代思想流派的传统分类法,首先概述在班固(公元 32—92)《汉书》"传"中的"诸子略叙"内容,以适应当代情况。章炳麟对"整理国故"②的兴趣深深植根于在其 1890 年代与西方科学和数学的早期相遇之时,并成长为终生关注的对象。他在这个问题上的绝对保守立场使他陷入了激烈的辩论,远远超出了本项研究所考虑的时期。③ 然而,他在逻辑学领域的位置,这是他在 1906 年和 1909 年之间阐述的,表明章炳麟并不反对彻底的重新概念化本身,而只是反对那些不加批判地反映欧洲分类法的概念化。章炳麟建议,与其将中国古代文献和概念硬塞进一个源于西方的学科紧身衣之中,不如扩大现有的类别,以便为这个国家迫切需要的新知识腾出空间,正如他欣然同意的那样。

为了给逻辑学创造空间,章炳麟主张重新绘制"名学"的传统边界。在其作于 1906 年的"诸子学略说"一文中,他以适当的清晰概述了这一新观念:

[303]

---

① 参见李帆:《章太炎、刘师培、梁启超清学史著述之研究》(北京:商务印书馆,2006 年),第 43—47 页。另参见岛田虔次(Shimada Kenji):《中国革命的先驱:章炳麟与儒学》(*Pioneer of the Chinese Revolution: Zhang Binglin and Confucianism*),傅佛果英译(Stanford: Stanford University Press, 1990),第 58—66 页。
② 参见徐雁平:《胡适与整理国故考论:以中国文学史研究为中心》(合肥:安徽教育出版社,2003 年),第 9—53 页。
③ 参见陈平原:《中国现代学术之建立:以章太炎、胡适之为中心》(北京:北京大学出版社,1998 年)。

> 凡正名者，亦非一家之术，儒、道、墨、法，必兼是学，然后能立能破。故儒有荀子《正名》，墨有《经说》上、下，皆名家之真谛，散在余子者也。若惠施、公孙龙辈，专以名家著闻，而苟为铷析者多，其术反同诡辩。①

[304]　因此章炳麟用一种新的理解，代替了作为先秦九家哲学流派之一的名称的"名家"这个词的传统意义：一种非常类似于欧洲逻辑学和佛教论辩法的辩论方法论。一旦认识到这种知识的踪迹可以在所有学派中找到，章炳麟就毫不犹豫地将荀子《正名》和《墨经》视为在这方面最富成果的资料。与刘师培一样，他因荀子洞察名称、感觉、理智和外在事实世界之间的关系而称赞他，同时又将"诡辩家"惠施和公孙龙的过分放纵的技术看作是"无用"而予以摒除。然而，与刘师培不同的是，他没有回避用一种更加复杂深奥的认识论基础补充荀子的探讨，这种认识论基础是由他对瑜伽行派佛教（Yogācāra Buddhism，参见下文）的研究激发的，将"名"的出现与植根于感官感觉的精神建构相联系。② 甚至更为重要的是，他超越了刘师培只是将逻辑学视为"名学"的概念，也就是说，一种主要是基于名称的学问。在章炳麟更为全面的理解中，逻辑学是真正的"论理学"（art of reasoning），它被设计出来为学生提供必要的"因明"（knowledge of reasons，理性知识），以便在辩论的实践中击败对手，因此他向《墨经》致以最高的敬意，因为这一神秘文献似乎至少提供了关于有效推论的形式、条

---

① 章炳麟，"诸子学略说"（1906），重印于《中国现代学术经典——章太炎卷》，刘梦溪主编（石家庄：河北教育出版社，1996 年），第 479—497 页；第 493 页。关于这一文本在现代中国思想史上的重要地位，参见岛田虔次：《中国革命的先驱：章炳麟与儒学》，第 116—122 页。
② 章炳麟，"诸子学略说"，第 494—495 页。

件和应用的基本理论。①

章炳麟通过一系列复杂的翻译、再译和诠释的操作详细阐述了这一主张,它标志着中国古代逻辑理论的另一个重要元素的发现。在这方面的努力中,他把墨家的术语"故"(something that is inherently so)②确认为中国佛教推理"三支比量"(tripartite inference)中的"因"(logical reason),并随后将这两者都与亚里士多德"三段法"(syllogism)的"小前提"(minor premise)相关联。尽管这一操作要求不同寻常程度的复杂性,习惯于相信"现代"理论的无争议优势的读者可能会对他的反思感到困惑,因为虽然很明显他熟悉欧洲观念,但章炳麟却依赖于因明并因而用中国术语来架构其诠释——当时这是一种很少被使用的策略,即使在与他同样是文化上最"保守的"人们之中。[305]

(2) 作为原因之知识的中国逻辑

启发章炳麟不同寻常的方法的因素是多种多样的。作为俞樾的学生和孙诒让的崇拜者,他对《墨经》的新近重构和其他诸子学作品都极为熟悉。③ 他也被认为是一个对西学著作如饥似渴的读者,无论是中文的还是日文的译著。最初主要关注科学、数学和历史,但章炳麟连续地拓宽了他的兴趣范围。作为1900年上海名学会的一员,我们已经提到过他了,可以肯定地说,他熟悉严复翻译的《穆勒名学》和其他有关此主题的文本。④ 随着1902

---

① 章炳麟,"诸子学略说",第495—496页。另参见罗检秋:《近代诸子学与文化思潮》,第157页。
② 关于此概念的一个有用的一般性讨论,参见葛瑞汉:《后期墨家的逻辑学》,第189—190页。
③ 岛田虔次:《中国革命的先驱:章炳麟与儒学》,第68—69页。
④ 例如,在其修订版《訄书》(1904)中,章炳麟提到了桑木严翼的一本书。章炳麟:《章太炎全集》(上海:上海人民出版社,1984年),第3卷,第135页。

年短暂的日本之行,章炳麟把他的目光进一步转向哲学,潜心研究古希腊和德国的观念论以及社会学和心理学。① 虽然早在1894年朋友们就向他推荐大乘传统的作品,②但只是在1903年他因出版反满宣传小册子并被清朝皇帝辱骂为"小丑"并判监时,在监狱度过的三年时间,章炳麟才开始严肃地研究佛学。③ 他在上海公共租界牢房里的平静生活中阅读的书不仅有唯识宗(Consciousness Only)方面的基本读本,像《成唯识论》和《瑜伽师地论》,还有中国佛教逻辑的基础著作《因明入正理论》。④ 正是他的朋友宋恕给他介绍了《因明入正理论》。在从牢房里写给宋恕的信里,章炳麟回忆说:"炳麟少治经,交平子始知佛藏。"⑤这一相遇相识对于章炳麟思想发展的影响其意义是深远的。他不仅在1906年牢房里就表现出虔诚的瑜伽行派信仰的倾向,而且佛教概念也开始渗透进他的作品中。瑜伽行派佛教的影响在其对《庄子·齐物论》的令人费解的著名解读中尤其强烈,⑥但是这些影响也透露了他对名学及其中外相关对应物的深思熟虑。

对我们的目的而言,没有必要详细地重现章炳麟在现实之本

---

① 汪荣祖:《追寻近代民族主义:章炳麟与中国革命,1869—1936》(Search for Modern Nationalism: Zhang Binglin and Revolutionary China, 1869 - 1936)(Hong Kong, Oxford, New York: Oxford University Press, 1989),第51—52页。
② 陈善伟(Chan Sin-wai):《晚清政治思想中的佛教》(Buddhism in Late Qing Political Thought),第43—45页。另参见史革新,"章太炎佛学思想略论",载《河北学刊》24,2004年第5期:第146—154页;第146—147页。
③ 高慕轲(Michael Gasster):《中国知识分子与辛亥革命:近代中国激进主义的诞生》(Chinese Intellectuals and the Revolution of 1911: The Birth of Modern Chinese Radicalism)(Seattle: University of Washington Press, 1969),第197—198页。
④ 姚奠中和董国炎:《章太炎学术年谱》,第84—89页。另参见沈海波,"章太炎与因明学",载《湖北大学学报》,1998年第1期:第11—14页。关于《因明入正理论》及其最重要的中文注释者,参见弗朗肯豪瑟尔:《中国佛教逻辑导论》,第193—198页。
⑤ 章炳麟,"交平阳宋平子",重印于宋恕:《宋恕集》,第1031页。[译按]宋平子,即宋恕。
⑥ 参见张灏:《危机中的中国知识分子:寻求秩序与意义》,第120—121页。

质方面的精神面貌,以及这种精神面貌与意识的关系,因为它仅仅影响到他关于荀子的概念理论的讨论,正如上面所提到的,并且没有形成,至少在任何决定性程度上没有形成《墨经》、《因明入正理论》和亚里士多德传统中的推导方法的比较性评论。在这一语脉之下,章炳麟只是关注推理的技术性方面较为狭窄的内容,而没有去阐释它们的精神内涵。以墨家概念翻译因明术语的方式,他打开了他的讨论:

次举《墨经》以解因明(the knowledge of reasons),其说曰:"故(reason):所得而后成也。"①……荀子惟能制名,不及因明之术,要待墨子而后明之。何谓"因明"(knowledge of reasons)？谓以此因(reason),明彼宗旨(thesis)。佛家因明之法,"宗"(thesis)、"因"(reason)、"喻"(examples)[三支比量,tripartite inference]三分为三支(three branches),于"喻"之中又有"同喻"(homogeneous example)、"异喻"(heterogeneous example)。"同喻"、"异喻"之上,各有合离之言辞,名曰"喻体"(substance of the example);即此喻语,名曰"喻依"(constituents of the example)。[三支比量]如云:"声是无常"(宗);"所作性故"(因);"凡所作者(is produced),皆是无常(impermanent)——同喻:如瓶";"凡非无常者,皆非所作——异喻:如太空"(喻)。墨子之"故",即彼之"因",必得此因,而后成宗。故曰:"故:所得而后成也[或根据章炳麟的解释,将'成(complete)'读为口头语:'故:只有当某物拥有它,它才能被确立(established)']。"②

[307]

---

① 《墨经》A1。英译采自何莫邪:《中国古代的语言和逻辑》,第332页。
② 章炳麟,"诸子学略说",第495页。

乍看之下，章炳麟仔细论证墨子的"故"和因明之"因"的一致性，这似乎是相当令人信服的。对其相互比较的努力以及很多步其后尘者构成挑战的是，至少在它们的现存版本中，《墨经》并没有为因明和同类的欧洲三段论中阐明的推论形式的另外两个部分提供对等词。事实上，由于文本的损坏状态，甚至以其被重构的形式，我们也根本不能确定《墨经》蕴含着设立推论的纯粹形式之理的可能性。与很多晚近的解释者不同，章炳麟并没有否定这些难题，并且只要其材料允许，就会推动确认可能的相似性。这一相对谨慎的方法由他对在《墨子》中加以区分的两种"故"的解释所证实。根据章炳麟，《墨经》中只有"小故"（minor reason）才被给予一个有效的定义，即"有之不必然；无之必不然"。① 就现代逻辑而言，这一定义与充分但非必要理由的描述产生了共鸣。② 章炳麟发现了相似之处，但是却为了论辩有效性而用因明术语来解释它们。与此相反，"大故"（major reason）的定义，对此他引用未加重构的形式"有之必无然"，③没有因对其考察目的特别有用而吸引他。除了这个关键性的评价，章炳麟还对墨家关于"故"的讨论的整体效用表达了更普遍的怀疑。无论"小故"还是"大故"，其各自的貌似合理都只有有限的价值，因为它们搞混了或不能区分三支比量中"因"和"喻"的功能。所以，在其比较概述的结论中，他没有对这个已经被视为古代中国逻辑思想的最高成就的文本说什么奉承话：

[308]

近人或谓印度三支（tripartite inference），即是欧洲三段

---

① 《墨经》A1。英译采自何莫邪：《中国古代的语言和逻辑》，第332页。
② 同上。另参见葛瑞汉：《后期墨家的逻辑学》，第263—264页。
③ 章炳麟，"诸子学略说"，第495页。对于一种重构式的解读，参见何莫邪：《中国古代的语言和逻辑》，第332页。

(syllogism),所云宗(thesis)者,当彼断按(conclusion);所云因(reason)者,当彼小前提(minor premise);所云同喻之喻体(substance of the homogeneous example)者,当彼大前提(major premise)。特其排列逆顺,彼此相反,则由[西方论理学之]自悟(enlightening oneself)、[因明之]悟他(enlightening others)之不同耳。① 然欧洲无异喻(heterogeneous example),而印度有异喻者,则以防其倒合(inverse syntheses),倒合则有诚量换位之失,是故示以离法(method of exclusion),而此弊为之消弭。[日本学者]村上专精[1851—1929年],据此以为因明法式(yinming forms of reasoning),长于欧洲[逻辑学]。② 乃墨子于小故一条,已能知此,是亦难能可贵矣。若鸡三足、狗非犬之类,诡辩繁辞,今姑勿论。③

即使没有明确支持村上专精的判断,章炳麟用因明术语架构其比较性研究的决定也显示了他的如下确信,即因明提供了一种比《墨经》或欧洲逻辑学所能提供的更有效的"推理艺术"。在一封写给《国粹学报》编辑、请求考虑发表其第二篇有关"原名"主题的专论的信中,章炳麟提出了一些历史性视角,为他那明显有争议的方法进行辩护,尤其是关于他从《墨经》中揭示被遗忘了的洞见的努力:

[309]

---

① 关于此一讨论,参见同上,第374页;以及弗朗肯豪瑟尔:《中国佛教逻辑导论》,第31—34页。
② 村上专精(Murakami Senjō):《因明学全书"》(Inmyōgaku zensho, Complete writings on Yinming)"(Tōkyō: Tetsugaku shoin, 1891)。关于村上专精对日本因明学复兴的影响,参见船山信一:《明治论理学史研究》,第52—53页。
③ 章炳麟,"诸子学略说",第496页。

377

> 前见皋文［张惠言］、仲容［孙诒让］所说《墨经》，俱有未了［逻辑学或因明］。邹特夫［邹伯奇］曾以形学、力学比傅，诚多精义，然《墨经》本为名家之说，意不在明算也。向时无知因明者，亦无有求法相（Consciousness Only）者，欧洲论理学复未流入，其专以形学、力学说《墨经》，宜也。今则旧籍已多刊印，新译亦时时间出，而学者不能以是校理《墨经》，观其同异。盖信新译者不览周、秦诸子，读因明者亦以文义艰深置之，而《墨经》艰深，又与因明相若，因无有参会者。①

根据这封信，章炳麟自封的使命是，证明如何通过将它们翻译成被重新发现的佛教论辩法成语和新近生成的西方逻辑学术语，而使中国古代观念从遗忘中恢复过来。在他第一次尝试这样一种翻译之后三年，章炳麟信心十足地接近了他的目标。他用一个关于"辩说之道"（way of argumentation）的直截了当的定义开启了他的辨析，这是他创造出来以掌握他对"名学"的混合理解之精髓的一个新标签，以及一种有关方法的敏锐比较，以此方法，因明、欧洲三段论和《墨经》中保存下来的碎片化的理论与这种形式化模型相关联：

[310]
> 辩说之道：先是其旨（the instruction），次明其柢（the foundation），取譬相成，物故可形，因明所谓宗（thesis）、因（reason）、喻（examples）也。② 印度之辩：初宗、次因、次喻。

---

① 章太炎，"致国粹学报社书"（1909年11月7日），重印于汤志钧：《章太炎年谱长编》（北京：中华书局，1979年），第306—307页。参见麻天祥等编：《中国近代学术史》（长沙：湖南师范大学出版社，2001年），第369—370页。
② 章炳麟注："兼喻体喻依。"（the abstract [heterogeneous] and the concrete [homogeneous] example）

第五章 被开掘出来的遗产:中国逻辑的发现

> 大秦[西方]之辩:初喻体(the abstract example),①次因,②次宗。其为三支比量(tripartite inferences)一矣。《墨经》以因为故,其立量次第,初因,次喻体,次宗,悉异印度、大秦。③ ……大秦与墨子者,其量皆先喻体后宗。先喻体者无所容喻依,斯其短于因明。④

虽然章炳麟没有改变他对因明推论、欧洲逻辑学和墨家关于"因"的分析之各自优势的最终评价,但是他大大扩展了在中国古代文献中发现的逻辑上的相关见解。例如,在他关于"名"的说法的回顾中,他现在从更多的著作中罗列摘录文字,包括某些撰写于远古时代可能是中国思想奠基时期结束后几个世纪的著作。尽管还坚持上引荀子关于四种名的基本区分,他也为大多数中国思想家在他们的注释中持续忽视的道德中立之"散名"保留了更大的空间。他重复了受瑜伽启发的如下观点:这种名的确立经历了三个阶段,始于"受"(reception,接受),或"领纳"(acceptance of sensations),中经"想"(conception,设想),或"取像"(seeking of resemblances),以及最终到达"思"(perception,知觉),或"[意向对象]造作"(manufacturing [of intentional objects])。⑤ 然而,章炳麟现在宣称,不仅是荀子,而且还有《墨经》的作者们,都在"名"的确立中认识到感觉的重要性,因为他们确定"五路" [311]

---

① 章炳麟注:"近人译为'大前提'。"
② 章炳麟注:"近人译为'小前提'。"
③ 章炳麟注:"如印度量,声是无常,所作性故,凡所作者,皆是无常,喻如瓶。如大秦量,凡所作者皆无常,声是所作,故声无常。如墨子量,声是所作,凡所作者皆无常,故声无常。"
④ 章炳麟,"原名"(1909),重印于《中国现代学术经典:章太炎卷》,第111—118;第115—116页。
⑤ 章炳麟,"原名",第112页。

379

(five roads)是瞬息万变的感性知识的根源,这种感性知识又奠基于以智力为基础产生的永久稳固的知识。① 章炳麟在这种洞识之中看到了佛教概念"九缘"(nine causes of illusion)的一种宝贵的——若是粗略地说的话——预期。这两种理论都被用于验证"名"符合于"实"(objects),前者就是为了理解后者而设立的。荀子在"共"(general)名和"别"(specific)名,以及墨家在"达"(unrestricted)名、"类"(classifying)名和"私"(private)名等概念之间所作的区分都是为了用于同样的目的。② 此外,最后一个例子是他关于在命名和概念领域中能产生共鸣的词目,章炳麟认定墨家概念"亲知"(personal experience)、"说知"(explanation)和"闻知"(hearsay),是在因明中辨识出的三种获取知识的途径的对等词,即"现量"(perception)、"比量"(inference)和"声量"(verbal testimony)。③ 通过从《成唯识论》中强调亲历(亲者)和闻说(闻者)在实际辩论中反驳异端观点的价值所总结出来的一段文字,他进一步突出了这种对等的重要性。④

在重申了他的如下批评,即无论是荀子还是墨家都没有发展出与三支比量或三段论相媲美的形式理则,之后,章炳麟将文章剩下的章节致力于保存在《墨经》中关于推导本性的碎片式见解

---

① 章炳麟,"原名",第112页。关于《墨经》B46区分的"五路",参见葛瑞汉:《后期墨家的逻辑学》,第415—416页;以及何莫邪:《中国古代的语言和逻辑》,第339—340页。

② 章炳麟,"原名",第113页。关于《墨经》A78中区分的各种"名",参见葛瑞汉:《后期墨家的逻辑学》,第325—326页。

③ 章炳麟,"原名",第114页。关于《墨经》A80中确定的知识的来源,参见葛瑞汉:《后期墨家的逻辑学》,第327—329页。关于因明中辨别出的获取知识的途径,参见何莫邪:《中国古代的语言和逻辑》,第374—375页;以及弗朗肯豪瑟尔:《中国佛教逻辑导论》,第145—152页。

④ 章炳麟,"原名",第114—115页。

第五章 被开掘出来的遗产:中国逻辑的发现

的评论。章炳麟论辩道,这些片段中最有价值的文字,在如下情境中是有帮助的,即当确立一个有效推论的所有三个步骤变得不可能时。准确地说,由于其作者们不知道完整的形式,《墨经》确立的策略是,指出其假想敌的推论中的"诤"(contradictory)①或"狂举"(irrelevant,字面意思就是"相关的任意[relating arbitrarily]")。② 此外,他们已经明确表达了关于量化的标准 [312] (例如,"尽,莫不然也"),这个标准可被用于规定个人主张的扩展。③ 最后,为了反驳言辞实质上永远不能"到达"它们所指示的事物之类的异议,他们坚持"亲知"相对于"言"(mere talk)的价值更大,同时也强调前两者对于"闻知"的优越性,这比前面讨论过的口头的"说"(explanations)离感觉更近了一步。

相比于刘师培从周末时期的诸子学中摘录逻辑学的较为肤浅的尝试,章炳麟的思考显示了在程度上令人印象深刻的理论复杂性和文献学方面的严密性。由于拥有对欧洲逻辑学的目的和局限更加坚实的理解以及对因明所教导的推理方案的渊博知识,章炳麟在他从各种资料中采集的概念之间确立了更具说服力的对等关系。不过他也同意他那较少才华的先驱的如下观点,即除了佛教之外,"中国逻辑"仅仅是由荀子以其最成熟的形式明确表达的关于命名和概念的理论,以及保存于《墨经》中相关主题的碎片化的甚深见解所构成。像刘师培那样,通过坚持在逻辑学和诡辩论之间的明确区分,章炳麟也证实了道德考量在确定这门新近发现的学科所能是和应该是什么的中国观点中发挥着作用。

---

① 《墨经》B71。参见葛瑞汉:《后期墨家的逻辑学》,第 445—446 页。
② 《墨经》B66。参见葛瑞汉:《后期墨家的逻辑学》,第 437—438 页。
③ 《墨经》A43。参见葛瑞汉:《后期墨家的逻辑学》,第 294—295 页。

章炳麟最重要的贡献是表明，至少在基本层面上，维护一种"传统的"，即中国佛教概念框架的有效性，并且同时根据源自西方的理解，重新定义个别观念，例如逻辑领域的边界，这是可能的。不可否认，它很有独创性，但这种综合的成功仍然——尽管值得注意的是，有些许例外——局限于佛教圈子，尤其是因为章炳麟支持的那种逻辑学是为了一种宗教论辩法的目的而量身定做的，这种辩论法旨在捍卫教义的权威，确保在任何与真实或假想的宗教怀疑者的辩论中保有最后的发言权。

4. 作为欧洲逻辑学的中国逻辑

[313] 因此，尽管"古文"经学的支持者持续以肯定方式回答"中国逻辑"问题，在康有为指导下学习的梁启超，近代"今文"经学运动的一位拥护者，一开始却对此保持怀疑态度。他在几个场合里都批判严复正是因为其译读法将这门学科与"战国坚白异同之言"相近而选用"名学"来翻译"logic"一词，然而"此学实与战国诡辩家言不同"。① 在他的"论中国学术思想变迁之大势"一文——此文常被看作是用汉语写作的第一篇"近代"中国思想史专论②——中，梁启超甚至逐渐形成了一种更具批判性的评价。在这篇文章里，他把"logic 思想之缺乏"确认为中国哲学最重大的缺陷，尤其是与古代印度和希腊相比较，后者在非常早的时期就已经将逻辑学确立为独立的一"科"。在中国，邓析、惠施和公孙

---

① 梁启超，"今世文明初祖二大家之学说"，第 13:3 页。
② 关于此文的影响，参见夏晓虹：《阅读梁启超》（北京：生活·读书·新知三联书店，2006 年），第 247—264 页。

龙只是"播弄诡辩",因而不能打开逻辑研究的安全通道。① 梁启超以巨大的权威性为中国缺乏逻辑理论确定了三个原因:首先,中国学者总是公开关注实际应用,而从未发现辩明"理论之是非"是必要的;其次,中国向来没有为其语言精心制作"文典"或"语典"(grammar),因此"措辞设句之法"(methods of syntactic analysis)不能分明;再次,过分夸大尊重教义和教师对教义的表达,阻碍了公开的驳诘与争辩。②

(1) 发现的兴奋

然而,就像在其他很多事情上那样,梁启超不久就改变了他的想法,并像往常一样,照例以极其猛烈的方式。在1903年一次显著改变了其政治观念和知识观念的发人深省的美国之旅后,③他对一种中国文艺复兴观念的着迷——这种着迷他曾经在1902年考虑过——获得了新的紧迫感。④ 与国粹运动中的对手们一样,梁启超现在相信学术的复兴是中国救亡图存的关键,并且认为反过来又要依赖于中国古代遗产的再创造。"近世泰西之文明,"他在1904年写道,"导源于古学复兴时代。循此例也,故今

[314]

---

① 梁启超,"论中国学术思想变迁之大势"(1902),重印于前揭,《饮冰室文集》,第7:1—104页,第7:33页。
② 梁启超,"论中国学术思想变迁之大势"(1902),重印于前揭,《饮冰室文集》,第7:1—104页,第7:34页。
③ 约瑟夫·列文森:《梁启超与近代中国的心灵》(*Liang Ch'i-ch'ao and the Mind of Modern China*) (Cambridge, Mass: Harvard University Press, 1953),第103—120页。
④ 罗志田:《国家与学术:清际民初关于"国学"的思想论争》,第90—91页。另参见伊爱莲(Irene Eber),"近代中国的文艺复兴思想:定义问题"(Thoughts on Renaissance in Modern China: Problems of Definition),载 *Studia Asiatica: Essays in Asian Studies in Felicitation of the Seventy-fifth Anniversary of Professor Ch'en Shou-yi*, ed. Lawrence G. Thompson (San Francisco: Chinese Materials Center, 1975), 189–218.

者以欧西新理比附中国旧学,其非无用之业也明矣。"① 致力于此一雄心勃勃事业的首批文本之一是梁启超的"墨子之论理学"一文,他的最早且最有影响的论文,关注的就是他现在带着新鲜而更加不可动摇的信念宣称的,墨子论理学就是中国被遗忘了的逻辑遗产。

在分析梁启超对《墨子》中预期的大量逻辑学观念的生动介绍之前,有必要在此稍作停顿,并回顾一下,正是这同一个梁启超,直到世纪之交都还显示出对"名学"、"论理学"或"论辩之学"所能行使的功能完全无知。关于他个人发现逻辑学的时间或情形,梁启超没有留下任何信息。他最初困惑的证据表明,他的顿悟不可能发生于1898年百日维新失败之后东渡日本之前。② 最新的研究在追踪如下情况方面取得了相当大的进展,即梁启超一旦充分掌握了日语——可能是在1899年夏天——就开始如饥似渴地阅读令人眼花缭乱的西学书籍。③ 但是我们完全不了解在这些西学书籍中可能有任何逻辑学方面作品的信息。④ 追溯到

---

① 梁启超,"墨子之论理学",载《饮冰室合集·专集》,第37:55页。
② 关于梁启超的逃亡及其在日本的早期生活,参见郑匡民:《梁启超启蒙思想的东学背景》(上海:上海书店出版社,2003年),第19—43页。
③ 尤其参见傅佛果(编)《梁启超将现代西方文明引入中国中日本的角色》(*The Role of Japan in Liang Qichao's Introduction of Modern Western Civilization to China*,Berkeley:Institute of East Asian Studies,2004)一书中的文章。关于梁启超学习日语的情况,参见 Saitō Mareshi,"梁启超的语言意识"(Liang Qichao's Consciousness of Language),载上书,第247—271页;第264—270页。
④ 梁启超,"东籍月旦"(1902),重印于前揭,《饮冰室文集》,第4:82—102页。关于梁启超理解欧洲思想的更概括的资料,参见宫村治雄(Miyamura Haruo),"梁启超论西洋思想家:与'东学'的关联"(Liang Qichao's writings on Western thinkers:On the connections with "Japanese learning"),*Chūgoku—Shakai to bunka* 5 (1990):205 - 225;以及黄克武,"梁启超与康德",载傅佛果:《梁启超将现代西方文明引入中国中日本的角色》,第125—155页;第131—133页。

第五章 被开掘出来的遗产：中国逻辑的发现

1910 年代之前，在他的私人图书馆里没有保留下任何相关书目，①而从这一时期起他的作品中提到的唯一的逻辑学著作是严复的《名学》，他首次提到是在 1902 年 2 月。② 到那时为止，梁启超也已经认识到，严复一书所处理的是与艾约瑟《辨学启蒙》中论脑力的"不可归类"（unclassifiable）材料同样的学科。③ 尽管如此，从一开始，梁启超关于逻辑学的写作所使用的术语都来源于日本，④所以他必定至少阅读过用他新思想家园的语言就这一主题所写的某些文献。

梁启超通过他的阅读获得了对这门学科多大程度的掌握，这个问题殊难回答。如上所述，1906 年他为了给他关于土地改革的论点增添光彩而在其听众面前灵光一闪使用的三段论仍然有明显的瑕疵。他最早关于逻辑学的论述显示了一个学习的过程。他在其中不止一次提到中国名学的第一篇文章是关于弗朗西斯·培根生平和思想的短论，⑤改编自富耶（Alfred Fouillée）《哲学之历史》（*Histoire de la philosophie*）一书的中江兆民（Nakae Chōmin, 1847-1901）日译版。⑥ 听起来像是三十多年前那位坏

[316]

---

① 《梁氏饮冰室藏书目录》，国立北平图书馆编（北京：北京图书馆出版社，[1933] 2005 年），第 554—555 页。
② 梁启超，"论学术之势力左右世界"（1902），重印于前揭，《饮冰室文集》，第 6:110—116 页；第 6:114 页。
③ 梁启超，"今世文明初祖二大家之学说"，第 13:2—5 页；第 13:2 页。
④ 对于梁启超在其作品中所使用的逻辑学和哲学术语的概述，参见李运博：《中日近代词汇的交流——梁启超的作用与影响》（天津：南开大学出版社，2006 年），第 176—201 页。
⑤ 梁启超，"今世文明初祖二大家之学说"，第 13:2—5 页。
⑥ 中江兆民（Nakae Chōmin）：《理学沿革史》（*A developmental history of philosophy*）（Tōkyō: Monbushō henshūkyoku, 1886），第 2 卷，第 21—41 页。关于中江兆民，参见 Piovesana：《日本近代哲学思想史，1862—1962》，第 56—57 页。关于他对梁启超的影响，参见郑匡民：《梁启超启蒙思想的东学背景》，150—154 页。

385

脾气的新教传教士慕维廉（William Muirhead），关于培根通过其在《新工具》中的呼吁旨在取代的各种理论，梁启超描绘了一幅几乎不加修饰的画像。在培根时代，欧洲学者丧失开辟探究新道路的原因，梁启超写道，是他们受到了古代过时理论的束缚。因此，他们的研究陷入了诡辩的泥潭之中，并充满了空想。培根是第一个认识到只有重新回到经验才能治愈欧洲智力惰性的人。然而，在复兴之路上横亘着一大障碍：亚里士多德逻辑学所教导的"三句法"（syllogism, the method of three sentences）。"盖三句法者，"梁启超告诉他的读者，"不过语言文字之法耳，既寻得真理而叙述之，则大适于用。若欲由此以考察真理之所存，未见其当也。"①因此，对那些拒绝向这个事实世界睁开眼睛从而看不到通过观察和实验考察它的必要性的秉持"推测之学"（deductive sciences, 演绎科学）的学者们，培根唯有感到蔑视。② 在这一粗暴批判之后几个月内，梁启超似乎又对亚里士多德的逻辑学青眼有加。在对古希腊哲学和亚里士多德的生平做了一番审查之后，基于中江兆民和大量新材料，③他现在以相当赞赏的话来谈这位古马其顿斯塔利亚人的成就：

> 亚氏［亚里士多德］之学，实总汇古代思想之源泉而发达臻于极点者也。且其穷理之法，亦综合诸家彼以为剖辨真理，当有所凭藉也，于是创论理学——即侯官严氏译为

---

① 梁启超，"今世文明初祖二大家之学说"，第 13:3 页。
② 同上，第 13:4 页。
③ 梁启超，"东籍月旦"，第 4:86—90 页。参见黄克武，"梁启超与康德"，第 130—132 页。

名学者——以范之。此其持论之精确，所以超轶前哲也。① [317]

即使梁启超在他于1902年和1903年研究西方哲学的过程中细致描绘了他对逻辑学潜在用途的判断，也没有迹象表明在他离开美国之前就获得了这门科学技术细节上更为准确的理解，并且假设如下一点似乎也是安全的，即在其旅行期间他有比翻阅逻辑学教科书更重要的事情要做。因此，很有可能的是，正如崔清田以体谅的语气所说的那样，②当撰写其论墨子的论理学的文章时，梁启超"还在学习逻辑学"。

如果梁启超对他在中国逻辑史方面的观点的急剧转换或关于逻辑自身一直处于初步的知识感到任何不安的话，他就不会与读者分享它们。相反，他还以对另一种可能的指控加以先发制人的反驳作为其文章的开端，那种可能的指控是，他只是提供了到现在为止已遭到广泛质疑的"中国起源"论的一种修订版本：

> 举凡今日西人所有之学，而强缘饰之，以为吾古人所尝有，此重诬古人，而奖励国民之自欺者也。虽然，苟诚为古人所见及者，从而发明之淬砺之，此又后起国民之责任也。且亦增长国民爱国心之一法门也。……本章所论墨子之论理，其能否尽免于牵合附会之诮，盖未敢自信。但勉求忠实，不诬古人，不自欺，则著者之志也。③

---

① 梁启超，"论希腊古代学术"(1902)，重印于前揭，《饮冰室文集》，第12:61—68页；第12:62—63页。另参见前揭，"亚里士多德之政治学说"(1902)，重印于前揭，《饮冰室文集》，第12:68—78页；第12:68页。梁启超在这一时期所写的所有论西方思想家的文章之概览，参见石云艳：《梁启超与日本》(天津：天津人民出版社，2005年)，第104—106页。
② 崔清田：《名学与辨学》，第8页。
③ 梁启超，"墨子之论理学"，第37:55页。

[318] 　　无论他的意图多么纯粹,梁启超对于那些没有同情心的读者可能提出的潜在指控的本能肯定是合理的。因为事实上,他在《墨经》的片断文字中查找到的理论观点,其范围超出了任何可被归于此领域的全球史上某一单个思想家的内容。在墨子那里,"以全世界论理学一大祖师,而二千年来,莫或知之,莫或述之"①,梁启超这样呼吁,中国有一位等待着迟到的承认的圣人,他的见解突然就能与亚里士多德和培根相提并论了。除了充分了解了演绎推理的规则之外,墨子也预见了归纳法的主要原则。似乎这样还不够,《墨子》全书所详述的,"殆无一处不用论理学之法则",以支持他的政治和道德论证。②

(2) 演绎形式的古生物学

　　梁启超的夸张之处是把相当大的举证责任置于其解释工作上。他以如下方法达到此目的:像一位古生物学家那样工作,用它所需要的一定数量的想象,从最缺乏可能性的证据中提取遗失世界貌似合理的假设。梁启超的古生物学天赋在他文章的分别致力于"释名"(explanations of terms)和推理之"法式"(rules,或models)的头两节文字中得到了最富技巧的表达。通过一种在"格义"(matching of meanings)③之中惊人的操作——就是说,首先在佛典汉译中加以运用的,将外来概念翻译为熟悉的术语以促进对它们的接受的策略——梁启超在总计不超过177个字的墨家断简残片的基础上,成功再现了十九世纪欧洲教科书三段论式的完整理论大厦。他努力的方向颠倒了各种译法相互竞争得以

---

① 梁启超,"墨子之论理学",第37:71页。
② 同上,第37:56页。
③ 参见汤用彤,"论格义",载前揭,《汤用彤集》(北京:中国社会科学出版社,1995年),第140—151页。

确立的传统秩序:梁启超不是用汉语词汇表达外来概念,而是把他在《墨子》中发现的逻辑概念翻译成欧洲概念的日译词。为其发掘提供的参照系毫不掩饰其西方的专一风格。与章炳麟和刘师培不同,梁启超没有努力去重新定义对这门学科的理解,以便使其适应于他的材料,或在其界限内保存残余的传统意义。相反,他将解释的力量都花费在尽可能地使墨家概念与他认为是逻辑探究的普遍结构毫无罅缝地融为一体上。[319]

梁启超的策略很可能是受桑木严翼较早在逻辑概念和墨家术语之间建立对等关系的同样轻率的尝试的启发。作为日语期刊《哲学杂志》(*Tetsugaku zasshi*)的热心读者,桑木严翼的一篇论"古代中国逻辑思想的发展"的文章在其中首次发表,梁启超应该是知道桑木严翼的思考的。不过,与他的大量论西方哲学的文章——这些文章几乎没有提供多少对其未加标注的日语原文的总结——形成鲜明对比的是,梁启超只是借用了桑木严翼论证的外在形式,然后填充了他自己的对等词。至少在这件事情上,梁启超颇受指责的对日本观念的依赖性并没有蔓延到他的中国古代文献的解读中,在这个领域里,他有信心相信自己的判断和专业知识。

当然,梁启超匹配的独创性并不能保证其合理性。在他文章的开头部分,他为欧洲逻辑学的主要术语给出了一连串共计十三个释名,范围从此学科之目的的一般性描述到由它的每一个主要分支抽取的技术性概念。① 所有词目都遵循同样的模式,由一个墨家术语和引自"小取"中阐述其用处的一句话开始,然后再加上

---

① 从文章这一部分采用的所有例子都引自梁启超,"墨子之论理学",第 37:56—58 页。

梁启超视为现代汉英对等词的逻辑术语,最后以对这个现代术语意义进行解释的一个按语结束。梁启超以此种方式给出的对应关系,其可信度是参差不齐的。可能最容易接受的是他在墨家术语"辩"(disputation)和"logic"本身之间指出的相似性:

> 辩(Logic)。("小取":)"夫辩(disputation)者,将以明是非之分,同异之处,察名实之理,处利害,决嫌疑焉。摹略万物之然,论求群言之比……"①(案)墨子所谓"辩"者,即论理学也。此文释论理学之定义及其功用。今泰西斯学名家所下界说,不是过矣。

在他所有的匹配中,梁启超相信读者能理解他从《墨辩》中未加解释引用文字的意义,无论可能的文本损坏有多么严重。在像下面的几个例子中,这种信任可被证明:

> 名(Name)。(小取:)"以名举实。"②(案)墨子所谓"名",即论理学所谓名词 Term 也。③

> 辞(Sentence)。(小取:)"以辞抒意。"④(案)墨子所谓"辞",即论理学所谓命题 Proposition 也。⑤

> 说(Explanation)。(小取:)"以说出故。"⑥(案)墨子所谓"说",即论理学所谓前提 Premise 也。凡论理学必用三段法,其第一段谓之大前提(major premise),第二段谓之小前

---

① "小取"HC 6A.9-6B.2。参见葛瑞汉:《后期墨家的逻辑学》,第472—475页和第482—483页。
② "小取"HC 6B.1。参见葛瑞汉:《后期墨家的逻辑学》,第482—483页。
③ 梁启超注:"'墨子者,中国人也。''墨子'与'中国人'为两名词也。"
④ "小取"HC 6B.1-2。参见葛瑞汉:《后期墨家的逻辑学》,第482—483页。
⑤ 梁启超注:"如云'墨子者中国人也'一语连续之为一命题也。"
⑥ "小取"HC 6B.2。参见葛瑞汉:《后期墨家的逻辑学》,第482—483页。

提(minor premise)。① 又案：墨子之所谓说，以专属诸小前提差为确当。②

然而，更令人怀疑的是，读者能否凭直觉知道梁启超更有创造性的选择背后的缘由，就像他为"conclusion"（结论，梁译"断案"）和"middle term"（中项，梁译"媒词"）所提供的对等词可能阐明的那样。梁启超毫不担心犯含糊不清的谬误，他第一次建议从三段墨家文字中各摘取出一个人造的复合词，就像上述常被引用的章句为"名"（term）、"辞"（proposition）和"说"（premise）所取的词那样；第二次，他又重新定义了墨家术语"类"，在自古以来"种类"（class）或"类别"（kind）的意义上使用这个术语，以表示亚里士多德的"中项"（middle term）概念：

实（Objects）意（Intentions）故（Reasons）。（"小取"；） [321]
"以名举实，以辞抒意，以说出故。"③（案）墨子所谓"实"、"意"、"故"，皆论理学所谓断案（Conclusion）也。凡论理学必先指名，合两名为一命题，举两命题为大小前提，然后断案出焉。断案即其实也，其意也，而下断案时恒用故（reason, therefore）字出之。故墨子曰："以说出故。"④

类（Kind）。（"小取"："以类取，以类予。"⑤（案）墨子所谓"类"，殆论理学所谓媒词 Middle Term 也。论理学三段论

---

① 梁启超注："如云'有道行能救人者圣人也'，此大前提也；云'墨子者有道行能救人者也'，此小前提也。"
② 同上，第 37；56 页。原文翻译引自"小取"HC 6B.1，改译自葛瑞汉：《后期墨家的逻辑学》，第 432—433 页。
③ "小取"HC 6B.1—2。参见葛瑞汉：《后期墨家的逻辑学》，第 482—483 页。
④ 梁启超注："如云'有道行能救人者圣人也'，'墨子有道行能救人者也'，'故墨子圣人也'，如此则三段论法备矣，有大小两前提，则断案自出也。"
⑤ "小取"HC 6B.2。参见葛瑞汉：《后期墨家的逻辑学》，第 482—483 页。

法,凡含三名词。其断案之主位名词,亦曰"小词(minor term)",断案之宾位名词,亦曰"大词(major term)",其不见于断案中之名词曰"媒词(middle term)"。① 媒词者,在大前提与小前提之间为取(is accepted),在小前提与断案之间为予(proposes)者也。

在这些例子中,梁启超倾向于给这些他用来翻译墨家概念的逻辑术语的解释投入更多的空间,而不是为他的特定选择辩护,这一点格外引人注目。不过,这种倾向与他的首要目标是一致的,尽管这个目标是隐蔽的,即从《墨经》中挖掘演绎推理完整体系的化石般的踪迹。在确定了主要概念"logic"(辩)、"term"(名)、"proposition"(辞)、"premise"(说,前提)、"conclusion"(断案,实、意、故)和"middle term"(媒词)的对等词之后,完成的这一部分方案他所需要的只是与三段论推论的技术相关的对等词。并且,足以确定的是,梁启超不用花费太大力气就能发现那些暗示了"辞"(propositions)和"格"(figures)——根据这些"格",它们就能被关联到有效的三段论式中——的量与质之认识的术语:

[322]

或(Some)。("小取":)"'或'也者,不尽也。"②(案)墨子所谓"或",即论理学所谓特称命题 *Particular Proposition* 也。论理学命题,有全称特称之分,布式者所最不可忽之节目也。③

---

① 梁启超注:"如云'凡中国人皆亚洲人也','墨子者中国人也','故墨子亚洲人也','墨子'为小词,'亚洲人'为大词,'中国人'为媒词。"
② "小取"HC 6B.3. 参见葛瑞汉:《后期墨家的逻辑学》,第470—471页。
③ 梁启超注:"如云:'凡中国人皆黄帝子孙也。'此之谓全称命题(a universal proposition),盖其主位之'凡'字包举全中国人而无遗也。如云'或人、某人、此人、彼人为黄帝子孙',此之谓特称命题(a particular proposition),所包举者不尽也,此或人之外,其余人为黄帝子孙与否,未尝言明也。"

第五章 被开掘出来的遗产：中国逻辑的发现

假（Assumed）。（"小取":）"假者，今不然也。"①（案）墨子所谓"假"，即论理学所谓假言命题 *Hypothetical Proposition* 也。② 假者，现在不能指实，故［墨子］曰"今不然"。

效（Example）。（"小取":）"效者，为之法也。故中效则是也，不中效则非也。"③（案）墨子所谓"效"，殆含法式（rule，或 model）之义，兼西语 *Form*，*Law* 两字之意。专求诸论理学，则三段论法之"格"*Figure* 足以常之。苟不中格者，则其论法永不得成立也。

在更仔细地考察一种"法式"（rule，或 model）——梁启超在其中附加了大量除了在其文章第二节中讨论的三段论的"格"（figure）之外的可能寓意——之前，我们应该简短地审视一下他的剩余的四个释名。其中的两个，梁启超坚持主张，它们预示了归纳推理的方法。"立证"（Verification）被置于"譬也者，举物而以明之也"④这样的句子中加以解释，而"比较"（comparison）则被阐明为："侔也者，比辞而俱行也。"⑤在其最后两个对等词的注 ［323］

---

① "小取"HC 6B. 3 - 4。参见葛瑞汉:《后期墨家的逻辑学》，第 470—471 页。
② 梁启超注:"如云'假使今日中国有墨子，则中国可救'（第一段），'今有墨子与否未可知'（第二段），'故中国之前途难决也'（第三段）。"
③ "小取"HC 6B. 4 - 5。参见葛瑞汉:《后期墨家的逻辑学》，第 470—471 页。关于此段文字的详细重构，参见雅努什·赫米耶莱夫斯基（Janusz Chmielewski）:《古代中国的语言与逻辑:汉语和逻辑论集》（*Language and Logic in Ancient China*: *Collected Papers on the Chinese Language and Logic*），ed Marek Mejor (Warsaw: Polska Akademia Nauk, 2009), 207 - 226。
④ "小取"HC 6B. 5 - 6。参见葛瑞汉:《后期墨家的逻辑学》，第 482—483 页。在一个行间注中，梁启超补充说:"如歌白尼（Copernicus, 哥白尼）创行星绕日之说，加里黎阿（Galileo, 伽里略）欲考其说之确否，乃设为金星、水星应同一现象之理想而研究之，举以为证之类是也。其种别甚多，不可枚举。"
⑤ "小取"HC 6B. 6 - 7。参见葛瑞汉:《后期墨家的逻辑学》，第 482—483 页。

释中,其中任何一个都不可能增加太多已经包含在内的概念空间,梁启超因而摆出深思熟虑的犹豫姿态,大概是为了让读者消除对他接下来的真诚所持有的疑虑,这些读者可能会担心他的更大胆主张是否准确。对于如下语句"援也者,子曰然,我奚独不可以然也?"①他加了一个提醒注意的按语:"墨子所谓援(adducing, to assist,援助),其义不甚分明,不敢强解。若附会适用之,则积叠式 Sorites 之三断论法,庶几近之。"②梁启超在草率地做出如下结论时也显示了类似的勉强,即"推"(to push forward)可被等同于"推论"(inference),因为"推也者,以其所不取之同于其所取者予之也"。③

为《墨子》中的演绎逻辑确立起他所希望的可靠框架后,梁启超又返回"效"(example)这个概念上,正如我们所看到的,它被注释为推理的"法式"(rule 或 model)和三段论的"格"(figure)。根据梁启超,墨子用以衡量某命题是不是"中效"(coincide with rules)的准则,也即是"所持以权衡天下之理论者也"。④ 梁启超在重构这些准则时坚持的自由度超越了他迄今为止使用的那些准则。他写道,由于现存的《墨子》一书并不包含论"法式"的独立篇章,他决定将分散于书中的所有相关线索都收集起来,并以适当的次序对它们加以综合。他的大多数推断都被系缚于跟法式概念没有任何明显关系的《经说下》中的一段文字:"彼正名者彼此彼此可彼彼止于彼此此止于此彼此不可彼此止于彼此若是而

---

① "小取"HC 6B. 7-8. 参见葛瑞汉:《后期墨家的逻辑学》,第 482—483 页。
② 梁启超注:"如云'动物者有机体也','四足兽者动物也','马者四足兽也','此物者马也','故此物者有机体也'。凡积数段,段段相援,而成断案也。"
③ "小取"HC 6B. 9-10. 参见葛瑞汉:《后期墨家的逻辑学》,第 482—483 页。
④ 梁启超,"墨子之论理学",第 37;58 页。

彼彼也则彼亦且此此也。"①梁启超在这段话中发现了令人惊异的大量逻辑推理,这些逻辑推理在今天通常被理解为,是对抗何莫邪所称"指示语词的似是而非悖论"(the seeming paradox of deictic expressions)(也就是说,用来称呼"我"的我这个人即是用来称呼"你"的你这个人)的相对主义推论的一种尝试。② 然而,梁启超却将它解释为推导的主要准则的一个例证,这种推导揭示出像"内包"(intension,内涵)和"外延"(extension)、"主词"(subject)和"宾词"(predicate)、"特称名词"(particular term)和"全称名词"(universal term)、"分布"(distribution)、"量"(quantity)、"质"(quality)、"换位"(conversion)等多种多样的概念意识,甚至暗示了对某种演绎推理之谬误的理解。

他以之揭示这些概念的方式的一个例子应该足以说明他的策略。根据梁启超:

> 此据论理学上内包 Intension、外延 extension 之例,以

---

① 《经说》B68。梁启超不像葛瑞汉那样使用传统道藏版本的《墨子》文本。参见葛瑞汉:《后期墨家的逻辑学》,第 440—441 页。此处的翻译依据梁启超的校订本。[译按]顾有信对《经说下》这段文字的英译文如下:It is admissible for the man who uses names correctly to use 'that' for this and 'this' for that. As long as his use of 'that' for that stays confined to that, and his use of 'this' for this stays confined to this, it is inadmissible to use 'that' for this. If 'that' and 'this' stay confined to that and this, and accepting this condition you use 'that' for that, then 'this' is likewise about to be used for this. 译者试译为:"对于一个正名者来说,以'彼'来指称此,和以'此'来指称彼,都是可接受的。只要他运用'彼'来指称彼,这种运用仅限于彼,以及他运用'此'来指称此,这种运用也仅限于此,那么,用'彼'来指称此就是不可接受的。如果'彼'和'此'都仅限于彼和此,并接受你用'彼'来指称彼这一条件,那么,'此'也将以同样的方式被用于指称此。"顾有信对《经说下》的这段文字的断句是有问题的,"as long as"所引导的从句似乎应该隶属于上一句,而不是下一句,即"'彼'指称彼且仅限于彼,和'此'指称此且仅限于此"应该是"以'彼'来指称此,和以'此'来指称彼,可被接受"的条件,而不是下文"用'彼'指称此,不可被接受"的条件。
② 何莫邪:《中国古代的语言和逻辑》,第 343 页。

明全称名词、特称名词之异用也。"彼[句]此[句]彼此可"者,谓主词与宾词之量相等,①则宾主可互易也[也即它们可被换位]。……其词皆属全称也。试举其例。如命题云"人者,理性之动物也",是谓"彼此彼此可",何以故?两者皆全称故。人以外无理性之动物,理性之动物以外无人故,故不惟彼此可,即此彼亦可也。即翻言之曰"理性之动物者,人也",于论理无悖也。以今世论理学之语解之,则云:"凡主宾两词之质量相等者,则可以互为主宾。"②

乍一看,梁启超的解释似乎不无道理。然而,他对这一段和其他段落的解读被多重问题所困扰。首先,梁启超所证明的,并不像他希望的那样,是《墨子》阐述了大量逻辑学理论,而毋宁说,他只是证明了用逻辑学术语重述这个文本是可能的,那么这就可用来强调在一定程度上类似于显白的逻辑学洞见的那些观点的隐微痕迹。尽管不可能说《经说》的作者(们)对梁启超从其现存话语中提取出来的逻辑规则有某种把握,但在这个文本中,或至少在梁启超对这个文本的解释中,根本不存在任何允许他主张他们在欧洲教科书演绎法意义上对这些规则加以概念化的内容——当然,除非这种逻辑学体现了此学科的通用格式塔(the universal *Gestalt*),就像梁启超似乎相信的那样,否则他为什么要花费这么多精力解释墨家含义与演绎推理术语的相互匹配呢?梁启超下意识的欧洲中心论的第二个问题是,他的解读只能从这个文本中推断出他知道他不得不发现的内容,如果他想要主张在

[325]

---

① 梁启超注:"主词者,英语之 Subject;宾词者,英语之 Predicate。一命题中必含此两词。如云'墨子者,中国人也','墨子'是主词,'中国人'是宾词。此文之'此'即主词也,'彼'即宾词也。"
② 梁启超,"墨子之论理学",第 37;58 页。

墨子与明确表达了最初引导他的研究的那种方案的西方圣哲之间是等同的。从一开始，这样一种"削足适履(shrink-to-fit)"的方式把可能发现的范围缩小到由棱镜折射看到的狭小范围，他透过这个棱镜去看那些碎片，希望将这些碎片重新组装为已被遗忘了的中国逻辑遗产的完美肖像。因此与其对所谓墨家期待的揭示相比，他的文章很长的章节更多地在表明梁启超自己在那时对逻辑学的仍然是相当基本的个人理解。

在他文章剩下的几页里，梁启超改变了解释方法以适应新的辩论目的。第三节的表面目标是用《墨子》一书其他部分中的应用例证确定墨子的理论观念。通过将墨家政治理论的主要论点转换为有效的三段论式，梁启超旨在表明他所揭示的规则被一贯地运用于全书始终。然而，由于他在重新表述上的努力只是因为他想要阐明的概念并没有被原作者（们）所使用才显得必要，所以通过将墨家主张重述为各种或多或少是完全的三段论式，他所能收获的也只是展示了他自己对这些形式的掌握。①

结论部分赞美梁启超所认为的墨子的最高成就：一千五百多年前对培根归纳方法的预测。就像在前一节中那样，他把大部分文字都用来解释关于他偏离原文之术语的含义，这里很大程度上则是套用他前面提到的培根传记中对归纳法的赞颂。直到此节结尾的时候，墨子才以其对"三表法"(three standards)或"三表"(three gauges)即"有本之者"(precedent)、"有原之者"(evidence)和"有用之者"(application)的讨论而登场，梁启超认定这等同于培根坚持的通过观察和实验以检验一切知识之有

[326]

---

① 梁启超，"墨子之论理学"，第37；63—68页。

效性的主张。① 在前几节痛苦的重建工作之后,梁启超的解释还有一点令人不安的方面,那就是他称道介绍"三表"的那段话是"墨子书中言论理学最明显之处也",甚至建议将墨子要求的在提出任何主张之前先要确立的"法仪"(standards of assessment,考核标准)理解为"西文"Logic 的另一对等词语。②

总之,梁启超对"墨子逻辑学"的古生物学重构,在范围上雄心勃勃,在细节上则问题重重。他在墨子术语和欧洲逻辑学核心概念之间建立广泛对应关系所持有的自信,与那些匹配奠基于其上的基础的可靠性形成了鲜明的对比。梁氏文章中的大部分文字都用来解释基本的逻辑理论,其选择常常令人困惑,而他的解释却往往敷衍了事。根据梁启超所提供的证据,关于他提供的翻译是否建立在实质性的类似基础上,抑或只是强行添加到历史记录中的粉饰,甚至抱有同情的读者都难以形成合理的判断,这与梁启超公开的意图相反,他本来的目标是要将墨子歌颂为被遗忘了的"东方培根",以便增强中华民族的文化自豪感和民族自信心。③

即使他文章中提出的绝大多数主张都难以令人信服,有两个重要发现也必须要归功于梁启超:一方面,他是第一个提出隐藏在早期中国文献中的化石碎片中有一个完全成熟的逻辑学体系的作家,并且这一体系能够通过文本分析和"合理重构"的结合而被发现——这一建议将会在 1920 和 1930 年代激发起对墨子和其他文献的极其富有成效的兴趣,不仅仅是梁启超自己,他在重

---

① 《墨子》35—37。参见艾文贺(Philip J. Ivanhoe)与万白安(Brian W. Van Norden):《中国古典哲学读本》(Readings in Classical Chinese Philosophy)(Indianapolis and London: Hackett, 2005),第 110—111 页。
② 梁启超,"墨子之论理学",第 37:70 页。
③ 同上,第 37:70—71 页。

审了《墨经》之后解决了几个世纪以来一直阻碍着对它的解释的文献难题。① 另一方面,无论其动机如何,通过对墨子的论辩实践加以系统考察,梁启超在如下事实方面给大家提了个醒,即对中国逻辑的研究不必将其核心关注局限于明确的逻辑理论化的遗迹,而应该更多地从对隐含在散漫实践里的逻辑考察中获益。

5. 作为古董档案的中国逻辑

王国维,是这项研究中要讨论的最后一位具有开创性的翻译家,与梁启超一样,在关于古代中国是否了解逻辑理论这个问题上,起初也持怀疑态度。他在1905年写道,与欧洲和印度形成对比,中国"有辩论而无名学",因为中国人通常缺乏理论兴趣和想象力。② 然而,在这一负面评价后仅仅两个月,王国维就以"周秦诸子之名学"为题发表了一篇短文。③ 是什么导致他心理变化或驱使他重新思考这个问题,王国维没有给我们留下任何线索。他的文章可能在尝试着记录由桑木严翼撰写的篇名为"荀子之论理学说"的文章中的某些细微差异,后者被王国维翻译成中文,1904年发表于罗振玉(1866—1940)主编的《教育世界》杂志上。④ 或者他可

---

① 关于梁启超对于《墨经》文本重构的贡献,参见郑杰文:《20世纪墨学研究史》,第82—89页。
② 王国维,"论新学语之输入",第40页。
③ 王国维,"周秦诸子之名学",《教育世界》98,100(1905),重印于前揭,《王国维文集》,第3卷,第219—227页。
④ 桑木严翼,"荀子之论理学说",《教育世界》77(1904)。文章原稿首次发表于1898年,上面已经讨论过,即桑木严翼,"荀子的逻辑学说"。关于王国维的中译,参见佛维:《王国维哲学译稿研究》,第127—137页。关于王国维发表在《教育世界》上的作品,参见陈鸿祥:《王国维与东西方学人》(天津:天津古籍出版社,1990年),第2—17页。

[328] 能是对梁启超关于"墨经"中大量逻辑学知识的宏伟论断的回应,对这一主题,王国维拥有非常不同的观点,他在撰写于1904年的题为"周秦诸子之名学"的文章中说得很清楚,在1906年当他提供了一个讨论《墨子》一书哲学意义的解读"墨经"的稍微扩展了的版本时,其中含有论逻辑学的一小节,对此主题又加以重述。①

无论其动机如何,王国维至少和清末撰写这一课题的人一样胜任这项工作。到目前为止本章所讨论的学者中,他在这门学科上受到的训练是最彻底的。正如我们上面所看到的,1902年他就在上海师从日本人藤田丰八开始学习逻辑学,并从未丧失对这门课程的兴趣。② 据称他在江苏通州师范学堂工作时就讲授逻辑学课程,这一说法已经被发现不准确,③但王国维找到了在他的期刊作品中触及逻辑学主题的某些机会,比如,在他为《教育世界》撰写的简短描述亚里士多德和培根生平的文章中。④ 他的耶芳斯《逻辑学初阶》和很多日文与英文哲学、心理学作品的翻译,也证实王国维对这门学科的术语和概念词汇有很扎实的掌握。⑤

---

① 王国维,"墨子之学说",《教育世界》121(1906),重印于前揭,《王国维文集》,第3卷,第159—174页。
② 对他来说,一个运用其逻辑学知识的机会在他解读叔本华论充足理由律的著作时得以展现。参见 Kogelschatz:《王国维与叔本华》,第86—88页。
③ 佛雏,"王国维与两所'师范学堂'",载《扬州师院学报》,1990年第1期:第94—98页;第95页。另参见窦忠如:《王国维传》(天津:百花文艺出版社,2007年),第82—84页;以及陈鸿祥:《王国维全传》,第117—120页。
④ 王国维,"希腊大哲学家亚利大德勒传",《教育世界》77(1904),重印于前揭,《王国维文集》,第3卷,第287—291页;以及前揭,"倍根小传",《教育世界》160(1907),重印于前揭,《王国维文集》,第3卷,第409—413页。
⑤ 参见佛雏:《王国维哲学译稿研究》。关于王国维作为翻译家的成就的更多概述,参见孙珠琴(Cecile Chu-chin Sun), "Wang Guowei as Translator of Values," in Creation and Translation: Readings of Western Literature in Early Modern China, 1840 - 1918, ed. David Pollard (Amsterdam, Philadelphia: John Benjamins, 1998), 253 - 282; and Qiuhua Hu, "Wang Guowei (1877 - 1929) und die Sprachproblematik," Asiatische Studien 55, no. 4 (2001): 971 - 978.

第五章 被开掘出来的遗产:中国逻辑的发现

他对这门学科的熟悉程度超过了同时代的大多数人,而他也从不羞于批评那些达不到他为自己设定的高标准的人。他时不时地加以冷嘲热讽的主要对象是严复,对于后者翻译的《穆勒名学》,王国维在 1905 年批评道:

[329]

> 若谓用日本已定之语,不如中国古语之易解,然如侯官严氏所译之《名学》,古则古矣,其如意义之不能了然何?以吾辈稍知外国语者观之,毋宁手穆勒原书之为快也。①

王国维从他坚实的知识背景中所获得的自信都渗透进他的许多逻辑和哲学著作中。他的"周秦诸子之名学"一文开篇就明确说明了逻辑理论形成的必要条件。历史证明,王国维说,逻辑是从学术辩论交流的论证中抽象的结果。在古希腊,为了迎接芝诺悖论的挑战,论辩法得到发展;其后,亚里士多德综合了现有的逻辑学知识,以回应来自诡辩学派的批评。类似的过程也导致印度因明方案的发现,并且它也促进了中国逻辑思想的开始。

据王国维所见,中国逻辑之祖是墨子,他的思想是通过其伦理和政治教义以反对儒家的需要。同样地,荀子的理论表达是为了维护儒家传统,使其免于被具有破坏性的诡辩家如邓析、惠施及其追随者们侵害。随着荀子《正名篇》的出现,中国逻辑于斯为盛。② 汉武帝(公元前 140—前 87 年③)控制下的意识形态分层(ideological stratifiation)以"定于一尊"的方式有效地终结了所有学术辩论,并因此而中断了中国逻辑思想传统——绝于此,王国维强调说。以这最后一句话,他提出了一个非常重要的观点,

---

① 王国维,"论新学语之输入",第 43 页。
② 王国维,"周秦诸子之名学",第 219 页。
③ [译按]汉武帝生卒年月应该是公元前 156 年—公元前 87 年。

401

迄今为止还没有作者明确指出：与有可能带来无限的社会、科学和智力进步的欧洲或当代逻辑话语相比，对中国逻辑的讨论，无论定义有多宽泛，都只是或必将继续只是对档案文献的兴趣。

[330]　　不过，问题是汉语文献的逻辑价值如何，假如这些文献能被根本上确立起来的话，这个问题就应该被评估、安排并保持在一定的秩序之下。王国维的回答是从对这些档案实质上包含什么内容的清醒评价开始的。对于那些以将有限相关的材料载入档案为傲的学者，王国维没有兴趣。在他看来，中国逻辑传统是由不超过三个边界清晰的元素构成的：一个是对《墨子·经说》中发展出来的"定义"(definitions)的讨论，一个是可以从《墨子》一书的"大取"、"小取"中摘录的"推论之谬妄"(fallacies of reasoning)的不完全清单，以及由荀子为回应诡辩家公孙龙而提出的带有强烈认识论色彩的"概念理论"(theory of conception)。① 然而，其中只有两个元素能够在任何细节上被重构，因为《墨子》一书逻辑上相关的部分中，只有《经上》和"小取"是完全可以理解的。②

王国维对墨子逻辑学的分析表明了他的方法，正是以此种方法，他接近中国被遗忘了的逻辑传统的进路与梁启超的不同。他们两人在其解释中都依赖于源自欧洲的概念词汇。但是由于王国维对重构隐含"体系"或暗藏"理论"不感兴趣，他就能够从这一词汇表中为他的探究选择更精确的分析工具。梁启超不得不为核心逻辑概念寻找对等词，以便完成他希望会带来一场中国文艺复兴并有助于重建民族自信心的体系发现，与此相反，在王国维那里，无论他发现的材料表明了什么，他自己都会倾向于冷静地

---

① 王国维，"周秦诸子之名学"，第219页。
② 王国维在上引"墨子之学说"一文中几乎是逐字逐句地重复了这一评价，参见第171—172页。

记录下来。

在《墨子》这个案例中,这一点还非常少。王国维写道:"墨子之形而上学及伦理学之根本思想与儒家不甚相异,唯其条目则大不同。于是欲辩护自己之说,不得不研究辩论之法(the methods of debate)。此我中国之名学所以始于墨家中发见之也。"①从现存墨家著作的遗迹来看,这些发现并不令人印象深刻。尽管《经说上》提供了关于"名"的一个定义,但《墨子》并没有制定出建立定义的正式标准,因此墨家发现的这一方面并不值得深入讨论。② 同样的缺陷也适用于"小取"中对"推论之谬妄"的列举。在这里,由于未能探究推论的一般法则,文本也颇显不足。尽管如此,王国维也承认它对不同种类谬误的描述是有某些逻辑价值的。在他的解读中,"小取"把所有这些谬误都理解为没有根据的"比类"(analogies)的例子。王国维将这一解释奠基于他认为保存于旧道藏版本中的讨论"物"(things in general)之中同和异的一段文字上:

> 夫物有以同而不率遂同。辞之侔也,有所至而正。其然也,有所以然也;其然也同,其所以然也不必同。其取之也,有所以取之;其取之也同,其所以取之不必同。是故辟、侔、援、推之辞,行而异,转而危,远而失,流而离本,则不可不审也。③

根据王国维的观点,墨家学派从这一段话中可以推出四种类

---

① 王国维在上引"墨子之学说"一文中几乎是逐字逐句地重复了这一评价,第171页。
② 同上。另参见前揭,"周秦诸子之名学",第220页。
③ 王国维,"周秦诸子之名学",第220页;以及前揭,"墨子之学说",第171—172页,引自《小取》HC6B.9-7A.4。遵循王国维解读而做的英译,来自葛瑞汉:《后期墨家的逻辑学》,第483—484页。

比。首先,被描述为"是而然"(something is so if the instanced thing is this,某物是这样,仅当所举之实例物是这样),在"小取"中被像"获,人也;爱获,爱人也。臧,人也;爱臧,爱人也"这样的实例所阐明。然而,正如墨家所认识到的,当某人将同样的类比模式运用于其他案例时,谬误就发生了。这方面的两个实例在"小取"中被识别出来。第一个例子蕴含"暧昧之谬妄"(fallacy of equivocation),例示为"获之亲,人也;获事其亲,非事人也"。第二个例子是"偶然性之谬妄"(fallacy of accident),例示为"其弟,美人也;爱弟,非爱美人也"。① 另一种类比,被墨家描述为"是而不然"(something is not so though the instanced is this thing,某物不是如此,尽管所举实例是此物),与现代逻辑学所说的"大项不当周延的错误"(fallacy of illicit process of the major term)很接近。对于这一种错误类比,"小取"给出的例子包括:"盗,人也;多盗,非多人也;无盗,非无人也。"这一类比的问题,正如王国维所解释的,就像梁启超那样教导读者,在于前提中的"人"这个字只是指人之一小部分,而结论中的"人"取的却是全体意义。② 在中国思想史中,这种类型的谬误尤其常见,王国维认为,这是因为中国语言没有在"全称"、"特称"和"单称"名词和判断之间加以清晰地区分。

"小取"中被识别出来的余下的两种类比以及它们各自隐含的谬误,被以下述情形加以描述,即"一害而一不害或一周而一不周"(something is harmful without exception in one case but not

---

① 王国维,"周秦诸子之名学",第 220 页;以及前揭,"墨子之学说",第 172 页,引自《小取》HC7A.8-7B.1。参见葛瑞汉:《后期墨家的逻辑学》,第 485—486 页。
② 王国维,"周秦诸子之名学",第 220 页;以及前揭,"墨子之学说",第 172 页,引自《小取》HC7B.3-4。参见葛瑞汉:《后期墨家的逻辑学》,第 487—489 页。

in the other,在一种情况之下某物无一例外是有害的,而在另一种情况之下则无害)和"一是而不一是"(the instanced in one case is this and in the other is not,在一种情况之下所举之实例是如此,而在另一种情况之下则不是如此)。王国维论证道,挑选出来以说明这些有问题的类比的例子表明,墨家并没有仅仅从纯粹的逻辑角度看待它们,而是其中充斥着他们的意识形态方案。这一点在第一个例子中尤其明显,"小取"这样说明:"爱人,待周爱人,而后为爱人。不爱人,不待周不爱人,不[愚按:此字衍]失周爱,因为不爱人矣。"按照王国维的看法,这里墨家利用了他们更早些时候批评的全称和特称名词之间所缺乏的明确区分,以便加强其"兼爱"的政治理由。① 同样的汉语方面的不足也是所谓"一是而不一是"之谬误的根源。这种谬误的一个例子是下面这个明显的类比,"问人之病,问人也;恶人之病,非恶人也"。② [333]

尽管墨家的谬误类型学包含一些与逻辑相关的见解,但王国维还是得出结论,认为它受限于对类比之所以无效的原因的简单化理解。墨家用他们的例子证明他们意识到,那些看起来形式上一致的推理,在一种情况下可以产生有效的结论,在其他情况下则会导致谬误,但是他们不能制定可用以解释这些不同结果的根本原因的抽象推理规则。因此,与亚里士多德的理论相比较,他们对谬误的讨论也似乎只能是"不免如鲁卫之于秦晋也"。③ 然

---

① 王国维,"周秦诸子之名学",第221—222页;以及前揭,"墨子之学说",第173页,引自《小取》HC8B. 4-6。参见葛瑞汉:《后期墨家的逻辑学》,第492—493页。
② 王国维,"周秦诸子之名学",第221页;以及前揭,"墨子之学说",第173页,引自《小取》HC8A. 8-10。参见葛瑞汉:《后期墨家的逻辑学》,第491—492页。
③ 王国维,"墨子之学说",第173页。[译按]所引王国维的"不免如鲁卫之于秦晋也",意思是墨家逻辑学与亚里士多德的逻辑学相比,就如同先秦鲁国卫国的软弱比之于秦国晋国的强大统治力量一样。

而,王国维接着写道,即使墨子关于定义和推理的理论,"虽不遍不赅,不精不详",并且"毛举事实,而不能发见抽象之法则,然[墨子仍]可谓我国名学之祖"。① 就这门学科的全球史来看,王国维带着某种精心算计的恶意认为,墨子在排名上因而略近于亚里士多德最早的先驱芝诺——所以就在逻辑英雄榜上排名垫底了,而梁启超曾尝试将其安放在被遗忘了的"东方培根"的高位上。

　　王国维对荀子评价要高很多,后者是他愿意承认其对古代中国逻辑发展有贡献的第二位也是唯一一位其他思想家。虽然未能完善墨子关于推理的原始理论,荀子在常识、经验基础上确立了一种概念论,代表了中国逻辑史上空前绝后之高度,甚至超出中国,王国维以罕见的激情补充说。王国维对这一理论的重构在很大程度上是对桑木严翼所撰、他于1904年翻译的文章中观点的重申。② 跟桑木严翼一样,王国维赞颂荀子的方案预见了当代"智识论的名学"(epistemological logic)的主要关切。他还围绕着许多与桑木严翼相同的论题组织其概述,依次提出"名"(names)的缘起和功能,它们与"物"(objects)的关系,感官在保持其准确性和一致性中的作用,分类法,"宜名"与"不宜名"之间的区分,以及最后同与异的标准。桑木严翼思考的一个元素是对"三种谬误"的讨论,他把这一点给删掉了,可能是因为荀子在这方面的思考不如墨子精微。王国维补充的多数内容都与荀子知识论见解的强度有关,而桑木严翼对此却没有注意到。一个例子是他称赞荀子对"散名之在人者"的分析,也就是对统一于"性"

---

① 王国维,"周秦诸子之名学",第 222 页。
② 参见佛维在《王国维哲学译稿研究》第 128—137 页的有用比较。

(human nature)这一术语之下的情感能力的描述。① 通过将这些能力的名称确定为"后王制名"不变的经验基础,王国维认为,荀子已经预见到感觉、知觉和理智之间的密切关系,这种关系在欧洲哲学中只有到了康德和叔本华的著作时才将之突显出来。在逻辑学更狭窄的领域内,王国维回想起荀子在"单名"(single)、"兼名"(composite)和"共名"(general names)之间所作的区分,这一点桑木严翼也忽略了或摒弃了:"然后随而命之,同则同之,异则异之;单足以喻则单,单不足以喻则兼;单与兼无所相避则共,虽共不为害矣。"②王国维指出,荀子的论述与"单名"(simple terms)和"兼名"(compound terms)相当,因此向着克服由"特称名辞"和"全称名辞"之间不确定的边界而产生的困惑迈出了重要的一步,正是这种边界不确定造成了中国思想中的很多谬误。

尽管异常热情地接受荀子,王国维却毫不怀疑他在"正名"篇中发现的值得赞扬的内容仍然与亚里士多德《工具论》中阐释的理论相去甚远。因此,甚至荀子都不能动摇他关于中国逻辑学只不过是一种对档案文献的好奇心的那种确信。他在其文章中予以重新建构的已经产生了关于定义、推理和概念的基本理论的逻辑学短暂辉煌时刻,在它们能够发挥更持久的影响或促进产生更复杂的见解之前就被遏制了。尽管如此,王国维仍着重强调,这些努力的痕迹应该被看作是"吾国古典中最可宝贵之一部"。然而,在世界逻辑学史上,它们也不过是"最有

[335]

---

① 王国维,"周秦诸子之名学",第222—223页,指的是《荀子》22.1b。参见诺布洛克:《荀子》,第3卷,第127—128页。
② 王国维,"周秦诸子之名学",第226页,指的是《荀子》22.2以下。英译文采自诺布洛克:《荀子》,第3卷,第130页。另参见何莫邪:《中国古代的语言和逻辑》,第323—324页。

407

兴味之事实"。①

结束语

　　王国维的直率结论标志着中国逻辑史上发现时代的终结。在中国建立起一种特殊的逻辑话语之后不到十年，本章中讨论的作者们勾勒出一个互补的研究领域，这一领域要在接下来的几十年里把自己说成是一种"中国逻辑"，或在那些不太自信的作者中用更为谨慎的说法，"中国逻辑思想"的独特话语。与此同时，刘师培和梁启超那程序化声明中带有丰沛感染力特征的发现的兴奋，就被章炳麟令人眼花缭乱的折中主义和王国维促人清醒的严肃风格所取代。

　　在这种迅猛发展的过程中，中国逻辑学的先驱们展开了一幅清晰的框架，其信条和原则继续在塑造着今天的话语。每一位作者都以其自己的方式提出了三个问题，迄今为止这些问题都是书写中国逻辑传统者无人能够忽视的：(1)真的存在像"中国逻辑"这样的东西吗？如果存在，那么(2)哪个文本或残篇是其得以重构最有价值的资料，以及(3)以什么样的术语框架来重新书写，这些被忽视的材料才能得到最好的理解？

　　关于第一个问题，所有四位作者不久都同意古代中国思想中确实包含有理论化逻辑的明确证据。与欧洲逻辑学的主题最明显的相似之处——四位作者都认为欧洲逻辑学是权威的标

---

① 王国维，"周秦诸子之名学"，第219页。[译按]顾有信此处将王国维的这个短语翻译为"a 'most interesting episode'"，这个判断与王国维不同，可理解为中国传统逻辑史只不过是世界逻辑史上的一段"最有趣的插曲"。

准——在所有古代哲学流派都参与进来的关于"名"的使用和属[336]
性的广泛争论中被识别出来。但是更切近的考察揭示了更进一
步的反思迹象,从根据王国维对谬误本性的适度见解或章炳麟所
识别的对有效推理格式的模糊意识,到由梁启超宣告的对逻辑理
论最新进展或多或少完整的预见。对第二个问题的看法也趋于
一致。荀子的"正名篇"和《墨经》几乎被一致称赞为中国古代逻
辑推理最具洞察力的证明,而且在需要排除名家学派的思想家方
面,也有类似的一致意见,后者被贬低归入轻浮的且道德上危险
的诡辩家行列。第三个问题是在考虑中及其后的期间里最具争
议的问题。刘师培半心半意地建议在名学与中国传统文献学之
间进行一种尴尬的融合,但是他无法表明这两种话语如何才能有
效地联合。章炳麟成功地从因明词汇中提取出一套连贯的推理
框架的雏形,但他对"推知"(knowledge of reasons)的一种新总
体概念的定义仍然与宗教辩证法的有限目的联系在一起。梁启
超将中国古代逻辑天才的零散片段压缩成一个源于西方的粗糙、
陈旧的概念框架,没有仔细考虑这一过程所涉及的解释性暴力,
并希望能支持他的文化平等主张。部分地是对这种利用学术问
题达到外部目的的企图作出反应,王国维建议通过用复杂但却高
度选择性的词汇将其翻译成现代术语,并把它的残留物存入"知
识之路"的博物馆穹顶中而"非保留"在古代中国,从而彻底解决
中国逻辑问题。

尽管他们在方法和目标上有所不同,这四位作者都对中国逻
辑新兴话语的未来形态做出了持久的贡献。刘师培提出了这样
一个想法:按照西方化的分类学,改写中国思想史——换句话说,
将中国古代思想的文献遗产重新置于当代欧美科学与哲学的学
科单元中。章炳麟提请人们注意扩大传统学术如"名学"之标签

界限的可能性,将它们重新定义为与现代学科大致相关的学科。
[337] 此外,他在中国已知的各种逻辑思想中辩认出迄今为止尚未被承认的共鸣,因此将世界文明——欧洲、印度和中国——"三足鼎立"的文化观念置换到逻辑学领域。梁启超最重要的见解是他的如下坚持,即在现存的中国古代哲学文献语料库中有一个完整却又残缺不全的逻辑"体系"等待被重新发现。同样重要的是,尽管影响力要小得多,他建议从辩论实践中,而不是从分散的文本残片搜集到的明确理论化痕迹中,重建这一被遗忘了的体系。王国维的结论是,中国古代逻辑思想的繁荣只是世界范围内这一领域历史上被发现极少追随者的一个奇怪插曲。尽管他获得这一结论的方法很严格,但几乎没有一个对中国逻辑感兴趣的学者支持王国维的批判性评价,最有可能的原因是,这听起来像是对一种方兴未艾的话语的过早结论。

结 语

> 凡是写出来的东西,都应该以同情的温和态度去研究,[339]而不是像一个无助的囚犯那样,被痛苦地折磨,直到它把它从来没有得到过的东西呈现出来为止。
>
> 索尔兹伯里的约翰(John of Salisbury),《元逻辑》(*Metalogicon*,1159)①

中华帝国晚期逻辑学双重翻译的故事,如前几章所述,被视为当代中国话语得以产生的概念变化的典范性谱系。和许多谱系学研究一样,它的目的是对一种已经习惯于将其新颖性隐藏在

---

① 索尔兹伯里的约翰仍然继续无所指地说道:"如果一个人收回了他从未保存的东西,收获了他从未播种过的作物,那么他就是一个过于严厉和残酷的主人,就像也有人强迫可怜的波菲利勉强说出所有哲学家的意见,直到他的这一短文把所有已经写好的东西都教授给我们,我们才会满足。"Daniel D. McGarry, trans., *The Metalogicon of John of Salisbury: A Twelfth-Century Defense of the Verbal and Logical Arts of the Trivium* (Berkeley: University of California Press, 1955), 148.

可能是必要且自明的假设背后的话语进行"去中心化的批判"。①我的一个主要目标是强调两个相关的观点,这些观点在中国思想史的研究中经常被忽视。首先,我认为,自 19 世纪晚期以来,知识和经验在中国得以表达的语言,是翻译和挪用的复杂而又偶然过程的结果,其含义尚未得到充分理解。其次,我试图表明,这些语言的谱系重建,不仅可以为个体话语的形成提供洞见,更具普遍意义的是,它还可以为概念适应性的动态变化提供理解,如果没有后者,所谓"中国逻辑""中国哲学""中国科学"的发现及其相关话语就将仍然是难以想象的。

1. 转化与断裂

[340]　　长久以来,思想史家坚持认为,语言的变化,比如所有这些发现所依赖的语言变化,可以被视为智识断裂(epistemic ruptures)的标志。② 在许多情况下,新词汇表的出现既是激烈的概念转换的指示器,也是其中的一个因素。③ 正如梅尔文·里克特(Melvin Richter)所观察到的,"在变化加速的时期,新词出现的

---

① Mark Bevir, "What is Genealogy?," *Journal of the Philosophy of History* 2 (2008): 263–275.
② See, e. g., John G. A. Pocock, "Languages and Their Implications: The Transformation of the Study of Political Thought," in idem, *Politics, Language and Time: Essays on Political Thought and History* (London: Methuen, 1972), 3–41. For a more general assessment, see John E. Toews, "Intellectual History after the Linguistic Turn: The Autonomy of Meaning and the Irreducibility of Experience," *American Historical Review* 92 (1987): 879–907.
③ Reinhart Koselleck, "Hinweise auf die temporalen Strukturen begriffsgeschichtlichen Wandels," in *Begriffsgeschichte, Diskursgeschichte, Metapherngeschichte*, ed. Hans Erich Bödeker (Göttingen: Wallstein, 2002), 29–48.

频率会更高"①。因此,在过渡时期获得认可的词汇创新为历史学家提供了丰富的证据,以理解构建现有和新兴的话语实践概念框架的重构。许多大型研究项目强调了这种方法的丰富性,这些项目利用历史语义学作为工具,分析欧美历史关键时期出现的新的社会和政治语言。② 最近,研究知识的历史学家也开始在"范式转换"(paradigm shifts)和其他形式的认知不连续时考虑语言证据。③ 然而,迄今为止,很少在认知上有变化的学生将他们的研究范围从分析个体社区内使用的概念扩展到重建横跨语言和文化边界意义的迁移。④ 这种不情愿的代价,是世界思想史上一幅贫瘠而又明显静止的画面,它允许连续性的一厢情愿的说法不受挑战,并且强化而非分解了对国家、文化和学术性学科的具体化概念。

[341]

---

① Melvin Richter, *The History of Social and Political Concepts* (Oxford: Oxford University Press, 1995), 152-153.
② See, e. g., Otto Brunner, Werner Conze, and Reinhart Koselleck (eds.), *Geschichtliche Grundbegriffe: Historisches Lexikon zur politisch-sozialen Sprache in Deutschland*, 8 vols. (Stuttgart: Klett-Cotta, 1972-1997); and Rolf Reichardt, Eberhard Schmitt, and Hans-Jürgen Lüsebrink (eds.), *Handbuch politisch-sozialer Grundbegriffe in Frankreich 1680-1820*, 20 vols. (Munich: Oldenbourg, 1985-2000).
③ See, e. g., Ernst Müller and Falk Schmieder (eds.), *Begriffsgeschichte der Naturwissenschaften: Zur historischen und kulturellen Dimension naturwissenschaftlicher Konzepte* (Berlin: de Gruyter, 2008); and Michael Eggers and Matthias Rothe (eds.), *Wissenschaftsgeschichte als Begriffsgeschichte: Terminologische Umbrüche im Entstehungsprozess der modernen Wissenschaften* (Bielefeld: Transcript, 2009).
④ Melvin Richter, "More Than a Two-Way Traffic: Analyzing, Translating, and Comparing Political Concepts from Other Cultures," *Contributions to the History of Concepts* 1, no. 1 (2005): 7-20. For a rare exception, see Hans-Jürgen Lüsebrink, "Conceptual History and Conceptual Transfer: The Case of 'Nation' in Revolutionary France and Germany," in Iain Hampsher-Monk (ed.), *The History of Concepts: Comparative Perspectives* (Amsterdam: Amsterdam University Press, 1998), 115-128.

在中华帝国晚期,逻辑学历险可以作为对这种不完整叙述的一副解毒剂。通过强调在本土历史中通常被忽略的复杂性,它们说明了概念变化的动态本质,这种变化使得相互陌生的学术领域在跨语言和文化之间的归化成为可能。同时,它们也阐明了由知识的跨文化迁移导致的智识断裂的深度和狂暴。这两个方面只有当它们所依赖的翻译过程被嵌入到改译和转译的具体行为在其中发生的多层次语境中时才能得到领会。对这些语境的偶然或有意的忽视,可能会导致关于涉及到跨文化交际中行动者或观念的或许是永恒特征的与历史无关的概括。在逻辑学这一特例中,这种概括往往经常引向对所谓不可通约思维方式的东方主义和自动东方主义的陈述,并很容易出现对"东方头脑"(Eastern mind)各种伪装的合理性或缺乏合理性的轻蔑判断。

然而,本书开篇中重述的第一段话,不可否认它是一段琐屑的插曲,已经驳斥了关于中欧思维方式普遍不可通约的说法。没有什么能阻止像李之藻和傅泛际那样的天才译者,去发现或创造一个连接耶稣-亚里士多德逻辑和晚明"实学"的词汇和概念上的"中间词"(in-between)。如果在李之藻的杭州官邸外,他们心灵痛苦的操练后产生的文字被证明毫无意义的话,这不仅是因为这项工作不可理解,而且是观念形态和历史因素共同使它失去了潜在的吸引力,正如我们已经看到的那样。同样地,也正是因为对这项工作不理解,才使得聪明的翰林士人揭露了南怀仁的演绎推理陷阱,并将中国逻辑的命运封印了两个多世纪之久。

19世纪新教传教士作者们偶然的逻辑前奏还没有结束失败的命运,因为传教士或其读者不能掌握并解决概念上的不一致,这种不一致不可避免地涉及到在清末还继续被察觉的与欧洲逻辑学一样陌生的科学传播。相反,双方都没有表现出太多兴趣,

结 语

甚至连尝试的兴趣都没有。新教徒希望向他们未来的中国追随者兜售有用的知识,在这些知识中逻辑学的级别接近最底层,而对中国学者来说,随着每一场新危机的日益临近,保持对古典教义权威的信心变得更加迫切。尽管如此,新教传教士将欧洲逻辑学翻译成中文的零散努力再次证明,即使是这门学科中最难懂的概念,也可能被塑造成可识别的汉语外形。同时,在整个 19 世纪,所有将逻辑学翻译到中国的外国人的尝试都是徒劳的,这证实了中国精英阶层仍然控制着概念空间,在这个空间中,有意义的话语可以被表达出来,这与完全殖民地国家的政治阶层形成了鲜明的对比。直到有影响力的学者下定决心,他们确实可以从一门学科中获益,即这门学科承诺将恢复中国在外敌入侵和内部叛乱的冲击下逐渐丧失了的确定性,逻辑学才在中国话语体系中获得了第一个稳固的立足点。

在 1900 年之前不久,中国发现了欧洲逻辑学,在清王朝最后十年,这门学科迅速入籍,这证明了,一旦有足够有影响力的声音被发现能为其唱赞歌,一门全新的、陌生的科学是如何迅速融入中国的概念空间的。在我们的案例中,严复津津有味地扮演着这个角色,他的持续倡导几乎是单枪匹马地为逻辑学在中国知识地图上占据了一席之地。严复的成功尤其值得注意,因为他认为对其翻译的广泛批评为他的学术同行们提供了最有价值的服务。一旦好奇心被点燃,中国读者确实找到了学习这门学科的更便捷的方式,而不是通过严复那令人痛苦的矫揉造作的翻译。

将这一学科整合到师范院校的课程中,是中国对欧洲逻辑学本土化的下一个重要步骤。尽管很少有证据表明逻辑学教学是[343]如何有效实施的,特别是在省和地方一级,但这个学科很快就被认为不可或缺,尽管不是帝国新学校中最令人兴奋的学科分支。

在课程基本要求中增加了新鲜内容的新型教科书进一步加强了逻辑学在中国话语空间的在场感和可见性。尽管在匆忙中产生的介绍性读物中没有一篇写得很有理论意义，但大多数读物都展示了后来的三段论的可靠图像，并说明了该学科的实际应用。由于其数量众多，新教科书确保了该领域新兴技术词汇的更广泛流通。到1904年，逻辑术语开始渗透到公共话语的各个领域，而一场关于这门学科最合适名称的论辩，迅速演变成关于外来概念如何最好地被容纳进汉语之中的争论。

"中国逻辑"直到250多年前才进入中国逻辑史，出现在历史舞台上。在二十世纪初以前，无论是中国作者还是外国作者，都未曾暗示过表面看似晦涩的欧洲逻辑学概念与隐藏着的或被遗忘了的保存于中国经典的核心或边缘中的洞见之间的相似之处。由于严复的游说和官方对新课程的接受，逻辑学一旦成为公众关注的对象，这一点立即就发生了变化。几乎在一夜之间，杰出的学者开始感叹古典文献中缺乏明确的逻辑理论，认为这是中华传统文明的致命缺陷。由于他们的辛勤劳动，那种认为中国历史上大量文献中没有包含任何被描绘为是科学之内核因而具有现代性的学科迹象的说法，很快就被证明是站不住脚的。在对中国和德国本土的同类作品进行初步鉴定之后，受日本更具实质性预见的启发，清末几位最具影响力的学者发现了几个世纪以来被忽视的文本中包含有逻辑见解的断简残片。依赖于它所提供的一种新兴的逻辑语言和扩展了的概念词汇，本项研究最后一章考察的四位作者，把他们的成果转化为一种重新解释其发现对象的当代习语，尽管它们外形残缺不全且神秘简陋，他们仍然将其所觉察到的东西视为具有重大意义的全球话语的必要构成部分。虽然

[344] 他们的所有具体解释几乎都遭到了拒绝，但他们的基本主张是，

中国古代思想家能够形成在主题上与欧洲逻辑学的主要关切相一致的明确洞见,这一点今天已成为中国乃至世界的共识。的确,它是如此被人普遍承认,以至于如果没有智识断裂的话,这一主张就仍将是不可能的,而智识断裂本身也会被人们遗忘。

2. 从发现到创造

就像它突然而又出乎意料的出现,这一主张辉煌的成功绝不是预料中的必然结果。正如中国逻辑本身的发现一样,从对零散残篇的尝试性观察,到对跨越2500多年独立传统的自信创造,都有赖于许多偶然的因素。如果没有决绝的个体献身、超强的解释天赋,以及有利于支持国家和文化连续性主张的宏大叙事之创作的制度环境和意识形态氛围,中国逻辑很可能会出现一个远不如它最终拥有的那么迷人的生涯。

在1911年帝国秩序崩溃之前的动荡岁月里,中国逻辑的发现仍然是一项太无足轻重的学术成就,以至于它并没有在一小撮拥有哲学头脑的学者群体之外引起多少兴奋之情。即使是在清王朝覆灭后的头几年出版的逻辑学新教科书中,也没有提到中国的类似于这门不实用学科的内容,如果中国有的话。[①] 晚清作家建立开创性成果的努力只是在新文化运动的背景之下才开始成形。年轻的中华民国的政治失败让许多有抱负的学者以全新的紧迫性对中国传统文化的可行性提出了质疑。对于那些不愿意

[①] 1910年代最流行的两本教科书根本没提及中国逻辑;参见樊炳清:《论理学要领》(上海:商务印书馆,1915年);以及张子和(译):《新论理学》(上海:商务印书馆,1915年)。另一本广泛流传的书强调古代中国"向来不识论理学";参见蒋维乔:《论理学讲义》(上海:商务印书馆,1912年),第1页。

[345] 大规模谴责他们国家的遗产的人来说，要为替代性传统的探寻提供一种维持由于不可避免的断裂而需要的一定程度上连续性的方式，从而避免被迫不去倡导采纳新学，或批评他们也视之为中国主流传统中起阻碍作用的内容。在这种热烈的氛围里，发现一种典型的现代学科的本土根源就获得了新的吸引力。从一篇连载于1916年《大中华》学术期刊上的题为"辨学古遗"的长文为起点，①大量出版物开始拓展对中国逻辑思想的性质和基本要素的首次评估。在接下来的几十年里，这些努力就把讨论分为几个不同的步骤，从确定古典文献和逻辑定理之间偶然的对应，到创造一个没有间断的中国传统，这个传统与欧洲和印度模式的各个方面都是对等的。

重启争论的成果以多种形式出现。文献批评著作解决了许多困扰中国逻辑方面新出现的经典中留存的文献学难题。梁启超，由于对他在逻辑领域明显不能胜任的尖锐批评，十多年来他一直回避这个主题，但他在这种背景下上演了一场出人意料的回归。出版于1920年的《墨经校释》提供了一种新的解释方式，以此方式，"经"和"经说"必须被联系起来，此书一经出现，就被广泛接受为最合理的解读，甚至使孙诒让开创性的结构重建都相形见绌。② 在随后的一系列文章中，梁启超撤销了他早期的许多解释，认为这些解释是有缺陷的，但他坚持认为有一个完整的、可恢复的逻辑体系被编码在这个仍然神秘的文本之中。③ 梁启超的

---

① 高元[高承元]，"辨学古遗"，《大中华》2，1916年第8期：第1—9页；2，1916年第9期：第1—16；2，1916年第10期：第1—14页。
② 梁启超：《墨经校释》（上海：商务印书馆，1920年），重印于梁启超：《饮冰室专集》，第38：1—104页。
③ 梁启超：《墨子学案》（上海：商务印书馆，1921年），重印于梁启超：《饮冰室专集》，第39：1—87页。

作品只是众多严谨的文献学研究中的一个,这些研究都是在 1920 年代上半叶才受到重视的"整理国故"的努力激发的。① 新一代有抱负的学者,包括伍非百(1890—1965)、②栾调甫(1889—1972)③和谭戒甫(1887—1974),④通过艰苦卓绝的著述,使《墨经》和现存名家著作越来越清晰易懂,为中国逻辑遗产的探索奠定了文本基础。即使文献学的多功能性并不总是与解释的清晰性相一致,更不用说具有说服力了,这些著作和其他开创性的作品仍然在重新被激发起来的话语发展中开辟了一个新的、更具批判性的自我意识时期。

与这些文献学领域的进步同样大胆、最终也更有影响力的,是第一次为中国古代逻辑思想在这个领域的世界史上占有一席之地的专书尝试。胡适的《古代中国逻辑方法之进化》(*The Development of the Logical Method in Ancient China*)一书是以任何语言撰写的第一部关于中国逻辑的专题论著。⑤ 这项研究最初是作为胡适博士论文的主题,1917 年他在纽约哥伦比亚大学约翰·杜威(John Dewey)的指导下提交了这篇博士论文。在 1922 年英文原稿版本出现之前,胡适在其中文著作《中国哲学史大纲》中对其很多观点作了改述,后者是于 1919 年出版并立即受

---

① 例如参见伊爱莲,"胡适与中国历史:关于整理国故问题"(Hu Shih and Chinese History: The Problem of Cheng-Li Kuo-Ku),载《华裔学志》(*Monumenta Serica*)27 (1968):第 169—207 页。
② 例如参见伍非百:《墨经解故》(北京:晨光社,1922 年)。
③ 例如参见李调甫:《墨辩讨论》(上海:中华书局,1926 年)。
④ 例如参见谭戒甫:《公孙龙子形名发微》(北京:科学出版社,1957 年);以及前揭,《墨辩发微》(北京:科学出版社,1958 年)。
⑤ 胡适自己认为撰写了"用中文以外的任何语言[撰写的]同类著作的第一书",参见胡适:《中国古代逻辑方法之进化》,第 10 页。[译按]胡适的博士论文《中国古代逻辑方法之进化》后被译为中文,题为《先秦名学史》,参见《先秦名学史》翻译组译,李匡武校订,上海:学林出版社,1983 年。

到高度赞扬的一项更长也更具野心的研究。① 尽管在所强调内容、语言和语气上存在差异，但两本书提出了相似的观点。在英文版的导论中，胡适用着重强调的词汇描述了使他的计划充满生气的研究议程。面对"新中国"及其"知识界领导人物"的基本问题是，他写道，"我们中国人如何能在这个骤看起来同我们的固有文化大不相同的新世界里感到泰然自若？"② 胡适确信，近代中国思想尤其是逻辑领域的不足，不是仅靠将"西方自亚里士多德直至今天已经发展了的哲学的和科学的方法移入中国"就能够克服的。③ 为了避免"突然替换"，对西方知识的接受就需要以"有组织的吸收"的形式进行。但是一种更少破坏性的挪用有赖于他那个学术群体的"远见和历史连续性的意识"，"依靠他们的机智和技巧，能够成功地把现代文化的精华与中国自己的文化精华联结起来"。④ 因此，胡适对"中国古代逻辑理论与方法的重现"的兴趣"主要是教学方面的"。在展示了中国和西方文明的兼容性之后，他感到"借鉴和借助于现代西方哲学去研究这些久已被忽略了的本国的学派"是很有必要的。因为只有当"用现代哲学去重新解释中国古代哲学"，并且，他又急忙补充说，但却没有证实如何做以及由谁来做，"又用中国固有的哲学去解释现代哲学"，只有这样，"才能使中国的哲学家和哲学研究在运用思考与研究的新方法和工具时感到心安理得"。⑤

虽然胡适认为他必须要摆脱"传统材料的繁重负担"，这个负

---

① 胡适：《中国哲学史大纲》。
② 胡适：《中国古代逻辑方法之进化》，第6页。[译按]引自中译本，参见胡适：《先秦名学史》，《先秦名学史》翻译组译，李匡武校订，上海：学林出版社，1983年，第7页。
③ 同上，第6页。
④ 同上，第7页。
⑤ 同上，第9页。

担之大"是西方读者所不能想象的",①但是,他的工作计划,正如前几章中清楚说明的那样,并不是完全原创的。毋宁说,胡适对十多年来推动中国逻辑最初发现的目标和方法进行了尖锐的总结。可能是由于中国读者将会觉察到这一因素,胡适以不那么引人注目的方式介绍了他的《中国哲学史大纲》。他没有对中国的"大问题"发表一般性的声明,也没有详述保持或构建文化连续性的必要性,而这是他在英文版中最紧迫的问题。相反,他把自己的项目作为一种纯粹的学术工作,即书写中国古代哲学史,这是他从美国回国后,被派往北京大学任教时所担任的一门课程。②尽管这一重心发生了改变,但胡适基本上还是倡导同样的方法。因为中国古代的思想流派从未被记录为"哲学系统",并且传统的中国思想史著作也没有提供将其视为"哲学系统"的模式,所以除了用源自欧洲的方式描述他的发现之外,没有其他选择。③ 因此,在范围和方法上,他的这本著作的两个版本在他的前任们铺设的道路上都占据了牢固的位置。胡适认为,大多数时候章炳麟也相信这样的见解,即在自己的传统中,西洋术语是"整理贯通"被遗忘的珍宝不可或缺的工具。④ 但他或许更应该感谢梁启超,后者一再呼吁恢复中国古代的"逻辑体系",这是他教导事业的核心。

[348]

　　胡适与他的前辈不同的一个方面是他对逻辑本身的理解。关于这门学科,胡适的观点是由他的老师约翰·杜威的"实验论理学"(experimental logic)塑造的,后者旨在克服纯粹形式概念,

---

① 胡适:《中国古代逻辑方法之进化》,第 i 页。
② 胡适:《中国哲学史大纲》,第 2 页。
③ 同上,第 1 页。
④ 同上,第 27—28 页。

并将经验知识整合到确定的有效性过程中。① 因此,逻辑在本质上与"现代科学中表现出来的思想程序"是一致的,杜威在一篇文章中简洁地指出了这一点,胡适引用了这篇文章作为他的研究的主要灵感来源。② 胡适在杜威的宽泛概念里发现了一种对于他年轻时曾经历过的"在中国学校里教授形式逻辑的老式教科书"的替代方法。③ 逻辑学被重新定义为科学和思维的一般方法论,它不仅重新与胡适和他的导师所建立的哲学观所关注的实用主义问题相关联;它也让胡适在中国古代思想史料中寻找逻辑理论的先见之明时,撒下了一个更广阔、更灵活的网。由于每一位思想家在传播其教义时都要坚持某种或隐或显的"方法"(method),所以没有明显的理由把任何人排除在中国逻辑的范围之外。因此,他的英文和中文作品都讨论了许多早期发现者仔细地从他们设想的话语中清除出来的文本。这样,孔子和老子第一次以逻辑思想家的身份出现,就像庄子和几位法家著述者一样。已经证明,这种扩展比胡适的任何具体解释都更有影响力。正如后来的作者很快意识到的那样,它暗示了中国逻辑的话语可以超越对残篇断简的"再发现"(re-discovery),而是以"重建"(re-constructing)或多或少的持续发展为目标——这种可能性在20年前还显得那么遥远,以至于第一批发现者中没有一个人对此有所暗示。

[349]

---

① 曾昭式,"胡适'试验论理学'思想及其对逻辑学发展的影响",载《安徽大学学报》25,2001年第5期,第27—29页。
② John Dewey, "Some Stages of Logical Thought" (1900), reprinted in idem, *Essays in Experimental Logic* (Chicago: The University of Chicago Press, 1916), 183-219; 218. 关于这篇文章对胡适思想的重要性,参见《胡适口述自传》,唐德刚主编(上海:华东师范大学出版社,1993年),第91—98页。
③ 胡适:《中国古代逻辑方法之进化》,第10页。

结语

在拓展这一新兴领域的边界的同时,胡适也毫不怀疑,他希望自己作为中国古代最有洞察力的逻辑学家而被后人铭记。他忠实于自己的实用主义信念,特别推崇墨子的成就和《墨经》。但他也为发现《易经》的逻辑意义而感到自豪,他将《易经》置于思维和判断的基本理论中。① 此外,胡适还声称自己开创了这样一种观点,即名家学派是一种回顾性的、被误导的发明,因为对"名"的属性的洞察并非任何一个群体的专有特权,而是所有古代思想家的共同关注。② 正如我们所看到的,被章炳麟所预见的这种修正性观点的结果是,胡适不得不为公孙龙、惠施等名辩学家找到新的归属,而这些辩学家自汉代起就被认为是名家学派的代表人物。他提出的将这两位思想家都列为后期墨家的解决方案立即招致了批评,因为这违反了公认的年代表,但最终帮助两位思想家更接近于主流——越来越自信地宣称这是中国的逻辑遗产。③ 尽管胡适的许多主张在当代和后来的评论者看来都是异类,但他这一两个版本的作品获得了中国迄今为止前所未有的关注。他的英文版本将这一领域的发现转译成非中文术语,为理解作为世界概念的"中国逻辑"铺平了道路。尽管他加以操作的逻辑概念[350]存在问题,但他的作品被认为是中国乃至世界任何一个以逻辑为主题的作家不可或缺的参考,并在整个二十世纪形成了关于中国逻辑的范围和性质的看法。

章士钊的《逻辑指要》——新文化运动的知识界躁动中的第二部中国逻辑的专著,虽然影响不大,但其野心和复杂程度并不逊于胡适。正如我们所看到的,章士钊在苏格兰留学期间接受了

---

① 胡适:《中国古代逻辑方法之进化》,第ii页,以及第28—45页。
② 胡适:《中国哲学史大纲》,第5—6页,以及第130—131页。
③ 同上,第162—172页。另参见胡适:《中国古代逻辑方法之进化》,第109—130页。

423

广泛的逻辑训练,并在回国后引发了关于这门学科最合适中文名字的争论。作为几家进步刊物的编辑,也是一位著名的学者和政治思想家,章士钊是民国初年最受尊敬的知识分子之一。因此,时任北京大学校长的蔡元培设法说服章士钊从1918年开始在北大教授逻辑学课程,可谓是一场剧变。① 虽然这门学科给人以单调乏味的形象,但章士钊的讲座仍吸引了前所未有的听众。据一位听众说,四五百名来自北大和其他地方院校的学生定期挤满北大最大的报告厅,还有更多的学生蹲在敞开的窗户外,试图抓住章士钊思想的要点。这种程度的兴趣与当时学生逃课和只依赖于演讲稿的习惯形成了鲜明对比,甚至当地报纸都对此盛况予以报道。② 为了准备这些讲座,章士钊草撰了其《逻辑指要》。1917年以有限的册数印行了第一版的校样。尽管完整的手稿直到1939年才出版,③而他的观点与同事胡适的观点几乎同时开始广泛传播。

　　章士钊与胡适一样,也关注历史连续性,但理解方式却大相径庭。一个明显的不同之处是他陈述其主张的语言。胡适用他所倡导的新白话文传达了他的连续性信息,希望能带来一场"文学革命",并依赖于他虽然深恶痛绝但已得到广泛流传的"老式"教科书所带来的源自日语的逻辑词汇。与此形成鲜明对比的是,章士钊,这位最直言不讳地反对文言文白话化的人之一,坚持使

---

① 参见林小青(Xiaoqing Diana Lin):《北京大学:中国的学术与知识分子,1898—1937》(*Peking University: Chinese Scholarship and Intellectuals 1898 - 1937*)(Albany, N. Y.: State University of New York Press, 2005), 56.
② 高承元,"高序"(1939),重印于章士钊:《章士钊全集》,第7卷,第288—292页;第288页。
③ 章士钊,"重版说明"(1959),重印于前揭,《章士钊全集》,第7,第283—284页;第283页。另参章士钊,"自序"(1939),重印于前揭,《章士钊全集》,第7卷,第293—294页。

用严复的古雅术语,并支持古典主义的简洁经济的文体。① 因此,他的《逻辑指要》是1910年代末大受欢迎的"逻辑文"之完美范例。② 与胡适不同的是,章士钊并没有把他的作品视为一部历史著作,而是按照他的教学任务,将其视为一门逻辑学普通课程。他的这本书是按照这门学科在那个时代欧洲风格的传统线索组织的,从关于思维原则的一个导论开始,继以术语、命题和转换的各种方式的讨论,接着是对演绎推理和假言三段论以及定义与分类技艺的阐述,最后,对归纳推理的方法予以审查,并对类比和谬误作了一些评述。然而,章士钊设想的教授这些材料的教学方法与标准的教学实践并无多大关系。正如他在其"自序"中所宣称的,他希望他的学生和读者首先要理解"寻逻辑之名,起于欧洲,而逻辑之理,存乎天壤"。③ 这一意图与他主张的如下信念相符合:"先秦名学与欧洲逻辑学,信如车之两轮,相辅而行。"④为了证实这一点,章士钊在其书中提出"吾曩有志以欧洲逻辑学为经,本帮名理为纬,密密比排,蔚成一学,为此科开一生面"。⑤

章士钊要将欧洲和中国思想"密密比排"的尝试,既要求他对逻辑学的纷繁错综有权威性的把握,又要求令人艳羡的博学多识。他那厚实的著作表明这两点他都不缺。在他对逻辑理论基本原理的解释和说明中,章士钊列举的文献极其多样,材料数量令人生畏,"不分古今中外",并有意忽略了它们的"发展史"。⑥

[352]

————————

① 参见徐鹏绪和周逢琴,"章士钊的逻辑文",载《东方论坛》,2002年第5期,第13—22页;以及前揭,"论章士钊的文学观及其逻辑文",《山东社会科学》,2003年第2期,第102—105页。
② 钱基博:《现代中国文学史》,第350—361页。
③ 章士钊,"自序",第293页。
④ 章士钊:《逻辑指要》,第295页。
⑤ 章士钊,"自序",第294页。
⑥ 章士钊,"重版说明",第283页。

摆脱了所有的语境限制之后,他能够创造出一个厚实、混合的织锦,给他的听众和读者留下了强烈的印象,每一个逻辑的微妙之处都在历史上某个时刻的一个或多个汉语文献中被预见到。例如,在他对同一律(the law of identity)的讨论中,章士钊不仅运用了已经被鉴别为与逻辑相关的著作中的例子,如《墨子》、《墨经》和《荀子》,而且还引用了一连串的禅家机锋语、五世纪《木兰诗》中的诗句以及古字书《尔雅》等,以强调自然语言中也或多或少恰当地表达了这一原则。① 就像书中其他章节那样,在如下主张上他的分析达到了顶峰,即在一部中国古代文献——这里指的是王充(公元27—97)的《论衡》——中,没有比把握这一基本法则之"精神"的更简洁的方式了:"人生立形谓之甲,终老至死,常守甲形,如好道为仙,未有使甲变为乙者也。"②

章士钊的创新阐释模式有一个持续的,或许并非不受欢迎的风险,那就是它模糊了中国古代文本中明确的理论陈述和借以用逻辑术语进行分析的隐含的逻辑结构之间的区别。注意力不集中的学生可能因此认为逻辑在中国古典哲学文献中无处不在,而实际上,章士钊自己却强调《墨子》中简短的"论辩篇章"仍然是中国逻辑思维最丰富的宝库。另一方面,章士钊通过一大堆精辟的引文引导其快节奏文本的读者的精湛技巧,无疑使其课程主题看起来比标准课堂上枯燥的教科书更吸引人。由于章士钊急于吸引其他学者进入他的领域,这种兴趣进一步增强了。尽管他很欣赏严复的创作天赋,但章士钊拒绝接受严复的一些逻辑术语,认

[353]

---

① 章士钊:《逻辑指要》,第 310—312 页。
② 同上,第 311 页。

为这些术语反映了对其技术性含义的理解不充分。① 刘师培在评论荀子时对归纳法和演绎法的误解也同样受到了批评。② 然而,章士钊最公开的不同意见是胡适的如下主张,后者声称,名家学派从未存在过,早期中国的辩学家是墨家后学,他不仅在《逻辑指要》中批评这一断言,而且在一系列被广泛阅读的文章中也大加批评。③

尽管存在种种分歧,胡适和章士钊还是在追求几个共同的目标。两者都旨在构建中国古典思想与现代逻辑之间的基本历史延续性。为此,他们都将古代文献扩大到被认为是与这门学科在中国的历史相关的范围。通过证明中国思想家对20世纪欧美所构想的逻辑学做出了原创贡献,双方都希望表明中国理应在这一领域的全球历史中占有一席之地。他们的事业建立在基本的普遍主义假设的基础上,因此,他们的目标是参与而不是脱离一种仍然是无可置疑的西方主导的话语。

打破或至少挑战这种支配话语成为致力于重构中国逻辑学及其历史的新生代的使命。关于中国对这一学科的考察,坚持中国话语特殊性或"独立性"的一个最成功的策略,④是介绍欧洲和中国逻辑之间术语上的差别。第一批主张这种分离的思想家可能是从章士钊本人那里得到线索的,后者抱有完全不同的目的,[354]

---

① 章士钊:《逻辑指要》,第378—379页。在另一章中,章士钊提供了对严复用"连珠(linked verse)"来译"syllogism"一词的详细批评(参见第3章)。在那里,或许是出于对他的文体导师的尊重,章士钊并没有简单地否定严复这个不切实际的建议,而是列举了一长串"连珠"的例子来证明,"连珠"是"决不能强指为三段"的。参见同上,第391—393页;第391页。
② 同上,第385—386页。
③ 同上,第575—609页。
④ Cui Qingtian, "Processes and Methods in Researching the History of Chinese Logic," *Asian and African Studies* 9, no. 2 (2005): 15 - 25; 18 - 19.

427

曾把《墨经》中的理论性教义描述为一种确然无疑的中国"名学"之实例,这种名学综合了基本的形式洞见和强烈的道德诉求。有几位作家把章士钊的观点解释为给作为整体的中国逻辑寻求独立身份。例如,郭湛波,一位拥有马克思主义思想倾向的哲学史家,在其《先秦辩学史》中论证,中国逻辑并不太关心名称的属性,而是——类似于并且也显著地不同于传统西方论辩法——关注"辩论"(disputation)的本性和策略。因此,更适合于将其看作是一种"辩学"(science of disputation)。① 作为郭湛波重新定义的一个结果,诡辩家公孙龙和惠施,尽管在道德上是失败的,但还是第一次在这一被遗忘的学科中占据了中心地位。王章焕同意这个观点,但他补充道,"名学"一词仍然可以用来指定一个分支领域,专门研究郭湛波设想重构的更宽泛的"辩学"中的"名之逻辑"(logic of names)。② 著名佛教学者虞愚也提出了另一种观点,并且在其《中国名学》一书中建议采用"论理学"(the science of reasoning)作为这个领域的总称,那么,它就可以与三个分支"西方逻辑"(Western logic)、"中国名学"(Chinese logic)和"印度因明"(Indian logic)区分开来了。③

尽管做出了这些努力,但直到 20 世纪 40 年代,人们仍无法就哪个名字最适合中国自己的逻辑这个越来越自信的说法达成一致。一些作家试图通过引入一个新词来结束这种普遍的不确定性,该新词结合了中国逻辑传统两个方面的鲜明特征:名辩或

---

① 郭湛波:《先秦辩学史》,第 i-v 页。
② 王章焕:《论理学大全》(上海:商务印书馆,1930 年),第 2—3 页。
③ 虞愚:《中国名学》,第 3 页。关于其他确认在"中国"、"西方"和"印度"逻辑之间加以术语上的区分的建议,例如,参见《中国逻辑史资料选》,第 5 卷第 1 部分,第 232—239 页和第 434—439 页。

名辩学（the science of names and disputation）。① 最初，这些混合创造主要被用于辩论语境，如郭沫若（1892—1979）的《十批判书》。② 作为对中国逻辑的肯定称呼，它们只是在20世纪80年代才被提倡。现代大陆逻辑史学家像刘培育和周云之，提到有影响力的马克思主义哲学家张岱年（1909—2004）的一篇较早的文章——其中将名和辩描述为中国古代思想中的主要概念③——积极地把"名辩"和"名辩学"推销为他们专业领域唯一合适的名称。④

[355]

为了获得认可，对术语独立性的呼吁有赖于中国逻辑相对于所谓的欧洲或印度对等物的特殊性的令人信服的论证。在"比较逻辑研究"中，这种论证的不同版本被提了出来，而整个民国时期，比较逻辑研究越来越受欢迎。⑤ 最初仅限于文献学著作的空白处作简短的评论，像上文提到的伍非百、栾调甫、谭戒甫等，而随着中国高校逻辑与哲学研究和教学的专业化，比较研究越来越成熟，越来越有雄心壮志。也许，对中国逻辑独特身份的最详尽阐述是由张东荪（1886—1973）在1939年提出的，他是燕京大学著

[356]

---

① "名辩"和"名辩学"这两个词可被追溯到19世纪30年代；例如参见杜守素：《先秦诸子思想》（上海：商务印书馆，1936年），第80—114页。
② 郭沫若：《十批判书》（北京：科学出版社，1957[1945]），第248—308页。
③ 张岱年，"中国哲学之名与辩"，载《哲学评论》10，1947年第5期：第8—9页。另外较早地把中国逻辑的特征看作是关于名和辩的知识的，可在赵纪彬于1948年完成的作品"先秦逻辑史稿"中发现。参见赵纪彬：《赵纪彬文集》3卷本（郑州：河南人民出版社，1985—1991年），第3卷，第2—3页。这项未出版的研究中的一个摘录出现于1949年，使用的是赵纪彬的笔名纪玄冰；参见前揭，"名辩与逻辑"，载《新中华》12，1949年第4期：第28—33页。
④ 关于这些努力的一个说明，参见周云之：《名辩学论》，第2—49页。对此的一个尖锐批评，参见曾祥云，"20世纪中国逻辑史的反思——拒斥'名辩逻辑'"，载《江海学刊》，2000年第6期：第71—76页。
⑤ 参见崔清田：《墨家逻辑与亚里士多德逻辑比较研究》（北京：人民出版社，2004年），第13—21页。

429

名的哲学教授。① 在一系列关于语言、思想和文化之间关系的密集文章中,张东荪说各种知识和哲学都是由它们产生的"文化"所塑造的。其文化主义立场的一个不可分割的部分是主张根本不存在普遍的"唯一的逻辑"(logic as such),而只有特殊的、被文化所制约的逻辑形式,这种逻辑形式反映了相异的语言结构以及不同的社会需求、宗教信仰、政治倾向和历史经验。② 在所有这些因素中,语言特征对支配特定文化思维的逻辑格式塔的影响最具决定性。张东荪把整个欧洲逻辑学,从亚里士多德直到符号逻辑的最新进展,描绘成试图消除印欧语言的特殊结构所造成的混乱。③ 它们的许多基本特征在汉语中没有对等物,最显著的动词"to be"是决定传统逻辑和数理逻辑中所考察的"名学上的正式句辞"(standard form of proposition,命题之标准形式),即由主词和谓词构成,并由明显的或隐含的缀词连接的形式。④ 由于这类命题在汉语中很罕见,中国思想家极少花精力研究其性质也就不足为奇了。⑤ 他们感到也没有必要阐述"同一律"(law of identity),这种规律同样植根于一种特殊的暗示,即在所有现实的基础上都有一个固定的基础,隐含在印欧语言里表达存在的动

---

① 关于张东荪的一个全面而颇有争议的传记,参见戴晴:《在如来佛掌中:张东荪和他的时代》(香港:中文大学出版社,2009年)。
② 张东荪,"不同的逻辑与文化并论中国理学"(1939),重印于前揭,《知识与文化》(上海:商务印书馆,1946年),第198—224页;第198页。对此的一个有用讨论,参见叶其忠(Key-chong Yap),"文化制约下的现实:张东荪的互动知识论"(Culture-Bound Reality: The Interactionistic Epistemology of Chang Tung-sun),载《东亚历史》(*East Asian History*)1992年第3期;第77—120页。
③ 张东荪,"思想言语与文化"(1939),重印于前揭,《知识与文化》,第171—197页。
④ 张东荪,"从中国语言构造看中国哲学"(1939),重印于前揭,《知识与文化》,第157—170页;第167—169页。
⑤ 张东荪,"不同的逻辑与文化并论中国理学",第209—210页。

词"to be"的方式之中。① 张东荪认为由于中国思想所得以表达的语言上的不同语法结构,并且其内在逻辑也是如此,所以从整体上而言它在根本上是"非亚里斯多德的"(non-Aristotelian)。② 张东荪将这种逻辑标志为"相关律名学"(correlation logic),而不是"同一律名学"(identity logic),并且将它的基本推理模式界定为"比附"(analogy),而不是"[演绎]三段论法"(deduction)。③ 因此,与胡适和章士钊都将中国逻辑表述为欧洲模式或多或少的对等物的做法相对照,张东荪则将其描述为后者的否定性镜像。尽管他从未详细描述过这种另类逻辑据称所遵循的规则,但他明确要替代西方思维方式的清晰主张引起了许多读者的共鸣。他以前所未有的哲学尊严,屈尊降贵强调一种独特身份,其巧妙的结构激发了在日益全球化的话语环境中为中国逻辑争取独立空间的努力。

[357]

尽管如此,在1949年之前,无论是张东荪还是其他倾向于术语分离或主张中国逻辑的独特身份的作者,都还远未提出如下主张,即明确的逻辑理论化在中国思想史上的每一个时期都扮演着重要的角色。在从发现到发明的道路上,这最后一步是明显起源于20世纪50年代的毛泽东主义计划的一部分。中国化的马克思主义理论框架——人民共和国前几十年的所有史学研究工作都必须在这一框架的指导之下进行——在很多方面有利于更加自信和广阔的中国"文化遗产"(cultural heritage)的研究,即使在像逻辑学这么边缘化的领域里也是如此。粗略地说,毛派对中国逻辑史的兴趣,实际上只是马克思主义意识形态与民族主义冲动

---

① 张东荪,"思想言语与文化",第177—181页。
② 张东荪,"从中国言语构造上看中国哲学",第169页。
③ 张东荪,"思想言语与文化",第182—184页;第189—190页。

的便捷联姻。如果历史唯物主义科学地证明了,社会的发展最终都按照普遍规律朝向相同的方向,并且社会和经济实践活动决定着出现在特定地点和特定历史时刻的理论反思的范围,那么,新一代历史学家就宣称,中国逻辑的产生和发展也必须遵循一个与全球趋势相一致并且有时会预见到的轨迹。1956年,毛泽东主义哲学家詹剑峰(1902—1982)在其《墨家的形式逻辑》一书前言中明确地表达了这一即时形成的正统观点的典型版本,这本书是人民共和国出版的第一部中国逻辑学专著:

> 我们知道,逻辑的形式和规律是人们经过亿万次重复实践的结果。当社会发展到某一阶段,抽象思维也获得相当的成绩,各种科学也初步成立了,自发的逻辑就要转变为自觉的逻辑。这就是说,人们就要对思维本身加以研究,总结前人的思维经验,抽取其形式与规律而组成一门科学——逻辑。所以逻辑既出现于古印度,又出现于古希腊,亦必出现于古中国。如果逻辑不出现于古中国,那就违反思维发展的规律了。①

由这一新信仰而来的中国逻辑史研究的具体任务在由汪奠基(1900—1979)撰写的一系列程序化的文章中被提了出来,后者于1955年进入中国社会科学院后不久就确立了他在中国逻辑学领域中的领导权威。② 汪从他对马克思主义发展规律的理解中得到了两个重要的教训。第一,他认为中国逻辑的历史不能再局限于先秦时期。相反,他们的作者不得不追溯中国逻辑思维从公

---

① 詹剑峰:《墨家的形式逻辑》(武汉:湖北人民出版社,1956年),第2—3页。
② 一篇颂扬性的传记,参见刘培育,"逻辑学家汪奠基",载《文献》,1993年第3期;第79—90页。

元前 6 世纪到清帝国的灭亡整个民族历史时期的必要发展。①第二,历史学家需要探索的不仅是前现代文献中包含的与欧美经验所定义的形式逻辑相关见解的文字。为了澄清和强化中国自身逻辑传统的"特征"(particular features),他们不得不检查过去关于"名""辩"的所有言论,包括乍一看似乎与逻辑无关的作品的摘录。② 这些创新的最终目标是编纂一部关于中国逻辑的"通史",它清楚地从"共同的逻辑"中区分出中国逻辑的成就,而早期研究错误地试图将这些成就吸收到共同逻辑之中。③

即便是鼓吹这一夸大议程的人,也很清楚它所带来的挑战,一个迹象就是,他们竭力将自己的研究计划与以往中国逻辑的历史区分开来。20 世纪 50 年代发表的任何一份研究报告,都或多或少有些幸灾乐祸地加入了反对胡适的运动。④ 除了对其人身攻击式的谩骂之外,还指责胡适是带有"逃避现实"倾向的帝国主义利益代言人,并将他对"全盘西化"的呼吁误读为是一种"对中国文化价值的否定",胡适的博士毕业论文和《中国哲学史大纲》都被斥责为沉浸在"主观唯心论的幻想"中的"反科学反历史"的作品。⑤ 但批评并没有止于胡适。汪奠基等人将这种批评扩展

[359]

---

① 汪奠基,"关于中国逻辑史的对象和范围问题",载《哲学研究》,1957 年第 2 期:第 42—53 页;第 44—46 页。这个文本的重要意义在于,它作为一篇权威文集的开篇文章,为"文革"结束后中国逻辑研究奠定了基调和方向。参见《中国逻辑思想论文集 1949—1979》(北京:生活·读书·新知三联书店,1981 年),第 5—22 页。
② 汪奠基,"关于中国逻辑史的对象和范围问题",第 47—49 页。
③ 同上,第 43 页。
④ 对此的一个概括,参见连战(Chan Lien),"中国共产主义对抗实用主义:胡适哲学批判,1950 - 1958"(Chinese Communism versus Pragmatism: The Criticism of Hu Shih's Philosophy, 1950 - 1958),载《亚洲研究学刊》(The Journal of Asian Studies)27,1968 年第 3 期:第 551—570 页。
⑤ 所有这些诽谤,作为很多其他诬蔑的典型代表,都可以在上引两个文本中找到。参见詹剑峰:《墨家的形式逻辑》,第 1—2 页;以及汪奠基,"关于中国逻辑史的对象和范围问题",第 42—43 页。

到几乎所有准备为毛派对中国逻辑研究的"对象和范围"重新定义奠定基础的主要作品中。汪奠基本人也对郭湛波、章士钊和虞愚等人提出了民族"虚无主义"的指控,据称他们"忠实地替帝国主义哲学史家伪造'中国没有逻辑科学'的谎言"。① 在很多著作中都回响着这种政治上的权宜主张,即任何怀疑中国漫长历史中的任一时刻有明确的逻辑理论化存在的人,都是被"日本人"和其他"帝国主义国家的外国人"或"盲目地模仿"其诋毁观点的中国代言人引入了歧途,在毛泽东主义狂热的鼎盛时期,它是嵌入中国逻辑话语中最长寿、最具破坏性的修辞之一。②

[360]　　然而,清除竞争对手并没有减轻毛派历史学家在实现其宏伟目标时所面临的困难。第一部中国逻辑学"通史"直到1979年才出版,也就是新议程被制定20多年之后,其中,汪奠基把余生都献给了这项研究。③ 又过了十年,写出一部从周朝到现代的中国逻辑理论通史的充满希望的断言,才被中国社会科学院编撰的一个多卷本资料集所证实,他们将从所有时期和派别中摘引的关于"名"和"辩"的文字猬集起来,并且附录了一份历史性纲要,将这些摘录综合成一个叙述,以便讲明中国逻辑思想的进程是与世界其他地方的进展同步的。④ 从一开始,这种有目的的叙述就被奉为中国逻辑及其历史的权威观点,在全国的哲学研讨会上被奉为圭臬。它的最终出版,以及在一系列派生作品中进一步传播其核

---

① 所有这些诽谤,作为很多其他诬蔑的典型代表,都可以在上引两个文本中找到。参见詹剑峰:《墨家的形式逻辑》,第42页。
② 例如,参见詹剑峰:《墨家的形式逻辑》,第1—2页。
③ 汪奠基:《中国逻辑思想史》;以及周文英:《中国逻辑思想史稿》。
④ 周云之、刘培育等:《中国逻辑史资料选》;以及李匡武等:《中国逻辑史》。

心主张,标志着一个艰巨的发明过程的完成,这是中国逻辑最早的发现者无法预见的。

3. 祛现代性的中国逻辑

尽管直到 20 世纪 90 年代,毛泽东思想一直主导着大陆中国逻辑的发展方向,但它并没有完全压制更微妙的观点。第一批试图从数理逻辑的角度来理解中国逻辑的著作于 20 世纪 50 年代就开始出现了。① 这些著作和其他对个别文本和概念的仔细研究阐明了早期作品未能解决的许多问题。此外,在与政治中心有一定距离的地方——尤其是天津和广州——工作的学者,在官方认可的叙事之外,还设法发表了一些关于中国逻辑思想本质和发展的意识形态较少的看法。②

来自这些非主流的逻辑研究中心的学者也率先对左派倾向提出了更实质性的批评。③ 尤其是指出正统叙述所基于的脆弱的文本基础,将脱离语境的残篇粗暴缝合在一起所造成的认知暴力,以及推动一种明确"肯定的"中国逻辑史计划的民族主义动机,一些批评者开始重提关于十年前在作为整体的中国哲学"合法性"(legitimacy)辩论中预演过的论点。④ 与之前的争论一样,在正统立场的批评者和辩护者之间日益激烈的交锋中,关于"中

---

① 例如参见沈有鼎:《墨经的逻辑学》(北京:中国社会科学出版社,1980[1956]年)。
② 例如参见温公颐和崔清田:《中国逻辑史教程(修订本)》;以及杨沛荪:《中国逻辑思想史教程》。
③ 例如参见崔清田:《名学与辩学》;林铭钧和曾祥云:《名辩学新探》;以及程仲棠:《"中国古代逻辑学"解构》。
④ 参见戴卡琳,"有中国哲学这样一种事物吗?一个隐含争论的证明"(Is There Such a Thing as Chinese Philosophy? Arguments of an Implicit Debate),载《东西方哲学》(Philosophy East and West)51,2001 年第 3 期:第 393—413 页。

国逻辑"这样一种事物是否存在的问题,或者中国逻辑最初为何能够或不能发展的问题,占据了舞台的中心。① 虽然就这些几乎毫无成效的问题最终达成共识的可能性,似乎与存在于有关中国哲学辩论中的可能性一样渺茫,但在讨论过程中提出的许多有效观点暴露了支持毛主义幻象的构想拙劣主张的缺陷,并有助于使许多遗留问题得到更尖锐的解决。

尽管很难不去同情批评者的修正主义观点,但在我看来,他们似乎还没有从根本上质疑中国逻辑史的书写方式。他们不愿提出更根本的反对意见的一个可能原因是,他们和反对者一样,对逻辑的本质、逻辑的表达形式以及书写历史的目的共同分享着某些基本的假设。莎莉·汉弗莱斯(Sally Humphreys)就自19世纪以来的欧洲对希腊和罗马经典著作的解读提出了类似的观点,即人们很容易把这些假设定性为现代主义和欧洲中心主义。② 现代主义历史决定论的一个重要原则,反映在追溯中国逻

---

① 最好的例子或许是在对中国逻辑正统观点最直言不讳的批评者程仲棠和著名的教条主义哲学家和逻辑学家马佩之间展开的扩大化的争论。参见程仲棠,"近百年'中国古代无逻辑学论'述评",载《学术研究》,2006年第11期:第5—12页;前揭,"近百年'中国古代无逻辑学论'述评(续),载《重庆工学院学报》21,2007年第11期:第15—20页;前揭,"文化终极关怀与逻辑学的命运——兼论中国文化不能产生逻辑学的根本原因",载《中国哲学史》,2008年第1期:第35—43页;以及前揭,"中国古代有逻辑思想,但没有逻辑学——答马佩教授",载《暨南学报》,2008年第6期:第1—9页;以及马佩,"驳'中国古代无逻辑学论'——与程仲棠教授商榷",载《河南大学学报》47,2007年第6期:第50—55页;前揭,"驳中国文化不能产生逻辑学论——再次与程仲棠教授商榷",载《中州学刊》,2008年第6期:第156—159页;以及前揭,"再驳中国古代(先秦)无逻辑学论——对程仲棠教授'答马佩教授'的回复",载《中州学刊》,2010年第1期:第146—150页。程仲棠对这场争论的贡献现在可以很方便地在其《"中国古代逻辑学"解构》一书中找到,参见第110—171页。对这场正在进行之中的辩论的其他方面所做的总结,参见晋荣东:《逻辑何为》,第177—184页。

② Sally Humphreys, "De-modernizing the Classics?," in *Applied Classics: Comparisons, Constructs, Controversies*, ed. Angelos Chaniotis, Annika Kuhn, and Christina Kuhn (Stuttgart: Franz Steiner, 2009), 197-206.

辑史的叙述中,就是认为过去必须通过揭示其与当前问题的代际关联,使其与现在相关。换句话说,要使历史发生作用,就必须证明它已经为一段历史出版时仍被视为是有价值的见解预见或准备了基础。结合第二种其根源可追溯至十九世纪欧洲的假设——一种对逻辑的狭隘理解,认为逻辑必然包含在一套规则中,这些规则被编入理论文本中,在形式上、功能上和地位上与亚里士多德的《工具论》相当——这一信念促使中国逻辑史学家投入几乎所有的精力,旷日持久地在古代和近代的汉语文献中寻找明确的推理理论的证据。正如我们所看到的那样,这场追逐的结果充其量是矛盾的,它始于20世纪头几年中国逻辑的发现,并自1949年以来越来越强烈地主宰了中国逻辑的历史编纂学。可以肯定的是,大量的残篇被确认为可能是被遗忘的中国《工具论》的组成部分,令人印象深刻。然而,没有人能够证明,这些散落的残片中有多少是在辩论实践中起到了具体的作用。也没有人得出一个决定性的结论,即它们明确的理论内容远远超出了那些不得不被某种衡量标准视为只是初步的洞见,这种标准标志着希腊或印度逻辑史的里程碑。

[363]

　　这一发人深省的结果,导致国内外许多逻辑学家在研究中国逻辑及其历史时,完全无视中国的这种情况。然而,只有认同上述现代主义假设,这种极端的结论才有道理。但这些都存在严重缺陷。它们不仅完全源自欧洲独特的历史,而且其范围也太过有限。因为当它不能提供关于那些方法——按照这些方法,在《工具论》或类似的对等物完全不存在或不显著不完整的地方,辩论也得以发生并在语境和文化中被衡量——的答案时,任何逻辑或真理的历史都不可能声称是"全球性的"(global)。正是这个原因,中国逻辑学的探究对于逻辑学全球史的发展是并且将继续是不可或缺的。

但我们能怎样去想象中国逻辑研究的"非现代性"呢？在我看来,中国逻辑的另一种研究路径似乎不是继续用力追逐理论碎片,而是仔细审视辩论实践,并试图恢复它们所体现的隐含和明确的有效性标准。即使没有一个明确的逻辑准则,正如没有一个熟悉中国独特而丰富的思想史的人会否认,辩论、说服和争辩是整个中国历史上国家和社会关注的广泛活动中的关键要素。因此对于哪些论证比其他论证更强大,哪种知识主张更可靠,证据的何种使用被视为更有说服力,很难想象是在一个任意的或临时的基础上做出这些决定的,即使我们不能指出理论著作编纂的标准,这样的判断就是以这些标准为基础的,或据称是以它们为基础的。

要恢复这些标准,就必须转变传统观念,"从头开始"重新构建知识生产的具体模式及其基本规则。而要想做到这一点,还得分析各个领域中的实践,其中论证、争辩、证明和检验都扮演了特别重要的角色。在这方面,至少在我最熟悉的帝国后期,[①]有望提供有价值的证据的领域包括教育、法律、经学研究和历史学,以及数学、天文学、医学和其他科学研究领域。理解在每一领域中

---

① 恢复早期汉语文献中有效性的隐显标准的鼓动性研究,尤其是罗哲海(Heiner Roetz),"周代思想中的有效性:论陈汉生和汉学中的语用学转向"(Validity in Chou Thought: On Chad Hansen and the Pragmatic Turn in Sinology),载《中国古典哲学的认识论问题》(*Epistemological Issues in Classical Chinese Philosophy*), Hans Lenk 和 Gregor Paul 编(Albany, N. Y.: State University of New York Press, 1993),第 69—112 页;以及史嘉柏(David Schaberg),"中国早期修辞中的符号逻辑"(The Logic of Signs in Early Chinese Rhetoric),载《古中国/古希腊:思想比较》(*Early China/Ancient Greece: Thinking Through Comparisons*), Steven Shankmann 和 Stephen W. Durrant 编(Albany, N. Y.: State University of New York Press, 2002),第 155—186 页。

发挥作用的有效性的隐显标准,人们必须确定描述的特定习俗以及推理和类比的习惯,还有使用和质疑证据的方法,以及在每一种情况下对有效性、精确性、可信性、连贯性、相关性、适用性等等隐显标准的掌握,对此,当事人似乎达成了一致。第二步,需要记录和定义术语,或者元语言,在其中,论辩和知识主张都要在每一领域里被评估;追溯这种元语言从中得以建立的根源,并考察他们的词汇和评价标准在分离的话语领域中共享到何种程度。

如果将这些主题转化为上述课题领域,就需要对一系列相关问题进行艰苦的研究。在教育领域,对时文的分析似乎是最切题的,特别注意形式要求和修辞手段,评价的标准和术语,以及以范文为例的体裁定义。法律领域的研究可以从重建法律法典的语言开始,不仅集中于其技术术语,而且也集中于文体要求,例如行政手册中概述的明确、连贯和详尽的标准。在此还值得注意的是关于事实证据的评价、口头证供的评估和展示、事实安排以及考虑减罪细节的惯例。在经典注疏领域,人们必须澄清某些注疏被判定为比其他注疏更有说服力的标准,这可能要从观察行间注的技术词汇开始;校勘、脱文、虚饰之理据;以及间接的编辑策略,如引用的技艺。史学的相关方面可以包括历史类比法的运用,关于其起源、发展和作用,对此我们仍然知之甚少,以及对"公正"等认知性美德的定义和辩护,包括支撑这些美德的叙述和编辑策略。科学方面,可关注于确认和证明的策略,如数学和天文学领域中数字与计算的发散性作用,或者,医学领域里给出诊断和处方的根据,对病人主张的评估,以及验证治疗成败的技术。

作为对中国逻辑理论方面现有研究的补充,我在这里只是尝试性地设想的这类调查,可以增进我们对做出和评价论证之方式的理解,也可以加强对被评估和辩护的真理主张的理解,而这不

[365]

仅在中国适用。如果对细节有足够的关注，它们可以用来刻画一幅更加细致入微、富有经验的图景，描绘出中国思想史上有待发现的各种逻辑相关知识。同时，它们可以为目标指向重新评估显性推理理论在实际辩论活动中的作用的努力提供新的材料。这样的考察可能最终会让中国人在这一领域的世界史上占据更突出的地位，甚至比当前主流叙述所能保证的最自信版本都要突出。当我们很冒昧地希望对中国逻辑祛现代性的研究（de-modernized studies），可能会迎来与前述章节重构的时代相比而言的一个发现的新时代，我推测，它们能够以新的、富有成效的方式，为有关真理和合理性的更可信的全球史之创造作出其贡献，这样的全球史早就应该出现了，在此历史中，中国最终会主张自己应有的地位。

附 录

A. 改编自日本的逻辑学教科书,1902—1911 年 [367]

1. 杨荫杭译,《名学》(*Logic*),东京:日新丛编社,1902 年。第二版:《名学教科书》(*A textbood of logic*),上海:文明书局,1903 年。

2. 林祖同译,《论理学达旨》(*A guide to logic*),东京:文明书局,1902 年。

原作:清野勉,《演绎归纳论理学》(*Logic, deductive and inductive*),Tōkyō:Kinkōdō,1892 年。

3. 汪荣宝译,《论理学》(*Logic*),《译书汇编》2,1902 年第 7 期:第 1—59 页。

原作:高山林次郎(樗牛),《论理学》(*Logic*),第 1—6 章,Tōkyō:Hakubunkan,1898 年。

4. 田吴炤译,《论理学纲要》(*Outline of logic*),上海:商务印书馆,1903 年;第四版,1914 年。

原作:十时弥,《论理学纲要》,Tōkyō:Dai Nihon tosho,1900 年。

5. 范迪吉等译,《论理学问答》(Questions and answers on logic)。载《新编普通教育百科全书》(*New encyclopedia for general education*),范迪吉编,102 卷,上海:汇文学社,1903 年。

原作:富山房编,《论理学问答》,载《普通学问答全书》(*Complete*

anthology of questions and answers on general sciences），Tōkyō：Fuzanbō，1896 年。

6. 服部宇之吉，《论理学讲义》(Lectures in logic)，Tōkyō：Fuzanbō；上海：全学会，1904 年；第二版，1905 年。

7. 杨天骥编译，《论理学》(Logic)，上海：商务印书馆，1906 年。

原作：未指明的日本教科书。

8. 胡茂如译，《论理学》(Logic)，新版，河北译书社，1906 年；第二版，1907 年；第三版，上海：泰东图书局，1914 年。

原作：大西祝，《论理学》，Tōkyō：Tōkyō senmon gakkō，1895 年。

9. 汤祖武编译，《论理学剖解图说》(Analysis of logic, illustrated and explained)，东京：清国留学生会馆，1906 年。

10. 江苏师范生译，《论理学》(Logic)，南京：江苏宁属/苏属学务处，1906 年。

原作：基于高岛平三郎在东京广文学院（the Kōbun Gakuin in Tōkyō）的演讲译出。

11. 张立斋（张君劢）译，《耶方思氏论理学》(Mr. Jevons's Logic)，《学报》1，1906 年第 1 期：第 1—28 页；1，1907 年第 2 期：第 29—60 页；1，1907 年第 3 期：第 51—72 页；1，1907 年第 4 期：第 1—48 页；1，1907 年第 5 期：第 1—44 页；1，1907 年第 6 期：第 1—36 页；1，1907 年第 7 期：第 137—156 页；1，1908 年第 11 期（未查见）；以及 1，1908 年第 12 期：第 13—35 页。

原作：(a)耶芳斯（William Stanley Jevons），《逻辑学基础教程：演绎与归纳，附大量问题与实例，以及逻辑术语表》(Elementary Lessons in Logic：deductive and inductive, with copious questions and examples, and a vocabulary of logical terms)，London：Macmillan，1870 年。(b)添田寿一译，《惹稳氏论理新编》(Mr. Jevons's New Logic)，Tōkyō：Maruzen，1883 年；第三版，1893 年。

12. 金太仁作译，《论理学教科书》((A textbook of logic)，Tōkyō：Dongya gongsi，1907 年。

原作：基于高岛平三郎在东京广文学院的演讲译出。

13. 均益图书公司编，《论理学初步》(First steps in logic)，上海：均益图书公司，1907 年。

14. 唐演译，《最新论理学教科书》(Latest textbook on logic)，上海：文明书局，1908 年。

原作：服部宇之吉，《论理学教科书》(A textbook of logic)，Tōkyō：Fuzanbō，1899 年。

15. 韩述组撰译,《论理学》(Logic),上海:文明书局,1908年。

原作:基于服部宇之吉演讲手稿编译。

16. 王国维译,《辨学》(Logic),北京:京师五道庙售书处,1908年。

原作:(a)耶芳斯,《逻辑学基础教程:演绎与归纳,附大量问题与实例,以及逻辑术语表》,London:Macmillan,1870年;以及(b)添田寿一译,《惹稳氏论理新编》(Mr. Jevons's New Logic),Tōkyō:Maruzen,1883年;第三版,1893年。[369]

17. 林可培编译,《论理学通义》(Comprehensive introduction to logic),上海:中国图书公司,1909年。

原作:"主要基于"(a)今福忍(Imafuku Shinobu),《最新论理学要义》(Latest essentials of logic),Tōkyō:Hōbunkan,1908年;(b)渡边又次郎(Watanabe Matajirō),《论理学》(Logic),Tōkyō:Tōkyōhō gakuin,1894年;以及(c)北泽定吉(Kitazawa Sadakichi),《论理学讲义》(Lectures on logic),Tōkyō:Kinshi Hōryūdō,1908年。由以下著作"补充":(d)大西祝(Ōnishi Hajime),《论理学》,Tōkyō:Tōkyō senmon gakkō,1895年;和(e)十时弥(Totoki Wataru),《论理学纲要》(Outline of logic),Tōkyō:Dai Nihon tosho,1900年;还有(f)高岛平三郎(Takashima Heizaburō)的"口授"。

18. 过耀庚译,《最新论理学纲要》(Latest outline of logic),2卷,上海:中国图书公司,1909年。

原作:纪平正美(Kihira Tadayoshi),《最新论理学纲要》(Latest outline of logic),Tōkyō:Kōdōkan,1907年。

19. 钱家治编译,《名学》,或题为《名学讲义》(Lectures on logic),初版,1910年。

原作:未指名日本教科书。

20. 陈文编译,《名学释例》(Logic, with explanations and examples),上海:科学汇编一部,1910年。

原作:未指名日本教科书。

21. 陈文编译,《名学教科书》(A textbook of logic),上海:科学汇编一部,1911年。扩展版:《名学讲义》(Lectures on logic),3卷,上海:科学汇编一部,1913年。

22. 《论理学表解》(Logic explained in tables),载《表解丛书》(Anthology of explanations in diagrams),黄履思编,上海:科学书局,1911—1912年。

原作:后藤嘉之(Gotō Yoshiyuki)和美岛近一郎(Mishima Kin'ichirō),《论理学表解》(Logic explained in tables),Tōkyō:Rokumeikan,1904年。

[370]
B. 二十世纪早期教科书中的逻辑术语目录

表 B.1 二十世纪初教科书中的逻辑术语(1)
列 1. 杨荫杭,《名学》,1902 年。
列 2. 林祖同,《论理学达旨》,1902 年。
列 3. 汪荣宝,《论理学》,1902 年。

表 B.2:二十世纪初教科书中的逻辑术语(2)
列 1. 汪荣宝,《新尔雅》,1903 年。
列 2. 范迪吉,《论理学问答》,1903 年。
列 3. 田吴炤,《论理学纲要》,1903 年。

表 B.3:二十世纪初教科书中的逻辑术语(3)
列 1. 服部宇之吉,《论理学讲义》,1904 年。
列 2. 唐演,《最新论理学教科书》,1908 年。
列 3. 韩述组,《论理学》,1908 年。

表 B.4:二十世纪初教科书中的逻辑术语(4)
列 1. 汤祖武,《论理学剖解图说》,1906 年。
列 2. 胡茂如,《论理学》,1906 年。
列 3. 均益图书公司,《论理学初步》,1907 年。

表 B.5:二十世纪初教科书中的逻辑术语(5)
列 1. 杨天骥,《论理学》,1906 年。
列 2. 江苏师范生,《论理学》,1906 年。
列 3. 金太仁作,《论理学教科书》,1907 年。

表 B.6:二十世纪初教科书中的逻辑术语(6)
列 1. 张君劢,"耶方思氏论理学",1906—1908 年。
列 2. 马相伯,《致知浅说》,[<1906]。
列 3. 李杕,《名理学》,1908 年。

表 B.7:二十世纪初教科书中的逻辑术语(7)
列 1. 王国维,《辨学》,1908 年。
列 2. 过耀庚,《最新论理学纲要》,1909 年。
列 3. 林可培,《论理学通义》,1909 年。

表 B.8:二十世纪初教科书中的逻辑术语(8)
列 1.《辨学中英名词对照表》,1909 年。
列 2. 钱家治,《名学讲义》,1910 年。
列 3. 陈文,《名学教科书》,1911 年。

表 B.9：日汉词典中的逻辑术语

列 1.《哲学字汇》(Tetsugaku jii)，1881 年；以及 1884 年第二版。

列 2.《哲学字汇》，1912 年第三版。

列 3.《哲学术语词汇》，1913 年。

表 B.10：近代汉语词典中的逻辑术语　　　　　　　　　　　　　[371]

列 1. 赫美玲(Karl E. G. Hemeling)，《英汉官话口语词典》，1916 年。

列 2.《哲学词典》，1926 年。

列 3.《现代标准汉语术语》(Modern Standard Chinese Terms)。

表 B.1 二十世纪初教科书中的逻辑术语(1)

英文术语		杨荫杭,《名学》,1902	林祖同,《论理学达旨》,1902	汪荣宝,《论理学》,1902
A. 普通逻辑术语				
1.1	logic	名学	论理学 论理	论理学
1.2	reasoning	推论	推论	推论
1.3	thought			思想
1.4	judgment	论断	断定	判定 断定
1.5	argument			论断
1.6	truth		真理	真理
1.7	form, formal			形式
1.8	Symbol, symbolic	记号		记号
1.9	law of identity	合同法	同一法	
1.10	law of contradiction	矛盾法	矛盾法	
1.11	law of excluded middle	折衷法	三不容间位之法	
1.12	principle of sufficient reason			
B. 与词项相关之术语				
2.1	term	名辞	语	名词
2.2	concept (idea)		概念 总念	概念 (观念)
2.3	intension	内包	内包	内函
2.4	extension	外延	外延	外郛
2.5	definition	定义	释义	界说
2.6	category			
2.7	substance			实体
2.8	(five) predicables	宾位语	属件	

续表

英文术语		杨荫杭,《名学》,1902	林祖同,《论理学达旨》,1902	汪荣宝,《论理学》,1902
2.9	genus	类	类	类
2.10	species	种	种	种
2.11	difference	特异性	要差	差
2.12	property	固有性	情形	属性
2.13	accident	偶有性		附属
2.14	singular term	独名辞	单称语	单独名词
2.15	general term	公名辞	总称语	普通名词
2.16	collective term	合名辞		合体名词
2.17	positive term	正名辞	积极之词	积极名词
2.18	negative term	反名辞	消极之词	消极名词
2.19	concrete term	实名辞		具体名词
2.20	abstract term	虚名辞	抽象语	抽象名词
2.21	absolute term	奇名辞	绝对之词	绝对名词
2.22	relative term	偶名辞	相对之词	相对名词
2.23	categorematic term	主名辞	自用之词	
2.24	syncategorematic term	从名辞	副用之词	
C. 与命题相关之术语				
3.1	sentence	句		句
3.2	proposition	命题	命题	命题
3.3	subject	主辞	主语	主词
3.4	predicate	宾辞	客语	所谓词
3.5	copula	系辞	联络语	缀系词
3.6	attribute		属件	
3.7	quality	性	性质	质
3.8	quantity	量	分量	量

[373]

续表

	英文术语	杨荫杭,《名学》,1902	林祖同,《论理学达旨》,1902	汪荣宝,《论理学》,1902
3.9	true	真	真 是	真
3.10	false	妄	伪	妄
3.11	some	或		或 若干 几许 多少
3.12	all	凡		凡 一切 任何
3.13	distributed	充实	周到	充实
3.14	undistributed	不充实	不周到	不充实
3.15	categorical proposition	断言命题		
3.16	hypothetical proposition	悬拟命题	假设之命题 口头之命题	
3.17	conjunctive proposition	互用命题		
3.18	disjunctive proposition	抉择命题		
3.19	affirmative proposition	阳(是)	肯定命题	肯定命题
3.20	negative proposition	阴(否)	否定命题	否定命题
3.21	particular proposition	太(全)	特称命题	特称命题
3.22	universal proposition	少(偏)①	全称命题	全称命题
3.23	universal affirmative proposition	太阳命题	全称肯定命题	全称肯定命题
3.24	universal negative proposition	太阴命题	全称否定命题	全称否定命题
3.25	particular affirmative proposition	少阳命题	特称肯定命题	特称肯定命题

① [译按]此处3.21和3.22两条原文如此,杨荫杭应该是将其译反了。

续表

英文术语		杨荫杭,《名学》,1902	林祖同,《论理学达旨》,1902	汪荣宝,《论理学》,1902
3.26	particular negative proposition	少阴命题	特称否定命题	特称否定命题
3.27	conversion	变化 转测法	转换法	转换 交换
3.28	simple conversion			倒植
3.29	limited conversion			反疏
3.30	contraposition			旋反
3.31	opposition	相对	反对当	对当
3.32	contradictory	中反对	矛盾对当	交格对当
3.33	contrary	大反对		亢极反对
3.34	subcontrary	小反对		偏曲反对
3.35	subaltern	主从对		差较对当
D. 与推论(三段论)相关之术语				
4.1	inference	推测 推度法	推理	推理 推度 推知 推定
4.2	deduction	演绎法	演绎法 演绎	演绎法 演绎
4.3	induction	归纳法	归纳法 归纳	归纳法 归纳
4.4	premise	前命题	提案 前提	前引
4.5	conclusion	决定命题	断案 归结	断案
4.6	major premise	大命题	大提案	大前引
4.7	minor premise	小命题	小提案	小前引

续表

英文术语	杨荫杭,《名学》,1902	林祖同,《论理学达旨》,1902	汪荣宝,《论理学》,1902
4.8 major term	大名辞	大语	大词
4.9 minor term	小名辞	小语	小词
4.10 middle term	中名辞	中语 媒介语	中词
4.11 antecedent	前撅	前节	
4.12 consequent	后撅	后节	
4.13 syllogism	三段法	三段论体 三段法	三段论法
4.14 hypothetical syllogism			
4.15 disjunctive syllogism	扶择三段法	分离体三段论	
4.16 sorites	连环体	连体三段论	
4.17 enthymeme			
4.18 epicheirema			
4.19 figure (of syllogism)	图式	格	格
4.20 mood (of syllogism)	形体	式	
4.21 fallacy	误谬	伪论 谬	谬误
4.22 logical fallacy			
4.23 material fallacy			
4.24 begging the question	设问之误谬	问题不问之伪论	
4.25 illicit major	大名辞之误谬	大语越权	
4.26 illicit minor	小名辞之误谬	小语越权	
4.27 undistributed middle term	中名辞不充实之误谬	中论不周到	

[375]

续表

英文术语		杨荫杭,《名学》,1902	林祖同,《论理学达旨》,1902	汪荣宝,《论理学》,1902
4.28	equivocation		多义之伪论	
4.29	ambiguity	辞数义之误谬	暧昧中语之伪论	
E. 与科学方法论相关之术语				
5.1	method			方法
5.2	analysis	分释法	分析	分析
5.3	synthesis			综合
5.4	fact			事实
5.5	experience			经验 经历
5.6	observation			观察
5.7	hypothesis		假设	假定
5.8	experiment			实验
5.9	proof		证据	证权
5.10	verification			证明 立证
5.11	classification	分类		分类
5.12	generalization			综扩
5.13	analogy			
5.14	explanation			说明
5.15	cause			原因
5.16	effect			结果
5.17	necessity			必然
5.18	probability			
5.19	theory		理论	
5.20	axiom	公例		

[376]

续表

英文术语		杨荫杭,《名学》,1902	林祖同,《论理学达旨》,1902	汪荣宝,《论理学》,1902
5.21	law	法则		法则
5.22	principle	原理		原理
5.23	rule			
5.24	uniformity of nature			
5.25	method of agreement			
5.26	method of difference			
5.27	joint method of agreement and difference			
5.28	method of concomitant variation			
5.29	method of residue①			

表 B.2　二十世纪初教科书中的逻辑术语(2)

英文术语		汪荣宝,《新尔雅》,1903	范迪吉,《论理学问答》,1903	田吴炤,《论理学纲要》,1903
A. 普通逻辑术语				
1.1	logic	论理学 名学	论理学	论理学
1.2	reasoning	推知 推论	推理	推理
1.3	thought	思想	思想	思考
1.4	judgment	判定 判断	判断	断定
1.5	argument			论式

---

① [译按]表中有词没有译出,一仍其旧。

续表

英文术语	汪荣宝,《新尔雅》,1903	范迪吉,《论理学问答》,1903	田吴炤,《论理学纲要》,1903
1.6 truth		真理	真理
1.7 form, formal	形式		形式
1.8 Symbol, symbolic	记号	符号	记号
1.9 law of identity	自同之原则	同一法	同一律
1.10 law of contradiction	不相容之原则	矛盾法	矛盾律
1.11 law of excluded middle	拒中之原则	不容间位法	不容间位律
1.12 principle of sufficient reason			充足理由
B. 与词项相关之术语			
2.1 term	端 名词	名辞	名辞
2.2 concept (idea)	概念（观念）	概念	概念
2.3 intension	内函	内包	内包
2.4 extension	外郭	外延	外延
2.5 definition	定义	定义	定义
2.6 category	范畴		
2.7 substance			
2.8 (five) predicables		宾语	
2.9 genus		属 类	类
2.10 species	类	种 部	种
2.11 difference		差	差异
2.12 property	德	本性	
2.13 accident	偶性	偶性	偶有性

453

续表

英文术语		汪荣宝,《新尔雅》,1903	范迪吉,《论理学问答》,1903	田吴炤,《论理学纲要》,1903
2.14	singular term	专名 单独名词	单称名词	单称名词
2.15	general term	公名 普通名词	泛称名辞	普通名辞
2.16	collective term	总名 合体名词	集合名辞	集合名辞
2.17	positive term	正名 积极名词	积极名辞	积极名辞
2.18	negative term	负名 消极名词	消极名辞	消极名辞
2.19	concrete term	察名 具体名词	具体名辞	具体名辞
2.20	abstract term	旋名 抽象名词	抽象名辞	抽象名辞
2.21	absolute term	独立之名 绝对名词	绝对名辞	绝对名辞
2.22	relative term	对待之名 相对名词	相对名辞	相对名辞
2.23	categorematic term		独立名辞	自用名辞
2.24	syncategorematic term		服从名辞	副用语
C. 与命题相关之术语				
3.1	sentence	文句		文章
3.2	proposition	词 命题	命题	命题
3.3	subject	主词	主辞	主辞
3.4	predicate	所谓词	宾辞	宾辞
3.5	copula	缀系辞		连辞

[378]

续表

英文术语		汪荣宝,《新尔雅》,1903	范迪吉,《论理学问答》,1903	田吴炤,《论理学纲要》,1903
3.6	attribute		属性	属性
3.7	quality	质	性质	性质
3.8	quantity	量	分量	分量
3.9	true		正 真 是	真
3.10	false		误	伪
3.11	some		或	或 某 (二三) (若干)
3.12	all		凡 总	凡 (皆) (悉)
3.13	distributed	充实	周布	周延 (意犹包罗)
3.14	undistributed	不充实	不周布	不周延
3.15	categorical proposition	定言命题	直显命题	定言的命题
3.16	hypothetical proposition	假言命题	设若命题	假言的命题
3.17	conjunctive proposition			
3.18	disjunctive proposition	择言命题	离接命题	选言的命题①
3.19	affirmative proposition	肯定命题	肯定命题	肯定命题
3.20	negative proposition	否定命题	否定命题	否定命题
3.21	particular proposition	特称命题	特称命题	特称命题

[379]

---

① [译按]原表中是"撰言的命题",疑是"选言"误写为"撰言",译者改为"选言",下面表格中也有不少这样的误写,后文直接改正,不再标明。

续表

英文术语		汪荣宝,《新尔雅》,1903	范迪吉,《论理学问答》,1903	田吴炤,《论理学纲要》,1903
3.22	universal proposition	全称命题	全称命题	全称命题
3.23	universal affirmative proposition	全称肯定命题	全称肯定命题	全称肯定命题
3.24	universal negative proposition	全称否定命题	全称否定命题	全称否定命题
3.25	particular affirmative proposition	特称肯定命题	特称肯定命题	特称肯定命题
3.26	particular negative proposition	特称否定命题	特称否定命题	特称否定命题
3.27	conversion	转换	命题之转换	换位法
3.28	simple conversion	倒植	单纯转换法	单纯换位
3.29	limited conversion	反疏	制限转换法	限量换位
3.30	contraposition	旋反	反对转换法	换质位法
3.31	opposition	对当		对当
3.32	contradictory	矛盾对当	真反对	矛盾
3.33	contrary	亢极对当	反对	反对
3.34	subcontrary	偏曲对当	小反对	小反对
3.35	subaltern	差较对当	差等	差等
D. 与推论(三段论)相关之术语				
4.1	inference	推测 推理 推知	推度	推定
4.2	deduction	演绎法 内籀	演绎论法 演绎法	演绎推理
4.3	induction	归纳法 外籀	归纳论 归纳法	归纳推理
4.4	premise	前提	前提	前提

续表

英文术语		汪荣宝,《新尔雅》,1903	范迪吉,《论理学问答》,1903	田吴炤,《论理学纲要》,1903
4.5	conclusion	断案	断语 断言	断案
4.6	major premise	大前提	大前提	大前提
4.7	minor premise	小前提	小前提	小前提
4.8	major term	大词	大名辞	大名辞
4.9	minor term	小词	小名辞	小名辞
4.10	middle term	介词 中词	中名辞	中名辞
4.11	antecedent	前立		前件 引用语
4.12	consequent	后立		后件 接断语
4.13	syllogism	连珠 三段论法	推度法 推测式	推测式
4.14	hypothetical syllogism	假言三段论法	设若推度	假言的推测式
4.15	disjunctive syllogism	择言之三段论法	离接推度	选言的推测式
4.16	sorites	积叠式 复杂之方式	浑体推测式	联锁体
4.17	enthymeme	省略式 不完全之方式	散乱推测式	省略体
4.18	epicheirema			带证体
4.19	figure (of syllogism)		法式	推测式之格
4.20	mood (of syllogism)		方式	推测式之式 论式
4.21	fallacy		误谬 虚伪	误谬

[380]

续表

英文术语	汪荣宝,《新尔雅》,1903	范迪吉,《论理学问答》,1903	田吴炤,《论理学纲要》,1903
4.22 logical fallacy		论理之虚伪	形式的误谬
4.23 material fallacy		实质之虚伪	资料的误谬
4.24 begging the question		循环推理	不当假定 循环推理
4.25 illicit major		大名辞乱用之虚伪	大名辞之不当周延
4.26 illicit minor		小名辞乱用之虚伪	小名辞之不当周延
4.27 undistributed middle term		中名辞不周布之虚伪	中名辞不周延
4.28 equivocation			文义不明之误谬
4.29 ambiguity			语义不明之误谬
E. 与科学方法论相关之术语			
5.1 method	方法	方法	方法
5.2 analysis	分析		分析
5.3 synthesis			综合
5.4 fact		事实	事实
5.5 experience			
5.6 observation		观察	观察
5.7 hypothesis	假说 假设之语	假说	臆说
5.8 experiment	实验	实验	实验
5.9 proof		证验	论证
5.10 verification			立证

续表

英文术语	汪荣宝,《新尔雅》,1903	范迪吉,《论理学问答》,1903	田吴炤,《论理学纲要》,1903
5.11 classification	分类法	分类	分类
5.12 generalization			汇类
5.13 analogy	比论	类推法	
5.14 explanation			
5.15 cause	原因	原因	原因
5.16 effect	结果	结果	结果
5.17 necessity		必要	必然性
5.18 probability			
5.19 theory	理论		立论
5.20 axiom①			
5.21 law	法则 定律	法	法则 原理
5.22 principle	原则	原理	原理
5.23 rule		法则	
5.24 uniformity of nature	自然法之一致		自然齐一律
5.25 method of agreement		一致法	
5.26 method of difference		差违法	
5.27 joint method of agreement and difference		重复一致法	
5.28 method of concomitant variation		共变法	
5.29 method of residue		残余法	

---

① [译按]表中有词没有译出,一仍其旧。

表 B.3　二十世纪初教科书中的逻辑术语(3)

英文术语		服部宇之吉,《论理学讲义》,1904	唐演,《论理学教科书》,1908	韩述组,《论理学》,1908
A. 普通逻辑术语				
1.1	logic	论理学	论理学	论理学
1.2	reasoning			推理
1.3	thought	思想	思想	思想
1.4	judgment	断定	断定	断定
1.5	argument	议论		
1.6	truth	真理	真理	真理
1.7	form, formal	形式	形式	形式
1.8	symbol, symbolic	记号	记号	记号
1.9	law of identity	同一律	同一律	同一律
1.10	law of contradiction	矛盾律	矛盾律	矛盾律
1.11	law of excluded middle	不容间位律	不容间位律	不容间位律
1.12	principle of sufficient reason	充足理由律	充足理由律	充足理由律
B. 与词项相关之术语				
2.1	term	名目		语词
2.2	concept (idea)	概念（观念）	概念（观念）	概念（观念）
2.3	intension	内容	内容	内容
2.4	extension	外延	外延	外延
2.5	definition	定义	定义	定义
2.6	category			
2.7	substance	实质		
2.8	(five) predicables			
2.9	genus	类	类	类

续表

英文术语		服部宇之吉,《论理学讲义》,1904	唐演,《论理学教科书》,1908	韩述组,《论理学》,1908
2.10	species	属	属	属
2.11	difference	差异	差异	差异
2.12	property			
2.13	accident			
2.14	singular term	单独概念	单独概念	单独概念
2.15	general term	普通概念	普通概念	普通概念
2.16	collective term			
2.17	positive term			
2.18	negative term			
2.19	concrete term			
2.20	abstract term			
2.21	absolute term			
2.22	relative term			
2.23	categorematic term			
2.24	syncategorematic term			
C. 与命题相关之术语				
3.1	sentence	句		句
3.2	proposition	断定	断定	断定
3.3	subject	主辞	主辞	主词
3.4	predicate	宾辞	宾辞	宾词
3.5	copula	联辞	联辞	联词
3.6	attribute	性相	性相	性相
3.7	quality	性 性质	性 性质	性
3.8	quantity	量	量	量

[383]

续表

英文术语		服部宇之吉,《论理学讲义》,1904	唐演,《论理学教科书》,1908	韩述组,《论理学》,1908
3.9	true	真	真	真
3.10	false	妄	伪	伪妄
3.11	some	多 或为 某某	多 或为	多 或为 某某
3.12	all	凡 皆	凡 皆	凡 皆
3.13	distributed	周衍	周衍	周衍
3.14	undistributed	不周衍	不周洗	不周衍
3.15	categorical proposition		定言断定	定言断定
3.16	hypothetical proposition		假设断定	设若断定
3.17	conjunctive proposition		约结断定	约结断定
3.18	disjunctive proposition	离摄断定	离摄断定	离摄断定
3.19	affirmative proposition	肯定断定	肯定断定	肯定断定
3.20	negative proposition	否定断定	否定断定	否定断定
3.21	particular proposition	特称断定	特称断定	特称断定
3.22	universal proposition	全称断定	全称断定	全称断定
3.23	universal affirmative proposition	全称肯定断定	全称肯定断定	全称肯定断定
3.24	universal negative proposition	全称否定断定	全称否定断定	全称否定断定
3.25	particular affirmative proposition	特称肯定断定	特称肯定断定	特称肯定断定
3.26	particular negative proposition	特称否定断定	特称否定断定	特称否定断定
3.27	conversion	转换法	转换法	转换法

续表

英文术语	服部宇之吉,《论理学讲义》,1904	唐演,《论理学教科书》,1908	韩述组,《论理学》,1908	
3.28 simple conversion				[384]
3.29 limited conversion				
3.30 contraposition	反定法			
3.31 opposition	相异	相异	相异	
3.32 contradictory	矛盾	矛盾	矛盾	
3.33 contrary	背反	背反	背反	
3.34 subcontrary	小背反	小背反	小背反	
3.35 subaltern	包含	包含	包含	
D. 与推论(三段论)相关之术语				
4.1 inference	推测	推测	推测	
4.2 deduction	演绎法 演绎	演绎法 演绎	演绎法 演绎	
4.3 induction	归纳法 归纳	归纳法 归纳	归纳法 归纳	
4.4 premise	前提	前提	前提	
4.5 conclusion	决论 断案	决论	决论	
4.6 major premise	大前提	大前提	大前提	
4.7 minor premise	小前提	小前提	小前提	
4.8 major term	大辞	大词	大词	
4.9 minor term	小辞	小词	小词	
4.10 middle term	媒辞	媒词	媒词	
4.11 antecedent				
4.12 consequent				
4.13 syllogism	推测法 演绎法	推测法 演绎法	推测法 演绎法	

续表

英文术语		服部宇之吉,《论理学讲义》,1904	唐演,《论理学教科书》,1908	韩述组,《论理学》,1908
4.14	hypothetical syllogism			
4.15	disjunctive syllogism	离摄演绎式	离摄演绎式	离摄演绎式
4.16	sorites	连环体	连环体	连环体
4.17	enthymeme	浑体	略体演绎式	略体演绎式
4.18	epicheirema	带证式		
4.19	figure (of syllogism)	法	法	法
4.20	mood (of syllogism)	论式 式	式	论式 式
4.21	fallacy	谬误 过	谬误	谬误 过
4.22	logical fallacy			
4.23	material fallacy			
4.24	begging the question			
4.25	illicit major	误用大词之过	误用大词之过	误用大词之过
4.26	illicit minor	误用小词之过	误用小词之过	误用小词之过
4.27	undistributed middle term	媒词不周衍之过	媒词不周衍之过	媒词不周衍之过
4.28	equivocation			
4.29	ambiguity			
E. 与科学方法论相关之术语				
5.1	method	方法	方法	方法
5.2	analysis			
5.3	synthesis	融会		总括
5.4	fact	事实	事实	事实

[385]

续表

英文术语		服部宇之吉,《论理学讲义》,1904	唐演,《论理学教科书》,1908	韩述组,《论理学》,1908
5.5	experience			
5.6	observation	观察	观察	观察
5.7	hypothesis	臆说	臆说	臆说
5.8	experiment	实验	实验	实验
5.9	proof	论证	论证	论证
5.10	verification	证明	证明	证明
5.11	classification	分类	分类	分类
5.12	generalization	概括	概括	概括
5.13	analogy	类推	类推	类推
5.14	explanation			
5.15	cause	原因	原因	原因
5.16	effect	结果	结果	结果
5.17	necessity		必然性	必然性
5.18	probability			
5.19	theory		理论	理论
5.20	axiom			公理
5.21	law	法则	法则	原律 法则
5.22	principle	原则	原则	原则
5.23	rule	规则	规则	
5.24	uniformity of nature①			
5.25	method of agreement		契合法	契合法
5.26	method of difference		差异法	差异法

---

① [译按]表中有词没有译出,一仍其旧。

英文术语	服部宇之吉,《论理学讲义》,1904	唐演,《论理学教科书》,1908	韩述组,《论理学》,1908
5.27 joint method of agreement and difference		并用法	并用法
5.28 method of concomitant variation		同变法	同变法
5.29 method of residue		残余法	残余法

表 B.4 二十世纪初教科书中的逻辑术语(4)

英文术语	汤祖武,《论理学剖解图说》,1906	胡茂如,《论理学》,1906	均益图书公司,《论理学初步》,1908
A. 普通逻辑术语			
1.1 logic	论理学	论理 论理学 牢辑科	论理学
1.2 reasoning	推论	推论	推论
1.3 thought	思想 思考	思想	思虑
1.4 judgment	判定	判定	判断
1.5 argument		论点 论式	
1.6 truth	真理		
1.7 form, formal	形式	形式	形式
1.8 symbol, symbolic	记号	记号	记号
1.9 law of identity	自相同之原则	自同律	同一律
1.10 law of contradiction	不相容之原则	矛盾律	矛盾律

续表

英文术语		汤祖武,《论理学剖解图说》,1906	胡茂如,《论理学》,1906	均益图书公司,《论理学初步》,1908
1.11	law of excluded middle	不容中之原则	排中律	不容间位律
1.12	principle of sufficient reason			
B. 与词项相关之术语				
2.1	term	名辞 名词	名辞 名词 语	名词
2.2	concept (idea)	概念（观念）	概念（观念）	概念
2.3	intension	内包	内包	内容
2.4	extension	外延	外延	外延
2.5	definition	定义 界说	定义	定义 界说
2.6	category			
2.7	substance	实质		
2.8	(five) predicables			
2.9	genus	类	类	类
2.10	species	种	种 种类	种
2.11	difference	差异	差异	
2.12	property	属性	性质	
2.13	accident	偶有性		
2.14	singular term	单独名辞	单独名辞	单独名词
2.15	general term	普通名辞	普通名辞	普通名词
2.16	collective term	合体名词	合体名辞	合体名词

[387]

467

续表

英文术语		汤祖武,《论理学剖解图说》,1906	胡茂如,《论理学》,1906	均益图书公司,《论理学初步》,1908
2.17	positive term	积极名辞	积极名辞	积极名词
2.18	negative term	消极名辞	消极名辞	消极名词
2.19	concrete term	具体名辞	具象名辞	具体名词
2.20	abstract term	抽象名辞	抽象名辞	抽象名词
2.21	absolute term	绝对名辞		绝对名词
2.22	relative term	相对名辞		相对名词
2.23	categorematic term			
2.24	syncategorematic term			
C. 与命题相关之术语				
3.1	sentence	文句	文句	句
3.2	proposition	命题	命题	命题
3.3	subject	主辞	主语	主词 主题
3.4	predicate	宾辞	客语	宾词 所谓 所谓词
3.5	copula	连辞	系辞	缀系 缀系词
3.6	attribute	特性		属性
3.7	quality	性质	质	性质
3.8	quantity	分量	量	分量
3.9	true	真	真 正	真 正
3.10	false	伪	妄 否	妄 反 非

续表

英文术语		汤祖武,《论理学剖解图说》,1906	胡茂如,《论理学》,1906	均益图书公司,《论理学初步》,1908
3.11	some	或	某	若干 几许 或有 多数
3.12	all	凡	凡	凡 凡…皆 一切 任何
3.13	distributed	扩充	扩充	充实
3.14	undistributed	不扩充	不扩充	不充实
3.15	categorical proposition	定言命题	定言命题	断定命题
3.16	hypothetical proposition	假言命题	假言命题	悬拟命题
3.17	conjunctive proposition		系合命题	
3.18	disjunctive proposition	选言命题	选言命题	抉择命题
3.19	affirmative proposition	肯定命题	肯定命题	肯定命题
3.20	negative proposition	否定命题	否定命题	否定命题
3.21	particular proposition	特称命题	特称命题	特称命题
3.22	universal proposition	全称命题	全称命题	全称命题
3.23	universal affirmative proposition	全称肯定命题	全称肯定命题	全称肯定命题
3.24	universal negative proposition	全称否定命题	全称否定命题	全称否定命题
3.25	particular affirmative proposition	特称肯定命题	特称肯定命题	特称肯定命题
3.26	particular negative proposition	特称否定命题	特称否定命题	特称否定命题
3.27	conversion	换位法	转换	转测法 单式转测

[388]

续表

英文术语		汤祖武,《论理学剖解图说》,1906	胡茂如,《论理学》,1906	均益图书公司,《论理学初步》,1908
3.28	simple conversion			
3.29	limited conversion			
3.30	contraposition	换质位法		复式转测
3.31	opposition	反对对当	对当	对当
3.32	contradictory	矛盾	矛盾	矛盾
3.33	contrary	上反对	反对	大反对
3.34	subcontrary	下反对	下反对	小反对
3.35	subaltern	差等	大小	差较
D. 与推论(三段论)相关之术语				
4.1	inference	推理 推知	推理 推测	推理
4.2	deduction	演绎 演绎法	演绎法	演绎法
4.3	induction	归纳 归纳法	归纳法	归纳法
4.4	premise	前提	前提	前提
4.5	conclusion	断案	断案	决论
4.6	major premise	大前提	大前提	大前提
4.7	minor premise	小前提	小前提	小前提
4.8	major term	大名辞	大语	大词
4.9	minor term	小名辞	小语	小词
4.10	middle term	媒辞	媒语	媒词
4.11	antecedent	媒辞	前件	前橛
4.12	consequent	中名辞	后件	后橛
4.13	syllogism	三段论法 推测式	三段论法	三段法

[389]

续表

英文术语	汤祖武,《论理学剖解图说》,1906	胡茂如,《论理学》,1906	均益图书公司,《论理学初步》,1908
4.14 hypothetical syllogism	假言三段论法	假言三段论法	悬拟三段法
4.15 disjunctive syllogism		选言三段论法	抉择三段法
4.16 sorites	积叠式	联锁法	积叠式
4.17 enthymeme	省略体	省略法	省略式
4.18 epicheirema			
4.19 figure (of syllogism)	格	格	格
4.20 mood (of syllogism)	式	式	式
4.21 fallacy	误谬	似而非推论	谬误过
4.22 logical fallacy	形式的误谬		
4.23 material fallacy	材料的误谬		
4.24 begging the question	多问之误谬	循环之似而非推论	
4.25 illicit major	大名辞不扩充	大语不当扩充之似而非推论	误用大词之过
4.26 illicit minor	小名辞不扩充	小语不当扩充之似而非推论	误用小词之过
4.27 undistributed middle term	中名辞不扩充	媒语不扩充之似而非推论	媒词不充实之过
4.28 equivocation	文意不明之误	意义暧昧之似而非推论	媒词歧义之过
4.29 ambiguity	语义不明之误	言意不同似而非推论	
E. 与科学方法论相关之术语			
5.1 method	方法	方法	法
5.2 analysis	分解	分析	

续表

英文术语		汤祖武,《论理学剖解图说》,1906	胡茂如,《论理学》,1906	均益图书公司,《论理学初步》,1908
5.3	synthesis	综合 聚合		
5.4	fact	事实	事实	事实
5.5	experience	经验	经验	
5.6	observation	观察	观察	观察
5.7	hypothesis	臆说	臆说	
5.8	experiment	实验	试验	实验
5.9	proof	论证	论证	
5.10	verification	确实	证明	
5.11	classification	分类	分类	
5.12	generalization	总括	总括	
5.13	analogy	汇类	类推法	
5.14	explanation	说明	说明	
5.15	cause	原因	原因 因	
5.16	effect	结果	果	
5.17	necessity			
5.18	probability①			
5.19	theory	学说	立论	
5.20	axiom	原理		
5.21	law	法则	法则 律	
5.22	principle	原则	原理	原则
5.23	rule	规则	规则	规则

① [译按]表中有词没有译出,一仍其旧。

英文术语		汤祖武,《论理学剖解图说》,1906	胡茂如,《论理学》,1906	均益图书公司,《论理学初步》,1908
5.24	uniformity of nature	自然齐一律	天然者之同一	
5.25	method of agreement	契合法	类同法	
5.26	method of difference	差异法	差异法	
5.27	joint method of agreement and difference	契合差异并用法	类同差异并用法	
5.28	method of concomitant variation	共变法	相变法	
5.29	method of residue	残余法	剩余法	

表 B.5 二十世纪初教科书中的逻辑术语(5) [391]

英文术语		杨天骥,《论理学》,1906	江苏师范生,《论理学》,1906	金太仁作,《论理学教科书》,1907
		A. 普通逻辑术语		
1.1	logic	论理学	论理学	论理学
1.2	reasoning	推断 推究	推理 推究	推论
1.3	thought	思考 思虑	思想	思想 思虑
1.4	judgment	断定 判断	判断	判断
1.5	argument	议论	议论	辩论
1.6	truth	真理	真理	真理
1.7	form, formal	形式	形式	形式
1.8	symbol, symbolic	符号	符号	符号

续表

英文术语	杨天骥,《论理学》,1906	江苏师范生,《论理学》,1906	金太仁作,《论理学教科书》,1907
1.9 law of identity	同一律	同一律	同一律
1.10 law of contradiction	矛盾律	矛盾律	矛盾律
1.11 law of excluded middle	离接律	不容间位律	不容间位律
1.12 principle of sufficient reason	原由律	充足理由	充足理由原理
B. 与词项相关之术语			
2.1 term	名辞 名词	名辞	名辞 名词
2.2 concept (idea)	概念 （观念）	概念 （观念）	概念 （观念）
2.3 intension	内包	内包	内包
2.4 extension	外延	外延	外延
2.5 definition	定义	定义	定义
2.6 category			
2.7 substance	本质	实质	
2.8 (five) predicables			
2.9 genus	类	类	类
2.10 species	种	种	种
2.11 difference	区别	特异性	特异性
2.12 property	本体之属性	属性	属性
2.13 accident	偶然之属性	偶有性	偶有性
2.14 singular term	单称名辞	单称名辞	单称名辞
2.15 general term	普通名辞	普通名辞	普通名辞
2.16 collective term	合体名词	集合名辞	集合名辞

续表

英文术语		杨天骥,《论理学》,1906	江苏师范生,《论理学》,1906	金太仁作,《论理学教科书》,1907	
2.17	positive term		积极名辞	积极名辞	[392]
2.18	negative term		消极名辞	消极名辞	
2.19	concrete term	具体名辞	具体名辞	具象名辞	
2.20	abstract term	抽象名辞	抽象名辞	抽象名辞	
2.21	absolute term		绝对名辞	绝对名辞	
2.22	relative term		相对名辞	相对名辞	
2.23	categorematic term		自用语		
2.24	syncategorematic term		副用语		
C. 与命题相关之术语					
3.1	sentence		文句	句	
3.2	proposition	命题	命题	命题	
3.3	subject	主位	主辞	主辞	
3.4	predicate	宾位	宾辞	宾辞	
3.5	copula	连辞	连辞	连辞	
3.6	attribute		属性	属性	
3.7	quality	性质	性质	质 性质	
3.8	quantity	分量	分量	量 分量	
3.9	true	真	真	真	
3.10	false	妄	伪	伪	
3.11	some	某	或 某	某	
3.12	all	凡	凡 凡…皆	凡	
3.13	distributed	扩充	周延	周延	

续表

英文术语		杨天骥,《论理学》,1906	江苏师范生,《论理学》,1906	金太仁作,《论理学教科书》,1907
3.14	undistributed	不扩充	不周延	不周延
3.15	categorical proposition		定言命题	
3.16	hypothetical proposition		若设命题	若设命题
3.17	conjunctive proposition	合式命题	合式命题	约结命题
3.18	disjunctive proposition	离接命题	选言命题 离接命题	选择命题 离摄命题
3.19	affirmative proposition	肯定命题	肯定命题	肯定命题
3.20	negative proposition	否定命题	否定命题	否定命题
3.21	particular proposition	特称命题	特称命题	特称命题
3.22	universal proposition	全称命题	全称命题	全称命题
3.23	universal affirmative proposition	全称肯定命题	全称肯定命题	全称肯定命题
3.24	universal negative proposition	全称否定命题	全称否定命题	全称否定命题
3.25	particular affirmative proposition	特称肯定命题	特称肯定命题	特称肯定命题
3.26	particular negative proposition	特称否定命题	特称否定命题	特称否定命题
3.27	conversion	转位	换位法 转位法	转换
3.28	simple conversion	当量转位		直转法 当量法
3.29	limited conversion	减量转位		制限法 减量法
3.30	contraposition	换质转位	换质位法	换质位
3.31	opposition	对当	对当	对当

[393]

续表

英文术语		杨天骥,《论理学》,1906	江苏师范生,《论理学》,1906	金太仁作,《论理学教科书》,1907
3.32	contradictory	矛盾	矛盾	矛盾
3.33	contrary	反对	大反对	反对
3.34	subcontrary	小反对	小反对	小反对
3.35	subaltern	大小	差等	差等
D. 与推论(三段论)相关之术语				
4.1	inference	推究 推论	推理 推知	推理
4.2	deduction	演绎 演绎法	演绎 演绎法	演绎 演绎法
4.3	induction	归纳 归纳法	归纳 归纳法	归纳 归纳法
4.4	premise	前提	前提	前提
4.5	conclusion	断案	断案	断案
4.6	major premise	大前提	大前提	大前提
4.7	minor premise	小前提	小前提	小前提
4.8	major term	大名辞	大名辞	大名辞
4.9	minor term	小名辞	小名辞	小名辞
4.10	middle term	中名辞	媒辞 中名辞	中名辞
4.11	antecedent	前项	起后	
4.12	consequent	后项	袭前	
4.13	syllogism	推论式 三段论法	三论式 三段推论法 推测式	论式 推测式
4.14	hypothetical syllogism①			

---

① [译按]表中有词没有译出,一仍其旧。

续表

英文术语		杨天骥,《论理学》,1906	江苏师范生,《论理学》,1906	金太仁作,《论理学教科书》,1907
4.15	disjunctive syllogism	离接推论式	离接论式	离接论式
4.16	sorites	约结推论式	联锁体	约结推论式
4.17	enthymeme	省略推论式	省略体	略体论式
4.18	epicheirema		带证体	带证体
4.19	figure (of syllogism)	论格 格	格	论格 格
4.20	mood (of syllogism)	论式 式	样法	论式 式
4.21	fallacy	谬论	谬误	谬误 过误 误谬
4.22	logical fallacy		形式的谬误	形式的谬误
4.23	material fallacy		资料的谬误	事实的谬误
4.24	begging the question		多问单答之谬误	豫定之过
4.25	illicit major		大名辞不当周延	大名辞误用之过
4.26	illicit minor		小名辞不当周延	小名辞语用之过
4.27	undistributed middle term		媒辞不周延	媒辞不周延之过
4.28	equivocation		文义不明	语义不明之过 句义不明之过
4.29	ambiguity	名辞多义	语义不明	
E. 与科学方法论相关之术语				
5.1	method	方法	方法	方法

[*394*]

续表

英文术语		杨天骥,《论理学》,1906	江苏师范生,《论理学》,1906	金太仁作,《论理学教科书》,1907
5.2	analysis	分析 分解	分析	
5.3	synthesis	综合	综合	
5.4	fact	事实 事项	事实	事实
5.5	experience	明验	经验	经验
5.6	observation	观察	观察	观察
5.7	hypothesis	假设 假说	臆说	臆说
5.8	experiment	实验	实验	实验
5.9	proof	证明	证明	证明
5.10	verification	检证	立证	检证法
5.11	classification	分类	分类	分类
5.12	generalization			汇类
5.13	analogy		比论	
5.14	explanation	解释		说明
5.15	cause	原因	原因	因
5.16	effect	结果	结果	果
5.17	necessity	必然性	必然性	必然性
5.18	probability		可能性	
5.19	theory		学说	
5.20	axiom		原理	
5.21	law	法则	法则	法则
5.22	principle	原理	原则	原理
5.23	rule	规律	规则	规律

[395]

英文术语		杨天骥,《论理学》,1906	江苏师范生,《论 理 学》,1906	金太仁作,《论理学教科书》,1907
5.24	uniformity of nature	—	—	万有经齐一律
5.25	method of agreement	契合法	契合法	契合法
5.26	method of difference	差异法	差异法	差异法
5.27	joint method of agreement and difference	契合差异连接法	契合差异并用法	契合差异共用法
5.28	method of concomitant variation	相变法	共变法	共变法
5.29	method of residue	剩余法	残余法	残余法

表 B.6 二十世纪初教科书中的逻辑术语(6)

英文术语		张君劢,"论 理 学",1906—1908	马相伯,《致知浅说》,[＜1906]	李杕,《名理学》,1908
A. 普通逻辑术语				
1.1	logic	论理学 原言 名学 名理探	原言 原言学 名学 牢记伽 名理探	名理学 名学 牢辑科
1.2	reasoning	推理 推测 推论	推论 推想	推想
1.3	thought	思想	思想	思想
1.4	judgment	比判	判决 判通 比量智	判断 断
1.5	argument	论辨式	论式	证理

续表

英文术语	张君劢,"论理学",1906—1908	马相伯,《致知浅说》,[＜1906]	李杕,《名理学》,1908
1.6 truth		真理	真实
1.7 form, formal	形式	状貌 态度 模样	
1.8 symbol, symbolic	记号 名号	记号	
1.9 law of identity	同一之公例	义主相同	同一之理
1.10 law of contradiction	矛盾之公例	义主相违	迳反之理
1.11 law of excluded middle	摈中之公例	义主相消	
1.12 principle of sufficient reason		义主有由	
B. 与词项相关之术语			
2.1 term	端辞 名辞	名言	词 界限
2.2 Concept (idea)	概念 (观念)	观念 意想 意胎 心产 现量 (意识) (知见)	意 (简意)
2.3 intension	内包		容度
2.4 extension	外延	广被	张度
2.5 definition	界说	界说	界说
2.6 category		伦府	景
2.7 substance		自立性	自立体
2.8 (five) predicables	五种之可谓辞	公普五称 五公称	五族

[*397*]

续表

英文术语		张君劢,"论理学",1906—1908	马相伯,《致知浅说》,[<1906]	李杕,《名理学》,1908
2.9	genus	类	都宗 宗	宗
2.10	species	别	伦类 类	类
2.11	difference	差	所殊	类别
2.12	property	性	独具	
2.13	accident	偶	偶具	
2.14	singular term	单独端辞	专指	切一词
2.15	general term	普通端辞		公意词
2.16	collective term	集合端辞	汇总	合群词
2.17	positive term	可定端辞		
2.18	negative term	否定端辞		
2.19	concrete term	具体端辞		实迹词
2.20	abstract term	抽象端辞		提空词
2.21	absolute term	绝对端辞	卓绝训	独立词
2.22	relative term	相对端辞		附傍词
2.23	categorematic term	独陈端辞	具本训	自成一义词
2.24	syncategorematic term	合陈端辞	待他训	合于他词而成一义词
C. 与命题相关之术语				
3.1	sentence	句	句	
3.2	proposition	命题	言陈 文句	辞
3.3	subject	主语 主辞	前陈 主语 所别 宗依	首词

续表

英文术语		张君劢,"论理学", 1906—1908	马相伯,《致知浅说》,[< 1906]	李杕,《名理学》,1908	
3.4	predicate	谓语 谓辞	后陈 宾词 能别 宗体	从词	
3.5	copula	系辞	纽词	连词	
3.6	attribute	品性	能别性	本资格	
3.7	quality	性质	何似	优长 从违	[*398*]
3.8	quantity	分量	几何	几何 容量	
3.9	true	真	真 是	真	
3.10	false	伪	伪 妄 非	妄	
3.11	some	有 或	有一 有的	数人 若干	
3.12	all	凡	凡 一切	众人 人人	
3.13	distributed	普及	遍及 普遍义	散属	
3.14	undistributed	不普及	不遍及	不散属	
3.15	categorical proposition	定言命题			
3.16	hypothetical proposition	假言命题			
3.17	conjunctive proposition			并辞	
3.18	disjunctive proposition	选言命题		间辞	
3.19	affirmative proposition	可定命题	结是	从辞	

续表

	英文术语	张君劢,"论理学",1906—1908	马相伯,《致知浅说》,[<1906]	李杕,《名理学》,1908
3.20	negative proposition	否定命题	结非	违辞
3.21	particular proposition	偏称命题	泛称言陈	分意辞
3.22	universal proposition	全称命题	公普言陈	总意辞
3.23	universal affirmative proposition	全称可定命题		总意从辞
3.24	universal negative proposition	全称否定命题		总意违辞
3.25	particular affirmative proposition	偏称可定命题		分意从辞
3.26	particular negative proposition	偏称否定命题		分意违辞
3.27	conversion	换位法	倒合	改
3.28	simple conversion	单纯换位法		简改
3.29	limited conversion	限量换位法		偶改
3.30	contraposition	换质位法		移改
3.31	opposition	对当	反对	反
3.32	contradictory	矛盾	相违	径反
3.33	contrary	反对	相悖	对反
3.34	subcontrary	小反对	相觝	平反
3.35	subaltern	相属	相左	属反
	D. 与推论(三段论)相关之术语			
4.1	inference	推测	推显	推想
4.2	deduction	外籀 归纳 归纳法	抽徵 引自 待渡克希奥 演绎	顺推

续表

英文术语		张君劢,"论理学",1906—1908	马相伯,《致知浅说》,[<1906]	李杕,《名理学》,1908
4.3	induction	内籀 演绎 演绎法①	搜徵 引渡 引渡克希奥 归纳	逆推
4.4	premise	前提	前提 前按	前列辞
4.5	conclusion	断案	收句	合辞 收辞 束辞
4.6	major premise	大前提	大前提 起句	起辞
4.7	minor premise	小前提	小言陈 承句	转辞
4.8	major term	大端辞	大言	大词 大话
4.9	minor term	小端辞	小言	小词 小话
4.10	middle term	中端辞	中权	中词 中话
4.11	antecedent		前陈	前语者
4.12	consequent		后陈	
4.13	syllogism	推测式 三段式	三句论	引徵法推想 三辞
4.14	hypothetical syllogism		假定三句论	
4.15	disjunctive syllogism		互拒三句论	
4.16	sorites	积叠式 联锁推测式	堆垛 衔接体	贯串法推想

① [译按]此栏"归纳""演绎"很明显也译反了。

续表

英文术语	张君劢,"论理学",1906—1908	马相伯,《致知浅说》,[<1906]	李杕,《名理学》,1908
4.17 enthymeme	省略式	反观截句体	含辞法推想
4.18 epicheirema	带证式	发舒离句体	附证法推想
4.19 figure (of syllogism)	格	爻象	像
4.20 mood (of syllogism)	式	句格	式
4.21 fallacy	谬误 虚伪	诡辩	谬
4.22 logical fallacy	论理上之虚伪		声文之诡辩
4.23 material fallacy		事实之诡辩	
4.24 begging the question		以宗为因	求原
4.25 illicit major			
4.26 illicit minor			
4.27 undistributed middle term			
4.28 equivocation	歧混之虚伪	文同意否	含数义词
4.29 ambiguity	端辞歧混	语义含糊	
E. 与科学方法论相关之术语			
5.1 method	方法	方法	法
5.2 analysis	分解	剖解法	分析 分断
5.3 synthesis	综合	综合法	合断
5.4 fact	事实	事	
5.5 experience	经验 阅历	经验	
5.6 observation	观察	侯验	审查

[400]

续表

英文术语	张君劢,"论理学",1906—1908	马相伯,《致知浅说》,[<1906]	李杕,《名理学》,1908
5.7 hypothesis		假定之说 潜置 潜拟	创说
5.8 experiment	实验	徵验 阅检	试验
5.9 proof	证明	论证	证理
5.10 verification		徵	
5.11 classification	分类	分类	分门 分类
5.12 generalization	类聚	总括	
5.13 analogy	比例 譬郗①	从同论	
5.14 explanation	说明		
5.15 cause	原因 因	原因 因	原因
5.16 effect	结果 果	果	结果
5.17 necessity	必然性	必然	
5.18 probability	盖然性	有两可者	
5.19 theory	说	理想 理论	说
5.20 axiom	公例	规则	法言
5.21 law	例 原则 律	公理	定例
5.22 principle	原理	檥言 法言	原理

[*401*]

① [译按]此处似应为"譬喻"。

续表

英文术语	张君劢,"论理学",1906—1908	马相伯,《致知浅说》,[<1906]	李杕,《名理学》,1908
5.23 rule	定例	细则	例
5.24 uniformity of nature	自然界有同样之存在		
5.25 method of agreement			
5.26 method of difference			
5.27 joint method of agreement and difference			
5.28 method of concomitant variation			
5.29 method of residue①			

[402]

表B.7 二十世纪初教科书中的逻辑术语(7)

英文术语	王国维,《辨学》,1908	过耀庚,《最新论理学纲要》,1909	林可培,《论理学通义》,1909
A. 普通逻辑术语			
1.1 logic	辨学 罗奇克	论理 论理学	论理学
1.2 reasoning	推论	推理	推理
1.3 thought	思想	思考	思想
1.4 judgment	断语 判断	判断	判断
1.5 argument	议论		论题
1.6 truth	真理	真伪	真理

① [译按]表中有词没有译出,一仍其旧。

续表

英文术语		王国维,《辨学》,1908	过耀庚,《最新论理学纲要》,1909	林可培,《论理学通义》,1909
1.7	form, formal	形式	形式	形式
1.8	symbol, symbolic	记号	记号 符号	记号
1.9	law of identity	同一之法则	同一原则	同一律
1.10	law of contradiction	矛盾之法则	矛盾原则	矛盾律
1.11	law of excluded middle	不容中立之法则	不容间位原则	拒中律（不容间位律）
1.12	principle of sufficient reason	充足理由之法则	充足理由之原则	充足原理
B. 与词项相关之术语				
2.1	term	名辞 项 语	端 名辞	名辞
2.2	concept (idea)	概念（观念）	概念	概念（观念）
2.3	intension	内容	内包	内包
2.4	extension	外延	外延	外延
2.5	definition	定义	定义	定义
2.6	category		范畴	
2.7	substance	本体		
2.8	(five) predicables	宾性语	宾位语	
2.9	genus	类	类	类
2.10	species	种	种	种
2.11	difference	差别	差异	种差
2.12	property	副性	特有性	特有性

续表

英文术语		王国维,《辨学》,1908	过耀庚,《最新论理学纲要》,1909	林可培,《论理学通义》,1909
2.13	accident	偶性	偶然性	偶然性
2.14	singular term	单纯名辞	单一概念	单称名辞
2.15	general term	公共之名	一般概念	通称名辞
2.16	collective term	集合名辞	集合概念	集合名辞
2.17	positive term	积极名词		积极名辞
2.18	negative term	消极名词		消极名辞
2.19	concrete term	具体名辞	具体概念	具体名辞
2.20	abstract term	抽象名辞	抽象概念	抽象名辞
2.21	absolute term	绝对名辞	绝对概念	绝对名辞
2.22	relative term	相对名辞		相对名辞
2.23	categorematic term	自用语	自用语	独用语
2.24	syncategorematic term	带用语	副用语	副用语
C. 与命题相关之术语				
3.1	sentence	句	文章	
3.2	proposition	命题	命题	命题
3.3	subject	主语	主位	主部
3.4	predicate	宾语 说明语	宾位	宾部
3.5	copula	连辞	连辞	系部 (系素) 连辞
3.6	attribute	属性	属性	属性
3.7	quality	性质	性质 质	性质

[403]

续表

英文术语		王国维,《辨学》,1908	过耀庚,《最新论理学纲要》,1909	林可培,《论理学通义》,1909
3.8	quantity	分量	量	分量
3.9	true	真 真实	真	真
3.10	false	妄 虚妄	伪	伪
3.11	some	或 若干	或	或
3.12	all	一切…皆	凡	凡
3.13	distributed	分配	周延	周延
3.14	undistributed	不分配	不周延	不周延
3.15	categorical proposition	断言命题	断言	立定命题 立言命题
3.16	hypothetical proposition	假言命题	假设	假设命题
3.17	conjunctive proposition			
3.18	disjunctive proposition	离言命题 选言命题	选言	选择命题 选言命题
3.19	affirmative proposition	肯定命题	肯定	肯定命题
3.20	negative proposition	否定命题	否定	否定命题
3.21	particular proposition	单纯命题 特别命题	特称	特称命题
3.22	universal proposition	普遍命题	全称	全称命题
3.23	universal affirmative proposition	普遍肯定命题	全称肯定	全称肯定命题
3.24	universal negative proposition	普遍否定命题	全称否定	全称否定命题
3.25	particular affirmative proposition	单纯肯定命题	特称肯定	特称肯定命题

[404]

续表

英文术语		王国维,《辨学》,1908	过耀庚,《最新论理学纲要》,1909	林可培,《论理学通义》,1909
3.26	particular negative proposition	单纯否定命题	特称否定	特称否定命题
3.27	conversion	转换	换位法	转位法 换位法
3.28	simple conversion	单纯之转换		
3.29	limited conversion	限制之转换		
3.30	contraposition	对峙之转换		
3.31	opposition	反对	对当	对当法
3.32	contradictory	矛盾	矛盾对当	矛盾
3.33	contrary	反对	反对对当	反对
3.34	subcontrary	次反对	小反对	小反对
3.35	subaltern	从属	大对当	差等 从属
D. 与推论(三段论)相关之术语				
4.1	inference	推论 推理	推理	推论
4.2	deduction	演绎推理 演绎法 演绎	演绎法	演绎法
4.3	induction	归纳推理 归纳法 归纳	归纳法	归纳法
4.4	premise	前提	前提	前提
4.5	conclusion	结论	结论	断案
4.6	major premise	大前提	大前提	大前提
4.7	minor premise	小前提	小前提	小前提

续表

英文术语	王国维,《辨学》,1908	过耀庚,《最新论理学纲要》,1909	林可培,《论理学通义》,1909
4.8 major term	大名辞	大概念	大名辞
4.9 minor term	小名辞	小概念	小名辞
4.10 middle term	中名辞 中项	中概念	中名辞
4.11 antecedent	前因 先行者	前件	前件
4.12 consequent	后因 后起者	后件	后件
4.13 syllogism	推理式	三段推理法	三段法
4.14 hypothetical syllogism	假言的推理式		假设三段法
4.15 disjunctive syllogism	选言的推理式 离言的推理式	选言的推理法	选择三段法
4.16 sorites	浑证	连锁法	连锁体
4.17 enthymeme	二段论法 散乱推理式	省略推理法	省略体
4.18 epicheirema	暗证		
4.19 figure (of syllogism)	图形	图式	格 图式
4.20 mood (of syllogism)	形式	论式	式 论式 （论体）
4.21 fallacy	谬论 虚妄	虚伪 谬误	谬论
4.22 logical fallacy	辨学上的虚妄	形式上的虚伪	论理上的谬论

[405]

493

续表

英文术语	王国维,《辨学》,1908	过耀庚,《最新论理学纲要》,1909	林可培,《论理学通义》,1909
4.23 material fallacy	实质上的虚妄 物质上的虚妄	资料的谬误	资料上的谬论
4.24 begging the question	循环之证明	循环论法	循环论证之谬
4.25 illicit major	大名辞泛滥之虚妄	大概念之犯禁	
4.26 illicit minor	小名辞泛滥之虚妄	小概念之犯禁	
4.27 undistributed middle term	中名辞不分配之虚妄	中概念不周延虚伪	
4.28 equivocation	名辞混淆之虚妄	语多义之虚伪	
4.29 ambiguity	多义之虚妄		名辞暧昧之谬
E. 与科学方法论相关之术语			
5.1 method	方法	方法	方法
5.2 analysis	分析 ('specialization')	分析	分析
5.3 synthesis	综合	综合	综合
5.4 fact	事实	事实	事实
5.5 experience	经验	经验	
5.6 observation	观察	观察	观察
5.7 hypothesis	假说	假定	假说（臆说）
5.8 experiment	实验	实验	实验

续表

英文术语		王国维,《辨学》,1908	过耀庚,《最新论理学纲要》,1909	林可培,《论理学通义》,1909
5.9	proof	证明	证明	论证
5.10	verification	证明法	论证	证明
5.11	classification	分类	分类	分类
5.12	generalization	概括	总括	总括
5.13	analogy	类推	比论法 类推法	比论法
5.14	explanation	说明	说明	叙述法
5.15	cause	原因	原因	原因
5.16	effect	结果	结果	结果
5.17	necessity	必然性	必然性	必然性
5.18	probability	或然性	可能性	
5.19	theory	说 理论	说	理论
5.20	axiom	公理	公理	公理
5.21	law	定律 法则	法则	法则
5.22	principle	原理	原则	原理
5.23	rule①			
5.24	uniformity of nature	自然之统一	自然之齐一性	齐一律
5.25	method of agreement	符合法	契合法	契合法
5.26	method of difference	差别法	差异法	差异法
5.27	joint method of agreement and difference	符合及差别之联合法	契合差异结合法	契合差异并用法

[406]

---

① [译按]表中有词没有译出,一仍其旧。

续表

英文术语		王国维,《辨学》,1908	过耀庚,《最新论理学纲要》,1909	林可培,《论理学通义》,1909
5.28	method of concomitant variation	相伴变化之方法	共变法	共变法
5.29	method of residue	余剩之方法	残余法	残余法

表 B.8 二十世纪初教科书中的逻辑术语(8)

英文术语		《中英名词对照表》,1909	钱家治,《名学讲义》,1910	陈文,《名学教科书》,1911
A. 普通逻辑术语				
1.1	logic	辨学 名学	名学 (论理学) (逻辑) (辨学)	名学 (论理学) (逻辑) (辨学)
1.2	reasoning	推论 (psych.)	推知	致知
1.3	thought	思想	思	
1.4	judgment	判断 (psych.)	断定	识别 (判断)
1.5	argument	论辨	辨式	辨(辩)
1.6	truth		真理	真理
1.7	form, formal		形式	形式
1.8	symbol, symbolic	符号		记号
1.9	law of identity	元同律	同一律	自相同律
1.10	law of contradiction	互灭律	矛盾律	不相容律
1.11	law of excluded middle	不容中立律	排中律	不容中律
1.12	principle of sufficient reason	足理律	充足原由律	具足理由律

续表

英文术语		《中英名词对照表》,1909	钱家治,《名学讲义》,1910	陈文,《名学教科书》,1911
B. 与词项相关之术语				
2.1	term	端名('name')	端	端 名辞
2.2	concept (idea)	概念（观念）(psych.)		概念（观念）
2.3	intension	内函	内函	内函
2.4	extension	外举	外举	外举
2.5	definition	界说	界说 定义	界说 定义
2.6	category	畴	范畴	
2.7	substance	质		实体
2.8	(five) predicables	五族	五旌	宾位语 谓语
2.9	genus	类	类	类
2.10	species	别种	别	种
2.11	difference	差角	差（差异）	差德 差异
2.12	property	撰	撰德（物)德	常德 性
2.13	accident	寓	寓德	偶德
2.14	singular term	专名	专端	单及概念
2.15	general term	公名	公端	普及概念
2.16	collective term	总名	总端	摄最概念 集合概念
2.17	positive term	正名	正端	积极概念

[408]

497

续表

英文术语	《中英名词对照表》,1909	钱家治,《名学讲义》,1910	陈文,《名学教科书》,1911
2.18 negative term	负名	负端	消极概念
2.19 concrete term	察名	察端	具体概念
2.20 abstract term	纟名	纟端	悬意概念
2.21 absolute term	独立之名	奇端	绝待概念
2.22 relative term	对待之名	偶端	相关概念
2.23 categorematic term	独用语		实语 （自用语）
2.24 syncategorematic term	带用语		虚语 （副用语）
C. 与命题相关之术语			
3.1 sentence		语句	句
3.2 proposition	辞	词	词
3.3 subject	词主 主语	词主	主位 词主
3.4 predicate	所谓 宾语	所谓	宾位 所谓
3.5 copula	缀词	缀系	缀系 （联辞） （连辞）
3.6 attribute		属性	物德
3.7 quality	德	性质	品 （品质） 物品
3.8 quantity	量	分量	量
3.9 true		诚	真
3.10 false		妄	妄

续表

英文术语	《中英名词对照表》,1909	钱家治,《名学讲义》,1910	陈文,《名学教科书》,1911
3.11 some		或 有	有 仅
3.12 all		凡 皆	凡 一切
3.13 distributed	尽物	溥及 (尽物)	尽物
3.14 undistributed		不溥及	不尽物
3.15 categorical proposition	无待辞	定言之词 (假设之词)	决定的识别
3.16 hypothetical proposition	有待辞	有待之词	有待的识别
3.17 conjunctive proposition①			
3.18 disjunctive proposition	取一辞	析取之词	析取的识别
3.19 affirmative proposition	正式辞	正词	肯定的识别
3.20 negative proposition	负式辞	负词	否定的识别
3.21 particular proposition	偏举辞	偏及之词	偏及识别
3.22 universal proposition	全举辞	统举之词	统举识别
3.23 universal affirmative proposition		统举正词	统举肯定识别
3.24 universal negative proposition		统举负词	统举否定识别
3.25 particular affirmative proposition		偏及正词	偏及肯定识别
3.26 particular negative proposition		偏及负词	偏及否定识别

[409]

---

① [译按]表中有词没有译出,一仍其旧。

续表

英文术语		《中英名词对照表》,1909	钱家治,《名学讲义》,1910	陈文,《名学教科书》,1911
3.27	conversion	转换	转位术	换位法
3.28	simple conversion	单转		
3.29	limited conversion	限转		
3.30	contraposition	对转	换质位术	
3.31	opposition		对比	相当法
3.32	contradictory	互灭	矛盾	相悖
3.33	contrary	反对	全反 大反对	相反
3.34	subcontrary	次反对	偏反 小反对	半相反
3.35	subaltern	从属	曲全	相容
	D. 与推论(三段论)相关之术语			
4.1	inference	谟知(psych.)	推证	推理
4.2	deduction	外籀法	外籀术	外籀术（演绎法）
4.3	induction	内籀法	内籀术	内籀术（归纳法）
4.4	premise	前提	原（原词）	前提
4.5	conclusion	判	判（判词）	断案 委
4.6	major premise	例	例（例词）	大原 大前提
4.7	minor premise	案	案（案词）	小原 小前提

续表

英文术语	《中英名词对照表》,1909	钱家治,《名学讲义》,1910	陈文,《名学教科书》,1911
4.8 major term	大端	大端	大端 大概念
4.9 minor term	小端	小端	小端 小概念
4.10 middle term	中端	中介	中端 中概念
4.11 antecedent	前见	提设 例语	提设
4.12 consequent	后从	后承 (判语)	后承
4.13 syllogism	连珠	联珠术 联珠论式 连珠论法	连珠 (三段式)
4.14 hypothetical syllogism	有待连珠	有待联珠论式	有待连珠
4.15 disjunctive syllogism	析取连珠	析取之联珠式	析取词连珠式
4.16 sorites		联锁体	联锁体
4.17 enthymeme	单提连珠	省略体	省略体
4.18 epicheirema	援证连珠		带证体
4.19 figure (of syllogism)		格	连珠之格
4.20 mood (of syllogism)		式	连珠之式
4.21 fallacy	瞀辞	瞀词 谬妄	伪 纰谬
4.22 logical fallacy		形式瞀词	形式上之谬
4.23 material fallacy		资料瞀词	
4.24 begging the question	丐问瞀词	丐问瞀词	
4.25 illicit major	大端不合法瞀辞	大端之不当溥及	大端不当尽物之谬

续表

英文术语	《中英名词对照表》,1909	钱家治,《名学讲义》,1910	陈文,《名学教科书》,1911
4.26 illicit minor	小端不合法眚辞	小端之不当溥及	小端不当尽物之谬
4.27 undistributed middle term	中端不尽物眚辞	中介一端绝不溥及	中端不尽物之谬
4.28 equivocation	名词歧惑之眚辞	词意不明之眚词	
4.29 ambiguity		歧义眚词	
E. 与科学方法论相关之术语			
5.1 method	方法	方术	法
5.2 analysis	分析	分析	分析
5.3 synthesis	综合	综合	综合
5.4 fact	事实	事实	事实
5.5 experience	经验	经验	经验
5.6 observation	插关观察(psych.)	察观	观察
5.7 hypothesis		臆说	设论
5.8 experiment	实验	式验	式验 实验
5.9 proof		证明	证法
5.10 verification		印证	印证
5.11 classification		分类	分类
5.12 generalization	统概	会通	概括
5.13 analogy	比例推		类推法
5.14 explanation	说明		
5.15 cause	因	原因	因 原因

[411]

续表

英文术语	《中英名词对照表》,1909	钱家治,《名学讲义》,1910	陈文,《名学教科书》,1911
5.16 effect	果	结果	果 (结果)
5.17 necessity			必然性
5.18 probability			或然 想当然
5.19 theory	立说	理论	学说
5.20 axiom	论素 公理		
5.21 law	律	公律	定律 法
5.22 principle		原则	原理
5.23 rule		律令	律令
5.24 uniformity of nature	自然纯一律	自然齐一律	自然一律
5.25 method of agreement	符合法	统同术	契合法
5.26 method of difference	差别法	别异术	差异法
5.27 joint method of agreement and difference	符合兼差别法	同异术	契合差异两用法
5.28 method of concomitant variation	消息法	消息术	共变法
5.29 method of residue	归余法	归余术	剩余法

表 B.9 日汉词典中的逻辑术语

[412]

英文术语	《哲学字汇》,1881/1884	《哲学字汇》,1912年第3版	《哲学术语词汇》,1913
A. 普通逻辑术语			
1.1 logic	论法	论法 论理学	论理学

续表

英文术语		《哲学字汇》, 1881/1884	《哲学字汇》, 1912年第3版	《哲学术语词汇》, 1913
1.2	reasoning	推论 推理	推论 推理	推理 理论
1.3	thought	思想 思考	思考	思考
1.4	judgment	断定	断定 裁判	判断
1.5	argument	辨论	辨论	证明
1.6	truth	真理 真实	真理 真实	真理
1.7	form, formal	正式	形式	形式
1.8	symbol, symbolic	表号	记号	记号
1.9	law of identity	同一主义	同一律 同一原理	
1.10	law of contradiction	矛盾主义	矛盾律	
1.11	law of excluded middle	不容间位主义	拒中之原则	
1.12	principle of sufficient reason	事理充足主义	充足原理	充足理由之原理
B. 与词项相关之术语				
2.1	term	名辞	名辞 名词	名辞
2.2	concept (idea)	概念	概念	概念 意影
2.3	intension	内包	内包	内包
2.4	extension	外延 广褒	外延	外延
2.5	definition	定义 界说	定义 界说	定义

续表

英文术语		《哲学字汇》,1881/1884	《哲学字汇》,1912年第3版	《哲学术语词汇》,1913
2.6	category	范畴	范畴	范畴
2.7	substance	本质	本质 本体 实体	实体
2.8	(five) predicables	宾位语	宾位语 范畴	宾位语
2.9	genus	类	类	类
2.10	species	种	种	种类
2.11	difference	差违 异点 特异性	特异性	差异
2.12	property	固有性	固有性	特性
2.13	accident	偶有性	偶有性	偶有性
2.14	singular term	单称名辞	单称名辞	单独概念 个体概念
2.15	general term	普通名辞	一般名辞 全称名辞	一般概念
2.16	collective term	集合名辞	集合名辞	集合名辞 集合概念
2.17	positive term	肯定名辞	肯定名辞	肯定概念 积极概念
2.18	negative term	否定名辞	否定名辞	否定概念 消极概念
2.19	concrete term	实形名辞	具体名辞	具体的名辞
2.20	abstract term	虚形名辞	抽象名辞	抽象的名辞
2.21	absolute term	绝对名辞	绝对名辞	绝对概念
2.22	relative term	相对名辞	相对名辞	相对概念
2.23	categorematic term	独用名辞	独用名辞	

[413]

续表

英文术语		《哲学字汇》,1881/1884	《哲学字汇》,1912年第3版	《哲学术语词汇》,1913
2.24	syncategorematic term	副用名辞	副用名辞	自用语（原文如此！）副用语
C. 与命题相关之术语				
3.1	sentence			文 章 句
3.2	proposition	命题	命题	命题 成文
3.3	subject	主位 题目	主辞	
3.4	predicate	宾位 命证	宾辞	宾位
3.5	copula	连辞	连辞 决者	连辞 系辞
3.6	attribute	属性	属性	属性 固有质
3.7	quality	形质	性质	质
3.8	quantity	分量	分量	量
3.9	true			
3.10	false	虚妄	虚妄	
3.11	some			
3.12	all	一切	一切	
3.13	distributed	广衍 散布 分配	周衍	周延 分布
3.14	undistributed	未衍	不周衍	不周延 不分布

[414]

续表

英文术语	《哲学字汇》,1881/1884	《哲学字汇》,1912年第3版	《哲学术语词汇》,1913
3.15 categorical proposition	合式命题	定言命题	定言判断
3.16 hypothetical proposition	约结命题	假言命题	假说的判断
3.17 conjunctive proposition	合结命题	合接命题	
3.18 disjunctive proposition	离摄命题	离接命题 选言命题	离接判断
3.19 affirmative proposition	肯定命题	肯定命题	肯定判断
3.20 negative proposition	否定命题	否定命题	否定判断
3.21 particular proposition	特称命题	特称命题	特别判断
3.22 universal proposition	全称命题	全称命题	全称判断
3.23 universal affirmative proposition			
3.24 universal negative proposition			
3.25 particular affirmative proposition			
3.26 particular negative proposition①			
3.27 conversion	转换	转换	换位法
3.28 simple conversion	单转换	单转换	单纯换位
3.29 limited conversion	偶转换	偶转换	限定换位法
3.30 contraposition	对位	对位 换位	换质换位法
3.31 opposition	反对法	反对法	对当关系
3.32 contradictory	真反对	真反对	矛盾对当
3.33 contrary	实反对	实反对	反对对当

---

① [译按]表中有词没有译出,一仍其旧。

续表

英文术语	《哲学字汇》，1881/1884	《哲学字汇》，1912年第3版	《哲学术语词汇》，1913
3.34 subcontrary	小反对	小反对	小反对对当
3.35 subaltern	差等	差等	大小对当
D. 与推论(三段论)相关之术语			
4.1 inference	推度法	推度法	推理
4.2 deduction	演绎法	演绎法 还元 感应	演绎法 举一概百 执本求末 一本万殊
4.3 induction	归纳法	归纳法	归纳法 溯流达源 万殊一本
4.4 premise	前提	前提	前提
4.5 conclusion	断言 结末 归结 断案	结论	断案 结论
4.6 major premise	大前提	大前提	大前提
4.7 minor premise	小前提	小前提	小前提
4.8 major term	大名辞	大名辞 大语	大概念 大前提名辞 (原文如此!)
4.9 minor term	小名辞	小名辞 小语	小概念
4.10 middle term	中位	媒语 中(间)名辞	中概念
4.11 antecedent	前项	前项	前件
4.12 consequent	后项	后项	后件
4.13 syllogism	推测式	推测式 推论式	三段论法 三段推理法

[415]

续表

英文术语	《哲学字汇》，1881/1884	《哲学字汇》，1912年第3版	《哲学术语词汇》，1913
4.14 hypothetical syllogism	约结推测式	约结推测式 假设推测式	假说三段推理法
4.15 disjunctive syllogism	离结推测式	离结推测式 选事推测式	离接三段论法
4.16 sorites	浑体	连锁体	连锁法
4.17 enthymeme	散乱推测式	散乱推测式	省略法
4.18 epicheirema	牵强推测式	牵强推测式	带证推理法
4.19 figure (of syllogism)	图式	图式	格
4.20 mood (of syllogism)	法式	法式	式 样式
4.21 fallacy	虚伪	虚伪	误谬 虚伪
4.22 logical fallacy	论体虚伪	论体虚伪	形式的虚伪
4.23 material fallacy	资料虚伪	资料虚伪	资料上之虚伪
4.24 begging the question	循环论法	循环论法 原理请求	
4.25 illicit major	僭称大名辞	僭称大名辞 大语越权	
4.26 illicit minor	僭称小名辞	僭称小名辞 小语越权	
4.27 undistributed middle term	未衍中位	不周衍中名辞	
4.28 equivocation			多义之虚伪
4.29 ambiguity	泛意	泛意 暧昧	
E. 与科学方法论相关之术语			
5.1 method	方法	方法	方法

[416]

续表

英文术语		《哲学字汇》,1881/1884	《哲学字汇》,1912年第3版	《哲学术语词汇》,1913
5.2	analysis	分解法 解析法 分析	分解 解析法 剖析	分析
5.3	synthesis	综合法	综合法	综合 类聚 汇集
5.4	fact	事实	事实	事实
5.5	experience	经验 练过	经验 练过 实历	经验
5.6	observation	观察	观察 考察	观察
5.7	hypothesis	臆说 想考 意见	臆说 假说	臆说 设辞
5.8	experiment	试验法	试验法 实验法	实验
5.9	proof	证据 照凭 左验	证据 凭据	证明
5.10	verification	证明	证明 立证	
5.11	classification	汇类法	汇类法 分类	汇类 分类
5.12	generalization	概括	概括	概括 一般化 类化
5.13	analogy	比论 酌例 比考	比论 酌例 对比	类推 比论 相似

续表

英文术语		《哲学字汇》,1881/1884	《哲学字汇》,1912年第3版	《哲学术语词汇》,1913
5.14	explanation	解释 注说	解释 注说	说明
5.15	cause	原因 本源	原因 本源	原因 因
5.16	effect	结果 应报 效验		结果 功效
5.17	necessity	必至 必然性	必至 必然性	必然性
5.18	probability	盖然性	盖然性	盖然性
5.19	theory	理论	理论	理法
5.20	axiom	单元	单元 公理	公理
5.21	law	格律	法 律	法则 法 律
5.22	principle	主义 原理	主义 原理	原理 原则
5.23	rule	法式 顺序	法式 顺序	规则
5.24	uniformity of nature	自然契合 天律不变	自然齐一 自然齐合	
5.25	method of agreement	契合法	契合法	契合法
5.26	method of difference	差违法	差违法	差异法
5.27	joint method of agreement and difference	契合差违合一法	契合差违合一法	契合差异结合法
5.28	method of concomitant variation	伴差法	共变法 伴差法	共变法
5.29	method of residue	残余法	残余法	残余法

表 B.10　近代汉语词典中的逻辑术语

英文术语		赫美玲,《英汉官话口语词典》,1916	《哲学词典》,1926	《现代标准汉语术语》
A. 普通逻辑术语				
1.1	logic	辨学＊①② 思理学 名学 推理学('dialectics') 论理学('dialectics') 辩学('oratory')	论理学	逻辑 逻辑学 论理学 理则学
1.2	reasoning	推论	推理 推论	推理
1.3	thought	思想＊	思考 思维 思想	思维
1.4	judgment	论证	断定 判断	判断
1.5	argument	判断		论证
1.6	truth	真理	真理	真理 真实性
1.7	form, formal	形式	形式	形式
1.8	symbol, symbolic	符号	符号	符号
1.9	law of identity	元同律＊	自同律 相同律	同一律
1.10	law of contradiction	互灭律＊	矛盾律	矛盾律

① 标注星号(＊)的词,在赫美玲的《英汉官话口语词典》中属于"部定"之术语。
② 标准汉语术语取自周礼全编,《逻辑百科词典》(成都:四川教育出版社,1994年)。

续表

英文术语		赫美玲,《英汉官话口语词典》,1916	《哲学词典》,1926	《现代标准汉语术语》
1.11	law of excluded middle	不容中立律*	斥中律	排中律
1.12	principle of sufficient reason	足立律*	充足理由之原理	充足理由律
B. 与词项相关之术语				
2.1	term	端* 名 项 名辞	名辞	词项 项 名词
2.2	concept (idea)	概念*	概念（观念）	概念 观念
2.3	intension	内函*	内包	内涵
2.4	extension	外举*	外延	外延
2.5	definition	界说* 定义	定义	定义
2.6	category	畴 伦类	范畴	范畴
2.7	substance	质*	实体	
2.8	(five) predicables	五旌*		五种宾语
2.9	genus	类*	类	属 类
2.10	species	别 种	种 种类	种 种类
2.11	difference	差	差异 特异性	差异
2.12	property	撰	固有性	固有属性
2.13	accident	寓* 寓德	偶有性	偶有属性

[419]

续表

英文术语		赫美玲,《英汉官话口语词典》,1916	《哲学词典》,1926	《现代标准汉语术语》
2.14	singular term	专名*	单称名辞	单一词项
2.15	general term	公名*	普遍名辞	普通词项
2.16	collective term	总名		集合词项
2.17	positive term	正名*	肯定名词（积极概念）	正词项 肯定词项
2.18	negative term	负名*	否定名词（消极概念）	负词项 否定词项
2.19	concrete term	察名*	具象名辞	具体词项
2.20	abstract term	糸名* 悬名*	抽象名辞	抽象词项
2.21	absolute term	独立之名*	绝对名词	绝对词项
2.22	relative term	对待之名*	相对名词	相对词项
2.23	categorematic term	独用语*	自用语	自用词项
2.24	syncategorematic term	带用语*	副用语	依附范畴词
C. 与命题相关之术语				
3.1	sentence			语句
3.2	proposition	辞* 表句	命题	命题
3.3	subject		主词 主位 主语	主项 主词
3.4	predicate	所谓* 宾词 宾位 表题（'of proposition'）	宾词 宾位 说语	谓词 宾词
3.5	copula	缀系*	系辞	连项 系词

续表

英文术语		赫美玲,《英汉官话口语词典》,1916	《哲学词典》,1926	《现代标准汉语术语》
3.6	attribute	属性	属性	属性
3.7	quality	德*	性质	质 质量
3.8	quantity	量*	分量	量 数量
3.9	true	是('right') 直('right')	真	真
3.10	false	非('wrong') 妄('false')	妄	假
3.11	some		某	有
3.12	all		凡	所有
3.13	distributed	尽物*	周延	周延
3.14	undistributed	不尽物*	不周延	不周延
3.15	categorical proposition	无待辞*	定言命题 直言命题 断言命题	直言命题
3.16	hypothetical proposition	有待辞*	假言命题	假言命题
3.17	conjunctive proposition			合取命题
3.18	disjunctive proposition	取一辞	选言命题	析取命题 选言命题
3.19	affirmative proposition	正式辞*	肯定命题	肯定命题
3.20	negative proposition	负式辞* 反表句	否定命题	否定命题
3.21	particular proposition	偏举辞*	特称命题	特称命题
3.22	universal proposition	全举辞*	全称命题	全称命题
3.23	universal affirmative proposition		全称肯定命题	全称肯定命题

续表

英文术语		赫美玲,《英汉官话口语词典》,1916	《哲学词典》,1926	《现代标准汉语术语》
3.24	universal negative proposition		全称否定命题	全称否定命题
3.25	particular affirmative proposition		特称肯定命题	特称肯定命题
3.26	particular negative proposition①		特称否定命题	特称否定命题
3.27	conversion	转换 * 换位	换位	换位
3.28	simple conversion	单转 *	单纯换位	
3.29	limited conversion	限转 * 限定换位法	减量换位	
3.30	contraposition	对转 * 换质换位法	换质(之换位)	换质位
3.31	opposition		对当	反对关系
3.32	contradictory	互灭	矛盾对当	矛盾关系
3.33	contrary	反对	上反对对当	反对关系
3.34	subcontrary	次反对 *	下反对对当	下反对关系
3.35	subaltern	从属 *	大小对当	差等关系
D. 与推论(三段论)相关之术语				
4.1	inference	推理 自一推万 自一理推万事	推理	推理
4.2	deduction	外籀 * 外籀法 * 演绎 举源推流 自一推万	演绎	演绎法 演绎

①［译按］表中有词没有译出,一仍其旧。

续表

英文术语		赫美玲,《英汉官话口语词典》,1916	《哲学词典》,1926	《现代标准汉语术语》
4.3	induction	内籀 * 内籀法 * 归纳 因流溯源 溯流达源 自万推一	归纳	归纳法 归纳
4.4	premise	前提 * 预论 引端	前提	前提
4.5	conclusion	断语 * 推理的事	断案	结论
4.6	major premise	例 * 首步 大前提 正意	大前提	大前提
4.7	minor premise	案 * 小前提 副意	小前提	小前提
4.8	major term	大端 *	大概念 大名辞	大项 大词
4.9	minor term	小端 *	小概念 小名辞	小项 小词
4.10	middle term	中端 *	中概念 媒介名辞	中项 中词
4.11	antecedent	前见 * 前件	前件	前件
4.12	consequent	后从 * 后件	后件	后件
4.13	syllogism	连珠 * 三段推理法 推测式	三段论法 三段推理式	三段论

[422]

续表

英文术语	赫美玲,《英汉官话口语词典》,1916	《哲学词典》,1926	《现代标准汉语术语》
4.14 hypothetical syllogism	有待连珠* 假说的三段推理法	假言的三段论法	假言三段论
4.15 disjunctive syllogism	析取连珠* 离接三段论法	选言的三段论法 离接的三段论法	选言三段论
4.16 sorites	连索法	联锁法 积叠法	连锁推理 堆垛推理
4.17 enthymeme		省略推理	省略三段论
4.18 epicheirema	援证连珠*	带证法 复证式 浑体推理 牵强推理	带证式
4.19 figure (of syllogism)	语式* 辞式*	格	格
4.20 mood (of syllogism)	样式	样态	式
4.21 fallacy	謷词*	伪论 谬论	谬误
4.22 logical fallacy	辨学謷辞*	形式的伪论	形式的谬误
4.23 material fallacy	实质謷辞*	资料的伪论	实质的谬误
4.24 begging the question	弓问謷辞* 匿证 佯证	窃取论点 要求先决	窃取论提
4.25 illicit major	大端不合法謷辞*		大项不当周延的谬误
4.26 illicit minor	小端不合法謷辞*		小项不当周延的谬误

续表

英文术语		赫美玲,《英汉官话口语词典》,1916	《哲学词典》,1926	《现代标准汉语术语》
4.27	undistributed middle term	终端不尽物智辞*		中项不当周延的谬误
4.28	equivocation	名词歧惑之智辞*	多义之伪	混义概念偷换概念
4.29	ambiguity			语词歧义
E. 与科学方法论相关之术语				
5.1	method	方法 法式 法	方法	方法
5.2	analysis	分析法* 究原 ('logical a.')	分析	分析
5.3	synthesis	综合法*	综合	综合
5.4	fact	事实	事实	事实
5.5	experience	经验*	经验	经验
5.6	observation	观察*	观察	观察
5.7	hypothesis	设事* 设端 设辞 假说 臆说	臆说 臆说	臆说 假设 假说
5.8	experiment	试验* 实验*	实验	实验
5.9	proof	证法 凭据 ('evidence')	证明 立证	证明
5.10	verification			证实
5.11	classification	分类	造类	分类

[423]

续表

英文术语		赫美玲,《英汉官话口语词典》,1916	《哲学词典》,1926	《现代标准汉语术语》
5.12	generalization	统概	概括 扩义	概括
5.13	analogy	比例推* 类推 比论	类比 比论	类比 类比法
5.14	explanation	说明*	说明	说明
5.15	cause	原因 因	原因 因	原因
5.16	effect	果	结果 果	结果
5.17	necessity	必然性	必然性	必要
5.18	probability	约有性 盖然性	盖然性	概率
5.19	theory	理说* 学理	理论	理论
5.20	axiom	自然的理* 公理 公论 论素*	公理	公理
5.21	law	例 律	律	规律
5.22	principle	原理	原理	原理 原则
5.23	rule	法则	规则	规则
5.24	uniformity of nature	自然纯一律	齐一律	自然齐一律
5.25	method of agreement	符合法*	契合法	契合法 求同法

[424]

续表

	英文术语	赫美玲,《英汉官话口语词典》,1916	《哲学词典》,1926	《现代标准汉语术语》
5.26	method of difference	差别法*	差异法	差异法 求异法
5.27	joint method of agreement and difference	符合兼差别法*	契差兼用法	契合差异并用法 求同求异并用法
5.28	method of concomitant variation		共变法 伴差法	共变法
5.29	method of residue		剩余法	剩余法

参考文献

1. 原始文献

期刊

《格致汇编》(*The Chinese Scientific [and Industrial] Magazine*), 1876. 2 - 1892. 10. Edited by John Fryer. 上海:格致书市。

《六合丛谈》(*Shanghae Serial*), 1857. 1 - 1858. 5. Edited by Alexander Wylie. 上海:墨海书馆(Shanghai: Mohai shuguan)。

《民报》(*The Minpao Magazine*), 1905. 11 - 1910. 2, 张继和章炳麟主编, 东京:民报社。重印,台北:中华民国资料丛编,1968年。

《民立报》1910. 11 - 1913. 9. 上海:民立报社。重印,台北:中国国民党中央委员会党史史料编纂委员会,1969年。

《申报》(*China Daily News*), 1872. 4 - 1949. 5. Edited by Ernest Major et al. 上海:申报馆。重印,台北:台湾学生书局,未注明出版日期。

《万国公报》(*The Globe Magazine*), 1874. 9 - 1882. 3. Edited by Young J. Allen. 上海:林华书院。重印,台北:华文书局,1968年。

《万国公报》(*Wan Kwoh Kung Pao: A Review of the Times*), 新增刊, 1889. 2 - 1907. Edited by Young J. Allen. 上海:梅华书馆。重印,台北:华文书局,1968年。

《学报》(*Journal of scholarship*), 1907. 1 - 1908. 8, 何天柱和梁德尤主

编,上海和东京:学报社

《益智新录》(*Monthly Educator*),1876.7-1879.4. Edited by William Muirhead. 上海:公报馆。

《中西闻见录》(*Peking Magazine*),1872.8-1875.8. Edited by W. A. P. Martin and Joseph Edkins. 北京:京都实业园。重印,南京:南京古籍书店,1992年。

书籍和文章

Aleni, Giulio [Ai Rulüe 艾儒略],《性学觕述》,1646年。重印于《耶稣会罗马档案馆明清天主教文献》,第6卷,第45—378页。

——《西学凡》,杭州,1623年。重印于《天学初函》,李之藻编,第1卷,第1—60页。

——《职方外记》,杭州,1623年。重印于《天学初函》,李之藻编,第3卷,第1269—1496页。

Allen, Young John [Lin Yuezhi 林乐之],《中西关系略论》(*Brief account of Chinese-Western relations*),《万国公报》1,第8号(1875):第104—106页。

《科学丛录二》,《北洋学报汇编》3(1907):1a-15b。

弗朗西斯·培根(Bacon, Francis):《新工具》(*The New Organon*),1620年,载《弗朗西斯·培根著作集》,15卷,James Spedding, Robert Leslie Ellis, and Douglas Denon Heath 编,第4卷,第38—248页,伦敦:Longman,1860年。

包天笑:《钏影楼回忆录》,3卷,台北:龙文出版社,1990年。

北京大学校史研究室编:《北京大学史料第一卷:1898—1911》,北京大学出版社,1993年。

卜道成(Bruce, J. Percy)和周云路译:《思理学揭要》,潍县:广文学校,1913年。

陈文:《名学教科书》,上海:科学汇编一部,1911年。扩展版:《名学讲义》,3卷,上海:科学汇编一部,1913年。

——陈文:《名学释例》,上海:科学汇编一部,1910年。

陈元晖等编:《中国近代教育史料汇编:学制演变》,上海:上海教育出版社,1991年。

陈忠倚编:《皇朝经世文三编》,新版:宝文书局,1898年。重印,台北:国风,1965年。

程仲棠:"近百年'中国古代无逻辑学论'述评",载《学术研究》,2006年第11期,第5—12页。

——程仲棠:"近百年'中国古代无逻辑学论'述评(续)",载《重庆工学院学报》21,2007年第11期:第15—20页。

——程仲棠:"文化终极关怀与逻辑学的命运——兼论中国文化不能产生逻辑学的根本原因",载《中国哲学史》,2008年第1期:第35—43页。

——程仲棠:"'中国古代逻辑学'解构",北京:中国社会科学文献出版社,2009年。

——程仲棠:"中国古代有逻辑思想,但没有逻辑学——答马佩教授",载《暨南学报》,2008年第6期:第1—9页。

Commentarii Collegii Conimbricensis e Societate Iesu: In universam dialecticam Aristotelis. Cologne: Bernardus Gualtheri, 1607 [1606]. Reprint, with a preface by Wilhelm Risse, Hildesheim: Georg Olms, 1976.

Comte, Auguste. *Cours de philosophie positive.* 3 vols. Paris: Rouen Frères, 1830–1842.

Couvreur, F. Séraphim:《法汉常谈》, *Dictionnaire Français-Chinois contenantles expressions les plus usitées de la langue mandarine.* Ho Kien Fou: Imprimerie de la Mission Catholique, 1884.

D'Elia, Pasquale, ed. *Fonti Ricciane. Documenti originale concernenti Matteo Ricci e la storiadelle prime relazioni tra l'Europa e la Cina* (1579–1615). 3 vols. Rome: Libreria dellostato, 1942–1949.

约翰·杜威(Dewey, John):《实验逻辑论文集》(*Essays in Experimental Logic*). Chicago: The University of Chicago Press, 1916.

庐公明(Doolittle, Justus):《英华萃林韵府》,载 *A Vocabulary and Hand-Book of the Chinese Language, romanized in the Mandarin dialect.* 2 vols. Foochow, Shanghai: Rosario, Marcal & Co., 1872–1873.

杜守素:《先秦诸子思想》,上海:商务印书馆,1936年。

Dunyn-Szpot, Thomas Ignatius. *Collectanea pro Historiae Sinensis ab anno 1641 ad annum 1700 ex variis documentis in Archivo Societatibus existentibus excerpta.* Manuscript. Rome: ARSI, ca. 1710. Microform copy held in the Sinologisch Instituut, Leiden.

艾约瑟(Edkins, Joseph)译:《辨学启蒙》,载 Edkins 编:《格致启蒙》第13卷。

——Edkins 编:《格致启蒙》16卷,北京:总税务司,1886年。

——Edkins 编:"基改罗传"(Biography of Cicero),载《六合丛谈》1,1857年第8期:3b–4b。

——Edkins 编:《西学略述》(Brief description of Western knowledge),

第1卷,载 Edkins 编:《格致启蒙》。

——Edkins 编:《西学启蒙十六种》(Sixteen primers of Western knowledge),16 卷。重印于 Edkins 编《格致启蒙》,上海:诒义堂书局,1896;以及上海:图书集成印书局,1898 年。

——Edkins 编:《亚里斯多得里传》(Biography of Aristotle),载《中西闻见录》,1875 年第 32 期:7a-13b。

花之安(Faber, Ernst):《西国学校——大德国学校论略》(Schools of Western nations: Brief account of schools in Germany),羊城[广州]:Xiaoshuhui Zhenbaotang,1873。

樊炳清:《论理学要领》(Essential outline of logic),上海:商务印书馆,1915 年。

——樊炳清:《哲学辞典》(*Dictionary of Philosophical Terms*),上海:商务印书馆,1926 年。

范迪吉译:《论理学问答》(Questions and answers on logic),载范迪吉:《新编普通教育百科全书》。

——范迪吉编:《新编普通教育百科全书》,102 卷,上海:汇文学社,1903。

冯友兰:《三松堂自序》,北京:三联出版社,1984 年。

Forke, Alfred: "中国智者"(The Chinese Sophists), 载 *Journal of the China Branch of the Royal Asiatic Society* 34 (1902):1-100.

Fryer, John. "An Account of the Department for the Translation of Foreign Books at the Kiangnan Arsenal, Shanghai." *North China Herald*, January 29, 1880, pp. 77-81.

——. *Descriptive Account and Price List of the Books, Wall Charts, Maps &tc. Published or Adopted by the Educational Association of China*. Shanghai: American Presbyterian Mission Press, 1894.

——《理学须知》(What must be known about logic). Shanghai: Gezhishushi, 1898.

——"Science in China." *Nature*, May 5, 1881, pp. 9-11; May 19, 1881, pp. 54-57. Furtado, Francisco. 参见李之藻。

Fuzanbō 编:《论理学问答》,载《普通学问答全书》,Tōkyō: Fuzanbō,1896。

Gabelentz, Georg von der. "Über den chinesischen Philosophen Mek Tik." *Berichte über die Verhandlungen der Königlich Sächsischen Gesellschaft der Wissenschaften zu Leipzig. Philologisch-Historische*

Klasse 40 (1888):62-70.

高承元[高元]:"辨学古遗",载《大中华》2,1916年第8期:第1—9页;2,1916年第9期:第1—16页;以及2,1916年第10期:第1—14页。

——高承元:"高序"(高承元为章士钊的《逻辑学的本质》一书写的序言)(1939)。重印于章士钊:《章士钊全集》,第7卷,第288—292页。

后藤嘉之和美岛近一郎:《论理学表解》,东京:鹿鸣馆,1904年。

顾燮光:《译书经眼录》,杭州:金甲十号楼石印本,1935年[1904年]。

郭沫若:《十批判书》,北京:科学出版社,1957年[1945年]。

郭嵩涛:《郭嵩涛日记》,4卷,长沙:湖南人民出版社,1981年。

过耀庚译:《最新论理学纲要》,2卷,上海:中国图书公司,1909年。

郭湛波:《中国辩学史》,上海:中华书局,1932年。

韩述组编:《论理学》,上海:文明书局,1908年。

服部宇之吉:《论理学教科书》,Tōkyō:Fuzanbō,1899. 1908年修订再版。

——《论理学讲义》(Lectures in logic). Tōkyō:Fuzanbō;上海:劝学会,1904年。1905年再版。

Haven, Joseph. *Mental Philosophy: Including the Intellect, Sensibilities and Will*. New York:Sheldon, Blakeman & Co., 1957.

赫美玲(Hemeling, Karl E. G.),*English-Chinese Dictionary of the Standard Chinese Spoken Language* (Guanhua 官话) *and Handbook for Translators, including Scientific, Technical, Modern and Documentary Terms*. Shanghai:Statistical Department of theInspectorate General of Customs, 1916.

胡茂如译:《论理学》,河北译书社,1906年。1907年再版,1914年上海泰东图书局三版。

胡适:《胡适口述自传》,唐德刚编,上海:华东师范大学出版社,1993年。

——《胡适文存》,4卷,上海:亚东图书馆,1928年。

——《胡适学术文集:中国哲学史》,姜义华编,2卷,北京:中华书局,1991年。

——"清代学者的治学方法",载胡适:《胡适文存》第1卷,第383—412页。

——胡适:《古代中国逻辑方法的发展》,博士毕业论文,Columbia University, 1917年,上海:亚东图书馆,1922年。

——《中国哲学史大纲》,上海:商务印书馆,1919年。重印于胡适:《胡适学术文集:中国哲学史》第 1 卷,第 1—269 页。

黄庆澄:《中西普通书目表》,N. p.,1898.

今福忍:《最新论理学要义》,Tōkyō:Hōbunkan,1908.

井上哲次郎和有贺长雄:《改订增补哲学字汇》,Tōkyō:Tōyōkan,1884.

——《哲学字汇》,Tōkyō:Tōyōkan,1881.

井上哲次郎和元郎勇次郎:《哲学字汇》,Tōkyō:Maruzen,1912.

Jevons, William Stanley. *Elementary Lessons in Logic*: *Deductive and Inductive*, *with copiousquestions and examples*, *and a vocabulary of logical terms*. London:Macmillan, 1886 [1870].

——. *Logic*. In *Science Primer Series*. Edited by Thomas H. Huxley, Henry Roscoe, and Stewart Balfour. London:Macmillan;New York:Appleton, 1876.

渐斋主人撰:《新学备纂》,天津:开文书局,1902 年。

江标撰:《格致精华录》,1897 年。

江苏师范生译:《论理学》,江苏宁属/苏属学务处,1906 年。

蒋维乔译:《论理学讲义》,上海:商务印书馆,1912 年。

救志斋主人撰:《中西新学大全》,上海:弘文书局,1897 年。

均益图书公司编:《论理学初步》,上海:均益图书公司,1907 年。

金太仁作译:《论理学教科书》,Tōkyō:Dongya gongsi, 1907.

蟹江义丸:."Junshi no gaku o ronzu" 荀子の学を论ず(Xunzi's study of debate). *Taiyō* 3, nos. 8-9 (1897).

纪平正美:《最新论理学纲要》,Tōkyō:Kōdōkan, 1907.

北泽定吉:《论理学讲义》,Tōkyō:Kōdōkan, 1908.

清野勉:《演绎归纳学理学》,Tōkyō:Kinkōdō, 1892.

桑木严翼:"Junshi no ronri setsu" 荀子の论理説(Xunzi's logicaltheories). *Waseda gakuhō* 14 (1898). Reprinted in Kuwaki, *Tetsugaku gairon*, pp. 449-463.

—— "Shina kodai ronri shisō hattatsu no gaisetsu" 支那古代论理思想発達の概説(An outline of the development of logical thought in ancient China). 1900. Reprinted in Kuwaki, *Tetsugaku gairon* (rev. ed., 1923), pp. 473-500.

——《哲学概论》. Tōkyō:Hakubunsha, 1900.

——《哲学概论》. Revised and enlarged ed. Tōkyō:Waseda daigaku shuppanbō, 1923.

——"Xunzi zhi lunli xueshuo"荀子之论理学说（Xunzi's logical theory）. 王国维译, *Jiaoyu shijie* 77 (1904).

邝其照:《英华字典集成》. Hong Kong: n. p., 1882.

李杕[李问渔]译:《名理学》,1908年,载《哲学提纲》,李杕编,6卷,上海:土山湾印书馆,1907—1911年。

黎锦熙:"序",1936年,重印于《刘师培全集》,第1卷第1章,第26页。

李匡武等编:《中国逻辑史》,5卷,兰州:甘肃人民出版社,1989年。

李之藻编:《天学初函》,1628年,6卷,重印于台北:台湾学生书局,1965年。

——"译寰有诠序",1628年,重印于徐宗泽:《明清间耶稣会士》,第198—200页。

李之藻和傅汎际[Francisco Furtado]:《名理探》,1631/1639年,2卷,重印于台北:台湾商务印书馆,1965年。

梁启超:"驳某报之土地国有论",1906年,重印于梁启超:《饮冰室文集》,18:1—59。

——"答某报第四号对于《新民丛报》之驳论",1906年,重印于梁启超:《饮冰室文集》,18:59—131。

——"东籍月旦". 1902. 重印于梁启超:《饮冰室文集》,4:82—102。

——"读西学书法",载梁启超:《西学书目表》,附录,第1a—18b页。

——"今世文明初祖二大家之学说". 1902. 重印于梁启超:《饮冰室文集》,13:1—12。

——"开明专制论". 1906. 重印于梁启超:《饮冰室文集》,17:13—83。

——"论希腊古代学术". 1902. 重印于梁启超:《饮冰室文集》,12:61—68。

——"论学日本文之益". 1899. 重印于梁启超:《饮冰室文集》,4:80—82。

——"论学术之势力左右世界". 1902. 重印于梁启超:《饮冰室文集》,6:110—116。

——"论中国学术思想变迁之大势". 1902. 重印于梁启超:《饮冰室文集》,7:1—104。

——《墨经校释》. 上海:商务印馆,1920年,重印于梁启超:《饮冰室文集》,38:1—104。

——《墨子学案》. 上海:商务印书馆,1921年,重印于梁启超:《饮冰室文集》,39:1—87。

——"墨子之论理学",载《新民丛报》3,1904年1—5期,9—10期,重印于梁启超:《饮冰室文集》,37:55—72。

——《绍介新著原富》,1902年,重印于《严复研究资料》(Research materials on YanFu),牛仰山和孙鸿霓编,第266—268页,福州:海峡文艺出版社,1990年。

——梁启超编:《西学书目表》。上海:Shenshijizhai,1896年。

——"亚里士多德之政治学说",1902年。重印于梁启超:《饮冰室文集》,12:68—78。

——《饮冰室文集》,林志钧主编,上海:中华书局,1936年。

——"祝震旦书院之前途",1902年,重印于《马相伯与复旦大学》,宗有恒和夏林根主编,第238—239页,太原:山西教育出版社,1996年。

——"总理衙门奏拟京师大学堂章程",1898年,重印于《北京大学史料第一卷:1898—1911》,第81—87页。

林可培主编:《论理学通义》,上海:中国图书公司,1909年。

林祖同译:《论理学达旨》,东京:文明书局,1902年。

刘师培[刘光汉]:"国文杂记",1903年,重印于《刘师培全集》,第3卷,第463—466页。

——[刘光汉]:"国学发微",1905年,重印于《刘师培全集》,第1卷,第474—499页。

——《刘师培全集》4卷,北京:中共中央文献出版社,1997年。

——[刘光汉]:《攘书》,1903年,重印于《刘师培全集》,第2卷,第1—17页。

——[刘光汉]:"小学发微补",1905年,重印于《刘师培全集》,第1卷,第422—442页。

——[刘光汉]:"荀子名学发微",1907年,重印于《刘师培全集》,第3卷,第316—318页。

——[刘光汉]:《中国民约精义》,1903年,重印于《刘师培全集》,第1卷,第560—597页。

——刘师培[刘光汉]:"周末学术史序",1905年,重印于《刘师培全集》,第1卷,第500—525页。

刘梦溪主编:《中国现代学术经典—章太炎卷》,石家庄:河北教育出版社,1996年。

刘熙:《释名》,载《四部丛刊》,上海:商务印书馆编,1936年。

罗存德(Lobscheid, Wilhelm):《英华字典》,4卷,香港:日报新闻办公室,1866—1869年。

栾调甫:《墨辩讨论》,上海:中华书局,1926年。

《论理学表解》,载《表解丛书》,上海:科学书局,1912年。

马建忠:《马氏文通》,北京:商务印书馆,1983年。

马君武:"论理学之重要及其效用",载《政法学报》,1903年第2期和第4期,重印于马君武:《马君武集》,第180—186页。

——《马君武集(1900—1919)》,莫世祥主编,武汉:华中师范大学出版社,1991年。

——"弥勒约翰之学说",载《新民丛报》,1903年第29、30、35期,重印于马君武:《马君武集》,第135—152页。

——马君武译:"弥勒约翰自由原理"(John Mill's *On Liberty*),上海:开明书局,1903年,重印于马君武:《马君武集》,第28—80页。

——"唯心派巨子黑智儿学说"(The theories of Hegel, the master of idealism),载《新民丛报》,1903年第27期,重印于马君武:《马君武集》,第99—107页。

马佩:"驳'中国古代无逻辑学论'——与程仲棠教授商榷",载《河南大学学报》47,2007年第6期:第50—55页。

——"驳中国文化不能产生逻辑学论——再次与程仲棠教授商榷",载《中州学刊》,2008年第6期:第156—159页。

——"再驳中国古代(先秦)无逻辑学论——对程仲棠教授'答马佩教授'的回复",载《中州学刊》,2010年第1期:第146—150页。

马相伯:《马相伯集》,朱维铮主编,上海:复旦大学出版社,1996年。

——《一日一谈》,1936年,重印于马相伯:《马相伯集》,第1070—1168页。

——《致知浅说》,上海:商务印书馆,1926年,重印于马相伯:《马相伯集》,第635—738页。

狄考文(Mateer, Calvin W.): *Technical Terms: English and Chinese*. Shanghai: American Presbyterian Mission Press, 1904.

松本文三郎."公孙龙子", *Tōyō tetsugaku* 2, no. 4 (1895): 145-150.

——"Shina tetsugaku ni tsuite"支那哲学について(On philosophy in China). *Tōyōtetsugaku* 5, no. 4 (1898): 170-172.

——《支那哲学史》(History of Chinese Philosophy). Tōkyō: Tōkyōsenmon gakkō, 1901. McGarry, Daniel D., trans. *The Metalogicon of John of Salisbury: A Twelfth-Century Defense of the Verbal and Logical Arts of the Trivium*. Berkeley: University of California Press, 1955.

麦都思(Medhurst, Walter H.):《英华字典》(*English and*

Chinese Dictionary),上海:N. p.,1847—1848.

《孟子》,刘殿爵译,Harmondsworth:Penguin Books,1970.

Mendive, José, S. J. *Institutiones philosophiae scholasticae, ad mentem divi Thomae ac Suarezii:Logica*. Valladolid:Cuesta,1887.

Mill, John Stuart. *A System of Logic, Ratiocinative and Inductive: Being a Connected View of the Principles of Evidence and the Methods of Investigation*. 1843. Reprinted in *The Collected Works of John Stuart Mill*, 33 vols., ed. John M. Robson, vols. 7 and 8. London:Routledge, 1973 - 1974.

马礼逊(Morrison, Robert):《五车韵府》(*A Dictionary of the Chinese Language, in Three Parts. Part the first; containing Chinese and English, arranged according to theradicals, part the second, Chinese and English arranged alphabetically, and part the third, English and Chinese*), Macao:Honourable East India Company's Press, 1815 - 1823.

慕维廉(Muirhead, William):《格致新法》,载《格致汇编》2,1877年3月第2期:第367—370页;2,1877年4月第3期:第398—399页;2,1877年8月第7期:第26—28页;2,1877年9月第8期:第48—54页;以及2,1877年10月第9期:第87—90页。重印于《万国公报》1,1878年9月第506期—1,1878年11月第513期。

——慕维廉译:《格致新机》,上海:格致书社;北京:同文书会,1888年。

——"格致新理"(New patterns of science),载《益知新录》(*The Monthly Educator*)1,1876年7月第1期—1,1876年11月第5期。

村上专精:《因明学全书》(*Complete writings on yinming*). Tōkyō: Tetsugaku shoin, 1891.

中江兆民:《理学沿革史》(*A developmental history of philosophy*). 2 vols. Tōkyō:Monbushō henshūkyoku, 1886.

大西祝:《论理学》. Tōkyō:Tōkyō senmon gakkō,1895.

Perny, Paul H. *Dictionnaire Français-Latin-Chinois de la langue mandarine parlée*. Paris:Firmin Didot, Frère et Fils, 1869.

Porphyry the Phoenician. *Isagoge*. Translated with an introduction and notes by Edward W. Warren. Toronto:The Pontifical Institute of Medieval Studies, 1975.

钱家治主编:《名学》,1910年。

利玛窦(Ricci, Matteo):《辨学遗牍》(*Testament in defense of the faith*),1623年,重印于《天学初函》第1卷,第637—688页。

——《16世纪的中国:利玛窦在1583—1610年间的旅行》(*China in the 16th Century: The Journals of Matthew Ricci 1583 - 1610*),Louis J. Gallagher 英译,New York: Random House, 1953.

——《利玛窦中文译著集》,朱维铮主编,香港:香港城市大学出版社,2001年。

——《天主实义》,1603年,Translated by Douglas Lancashire and Peter Hu Kuo-chen, S. J. St. Louis: The Institute of JesuitSources, 1985.

利马窦和徐光启译:《几何原本》,北京:1607年。重印于《天学初函》,李之藻编,第4卷,第1921—2522页。

Richard, Timothy, and Donald MacGillivray, eds. *Dictionary of Philosophical Terms: Chiefly from the Japanese*. Shanghai: Christian Literature Society for China, 1913.

阮元撰:《十三经注疏》,北京:中华书局,1980年。

罗明坚(Ruggieri, Michele):《天主圣教实录》(*A true account of the Lord of Heaven and the Holy Doctrine*),1584年,重印于《天主教东传文献续编》(Sequel of documents related to the dissemination of Christianity in China),3卷,第755—838页,台北:台湾学生书局,1966年。

Schlegel, Gustave. 《荷华文语类参》(*Nederlandsch-Chineesch Woordenboek met de Transcriptie der Chineesche Karakters in het Tsiang-Tsiu Dialekt*),13 vols. Leiden: E. J. Brill, 1886.

沈有鼎:《墨经的逻辑学》,北京:中国社会科学出版社,1980年[1956年]。

沈兆祎:《新学书目提要》,上海:同亚书局,1904年。

添田寿一译:《惹稳氏论理新编》(Mr. Jevons's *New Logic*). Tōkyō: Maruzen, 1883.

宋恕:"留别杭州求是书院诸生诗",1902年,重印于宋恕:《宋恕集》,第855—859页。

——《宋恕集》2卷,胡珠生编,北京:中华书局,1993年。

——"题《名学会同人图》",1901年,重印于宋恕:《宋恕集》,第852页。

钟鸣旦(Standaert, Nicolas)等编:《徐家汇藏书楼明清天主教文献》6卷,台北:辅仁大学神学院,1996年。

钟鸣旦和杜鼎克(Adrian Dudink)编:《耶稣会罗马档案馆明清天主教文献》12卷,台北:台北:台北利氏学社,2002年。

孙宝瑄:《忘山庐日记》2卷,上海:上海古籍出版社,1983年。

孙诒让:《墨子闲诂》,苏州:1895年。

——"与梁桌如论墨子书",1897年,重印于《孙籀顾先生集》第2卷,第581—585页,台北:艺文印书馆,1963年。

孙中山:《国父全集》,台北:中华书局,1965年。

[434]

高岛平三郎(Takashima Heizaburō),参见江苏师范生金太仁作(Kaneda Nisaku)、高山林次郎(Chogyū 樗牛,Takayama Rinjirō),《论理学》。Tōkyō: Hakubunkan, 1898.

谭戒甫:《公孙龙子形名发微》,北京:科学出版社,1957年。

——《墨辩发微》,北京:科学出版社,1958年。

谭嗣同:《谭嗣同全集》,蔡尚思和方行主编,2卷,北京:中华书局,1981年。

唐演译:《最新论理学教科书》(Latest textbook on logic),上海:文明书局,1908年。

汤祖武编译:《论理学剖解图说》(Analysis of logic, illustrated and explained), Tōkyō: Qingguo liuxuesheng huiguan, 1906.

田吴炤译:《论理学纲要》(Outline of logic),上海:商务印书馆,1903年。第四版,1914年。

十时弥(Totoki Wataru):论理学纲要。Tōkyō: Dai Nihon tosho, 1900.

Tytler, Alexander Fraser. *Essay on the Principles of Translation*. Edinburgh: Archibald

Constable, 1813 [1791].

高一志(Vagnone, Alfonso):《童幼教育》(Education of youths),1628年,重印于《徐家汇藏书楼明清天主教文汇》,钟鸣旦等编,第1卷,第239—422页。

南怀仁(Verbiest, Ferdinand):《进呈穷理学书奏》,1683年,重印于徐宗泽:《明清间耶耶稣会士》,第191—193年。

——《穷理学》,北京:中和堂,1683年。

王柏:《研几图》,上海:商务印书馆,1937年。

汪奠基:《关于中国逻辑史的对象和范围问题》,载《哲学研究》1957年第2期:第42—53页。重印于《中国逻辑思想论文集1949—1979》,第5—22页,北京:生活·读书·新知三联书店,1981年。

——《中国逻辑思想史》,上海:上海人民出版社,1979年,第二版:《中国逻辑思想史》,台北:明文书局,1993年。

——《中国逻辑思想史分析》,北京:中华书局,1961年。

王国维:"倍根小传",载《教育世界》1907年第160号,重印于王国维:《王国维文集》第3卷,第409—413页。

——王国维译:《辨学》,北京:京师五道庙售书处,1908年。

——《论新学语之输入》,载《教育世界》1905年第96号,重印于王国维:《王国维文集》第3卷,第40—43页。

——《墨子之学说》,载《教育世界》1906年第121号,重印于王国维:《王国维文食人魔》第3卷,第159—174页。

[435]　——《王国维文集》,姚淦铭和王燕主编,4卷,北京:中国文史出版社,1997年。

——《王国维学术文化随笔》,佛雏主编,北京:中国青年出版社,1996年。

——《希腊大哲学家亚利大德勒传》,载《教育世界》1904年第77号,重印于王国维:《王国维文集》第3卷,第287—291页。

——"周秦诸子之名学",载《教育世界》1905年第98和100号,重印于王国维:《王国维文集》第3卷,第219—227页。

——"自序",载《教育世界》1907年第148号,重印于王国维:《王国维文集》第3卷,第36—42页。

——"奏定经学科大学文学科大学章程书后",载《教育世界》1906年第118—119号,重印于王国维:《王国维文集》第3卷,第22—31页。

——"最近二三十年中中国新发现之学问",载《清华周刊》1925年第350号,重印于王国维:《王国维文集》第4卷,第33—38页。

王仁俊:《格致古微》,1896年,重印于《中国科学技术典籍同汇》,第1卷,第7篇,任继愈编,郑州:河南教育出版社,1993年。

汪荣宝译:《论理学》,载《译书汇编》2,1902年9月第7号:第1—59页。

汪荣宝和叶澜:《新尔雅》,上海:明权社,1903年。

王韬:《泰西著述考》,载王韬:《弢园西学辑存》,上海:明权社,1890年。

王延直:《普通应用论理学》,贵阳:贵阳论理学社,1912年。

王章焕:《论理学大全》,上海:商务印书馆,1930年。

渡边又次郎:《论理学》,Tōkyō: Tōkyōhō gakuin, 1894.

卫三畏(Williams, Samuel Wells):《英华韵府历阶》,澳门:香山书院,1844年。

伍非百:《墨经解故》,北京:晨光社,1922年。

许谦:《读四书丛说》,上海:商务印书馆,1934年。

许慎:《说文解字》,北京:中华书局,1963年。

学部编订名词馆编:《辨学中英名词对照表》,北京:学部,1909年。

《荀子》,载《四部丛刊》编,上海:商务印书馆,1936年。

[436]　严复:"保教余义",1898年,重印于严复:《严复集》,第83—85页。

——"保种余义",1898年,重印于严复:《严复集》,第85—88页。

——"道学外传",1898年,重印于严复:《严复集》,第483—485页。

——"教授新法",1906年,重印于严复:《严复集补编》,第61—73页。

——"界说五例",1898年,重印于严复:《严复集》,第95—96页。

——"京师大学堂译书局章程",1903年,重印于严复:《严复集》,第127—131页。

——"救亡决论",1895年,重印于严复:《严复集》,第40—54页。

——译:《名学浅说》,上海:商务印书馆,1909年,重印于严复:《严译名著丛刊》,再版:北京:三联,1959年;台北:台湾商务印书馆,1965年;以及北京:商务印书馆,1981年。

——译:《穆勒名学》,南京:金粟斋,1903年(第1册);上海:商务印书馆,1905年(第1册到第3册,第13章),重印于严复:《严译名著丛刊》,再版:北京:三联,1959年;台北:台湾商务印书馆,1965年;北京:商务印书馆,1981年。

——"日记,1908—1920",重印于严复:《严复集》,第1477—1539页。

——《天演论》,1898年,重印于严复:《严复集》,第1323—1409页。

——"西学门径功用",1898年,重印于严复:《严复集》,第92—95页。

——《严复集》,王栻主编,5卷,北京:中华书局,1986年。

——《〈严复集〉补编》,孙应祥和皮后锋主编,福州:福建人民出版社,2004年。

——《严译名著丛刊》8卷,上海:商务印书馆,1931年。

——"译例言",1897年,重印于严复:《严复集》,第1321—1323页。

——"译斯氏《计学》例言",1901年,重印于严复:《严复集》,第97—102页。

——"译《天演论》自序",1897年,重印于严复:《严复集》,第1319—1321页。

——"与曹典球书",1901年,重印于严复:《严复集》,第565—566页。

——"与李明书",1901年,重印于严复:《严复集补编》,第225—231页。

——"与甥女何纫兰书(9)",1906年,重印于严复:《严复集》,第833—834页。

——"与《外交报》主人书",1902年,重印于严复:《严复集》,第557—565页。

——"与《新民丛报》论所译《群学肄言》",1902年,重印于严复:《严复集》,第515—518页。

[437] ——"与张元济书(11)",1901年,重印于严复:《严复集》,第543—544页。

——"与张元济书(12)",1901年,重印于严复:《严复集》,第545—546页。

——"原强",1895年,重印于严复:《严复集》,第5—15页。

——"原强修订稿",1896年,重印于严复:《严复集》,第16—31页。

——《政治学讲义》,上海:商务印书馆,1906年,重印于严复:《严复集》,第1271—1316页。

颜永京译:《心灵学》,上海:益知书会,1889年。

杨天骥:《论理学》,上海:商务印书馆,1906年。

杨荫杭译:《名学》,东京:日新丛编社,1902年。

二版:《名学教科书》,上海:文明书局,1903年。

叶瀚译:《泰西教育史》,南京:金粟斋,1901年。

颜惠庆:《东西方万花筒:1877—1946,颜惠庆自传》(中译本《颜惠庆自传——一位民国元老的历史记忆》,吴建雍、李宝臣、叶凤美译,北京:商务印书馆,2005年),纽约:圣约翰大学出版社,1974年。

——《英华大辞典》2卷,上海:商务印书馆,1908年。

虞愚:《中国名学》,南京:正中书局,1937年。

袁宗濂和晏志清编:《西政通典》,上海:淬心书局,1902年。

詹剑峰:《墨家的形式逻辑》,武汉:湖北人民出版社,1956年。

章炳麟:"交平阳宋平子",载宋恕:《宋恕集》,第1031页。

——"原名",1909年,重印于刘梦溪:《中国现代学术经典:章太炎卷》,第111—118页。

——《章太炎全集》,上海:上海人民出版社,1984年。

——《章太炎选集》,姜义华和朱维铮主编,上海:上海人民出版社,1981年。

——"致国粹学报社书"(1909年11月7日),重印于汤志钧:《章太炎年谱长编》,第306—307页。

——"诸子学略说",1906年,重印于刘梦溪:《中国现代学术经典:章太炎卷》,第479—497页。

张岱年:"中国哲学之名与辩"。载《哲学评论》10,1947年第5期,第8—19页。

张东荪:"不同的逻辑与文化并论中国理学",1939年,重印于张东荪:《知识与文化》,第198—224页。

——"从中国语言构造看中国哲学",1939年,重印于张东荪:《知识与文化》,第 157—170 页。

——"思想,语言与文化",1939 年,重印于张东荪:《知识与文化》,第[438]171—197 页。

——《知识与文化》,上海:商务印书馆,1946 年。

张礼轩:"论译名",载《民立报》,1912 年 5 月 17 日,重印于章士钊:《章士钊全集》第 2 卷,第 305—306 页。

——"论翻译名义",载《民立报》,1912 年 7 月 6 日,重印于章士钊:《章士钊全集》第 2 卷,第 401—403 页。

张立斋[张君劢]译:"耶方思氏论理学",载《学报》1,1906 年第 1 期,第 1—28 页;1,1907 年第 2 期,第 29—60 页;1,1907 年第 3 期,第 51—72 页;1,1907 年第 4 期,第 1—48 页;1,1907 年第 5 期,第 1—44 页;1,1907 年第 6 期,第 1—36 页;1,1907 年第 7 期,第 137—156 页;1,1908 年第 11 期(未见);以及 1,1908 年第 12 期,第 13—35 页。

章士钊:"重版说明"(1959),重印于章士钊:《章士钊全集》,第 7 卷,第 283—284 页。

——"论翻译名义",载《国风报》1,1910 年第 29 期,重印于章士钊:《章士钊全集》第 1 卷,第 448—454 页。

——"论译名",载《民立报》,1912 年 5 月 17 日,重印于章士钊:《章士钊全集》第 2 卷,第 302—304 页。

——《逻辑指要》,重庆:时代精神社,1943 年[1939],重印于章士钊:《章士钊全集》第 7 卷,第 283—609 页。

——"释逻辑",载《民立报》,1912 年 4 月 12 日,重印于章士钊:《章士钊全集》第 2 卷,第 210—211 页。

——《章士钊全集》,章含之和白吉庵主编,10 卷,上海:文汇出版社,2000 年。

——"自序"(1939),重印于章士钊:《章士钊全集》第 7 卷,第 293—294 页。

张元济:"通艺学堂章程",1897 年,重印于《中国近代学制史料》第 1 卷第 2 部分,第 712—717 页。

张子和译:《新论理学》,上海:商务印书馆,1915 年。

赵纪彬[纪玄冰]:"名辩与逻辑",载《新中华》12,1949 年第 4 期,第 28—33 页。

——《赵纪彬文集》,3 卷,郑州:河南人民出版社,1985—1991 年。

中国第一历史档案馆编:《康熙起居注》,3 卷,北京:中华书局,1984 年。

中国翻译工作者协会等编:《翻译研究论文集(1894—1948)》,北京:外语教育与研究出版社,1984年。

中国科学社:"中国科学社现用名词表",载《科学》2,1916年第12期,第1369—1402页。

周敦颐、张载、徐必达、今井宇三郎:《周张全书》,3卷,台北:中文出版社,1972年。

周云之等编:中国逻辑史资料选》,6卷,兰州:甘肃人民出版社,1991年。

[439] 朱文韩:《名学类通》,未注明出版日期。

朱熹:《四书章句集注》,北京:中华书局,1983年。

——《朱子语类》,黎靖德编,8卷,北京:中华书局,1986年。

朱有瓛等编:《中国近代学制史料》,4卷,上海:华东师范大学出版社,1983—1993年。

朱执信:"就论理学驳新民丛报论革命之谬",载《民立报》,1906年第6期,第65—78页,重印于《朱执信集》2卷,第70—79页,北京:中华书局,1979年。

《庄子》,《四部丛刊》本,上海:商务印书馆,1936年。

"Zi-ka-wei, Séminaires." Archives Françaises de la Compagnie de Jésus (Vanves), Fonds Chinois 303.

2. 二手资料

Abe Hiroshi. "Borrowing from Japan: China's First Modern Educational System." In *China's Education and the Industrialized World: Studies in Cultural Transfer*, ed. Ruth Hayhoe and Marianne Bastid, pp. 57-80. Armonk, N.Y.: M. E. Sharpe, 1987.

——阿部洋. *Chūgoku no kindai kyōiku to Meiji Nihon* 中国の近代教育と明治日本, (Modern Chinese education and Meiji Japan). Tōkyō: Fukumura shuppan, 1990.

——. "Shinmatsu Chokurei shōno kyōiku kaikaku to Watanabe Ryūsei" 清末直隷省の教育改革と渡辺龙圣(Educational reforms in late Qing Zhili and Watanabe Ryūsei). *Kokuritsu kyōiku kenkyūjo kiyō* 115 (1988): 7-25.

Adas, Michael. *Machines as the Measure of Men: Science, Technology, and Ideologies of Western Dominance*. Ithaca, N.Y.: Cornell University Press, 1989.

Alleton, Jean-Claude, and Viviane Alleton. *Terminologie de la chimie en chinois moderne*. Paris and The Hague: Mouton, 1966.

Alleton, Viviane. "Chinese Terminologies: On Preconceptions." In *New Terms for New Ideas*, ed. Lackner et al., pp. 15–34.

Alleton, Viviane, and Michael Lackner, eds. *De l'un au multiple. Traductions du chinois vers les langues européennes*. Paris: Éditions de la Maison des sciences de l'homme, 1999.

阿梅龙 (Iwo Amelung). "Weights and Forces: The Reception of Western Mechanics in Late Imperial China." In *New Terms for New Ideas*, ed. Lackner et al., pp. 197–232.

Andrews, Bridie J. "The Making of Modern Chinese Medicine, 1895–1937." Ph. D. diss., Cambridge University, 1996.

Angle, Steven C. "Did Someone Say 'Rights'? Liu Shipei's Concept of Quanli." *Philosophy East and West* 48, no. 4 (1998): 623–651.

Asō Yoshiteru 麻生义辉. *Kinsei Nihon tetsugakushi* 近世日本哲学史 (A history of modern Japanese philosophy). Tōkyō: Kondō shoten, 1943.

Ayers, William. *Chang Chih-tung and Educational Reform in China*. Cambridge, Mass.: Harvard University Press, 1971.

Baldini, Ugo. *Legem impone subactis. Studi su filosofia e scienza dei Gesuiti in Italia*, 1540–1632. Rome: Bulzioni, 1992.

——. "Die Philosophie und die Wissenschaften im Jesuitenorden." In *Die Philosophie des 17. Jahrhunderts. Band 1: Allgemeine Themen, Iberische Halbinsel, Italien*, ed. Jean-Pierre Schobinger, pp. 669–769. Basel: Schwabe, 1992.

包遵信:"《墨辩》的沉沦和《名理探》的翻译",载《读书》,1986 年第 1 [440] 期,第 63—71 页。

Bastid, Marianne. *Aspects de la réforme de l'enseignement en Chine au début du 20e siècle d'après des écrits de Zhang Jian*. Paris: Mouton, 1971.

北方师范学院中文系汉语教育研组:《五四以来汉语书面语言的变迁和发展》,北京:商务印书馆,1959 年。

Bennett, Adrian Arthur. *John Fryer: The Introduction of Western Science and Technology into Nineteenth-Century China*. Cambridge, Mass.: Harvard University Press, 1967.

——. *Missionary Journalist in China: Young J. Allen and His*

Magazines, 1860 - 1883. Athens: University of Georgia Press, 1983.

Bernal, Martin. *Chinese Socialism to* 1907. Ithaca, N. Y. : Cornell University Press, 1976.

——. "Liu Shih-p'ei and National Essence. " In *The Limits of Change: Essays on Conservative Alternatives in Republican China*, ed. Charlotte Furth, pp. 90 - 112. Cambridge, Mass. : Harvard University Press, 1976.

Bernard, Henri. "Les adaptations chinoises d'ouvrages européennes. " *Monumenta Serica* 10 (1945): 1 - 57, 309 - 388.

——. *Sagesse chinoise et philosophie chrétienne. Essais sur leur relation historique*. Paris: Les Belles Lettres, 1951 [1935].

Bevir, Mark. "What is Genealogy?" *Journal of the Philosophy of History* 2 (2008): 263 - 275.

Biggerstaff, Knight. *The Earliest Modern Government Schools in China*. Ithaca, N. Y. : Cornell University Press, 1961.

——. " Shanghai Polytechnic Institution and Reading Room: An Attempt to Introduce Western Science and Technology to the Chinese. " *Pacific Historical Review* 25 (1956): 127 - 149.

Blanché, Robert, and Jacques Dubucs. *La logique et son histoire*. Paris: Armand Colin, 1996.

Bloom, Alfred H. *The Linguistic Shaping of Thought: A Study in the Impact of Language on Thinking in China and the West*. Hillsdale, N. J. : Erlbaum, 1981.

Bochenski, I. M. *Formale Logik*. 5th ed. Freiburg and Munich: Alber, 1996 [1956].

Boltz, William G. *The Origin and Development of the Chinese Writing System*. New Haven: American Oriental Society, 2003.

Bonner, Joey. *Wang Kuo-wei: An Intellectual Biography*. Cambridge, Mass. : Harvard University Press, 1986.

Brière, O. *Fifty Years of Chinese Philosophy*, 1898 - 1950. London: Allen and Unwin, 1956.

Britton, Roswell S. *The Chinese Periodical Press*, 1800 - 1912. Shanghai: Kelly and Walsh, 1933.

Brockey, Liam M. *Journey to the East: The Jesuit Mission to China*, 1579 - 1724. Cambridge, Mass. : Harvard University Press, 2007.

Brook, Timothy. *Praying for Power: Buddhism and the Formation of Gentry Society in Late-Ming China*. Cambridge, Mass.: Harvard University Press, 1993.

Brossollet, Guy. *Les Français de Shanghai, 1849‐1949*. Paris: Bellin, 1999.

Brunner, Otto, Werner Conze, and Reinhart Koselleck, eds. *Geschichtliche Grundbegriffe: Historisches Lexikon zur politisch-sozialen Sprache in Deutschland*. 8 vols. Stuttgart: KlettCotta, 1972‐1997.

蔡元培:"五十年来之中国哲学",1923年,重印于《北京大学百年国学文萃:哲学卷》,北京大学中国传统文化研究中心编,第27—43页,北京:北京大学出版社,1998年。

Cajori, Florian. *A History of Mathematical Notations*. 2 vols. Chicago: Open Court, 1928‐1929.

曹杰生:"略论《名理探》的翻译及其影响",载《中国逻辑史研究》,第285—302页,北京:中国社会科学出版社,1982年。

Chan, Albert. *Chinese Books and Documents in the Jesuit Archives in Rome: A Descriptive Catalogue, Japonica-Sinica I‐IV*. Armonk, N. Y.: M. E. Sharpe, 2002.

Chang, Hao. *Chinese Intellectuals in Crisis: Search for Order and Meaning, 1890‐1911*. Berkeley: University of California Press, 1987.

——. *Liang Ch'i-ch'ao and Intellectual Transition in China, 1890‐1907*. Cambridge, Mass.: Harvard University Press, 1971.

陈福康:《中国译学理论史稿》,上海:上海外语教育出版社,1992年。

陈鸿儒:"从《穆勒名学》按语到《名学浅说》:试论严复逻辑思想轨迹",载《科学与爱国——严复思想新探》,习近平主编,第51—60页,北京:清华大学出版社,2001页。

陈鸿祥:《王国维全传》,北京:人民出版社,2007[2003]年。

——《王国维与东西方学人》,天津:天津古籍出版社,1990年。

Chen Minsun. "*T'ien-hsüeh ch'u-han* and *Hsi-hsüeh fan*: The Common Bond between Li Chih-tsao and Giulio Aleni." In "*Scholar from the West*," ed. Lippiello and Malek, pp. 519‐525.

陈平原:《中国现代学术之建立:以章太炎、胡适之为中心》,北京:北京大学出版社,1998年。

陈平原、夏晓虹编:《北大旧事》,北京:生活·读书·新知三联书店,1998年。

陈应年:"近代日本思想家著作在清末中国的介绍和传播",载《中日文化交流史论文集》,北京市中日文化交流史研究会编,第262—282页,北京:人民出版社,1982年。

Cheng, Chung-ying. "Inquiries into Classical Chinese Logic." *Philosophy East and West* 15, nos. 3-4 (1965): 195-216.

程文熙:"张君劢先生之言行",载《张君劢先生七十寿庆纪念论文集》,王云五编,第1—53页,台北:文海出版社,1956年。

Cheyfitz, Eric. *The Poetics of Imperialism: Translation and Colonization from "The Tempest" to "Tarzan."* New York: Oxford University Press, 1991.

Chmielewski, Janusz. *Language and Logic in Ancient China: Collected Papers on the Chinese Language and Logic*. Edited by Marek Mejor. Warsaw: Polska Akademia Nauk, 2009.

Chu, Pingyi. "Scientific Dispute in the Imperial Court: The 1664 Calendar Case." *Chinese Science* 14 (1997): 7-34.

Cohen, Paul A. *China and Christianity: The Missionary Movement and the Growth of Chinese Antiforeignism*, 1860-1870. Cambridge, Mass.: Harvard University Press, 1963.

Colpo, Mario. "Giulio Aleni's Cultural and Religious Background." In *"Scholar from the West,"* ed. Lippiello and Malek, pp. 73-84.

Cranston, Maurice. "Mill, John Stuart." In *Scientific Biography*, ed. Gillispie, vol. 9, pp. 383-386.

Criveller, Gianni. *Preaching Christ in Late Ming China: The Jesuits' Presentation of Christ from Matteo Ricci to Giulio Aleni*. Taipei: Ricci Institute, 1997.

崔清田:《名学与辩学》,太原:山西教育出版社,1997年。

——《墨家逻辑与亚里士多德逻辑比较研究》,北京:人民出版社,2004年。

——"中国逻辑史研究的过程与方法"(Processes and Methods in Researching the History of Chinese Logic),载《亚非研究》(*Asian and African Studies*)9,2005年第2期,第15—25页。

——《显学重光:近现代的先秦墨家研究》,沈阳:辽宁教育出版社,1997年。

Dagenais, Ferdinand. "John Fryer's Calendar: Correspondence, Publications, and Miscellaneous Papers with Excerpts and Commentaries

(Version 3)." Unpublished manuscript. Berkeley: Center for Chinese Studies, 1999.

戴晴:《在如来佛掌中:张东荪和他的时代》,香港:中文大学出版社,2009年。

Daston, Lorraine. "The Historicity of Science." In *Historicization–Historisierung*, ed. Glenn W. Most, pp. 201–221. Göttingen: Vandenhoeck & Ruprecht, 2001.

Daston, Lorraine, and Peter Galison. *Objectivity*. New York: Zone Books, 2007.

Davidson, Arnold I. *The Emergence of Sexuality: Historical Epistemology and the Formation of Concepts*. Cambridge, Mass.: Harvard University Press, 2001.

——. "Foucault and the Analysis of Concepts." In Davidson, *Emergence of Sexuality*, pp. 178–191.

——. "Styles of Reasoning, Conceptual History, and the Emergence of Psychiatry." In *The Disunity of Science: Boundaries, Contexts, Power*, ed. Peter Galison and David J. Stump, pp. 75–100. Stanford: Stanford University Press, 1995.

——. "Styles of Reasoning: From the History of Art to the Epistemology of Science." In Davidson, *Emergence of Sexuality*, pp. 125–141.

D'Elia, Pasquale. "Le Generalità sulle Scienze Occidentali di Giulio Aleni."*Rivista degli studi orientali* 25 (1950): 58–76.

——. "Prima introduzione della filosofia scolastica in Cina."*Bulletin of the Institute for History and Philology* 28 (1956): 141–196.

——. "Il*Trattato sull'Amicizia*, primo libro scritto in cinese da Matteo Ricci." *Studia Missionalia* 7 (1952): 425–515.

Devlin, Keith. *The Language of Mathematics: Making the Invisible Visible*. New York: W. H. Freeman, 1998.

Dias, José Sebastião da Silva. "O Cânone Filosófico Conimbricense (1592–1606)." *Cultura—História e Filosofia* 4 (1985): 257–370.

丁守和编:《辛亥革命时期期刊介绍》,5卷,北京:人民出版社,1982年。

Dinis, Alfredo. "Tradição e Transição no*Curso Conimbricense*." *Revista Portuguesa de Filosofia* 47 (1991): 535–560.

董志铁:"20世纪中国名辩(逻辑)研究",载《中国哲学史》1995年第1

期,第 111—117 页。

[443] ——"关于'逻辑'译名的演变及论战",载《天津师大学报》,1986 年第 1 期,第 25—28 页。

窦忠如:《王国维传》,天津:百花文艺出版社,2007 年。

Doyle, John P. *The Conimbricenses: Some Questions on Signs.* Milwaukee: Marquette University Press, 2001.

Drège, Jean-Pierre. *La Commercial Press de Shanghai, 1847–1949.* Paris: Institut des Hautes Etudes Chinoises, 1978.

Duceux, Isabelle. *La introducción del aristotelismo en China a través del De anima: Siglos XVI–XVII.* México: El Colegio de México, 2009.

Dudink, Ad, and Nicolas Standaert. "Ferdinand Verbiest's *Qiongjixue* 穷理学(1683)." In *The Christian Mission*, ed. Golvers, pp. 11–31.

Dunne, George H. *Generation of Giants: The Story of the Jesuits in China in the Last Decades of the Ming Dynasty.* Notre Dame: University of Notre Dame Press, 1962.

Dupree, A. Hunter. "Christianity and the Scientific Community in the Age of Darwin." In *God and Nature: Historical Essays on the Encounter between Christianity and Science*, ed. David C. Lindberg and Ronald L. Numbers, pp. 351–368. Berkeley and Los Angeles: University of California Press, 1986.

Eber, Irene. "Hu Shih and Chinese History: The Problem of *Cheng-Li Kuo-Ku*." *Monumenta Serica* 27 (1968): 169–207.

——. "Thoughts on Renaissance in Modern China: Problems of Definition." In *Studia Asiatica: Essays in Asian Studies in Felicitation of the Seventy-fifth Anniversary of Professor Ch'en Shou-yi*, ed. Lawrence G. Thompson, pp. 189–218. San Francisco: Chinese Materials Center, 1975.

Eggers, Michael, and Matthias Rothe, eds. *Wissenschaftsgeschichte als Begriffsgeschichte: Terminologische Umbrüche im Entstehungsprozess der modernen Wissenschaften.* Bielefeld: Transcript, 2009.

Elman, Benjamin A. *A Cultural History of Civil Examinations in Late Imperial China.* Berkeley and Los Angeles: University of California Press, 2000.

——. *From Philosophy to Philology: Intellectual and Social Aspects of Change in Late Imperial China.* Cambridge, Mass.: Harvard

University Press, 1984.

——. *On Their Own Terms: Science in China, 1550 - 1900.* Cambridge, Mass.: Harvard University Press, 2005.

Engelfriet, Peter M. *Euclid in China: The Genesis of the First Translation of Euclid's "Elements," Books I - VI ("Jihe yuanben," Beijing, 1607) and Its Reception up to 1723.* Leiden: Brill, 1998.

Eucken, Rudolf. *Geschichte der philosophischen Terminologie.* 1879. Reprint, Hildesheim: Georg Olms, 1960.

Fan, Fa-ti. *British Naturalists in Qing China: Science, Empire, and Cultural Encounter.* Cambridge, Mass.: Harvard University Press, 2004.

——. "Nature and Nation in Chinese Political Thought: The National Essence Circle in Early-Twentieth-Century China." In *The Moral Authority of Nature*, ed. Lorraine Daston and Fernando Vidal, pp. 409 - 437. Chicago: The University of Chicago Press, 2004.

方豪:《李之藻研究》,台北:台湾商务印书馆,1966年。

——"'名理探'译刻卷数考",载方豪:《方豪六十自定稿》,2卷,第1884—1886页,台北:台湾商务印书馆,1969年。

——《中国天主教史人物传》,3卷,北京:中华书局,1988年。

——《中西文化交流史》,2卷,台北:中国文化大学出版社,1983 [444] [1953]。

Farrar, F. W. "The Attitude of the Clergy towards Science." 1868. Reprinted in *Religion in Victorian Britain*, ed. Gerald Parsons and James R. Moore, vol. 3, pp. 440 - 444. Manchester: Manchester University Press, 1988.

冯锦荣:"明末清初知识份子对亚里士多德自然哲学的研究——以耶稣会士傅汎际与李之藻合译的《寰有诠》为中心",载《世界华人科学史学术研讨会文集》,吴嘉丽、周湘华主编,第379—388页,台北:淡江大学历史系、化学系,1991年。

—— [Fung Kam-Wing]. "Christopher Clavius and Li Zhizao." In *The Spread of the Scientific Revolution in the European Periphery, Latin America and East Asia*, ed. Celina A. Lértoza, Efthymios Nicolaïdis, and Jan Vandersmissen, pp. 147 - 158. Turnhout: Brepols, 2000.

佛雏:"王国维与两所'师范学堂'",载《扬州师院学报》1990年第1期,第94—98页。

——《王国维哲学译稿研究》,北京:中国社会科学文献出版社,

2006 年。

Fogel, Joshua A., ed. *The Role of Japan in Liang Qichao's Introduction of Modern Western Civilization to China*. Berkeley: Institute of East Asian Studies, 2004.

Fois, Mario. "Il Collegio Romano ai tempi degli studi del P. Matteo Ricci." In*Atti del convegno internazionale di studi Ricciani*, pp. 203 - 228. Macerata: Centro studi Ricciani, 1984.

Fong, Grace S. "Alternative Modernities, Or a Classical Woman of Modern China: The Challenging Trajectory of Lü Bicheng's (1883 - 1943) Life and Song Lyrics." *Nan Nü* 6, no. 1 (2004): 12 - 59.

乌维·弗朗肯豪瑟尔(Frankenhauser, Uwe). *Die Einführung der buddhistischen Logik nach China*. Wiesbaden: Harrassowitz, 1996.

——. "Logik und nationales Selbstverständnis in China zu Beginn des 20. Jahrhunderts." In *Chinesisches Selbstverständnis und kulturelle Identität—"Wenhua Zhongguo,"* ed. Christiane Hammer and Bernhard Führer, pp. 69 - 80. Dortmund: Projekt Verlag, 1996.

——. "Wörterbuch zur chinesischen Logik. Unter besonderer Berücksichtigung der Logiken der Tang-Zeit." Unpublished manuscript. University of Göttingen, 1996.

Friedrich, Michael. "Review of R. Wardy,*Aristotle in China*." *Archiv für Geschichte der Philosophie* 84 (2002): 345 - 352.

Fuchs, Walter. "Zur technischen Organisation der Übersetzungen buddhistischer Schriften ins Chinesische." *Asia Major* 6 (1930): 84 - 103.

复旦大学哲学系资料室和四川大学哲学系资料室编:《1900—1949 年全国主要报刊论文资料索引》,北京:商务印书馆,1989 年。

深泽助雄(Fukazawa Sukeo). "'Meiri tan' no yakugyō ni tsuite"「名理探」の訳業について(On the translation of the *Mingli tan*). *Chūgoku—Shakai to bunka* 1 (1986): 20 - 38.

船山信一(Funayama Shin'ichi), ed. *Meiji ronrigakushi kenkyū* 明治论理学史研究 (Studies in the history of logic during the Meiji period). Tōkyō: Risōsha, 1968.

Fung, Kam-Wing. 参见冯锦荣。

二见刚史(Futami Takeshi). "Kyōshi hōsei gakudō no Nihonjin kyōshū "京师法政学堂の日本人教習(The Imperial College of Law and Government and Japanese instructors). *Kokuritsu kyōiku kenkyūjo kiyō* 115 (1988):

75 – 89.

高时良编:《中国教会学校史》,长沙:湖南教育出版社,1994 年。

Gardner, Daniel K. "Transmitting the Way: Chu Hsi and His Program of Learning." *Harvard Journal of Asiatic Studies* 49, no. 1 (1989): 141 – 172.

Gasster, Michael. *Chinese Intellectuals and the Revolution of* 1911: *The Birth of Modern Chinese Radicalism.* Seattle and London: University of Washington Press, 1969.

戈公振:《中国报学史》,上海:商务印书馆,1927 年。

Gernet, Jacques. *Chine et Christianisme. Action et réaction.* Paris: Gallimard, 1982.

Ghiglione, Anna. "Lo studio della logica cinese pre-Qin nel xx secolo." Unpublished *tesi di laurea*, University of Venice, 1987.

Giard, Luce, ed. *Les jésuites à la renaissance. Système éducatif et production du savoir.* Paris:Presses universitaires de France, 1995.

吉尔,尤西比奥(Gil, Eusebio)编:《耶稣会士的教育学:历史与现状》(*La pedagogía de los Jesuitas, ayer y hoy*) Madrid: Universidad Pontificia, 1999.

Gillispie, Charles C., ed. *Dictionary of Scientific Biography.* 12 vols. New York: Scribner's, 1972.

Golvers, Noël, ed. *The Christian Mission in China in the Verbiest Era: Some Aspects of the Missionary Approach.* Leuven: Leuven University Press, 1999.

——. "The Circulation of Western Books from Europe to the Jesuit Mission in China (ca. 1650 – ca. 1750)." *Daxiyangguo: Revista Portuguesa de Estudos Asiaticos* 14 (2009): 129 – 148.

——. "F. Verbiest's Mathematical Formation: Some Observations on Post-Clavian Jesuit Mathematics in Mid – 17th Century Europe." *Archives Internationales d'Histoire des Sciences* 54 (2004): 29 – 47.

——. "Verbiest's Introduction of Aristoteles Latinus (Coimbra) in China: New Western Evidence." In*The Christian Mission*, ed. N. Golvers, pp. 33 – 53.

龚缨晏、马琼:"关于李之藻生平事迹的新史料",载《浙江大学学报》38,2008 年第 3 期,第 89—97 页。

Goodman, Howard, and Anthony Grafton. "Ricci, the Chinese, and the Toolkits of Textualists." *Asia Major*, 3rd ser., 3, no. 2 (1990): 95 – 148.

Goyens, Michèle, Pieter de Leemans and An Smets, eds. *Science Translated: Latin Vernacular Translations of Scientific Treatises in Medieval Europe*. Leuven: Leuven University Press, 2008.

葛瑞汉(Graham, Angus Charles). "Being in Western Philosophy Compared with *Shih/Fei* and *Yu/Wu* in Chinese Philosophy." 1961. Reprinted in A. C. Graham, *Studies in Chinese Philosophy and Philosophical Literature*, pp. 321 – 359.

——. *Disputers of the Dao: Philosophical Argument in Ancient China*. LaSalle, Ill.: Open Court, 1989.

——. *Later Mohist Logic, Ethics and Science*. Hong Kong: The Chinese University of Hong Kong Press; London: School of Oriental and African Studies, London University, 1978.

——. "Relating Categories to Question Forms in Pre-Han Chinese Thought." 1985. Reprinted in A. C. Graham, *Studies in Chinese Philosophy and Philosophical Literature*, pp. 360 – 411.

——. *Studies in Chinese Philosophy and Philosophical Literature*, Albany, N. Y.: State University of New York Press, 1990.

Gridgeman, Norman T. "Jevons, William Stanley." In Gillispie, *Scientific Biography*, vol. 7, pp. 103 – 107.

关兴丽:"严复对西方逻辑的输入及其影响",载《福建论坛》1999年第2期,第15—19页。

Gülberg, Niels. "Alois Riehl und Japan." *Humanitas (The Waseda University Law Association)* 41 (2003): 1 – 32.

Gumprecht, Hans Ulrich. *Dimensionen und Grenzen der Begriffsgeschichte*. Munich: Wilhelm Fink, 2006.

Gunn, Edward. *Rewriting Chinese: Style and Innovation in Twentieth Century Chinese Prose*. Stanford: Stanford University Press, 1991.

郭桥:《逻辑与文化——中国近代时期西方逻辑传播研究》,北京:人民出版社,2006年。

国立北平图书馆编:《梁氏饮冰室藏书目录》,北京:北京图书馆出版社,2005[1933]。

Hacking, Ian. *Historical Ontology*. Cambridge, Mass.: Harvard University Press, 2002.

Han Qi. "F. Furtado (1587 – 1653) S. J. and His Chinese Translation of Aristotle's Cosmology." In *História das Ciências Matemáticas. Portugal e o Oriente*, pp. 169 – 179. Camarate: Fundação Oriente, 2000.

Hansen, Frank-Peter. *Geschichte der Logik des 19. Jahrhunderts. Eine kritische Einführung in die Anfänge der Erkenntnis- und Wissenschaftstheorie*. Würzburg: Königshausen und Neumann, 2000.

郝平:《北京大学创办史事考源》,北京:北京大学出版社,1998年。

Harbsmeier, Christoph. *Language and Logic in Traditional China*. Vol. 7, pt. 1, of *Science and Civilisation in China*, ed. Joseph Needham. Cambridge: Cambridge University Press, 1998.

Harrell, Paula. "Guiding Hand: Hattori Unokichi in Beijing." *Sino-Japanese Studies* 11, no. 1 (1998): 13 – 20.

——. *Sowing the Seeds of Change: Chinese Students, Japanese Teachers*, 1895 – 1905. tanford: Stanford University Press, 1992.

Hart, Roger. "Translating the Untranslatable: From Copula to Incommensurable Worlds." In *Tokens of Exchange*, ed. Lydia Liu, pp. 45 – 73.

Havens, Thomas R. *Nishi Amane and Modern Japanese Thought*. Princeton: Princeton University Press, 1970.

Hayhoe, Ruth. "Towards the Forging of a Chinese University Ethos: Zhendan and Fudan, 1903 – 1919." *The China Quarterly* 94 (1983): 323 – 341.

许美德(Ruth Hayhoe)和陆永玲主编:《马相伯:近代中国的头脑(1840—1939)》(*Ma Xiangbo and the Mind of Modern China, 1840 – 1939*),Armonk, N. Y. :M. E. Sharpe, 1996.

贺麟,"严复的翻译",《东方杂志》22,1925年第20期:第75—87页。

韩依薇(Heinrich, Larissa N):《来世图像:中西间病态身体的转换》(*The Afterlife of Images: Translating the Pathological Body between Chinaand the West*),Durham, N. C. : Duke University Press, 2008.

Hevia, James L. *English Lessons: The Pedagogy of Imperialism in Nineteenth-Century China*. Durham, N. C. : Duke University Press, 2003.

Hominal, François. *Terminologie mathématique en chinois moderne*. Paris: Éditions de l'École des hautes études en sciences sociales, 1980.

Hon, Tze-ki. "National Essence, National Learning, and Culture: Historical Writings in *Guocui xuebao*, *Xueheng*, and *Guoxue jikan*."

Historiography East & West 1, no. 2 (2003): 242–286.

——. "Zhang Zhidong's Proposal for Reform: A New Reading of the*Quanxue pian.*" In *Rethinking the 1898 Reform Period*, ed. Karl and Zarrow, pp. 77–98.

Horng, Wann-sheng. "Li Shanlan: The Impact of Western Mathematics in China during the Late 19th Century." Ph. D. diss., City University of New York, 1991.

Howland, Douglas R. *Borders of Chinese Civilization: Geography and History at Empire's End*. Durham, N. C.: Duke University Press, 1996.

——. *Personal Liberty and Public Good: The Introduction of John Stuart Mill to China and Japan*. Toronto: University of Toronto Press, 2005.

——. "The Predicament of Ideas and Culture: Translation and Historiography." *History and Theory* 42 (2003): 45–60.

Hsiao, Kung-ch'üan. *A Modern China and a New World: K'ang Yu-wei, Reformer and Utopian*, 1858–1927. Seattle and London: University of Washington Press, 1975.

胡明杰:《合璧中西数学:中国代数和微积分导论》(*Merging Chinese and Western Mathematics: The Introduction of Algebra and the Calculus in China*, 1859–1903), Ph. D. diss., Princeton University, 1998.

Hu Qiuhua. "Wang Guowei (1877–1929) und die Sprachproblematik." *Asiatische Studien* 55, no. 4 (2001): 971–978.

黄河清:"'逻辑'译名源流考",载《四库建设通讯》,1994 年第 5 期,第 11—15 页。

黄嘉谟:"马君武的早期思想与言论",载"中央研究院"《近代史研究所辑刊》1981 年第 10 辑,第 303—349 页。

黄克武:"梁启超与伊曼纽尔·康德",载《日本的角色》(*The Role of Japan*), ed. Fogel, pp. 125–155.

——《自由之意义:严复和中国自由主义的起源》(*The Meaning of Freedom: Yan Fu and the Origins of Chinese Liberalism*),香港:中文大学出版社,2008 年。

——"新名词之战:清末严复译语与和制汉语的竞赛",载"中央研究院"近代史研究所辑刊》2008 年第 92 辑,第 1—42 页。

——《自由的醰依然——严复对约翰弥尔自由思想的认识与批评》,上海：上海书店出版社，2000年。

Hummel, Arthur, ed. *Eminent Chinese of the Ch'ing Period*. 2 vols. Washington, D. C.: United States Government Printing Office, 1943.

Humphreys, Sally. "De-modernizing the Classics?" In*Applied Classics: Comparisons, Constructs, Controversies*, ed. Angelos Chaniotis, Annika Kuhn, and Christina Kuhn, pp. 197 – 206. Stuttgart: Franz Steiner, 2009.

Huters, Theodore. *Bringing the World Home: Appropriating the West in Late Qing and Early Republican China*. Honolulu: University of Hawai'i Press, 2005.

——. "A New Way of Writing: The Possibilities for Literature in Late Qing China, 1895 – 1908." *Modern China* 14, no. 3 (1988): 243 – 276.

Ivanhoe, Philip J., and Brian W. Van Norden. *Readings in Classical Chinese Philosophy*. Second ed. Indianapolis and London: Hackett, 2005.

Jami, Catherine. "'European Science in China' or 'Western Learning'? Representations of Cross-Cultural Transmission, 1600 – 1800." *Science in Context* 12, no. 3 (1999): 413 – 434.

——. "From Clavius to Pardies: The Geometry Transmitted to China by Jesuits (1607 – 1723)." In *Western Humanistic Culture Presented to China by Jesuit Missionaries (16th – 18th Centuries)*, ed. Federico Masini, pp. 175 – 199. Rome: Institutum Historicum S. I., 1996.

Jao, Tsung-i. "The Sino-Western Contact and the Chinese Misinterpretation of the Western Culture Shortly before and after the May Fourth Movement: A Case Study-*Lianzhu* and Logic." In *Interliterary and Intraliterary Aspects of the May Fourth Movement* 1919 *in China*, ed. Marian Galik, pp. 253 – 256. Bratislava: Veda, 1990.

姜义华：《章太炎》，台北：东大图书公司，1991年。

"教科书发刊概况 1868—1918"，1934年，重印于《中国近代出版史料初编》，张静卢编，第219—253页，北京：中华书局，1957年。

金建国、黄恒蛟："论王延直《普通应用论理学》——云南近代第一本普通逻辑"，载《云南师范大学学报》，1983年第4期，第43—49页。

晋荣东：《逻辑何为——当代中国逻辑的现代性反思》，上海：上海古籍出版社，2005年。

金岳霖：《金岳霖解读〈穆勒名学〉》，北京：中国社会科学出版社，2004年。

荫山雅博 (Kageyama Masahiro), "Kōso kyōiku kaikaku to Fujita Toyohachi" 清末江苏の教育改革と藤田豊八 (Educational reforms in Jiangsu and Fujita Toyohachi). *Kokuritsu kyōiku kenkyūjo kiyō* 115 (1988): 7 - 25.

Karl, Rebecca E., and Peter Zarrow, eds. *Rethinking the 1898 Reform Period: Political and Cultural Change in Late Qing China*. Cambridge, Mass.: Harvard University Press, 2002.

Kaske, Elisabeth. *The Politics of Language in Chinese Education, 1895 - 1919*. Leiden: Brill, 2008.

Kern, Iso. *Buddhistische Kritik am Christentum im China des 17. Jahrhunderts*. Bern: Peter Lang, 1992.

Kneale, William, and Martha Kneale. *The Development of Logic*. Oxford: Clarendon Press, 1962.

Knoblock, John. *Xunzi: A Translation and Study of the Complete Works*. 3 vols. Stanford: Stanford University Press, 1994.

Knuuttila, Simu, and Jaakko Hintikka, eds. *The Logic of Being: Historical Studies*. Dordrecht: Reidel, 1986.

Kodama Seiji 児玉斉二. "Gan Eikyō to kan-yaku shinrigaku yōgo ni tsuite" 颜永京と汉訳倫理学用语について (Yan Yongjing and his Chinese translations of psychological terms). *hinrigakushi-Shinrigakuron* 2 (2000): 25 - 33.

Kogelschatz, Hermann. *Wang Kuo-wei und Schopenhauer. Eine philosophische Begegnung*. Stuttgart: Franz Steiner, 1986.

Koselleck, Reinhart. "Hinweise auf die temporalen Strukturen begriffsgeschichtlichen Wandels." In *Begriffsgeschichte, Diskursgeschichte, Metapherngeschichte*, ed. Hans Erich Bödeker, pp. 29 - 48. Göttingen: Wallstein, 2002.

Kurtz, Joachim. "Coming to Terms with 'Logic.' The Naturalization of an Occidental Notion in China." In *New Terms for New Ideas*, ed. Lackner et al., pp. 147 - 176. Leiden: Brill, 2001.

——. "Matching Names and Actualities. Translation and the Discovery of Chinese Logic." In *Mapping Meanings: The Field of New Knowledge in Late Qing China*, ed. Michael Lackner and Natascha Vittinghoff, pp. 471 - 505. Leiden: Brill, 2004.

——. "Messenger of the Sacred Heart: Li Wenyu (1840 - 1911) and the Jesuit Periodical Press in Late Qing Shanghai. " In *From Woodblocks to the Internet*: *Chinese Publishing and Print Culture in Transition*, circa 1800 to 2008, ed. Cynthia Brokaw and Christopher A. Reed, pp. 81‐110. Leiden: Brill, 2010.

———. "Philosophie hinter den Spiegeln: Chinas Suche nach einer philosophischen Identität." In *Zwischen Selbstbestimmung und Selbstbehauptung*: *Ostasiatische Diskurse des 20. und 21. Jahrhunderts*, ed. Michael Lackner, pp. 222‐238. Baden Baden: Nomos, 2008.

———. "Translating the Science of Sciences: European and Japanese [449] Models in the Formation of Chinese Logical Terminology, 1886‐1911." In *Historiography and Japanese Consciousness of Values and Norms*, ed. James C. Baxter and Joshua A. Fogel, pp. 53‐76. Kyoto: International Research Institute for Japanese Studies, 2002.

———. "Was tun mit Chinas Nationaler Essenz? Disziplingeschichte versus Nationale Studien, 1898‐1911." In *Über Himmel und Erde*: *Festschrift für Erling von Mende*, ed. Raimund Th. Kolb and Martina Siebert, pp. 261‐280. Wiesbaden: Harrassowitz, 2006.

———. "The Works of Li Wenyu (1840‐1911): Bibliography of a Chinese-Jesuit Publicist."*Wakumon* 11 (2006): 149‐158.

La Servière, Joseph de. *Histoire de la mission du Kiang-nan*. Jésuites de la Province de France (Paris) (1840‐1899). 2 vols. Shanghai: Imprimerie de T'ou-sè-wè, 1914.

Lackner, Michael. "Circumnavigating the Unfamiliar: Dao'an (314‐385) and Yan Fu (1852‐1921) on Western Grammar." In *New Terms for New Ideas*, ed. Lackner et al., pp. 357‐372.

———. *Das vergessene Gedächtnis. Die jesuitische mnemotechnische Abhandlung "Xiguo jifa." Übersetzung und Kommentar*. Stuttgart: Franz Steiner, 1986.

———. "Diagrams as an Architecture by Means of Words: The *Yanji tu*." In *Graphics and Text in the Production of Technical Knowledge in China*: *The Warp and the Weft*, ed. Francesca Bray, Vera Dorofeeva-Lichtmann, and Georges Métailié, pp. 341‐377. Leiden: Brill, 2007.

———. "Die Verplanung des Denkens am Bespiel der*tu*." In *Lebenswelt und Weltanschauung im frühneuzeitlichen China*, ed. Helwig Schmidt-

Glintzer, pp. 133 – 156. Stuttgart: Franz Steiner, 1990.

——[朗宓榭]:"源自东方的科学?——中国式'自断'的表现形式",载《二十一世纪》,2003 年第 4 期,第 85—95 页。

朗宓榭(Michael Lackner)、阿梅龙(Iwo Amelung)、顾有信(Joachim Kurtz)主编:《新词语新概念:西学译介与晚清汉语词汇之变迁》(*New Terms for New Ideas: Western Knowledge and Lexical Change in Late Imperial China*), Leiden: Brill, 2001.

——. *WSC-Databases: An Electronic Repository of Chinese Scientific, Philosophical and Political Terms Coined in the Nineteenth and Early Twentieth Century.* Online at http://wsc.uni-hd.de/.

Lamberton, Mary. *St. John's University Shanghai, 1879 – 1951.* New York: United Board for Christian Colleges in China, 1955.

Levenson, Joseph R. *Confucian China and Its Modern Fate: A Trilogy.* 3 vols. Berkeley and Los Angeles: University of California Press, 1958 – 1965.

——. *Liang Ch'i-ch'ao and the Mind of Modern China.* Cambridge, Mass.: Harvard University Press, 1953.

Lefevere, André. *Translation/History/Culture: A Sourcebook.* London: Routledge, 1992.

李帆.《刘师培与中西学术》,北京:北京师范大学出版社,2003 年。

——《章太炎、刘师培、梁启超清学史著述之研究》,北京:商务印书馆,2006 年。

李杰泉:"清末的师范教育(1897—1911)",博士论文,香港中文大学,1997 年。

李仁渊:"新式出版业与知识份子:以包天笑的早期生涯为例",载《思与言》43,2005 年第 3 期,第 53—105 页。

李天纲:"信仰与传统——马相伯的宗教生涯",载马相伯:《马相伯集》,第 1227—1278 页。

李文潮:《17 世纪基督教中国传教团:理解,不理解,误解——基督教、佛教和儒教的精神史研究》(*Die christliche China-Mission im 17. Jahrhundert. Verständnis, Unverständnis, Missverständnis. Eine geistesgeschichtliche Studie zum Christentum, Buddhismus und Konfuzianismus*), Stuttgart: Franz Steiner, 2000.

李先焜:"严复在西方逻辑再输入上的重大贡献",载《湖北大学学报》1987 年第 2 期,第 72—79 页。

李喜所:《近代留学生与中外文化》,天津:天津人民出版社,1992年。

李俨和杜石然:《中国古代数学简史》(Chinese Mathematics: A Concise History),Oxford: Clarendon Press,1987.

黎宇宁:《中国社会主义的引入》(The Introduction of Socialism into China),New York: Columbia University Press, 1971.

李运博:《中日近代词汇的交流——梁启超的作用与影响》,天津:南开大学出版社,2006年。

李译厚:"论严复",1977年,重印于李泽厚:《中国近代思想史论》,第259—297页,台北:三民书局,1996年。

连战(Chan Lien),"中国共产主义对抗实用主义:胡适哲学批判,1950—1958"(Chinese Communism versus Pragmatism: The Criticism of Hu Shih's Philosophy),1950—1958年,载《亚州研究期刊》(The Journal of Asian Studies)27,1968年第3期,第551—570页。

林铭钧、曾祥云:《名辩学新探》,广州:中山大学出版社,2000年。

Lin, Xiaoqing Diana. *Peking University: Chinese Scholarship and Intellectuals 1898 - 1937.* Albany, N. Y.: State University of New York Press, 2005.

林夏水、张尚水:"数理逻辑在中国",载《自然科学史研究》2,1983年第2年,第175—182页。

Lippert, Wolfgang. *Entstehung und Funktion einiger chinesischer marxistischer Termini. Der lexikalisch-begriffliche Aspekt der Rezeption des Marxismus in Japan und China.* Wiesbaden: Franz Steiner, 1979.

Lippiello, Tiziana, and Roman Malek, eds. *"Scholar from the West": Giulio Aleni S. J. (1582 - 1649) and the Dialogue between Christianity and China.* Nettetal: Steyler, 1997.

Liu, Lydia H. *The Clash of Empires: The Invention of China in Modern World Making.* Cambridge, Mass,: Harvard University Press, 2004.

——, ed. *Tokens of Exchange: The Problem of Translation in Global Circulations.* Durham, N. C.: Duke University Press, 1999.

——. *Translingual Practice: Literature, National Culture, and Translated Modernity: China, 1900 - 1937.* Stanford: Stanford University Press, 1995.

刘培育:"逻辑学家汪奠基",载《文献》,1993年第3期,第79—90页。

刘烜:《王国维评传》,南昌:百花洲文艺出版社,1996年。

Lohr, Charles H. "Jesuit Aristotelianism and Sixteenth-Century Metaphysics." In *Paradosis: Studies in Memory of Edwin A. Quain*, ed. Harry G. Fletcher III and Mary B. Schulte, pp. 203–220. New York: Fordham University Press, 1974.

———. "Les jésuites et l'aristotélisme du XVIe siècle." In *Les jésuites à la renaissance*, ed. Giard, pp. 79–92.

———. "Renaissance Latin Aristotle Commentaries, Authors C." *Renaissance Quarterly* 28 (1975): 689–741.

Loureiro, Rui Manuel. *Na Companhia dos Livros: Manuscritos e Impressos nas Missões Jesuítas da Ásia Oriental* (1540–1620). Lisbon: Fundação Oriente, 2004.

Lucas, Thierry. "Hui Shih and Kung Sun Lung: An Approach from Contemporary Logic." *Journal of Chinese Philosophy* 20, no. 2 (1993): 211–255.

Luk, Bernard Hung-Kay. "Aleni Introduces the Western Academic Tradition to Seventeenth Century China. A Study of the *Xixue Fan*." In *"Scholar from the West,"* ed. Lippiello and Malek, pp. 479–518.

———. "A Study of Giulio Aleni's '*Chih-fang wai chi.*'" *Bulletin of the School of Oriental and African Studies* 40, no. 1 (1977): 58–84.

———. "Thus the Twain Did Meet? The Two Worlds of Giulio Aleni." Ph.D. diss., Indiana University, 1977. Reprint, Ann Arbor: University Microfilms, 1978.

罗检秋:《近代诸子学与文化思潮》,北京:中国社会科学出版社,1997年。

罗志田:《国家与学术:清际民初关于"国学"的思想论争》,北京:生活·读书·新知三联书店,2003年。

Lüsebrink, Hans-Jürgen. "Conceptual History and Conceptual Transfer: The Case of 'Nation' in Revolutionary France and Germany." In *The History of Concepts: Comparative Perspectives*, ed. Iain Hampsher-Monk, pp. 115–128. Amsterdam: Amsterdam University Press, 1998.

Lüthy, Christoph, and Alexis Smets. "Words, Lines, Diagrams, Images: Towards a History of Scientific Imagery." *Early Science and Medicine* 14 (2009): 398–439.

Lutz, Jessie G. *China and the Christian Colleges*, 1850–1950. Ithaca, N.Y.: Cornell University Press, 1971.

麻天祥:《晚清佛学与近代社会思潮》,开封:河南大学出版社,2005 年。

麻天祥等:《中国近代学术史》,长沙:湖南师范大学出版社,2001 年。

Mair, Victor H. "Ma Jianzhong and the Invention of Chinese Grammar." In *Studies on the History of Chinese Syntax*, ed. Chaofen Sun, pp. 5–26. Berkeley: Journal of Chinese Linguistics Monograph Series, 1997.

梅约翰(Makeham, John):"诸子学与论理学:中国哲学建构的基石与尺度",载《学术月刊》39,2007 年 4 月第 4 期,第 62—67 页。

Malherbe, Michel. "Bacon's Critique of Logic." In *Bacon's Legacy of Texts: The Art of Discovery Grows with Discovery*, ed. William A. Sessions, pp. 69–88. New York: AMS Press, 1990.

Martzloff, Jean-Claude. "Clavius traduit en chinois." In *Les jésuites à la renaissance*, ed. Giard, pp. 309–322.

——. "La compréhension chinoise des méthodes démonstratives euclidiennes au cours du XVIIe siècle et au début du XVIIIe." In *Actes du II e colloque internationale des sinologie: Les rapports entre la Chine et l'Europe au temps des Lumières*, pp. 125–143. Paris: Les Belles Lettres, 1980.

——. *A History of Chinese Mathematics*. Berlin: Springer, 1997 [1987].

Masini, Federico. "Aleni's Contribution to the Chinese Language." In "*Scholar from the West*," ed. Lippiello and Malek, pp. 539–554.

——. *The Formation of Modern Chinese Lexicon and Its Evolution toward a National Language: The Period from 1840 to 1898*. Berkeley: Journal of Chinese Linguistics Monograph Series, 1993.

——. "The Legacy of Seventeenth Century Jesuit Works: Geography, Mathematics and Scientific Terminology in Nineteenth Century China." In *L'Europe en Chine. Interactions scientifiques, religieuses et culturelles aux XVII e et XVIII e siècles*, ed. Catherine Jami and Hubert Delahaye, pp. 137–146. Paris: Collège de France, 1993.

——《现代汉语词汇的形成——十九世纪汉语外来词研究》,黄河清译,[452] 上海:汉语大辞典出版社,1998 年。

Mateer, Ada Haven. *New Terms for New Ideas: A Study of the Chinese Newspaper*. Shanghai: Presbyterian Mission Press, 1922 [1913].

Mays, W., and D. P. Henry. "Jevons and Logic." *Mind*, n. s., 62, no. 248 (1953): 484-505.

Melis, Giorgio. "Temi e tesi della filosofia europea nel 'Tianzhu Shiyi' di Matteo Ricci." In *Atti del convegno internazionale di studi Ricciani*, pp. 65-92. Macerata: Centro studi Ricciani, 1984.

Menegon, Eugenio. *Un solo cielo. Giulio Aleni S. J.* (1582-1649): *Geografia, arte, scienza, religione dall'Europa alla Cina*. Brescia: Grafo, 1994.

Métailié, Georges. "Sources for Modern Botany in China during the Qing Dynasty." *Japan Review*, no. 4 (1993): 1-13.

Michaud-Quantin, Pierre. "L'emploi des termes*logica* et *dialectica* au moyen âge." In *Arts libéraux et philosophie au moyen âge. Actes du quatrième congrès international de philosophie médiévale*, pp. 855-862. Montreal: Institut d'Études Médiévales; Paris: Librairie philosophique J. Vrin, 1969.

宮村治雄(Miyamura Haruo). "Ryō Keichō no Seiyō shisōka ron: sono 'tōgaku' to no kanren ni tsuite" 梁启超の西洋思想家论―その「东学」との関连において (Liang Qichao's writings on Western thinkers: On the connections with "Japanese learning"). *Chūgoku-Shakai to bunka* 5 (1990): 205-225.

Montgomery, Scott L. *Science in Translation: Movements of Knowledge through Cultures and Time*. Chicago: University of Chicago Press, 2000.

Morgan, Evan. *Chinese New Terms and Expressions*. Shanghai: Kelly & Walsh, 1913.

森冈健二(Morioka Kenji). *Kindaigo no seiritsu. Meijiki goi hen* 近代语の成立―明治期语汇编 (The evolution of modern language: The vocabulary of the Meiji era). Tōkyō: Meiji shoin, 1969.

Moritz, Ralf. *Hui Shi und die Entwicklung des philosophischen Denkens im alten China*. BerlinOst: Akademie-Verlag, 1973.

Müller, Ernst, and Falk Schmieder, eds. *Begriffsgeschichte der Naturwissenschaften: Zur historischen und kulturellen Dimension naturwissenschaftlicher Konzepte*. Berlin: de Gruyter, 2008. Mungello, David E. *The Chinese Rites Controversy: Its History and Meaning*. Nettetal: Steyler, 1994.

――. *Curious Land: Jesuit Accommodation and the Origins of*

Sinology. Honolulu: University of Hawai'i Press, 1989 [1985].

——. "The Return of the Jesuits to China in 1841 and the Chinese Christian Backlash."*Sino-Western Cultural Relations Journal* 27 (2005): 9–46.

李约瑟(Needham, Joseph):《中国与西方的学者和工匠:关于科学技术史的讲座与演讲》(*Clerks and Craftsmen in China and the West: Lectures and Addresses on the History of Science and Technology*),剑桥:剑桥大学出版社,1970年。

——. *Science and Civilisation in China. Vol. 3: Mathematics and the Sciences of the Heavens and the Earth.* Cambridge: Cambridge University Press, 1959.

Netz, Reviel. *The Shaping of Deduction in Greek Mathematics: A Study in Cognitive History.* Cambridge: Cambridge University Press, 1999.

Ng, Mau-sang. "Reading Yan Fu's *Tian Yan Lun.*" In *Interpreting Culture through Translation*, ed. Roger Ames et al., pp. 167–184. Hong Kong: The Chinese University Press, 1991.

Niranjana, Tejaswini. *Siting Translation: History, Post-Structuralism, and the Colonial Context.* Berkeley: University of California Press, 1992.

Nuchelmans, Gabriel. "Logic in the Seventeenth Century: Preliminary Remarks and the Constituents of the Proposition." In *The Cambridge History of Seventeenth-Century Philosophy*, ed. Daniel Garber and Michael Ayers, pp. 103–117. Cambridge: Cambridge University Press, 1998.

O'Malley, John W., et al., eds. *The Jesuits: Cultures, Sciences, and [453] the Arts*, 1540–1773. Toronto: University of Toronto Press, 1999.

大冢丰(Ōtsuka Yutaka). "Chūgoku kindai kōtō shihan kyōiku no hōga to Hattori Unokichi" 中国近代高等师范教育の萌芽と服部宇之吉 (The beginnings of modern higher normal education in China and Hattori Unokichi). *Kokuritsu kyōiku kenkyūjo kiyō* 115 (1988): 45–64.

Parsons, Gerald, ed. *Religion in Victorian Britain.* 4 vols. Manchester: Manchester University Press, 1988.

裴克豪斯(Volker Peckhaus):《逻辑学、普遍数学和一般科学:莱布尼茨与十九世纪形式逻辑的再发现》(*Logik*, *Mathesis universalis und allgemeine Wissenschaft. Leibniz unddie Wiederentdeckung der formalen Logik im 19. Jahrhundert*)(Berlin: Akademie Verlag, 1997) eckhaus, Volker. *Logik*, *Mathesis universalis und allgemeine Wissenschaft. Leibniz und die Wiederentdeckung der formalen Logik im 19. Jahrhundert*. Berlin: Akademie Verlag, 1997.

——. "Nineteenth-Century Logic between Philosophy and Mathematics."*Bulletin of Symbolic Logic* 5 (1999): 433-450.

彭漪涟:《中国近代逻辑思想史论》,上海:上海人民出版社,1991年。

皮后锋:《严复大传》,福州:福建人民出版社,2003年。

Pinho Dias, Arnaldo de. "A Isagoge de Porfirio na Lógica Conimbricense."*Revista Portuguesa de Filosofia* 20, nos. 1-2 (1964): 108-130.

Piovesana, Gino K. *Recent Japanese Philosophical Thought 1862-1962: A Survey*. Tōkyō: Sophia University Press, 1968 [1962].

Pocock, John G. A. *Politics, Language and Time: Essays on Political Thought and History*. London: Methuen, 1972.

Porter, David. "A Peculiar but Uninteresting Nation: China and the Discourse of Commerce in Eighteenth-Century England." *Eighteenth-Century Studies* 33, no. 2 (1999-2000): 181-199.

Pulleyblank, Edwin G. *Outline of Classical Chinese Grammar*. Vancouver: UBC Press, 1995.

Pusey, James Reeve. *China and Charles Darwin*. Cambridge: Cambridge University Press, 1983.

钱基博:《现代中国文学史》,上海:上海书店出版社,2004[1933]年。

全汉升:"清末的西学源出中国说",载《岭南学报》4,1935年第2,第57—102页。

Rafael, Vicente L. *Contracting Colonialism: Translation and Christian Conversion in Tagalog Society under Early Spanish Rule*. Ithaca, N. Y.: Cornell University Press, 1988.

Rath, Matthias. *Der Psychologismusstreit in der deutschen Philosophie*. Freiburg: Alber, 1994.

Reardon-Anderson, James. *The Study of Change: Chemistry in China*, 1840-1949. Cambridge: Cambridge University Press, 1991.

Reichardt, Rolf, Eberhard Schmitt, and Hans-Jürgen Lüsebrink, eds.

Handbuch politisch-sozialer Grundbegriffe in Frankreich 1680 – 1820. 20 vols. Munich: Oldenbourg, 1985 – 2000.

Reding, Jean-Paul. *Comparative Essays in Early Greek and Chinese Rational Thinking*. Aldershot: Ashgate, 2004.

——. "Greek and Chinese Categories." In Reding, *Comparative Essays*, pp. 65 – 92.

——. "To Be in Greece and China." In Reding, *Comparative Essays*, pp. 167 – 194.

Reinders, Eric. *Borrowed Gods and Foreign Bodies: Christian Missionaries Imagine Chinese Religion*. Berkeley and Los Angeles: University of California Press, 2004.

Reynolds, David. C. "Redrawing China's Intellectual Map: Images of Science in Nineteenth-Century China." *Late Imperial China* 12, no. 1 (1991): 27 – 61.

Reynolds, Douglas R. *China, 1898 – 1912: The Xinzheng Revolution and Japan*. Cambridge, Mass.: Harvard University Press, 1993.

Richter, Melvin. "More Than a Two-Way Traffic: Analyzing, [454] Translating and Comparing Political Concepts from Other Cultures." *Contributions to the History of Concepts* 1, no. 1 (2005): 7 – 20.

——. *The History of Social and Political Concepts*. Oxford: Oxford University Press, 1995.

Ride, Lindsay. *Robert Morrison: The Scholar and the Man*. Hong Kong: Hong Kong University Press, 1957.

Riedl, John O. *A Catalogue of Renaissance Philosophers* (1350 – 1650). Hildesheim: Georg Olms, 1973 [1940].

Riepe, Dale. "Selected Chronology of Recent Japanese Philosophy (1868 – 1963)." *Philosophy East and West* 15, nos. 3 – 4 (1965): 259 – 284.

Risse, Wilhelm. *Bibliographia logica. Verzeichnis der Druckschriften zur Logik mit Angabe ihrer Fundorte*. Band 1: 1472 – 1800. Hildesheim: Georg Olms, 1965.

——. "Logik." In *Historisches Wörterbuch der Philosophie*. Band 5, ed. Joachim Ritter and Karlfried Gründer, pp. 357 – 362. Darmstadt: Wissenschaftliche Buchgesellschaft, 1980.

——. *Die Logik der Neuzeit*. Band 1: 1500 – 1640. Stuttgart-Bad

Cannstadt: rommannHolzboog, 1964.

Roegiers, Jan. "The Academic Environment of the University of Louvain at the Time of Ferdinand Verbiest." In *Verbiest*, ed. Witek, pp. 31-44.

Roetz, Heiner. "Validity in Chou Thought: On Chad Hansen and the Pragmatic Turn in Sinology." In *Epistemological Issues in Classical Chinese Philosophy*, ed. Hans Lenk and Gregor Paul, pp. 69-112. Albany, N. Y.: State University of New York Press, 1993.

Ronan, Charles E., and Bonnie B. C. Oh, eds. *East Meets West: The Jesuits in China*, 1582-1773. Chicago: Loyola University Press, 1988.

Rosental, Claude. *Weaving Self-Evidence: A Sociology of Logic*. Princeton: Princeton University Press, 2008.

阮仁泽、高振农主编:《上海宗教史》,上海:上海人民出版社,1992年。

Rule, Paul A. *K'ung-tzu or Confucius: The Jesuit Interpretation of Confucianism*. Sydney: Allen & Unwin, 1986.

坂出祥伸(Sakade Yoshinobu). "Meiji tetsugaku ni okeru Chūgoku kodai ronrigaku no rikai" 明治哲学に于ける中国古代论理学の理解(Views of ancient Chinese logic in Meiji philosophy). In *Meiji ronrigakushi*, ed. Funayama, pp. 242-268.

——. "Shinmatsu ni okeru Seiō ronrigaku no juyō ni tsuite" 清末に于ける西欧论理学の受容について(The reception of European logic in late Qing China). *Nippon Chūgoku gakkaihō* 12 (1965): 155-163.

实藤惠秀(Sanetō Keishū):《中国人日本留学史》,谭汝谦、林启彦译,北京:生活・读书・新知三联书店,1983年。

Schaberg, David. "The Logic of Signs in Early Chinese Rhetoric." In*Early China/Ancient Greece: Thinking Through Comparisons*, ed. Steven Shankmann and Stephen W. Durrant, pp. 155-186. Albany, N. Y.: State University of New York Press, 2002.

Schwartz, Benjamin I. *In Search of Wealth and Power: Yen Fu and the West*. Cambridge, Mass.: Harvard University Press, 1964.

Sebes, Joseph. "The Precursors of Ricci." In*East Meets West*, ed. Ronan and Oh, pp. 19-61.

尚智丛:《明末清初(1582—1687)的格物穷理之学——中国科学发展的前近代形态》,成都:四川教育出版社,2003年。

——"南怀仁《穷理学》的主体内容与基本结构",载《清史研究》3,2003

年8月第3期,第73—84页。

沈殿成编:《中国人留学日本百年史1896—1996》,2卷,沈阳:吉林教育出版社,1997年。

沈国威,"The Creation of Technical Terms in English-Chinese Dictionaries from the Nineteenth Century." In *New Terms for New Ideas*, ed. Lackner et al., pp. 287–304.

——. *Kindai Nitchū goi kōryūshi: Shin Kango no seisei to juyō* 近代日中语汇交流史—新汉语の生成と受容(A history of lexical exchanges between China and Japan in the modern era: The formation and reception of new Chinese words). Tōkyō: Kasama shoin, 1994. New and revised edition, 2008.

——, ed. *"Rokugō sōdan" no gakusai teki kenkyū* 六合丛谈の学际的研究(Studies on the academic aspects of the *Shanghae Serial*). Tōkyō: Hakuteisha, 1999.

——. *"Shin Jiga" to sono goi.* 新尔雅とその语汇(On the *New Erya* and its vocabulary). Tōkyō: Hakuteisha, 1995.

沈海波:"章太炎与因明学",载《湖北大学学报》1998年第1期,第11—14页。

沈剑英编:《中国佛教逻辑史》,上海:华东师范大学出版社,2001年。

Shen, Vincent. "From Aristotle's *De Anima* to Xia Dacheng's Xingshuo." *Journal of Chinese Philosophy* 32, no. 4 (2005): 575–596.

史革新:"章太炎佛学思想略论",载《河北学刊》24,2004年第5期,第146—154页。

释圣严:《明末佛教研究》,台北:东初出版社,1988年。

石云艳:《梁启超与日本》,天津:天津人民出版社,2005年。

Shimada Kenji. *Pioneer of the Chinese Revolution: Zhang Binglin and Confucianism*. Translated by Joshua A. Fogel. Stanford: Stanford University Press, 1990.

舒新城:《中国近代教育史资料》,3卷,北京:人民教育出版社,1981年。

Simmons, Alison. "Jesuit Aristotelian Education: The *De anima* Commentaries." In *The Jesuits*, ed. O'Malley et al., pp. 522–537.

冼玉仪(Elizabeth Sinn)、"严复",载《翻译学百科全书》(*An Encyclopaedia of Translation*),陈善伟(Sinwai Chan)、卜立德(David Pollard)编, pp. 432–436. Hong Kong: The Chinese University Press, 1995.

Smith, Kidder. "Sima Tan and the Invention of Daoism, 'Legalism', etcetera." *The Journal of Asian Studies* 62, no. 1 (2003): 129-156.

Snell-Hornby, Mary. "Linguistic Transcoding or Cultural Transfer: A Critique of Translation Theory in Germany." In *Translation, History and Culture*, ed. Susan Bassnett and Andre Lefevere, pp. 81-82. London and New York: Pinter, 1990.

Snyder, Laura J. *Reforming Philosophy: A Victorian Debate on Science and Society*. Chicago:
University of Chicago Press, 2006.

惣乡正明(Sōgō Masaaki)、飞田良文(Aida Yoshifumi). *Meiji no kotoba jiten* 明治のことば辞典(Dictionary of the Meiji language). Tōkyō: Tōkyōdō shuppan, 1989.

宋文坚:《逻辑学的传入与研究》,福州:福建人民出版社,2005年。

Spalatin, Christopher. "Matteo Ricci's Use of Epictetus' *Encheiridion*." *Gregorianum* 56, no. 3 (1975): 551-557.

史景迁(Spence, Jonathan D.):《改变中国:中国的西方谋士,1620—1960》(*To ChangeChina: Western Advisers in China*, 1620-1960)(Boston: Little, Brown, 1969),第3—22页。

Spira, Ivo. *Chinese-Isms and Ismatisation: A Case Study in the Modernisation of Ideological Discourse*. Ph. D. diss., University of Oslo, 2010.

Standaert, Nicolas. "Christianity in Late Ming and Early Qing China as a Case of Cultural Transmission." In *China and Christianity: Burdened Past, Hopeful Future*, ed. Stephen Uhalley, Jr., and Xiaoxin Wu, pp. 81-116. Armonk, N.Y.: M.E. Sharpe, 2001.

——. "The Classification of Sciences and the Jesuit Mission in Late Ming China." In *Linked Faiths: Essays on Chinese Religions and Traditional Culture in Honour of Kristofer Schipper*, ed. Jan A. M. De Meyer and Peter M. Engelfriet, pp. 287-317. Leiden: Brill, 2000.

——, ed. *Handbook of Christianity in China. Volume One*: 635-1800. Leiden: Brill, 2001.

——. "The Investigation of Things and the Fathoming of Principles (*Gewu Qiongli*) in the Seventeenth-Century Contact between Jesuits and Chinese Scholars." In *Verbiest*, ed. Witek, pp. 395-420.

——. "The Transmission of Renaissance Culture in Seventeenth-

Century China." *Renaissance Studies* 17, no. 3 (2003): 367–391.

———. *Yang Tingyun, Confucian and Christian in Late Ming China: His Life and Thought.* Leiden: E. J. Brill, 1988.

Stegmüller, Friedrich. *Filosofia e teologia nas universidades de Coimbra e Evora no século xvi.* Coimbra: Universidade de Coimbra, 1959.

Su, Jui-lung. "Lien-chu." In *The Indiana Guide to Traditional Chinese Literature*, ed. William H. Nienhauser, vol. 2, pp. 89–92. Bloomington and Indianapolis: Indiana University Press, 1998.

苏岳:"王延直的《普通应用论理学》",载《法制与社会》2008年第18期,第270—271页。

Sun, Cecile Chu-chin. "Wang Guowei as Translator of Values." In *Creation and Translation: Readings of Western Literature in Early Modern China*, 1840–1918, ed. David Pollard, pp. 253–282. Amsterdam and Philadelphia: John Benjamins, 1998.

孙应祥:《严复年谱》,福州:福建人民出版社,2003年。

孙中原:"论严复的逻辑成就",载《文史哲》,1992年第3期,第80—85页。

——《中国逻辑史(先秦)》,北京:中国人民大学出版社,1987年。

——《中国逻辑研究》,北京:商务印书馆,2006年。

——"中国逻辑研究百年论要",载《东南学术》2001年第1期,第29—39页。

——《诸子百家的逻辑智慧》,北京:机械工业出版社,2004年。

Svarverud, Rune. *International Law as World Order in Late Imperial China.* Leiden: Brill, 2007.

高田淳(Takada Atsushi). "Chūgoku kindai no 'ronri' kenkyū" 中国近代の'论理'研究 (Studies in "logic" in modern China). *Kōza Tōyō shisō* 讲座东洋思想 4, Series 2: *Chūgoku shisō* 中国思想 3 (1967): 215–227.

谭汝谦:《近代中日文化关系研究》,香港:香港日本研究所,1986年。

——"中日之间译书事业的过去、现在与未来",载《中国译日本书综合目录》,实藤惠秀(Sanetō Keishū)监修,谭汝谦主编,第37—117页。

谭汝谦、实藤惠秀:《中国译日本书综合目录》,香港:中文大学出版社,1980年。

汤用彤:"论格义,载汤用彤:《汤用彤集》,第140—151页,北京:中国社会科学出版社,1995年。

汤志钧:《章太炎年谱长编》,北京:中华书局,1979年。

Thiel, Christian. "Jevons." In*Enzyklopädie Philosophie und Wissenschaftstheorie*, ed. Jürgen Mittelstrass et al., vol. 2, pp. 310–313. Mannheim: Bibliographisches Institut, 1996[1984].

Todorov, Tzvetan. *La conquête de l'Amérique. La question de l'autre*. Paris: Seuil, 1982.

Toews, John E. "Intellectual History after the Linguistic Turn: The Autonomy of Meaning and the Irreducibility of Experience." *American Historical Review* 92 (1987): 879–907.

Tsien, Tsuen-hsuin. "Western Impact on China through Translation." *Far Eastern Quarterly* 13, no. 3 (1954): 305–327.

Turner, Frank M. "The Victorian Conflict between Science and Religion: A Professional Dimension."*Isis* 69 (1978): 356–376.

Van Evra, James. "The Development of Logic as Reflected in the Fate of the Syllogism 1600–1900." *History and Philosophy of Logic* 21 (2000): 115–134.

Vande Walle, Willy. "Ferdinand Verbiest and the Chinese Bureaucracy." In*Verbiest*, ed. Witek, pp. 495–515.

Verhaeren, H[enri]. "Aristote en Chine."*Bulletin Catholique de Pékin* 264 (August 1935): 417–429.

——. *Catalogue de la Bibliothèque du Pé-t'ang*. Beijing: Imprimerie des Lazaristes, 1949.

Villoslada, Riccardo G. *Storia del Collegio Romano dal suo inizio (1551) alla soppressione della Compagnia di Gesù (1773)*. Rome: Apud aedes Universitatis Gregorianae, 1954.

Waley-Cohen, Joanna. *The Sextants of Beijing: Global Currents in Chinese History*. New York: Norton, 1999.

Wallace, William A. *Galileo and His Sources: The Heritage of the Collegio Romano in Galileo's Science*. Princeton: Princeton University Press, 1984.

万仕国:《刘师培年谱》,扬州:广陵书社,2003 年。

王冰:"明清时期(1610—1910)物理学译著书目考",载《中国科技史料》7,1986 年第 5 期,第 3—20 页。

——"南怀仁介绍的温度计和湿度计试析",载《自然科学史研究》5,1986 年第 1 期,第 191—192 页。

王尔敏:《上海格致书院志略》,香港:中文大学出版社,1980 年。

王汎森:《章太炎的思想——兼论其对儒学传统的冲击》,台北:时报文化出版公司,1985年。

汪晖:《现代中国思想的兴起》,4卷,北京:生活·读书·新知三联书店,2004年。

王克非:《中日近代对西方政治哲学思想的摄取——严复与日本启蒙学者》,北京:中国社会科学出版社,1996年。

王立新:《美国传教士与晚清中国现代化》,天津:天津人民出版社,1997年。

王蘧常:《严几道年谱》,上海:商务印书馆,1936年。

汪荣祖:《从传统中求变——晚清思想史研究》,南昌:百花洲文艺出版社,2001。

——[Wong Young-tsu]. *Search for Modern Nationalism: Zhang Binglin and Revolutionary China*, 1869-1936. Hong Kong, Oxford, New York: Oxford University Press, 1989.

王栻:《严复传》,上海:上海人民出版社,1957年。

王树槐:"清末翻译名词的统一问题",载"中央研究院"《近代史研究所辑刊》1969年第1辑,第47—82页。

——《外人与戊戌变法》,台北:"中央研究院"近代史研究所,1965年。

王向荣:《日本教习》,北京:生活·读书·新知三联书店,1988年。

王先明:《近代新学——中国传统学术文化嬗变与重构》,北京:商务印书馆,2000年。

——《语言、翻译与政治——严复译〈社会通诠〉研究》,北京:北京大学出版社,2005年。

Wang Xiaoling. "Liu Shipei et son contrat social chinois." *Etudes chinoises* 17, nos. 1-2 (1998): 155-190.

王扬宗:《傅兰雅与近代中国的科学启蒙》,北京:科学出版社,2000年。

——"赫胥黎科学导论的两个中译本",载《中国科技史料》21,2000年第3期,第207—221页。

——. "A New Inquiry into the Translation of Chemical Terms by John Fryer and Xu Shou." In *New Terms for New Ideas*, ed. Lackner et al., pp. 271-284.

——"清末益智书会统一科技术语工作述评",载《中国科技史料》12,1991年第2期,第9—19页。

王云五:《商务印书馆与新教育年谱》,台北:台湾商务印书馆,1973年。

汪子春:"中国近代生物学发展概况",载《中国科技史料》9,1988年第2

期,第 17—35 页。

Wardy, Robert. *Aristotle in China: Language, Categories, and Translation*. Cambridge: Cambridge University Press, 2000.

——. "Chinese Whispers." *Proceedings of the Cambridge Philological Society* 38 (1992): 149–170.

温公颐:《中国中古逻辑史》,上海:上海人民出版社,1989 年。

温公颐、崔清田:《中国逻辑史教程(修订本)》,天津:南开大学出版社,2001 年。

Weston, Timothy B. "The Founding of the Imperial University and the Emergence of Chinese Modernity." In *Rethinking the 1898 Reform Period*, ed. Karl and Zarrow, pp. 99–123.

Wilhelm, Hellmut. "The Problem of Within and Without. A Confucian Attempt at Syncretism." In *Journal of the History of Ideas* 12, no. 1 (1951): 48–60.

Witek, John W., ed. *Ferdinand Verbiest, S. J. (1623–1688): Jesuit Missionary, Scientist, Engineer and Diplomat*. Nettetal: Steyler, 1994.

Wong, Lawrence Wang-chi. "Beyond *Xin, Da, Ya*: Translation Problems in the Late Qing." In *Mapping Meanings: The Field of New Learning in Late Qing China*, ed. Michael Lackner and Natascha Vittinghoff, pp. 239–264. Leiden: Brill, 2004.

Wright, David. "The Great Desideratum: Chinese Chemical Nomenclature and the Transmission of Western Chemical Concepts." *Chinese Science* 14 (1997): 35–70.

——. "John Fryer and the Shanghai Polytechnic: Making Space for Science in Nineteenth-Century China." *British Journal for the History of Science* 29 (1996): 1–16.

——. *Translating Science: The Transmission of Western Chemistry into Late Imperial China*, 1840–1900. Leiden: Brill, 2000.

——. "The Translation of Modern Western Science in Nineteenth-Century China, 1840–1895." *Isis* 89, no. 4 (1998): 653–673.

——. "Yan Fu and the Tasks of the Translator." In *New Terms for New Ideas*, ed. Lackner et al., pp. 235–256.

吴光兴:"刘师培对中国学术史的研究",载《学人》1995 年第 7 期,第 163—186 页。

Wu, Jiang. "Buddhist Logic and Apologetics in Seventeenth-Century

China: An Analysis of the Use of Buddhist Syllogisms in an Anti-Christian Polemic." *Dao: A Journal of Comparative Philosophy* 2, no. 2 (2003): 273-289.

Xi Zezong. "Ferdinand Verbiest's Contribution to Chinese Science." In*Verbiest*, ed. Witek, pp. 183-211.

夏晓虹:《阅读梁启超》,北京:生活·读书·新知三联书店,2006年。

熊月之:"《清史·西学志》纂修的一点心得——晚清逻辑学译介的问题",载《清史研究》2008年第1期,第124—135页。

——《西学东渐与晚清社会》,上海:上海人民出版社,1994年。

徐光太:"明末西方《范畴论》重要语词的传入与翻译:从利玛窦《天主实义》到《名理探》",载《清华学报》35,2005第2期,第245—281页。

徐鹏绪和周逢琴:"章士钊的逻辑文",载《东方论坛》2002年第5期,第13—22页。

——"论章士钊的文学观及其逻辑文",载《山东社会科学》2003年第2期,第102—105页。

徐雁平:《胡适与整理国故考论:以中国文学史研究为中心》,合肥:安徽教育出版社,2003年。

Xu Yibao. "Bertrand Russell and the Introduction of Mathematical Logic in China." *History and Philosophy of Logic* 24 (2003): 181-196.

徐宗泽:《明清间耶稣会士译著提要》,台北:中华书局,1958年。

——"《名理探》之跋",载李之藻和傅汎际:《名理探》,第579—587页。

Yang, Fang-Yen. "Nation, People, Anarchy: Liu Shih-p'ei and the Crisis of Order in Modern China." Ph. D. diss., University of Wisconsin-Madison, 1999.

杨俊光:《墨子新论》,南京:江苏教育出版社,1992年。

杨沛荪编:《中国逻辑思想史教程》,兰州:甘肃人民出版社,1988年。

姚奠中和董国炎:《章太炎学术年谱》,太原:山西古籍出版社,1996年。

姚南强:《因明学说史纲要》,上海:三联书店,2000年。

Yap, Key-chong. "Culture-Bound Reality: The Interactionistic Epistemology of Chang Tung-sun." *East Asian History* 3 (1992): 77-120.

八耳俊文(Yatsumimi Toshifumi):"清末期西人著訳科学関係中国书および和刻本所在目録"(Chinese books related to science translated by foreigners in the late Qing period, with indications of holdings in Japan), *Kagakushi kenkyū* 22 (1995): 312-358.

易惠莉:《西学东渐与中国传统知识分子——沈敏桂个案研究》,沈阳:

吉林人民出版社,1993年。

英千里:"明末的一部公教哲学杰作:《名理探》",载《新北辰》1,1935年第2期,第159—172页。

Yu, Shuo. "L'introduction de la philosophie de la logique en Chine." *Archives européennes de sociologie* 34, no. 1 (1993): 139-151.

袁伟时:"19世纪中西哲学和文化交流的几个问题",载《哲学研究》1992年第7期,第45—52页。

——《中国现代哲学史稿》,广州:中山大学出版社,1987年。

孟悦:《上海与帝国的边缘》(*Shanghai and the Edges of Empires*), Minneapolis: University of MinnesotaPress, 2006.

Zarrow, Peter. *Anarchism and Chinese Political Culture*. New York: Columbia University Press, 1990.

曾建立:"《格致古微》与晚清'西学中源'说",载《中州学刊》6,2000年第11期,第146—150页。

曾祥云:"20世纪中国逻辑史的反思——拒斥'名辩逻辑'",载《江海学刊》2000年第6期,第71—76页。

——《中国近代比较逻辑思想研究》,哈尔滨:黑龙江教育出版社,1992年。

曾昭式:"胡适'试验论理学'思想及其对逻辑学发展的影响",载《安徽大学学报》25,2001年第5期,第27—29页。

张江华:"最早在中国介绍培根生平及其学说的文献",载《中国科技史料》11,1990年第4期,第93—94页。

张朋圆:《梁启超与清季革命》,吉林:吉林出版集团,2007年。

张晴:《20世纪的中国逻辑史研究》,北京:中国社会科学出版社,2007年。

Zhang, Qiong. "Hybridizing Scholastic Psychology with Chinese Medicine: A Seventeenth-Century Chinese Catholic's Conceptions of *Xin* (Mind and Heart)." *Early Science and Medicine* 13 (2008): 313-360.

——"Translation as Cultural Reform: Jesuit Scholastic Psychology in the Transformation of the Confucian Discourse on Human Nature." In *The Jesuits*, ed. O'Malley et al., pp. 364-379.

张天松:《马相伯先生读书生活》,香港:公教真理学会出版社,1950年。

张晓:"为南怀仁《穷理学》正名",载《明清论丛》2002年第3期,第379—385页。

张西平:"《穷理学》——南怀仁最重要的著作",载张西平:《传教士汉学研究》,郑州:大象出版社,2005年。

章用:"名理探考",重印于章士钊:《章士钊全集》第 7 卷,第 299—301 页。
张志建:《严复学术思想研究》,北京:商务印书馆,1995 年。
张志建和董志铁:"试论严复对我国逻辑学研究的贡献",载《中国逻辑史研究》,第 303—320 页,北京:中国社会科学出版社,1982 年。
赵莉如:"有关《心灵学》一书的研究",载《心理学报》1983 年第 4 期:第 380—387 页。
赵少荃:"复旦大学创立经过",载《马相伯与复旦大学》,宗有恒和夏林根编,第 257—265 页,太原:山西教育出版社,1996 年。
赵总宽编:《逻辑学百年》,北京:北京出版社,1999 年。
郑杰文:《20 世纪墨学研究史》,北京:清华大学出版社,2002 年。
郑匡民:《梁启超启蒙思想的东学背景》,上海:上海书店出版社,2003 年。
郑师渠:"晚清国粹派论孔子",载《娄底师专学报》1994 年第 3 期,第 75—81 页。
——《晚清国粹派——文化思想研究》,北京:北京师范大学出版社,1997 年。
钟少华:"清末中国人对'哲学'的追求",载《中国文哲研究通讯》2,1992 年第 2 期:第 159—189 页。
周礼全编:《逻辑百科词典》,成都:四川教育出版社,1994 年。
周文英:《中国逻辑思想史稿》,北京:人民出版社,1979 年。
周武:《张元济:书卷人生》,上海:上海教育出版社,1999 年。
周云之:《名辩学论》,沈阳:辽宁人民出版社,1996 年;沈阳:辽宁教育出版社,1996 年。
——"'名辩学'之名的由来及其约定俗成过程",载《理有固然——纪念金岳霖先生百年诞辰》,中国社会科学院哲学所逻辑室编,第 140—157 页,北京:社会科学文献出版社,1995 年。
——"评严复在译释《穆勒名学》中的逻辑思想",载《逻辑学论丛》,中国社会科学院哲学研究所逻辑研究室编,第 186—196 页,北京:社会科学文献出版社,1983 年。
——《中国逻辑史》,太原:山西教育出版社,2004 页。
周振甫:《严复思想述评》,台北:台湾中华书局,1964 年。
周振鹤编:《晚清营业书目》,上海:上海书店出版社,2005 年。
庄吉发:《京师大学堂》,台北:台湾大学文学院,1970 年。
邹小站:《章士钊传》,郑州:河南文艺出版社,1999 年。
邹振环:《晚清西方地理学在中国》,上海:上海古籍出版社,2000 年。
——《译林旧踪》,南昌:江西教育出版社,2000 年。

译后记

对我来说,有幸翻译顾有信教授的《中国逻辑的发现》这本书,是各种机缘巧运的结果。先是在蓝江老师所创建的一个读书群里结识了江苏人民出版社的卞清波编辑,当时他在群里撒了一张大网,为江苏人民出版社的"海外中国研究丛书"网罗译者,需要翻译的十几本海外汉学著作中,有几本儒学方面的专著是我最感兴趣的,但那几本书都已经有了译者,只有顾有信教授此著还没有找到合适的翻译人员。作为哲学研究者,逻辑学当然是日常必须关注的哲学学科的重要分支之一,并且在得到此书之后,翻看了几页,觉得自己还是能胜任的,所以我也就将这个工作应承下来。

不过,确定了任务之后,我才发现这个翻译工作并不是那么容易搞定的事情。尽管以前有过翻译实践,但所译皆是我比较熟悉的内容,而逻辑学尤其是中国逻辑思想史并不是我的专长,所以在翻译本书时,整个过程较为痛苦,也经历了各种煎熬。为了不负卞清波编辑之重托,最主要的是为了保证翻译质量,我只有集中精力全身心投入,并在预定交稿日期一年之后才最终完成。

顾有信教授撰写的《中国逻辑的发现》,是一本考察逻辑学在中国发展源流的著作,其中既有对中国逻辑思想史和西方逻辑学传入过程的细致梳理,又有对相关史实的钩沉和评价,以史带论,堪称佳作。海外汉学中的中国哲学研究领域成果丰硕,且被译介甚力;而尽管中国逻辑思想史方面也有不少作品,这些作品无论是方法论,还是代表性观点,国内目前还缺少系统的介绍梳理和总结,尤其是不带偏见地将西方逻辑学传入中国的坎坷历程与中国本土逻辑思想的发展相结合展开论述的著作,我们还不够重视。顾有信教授恰恰就是从这个角度切入对中国传统逻辑思想的演进和近代以来逻辑学如何扎根中国学界并为汉语言创造新概念新术语提供强大助力进行多角度考察的,这一考察大大丰富了中国思想史的内容。

作者首先梳理了欧洲逻辑学来到中国并被传播的过程,这个过程主要经历了三个阶段。第一个阶段是16世纪耶稣会士将欧洲传道院和大学所使用的逻辑学教程首次带入中国,并展开了逻辑学在中国传播的初次尝试,但这次尝试只影响了明清之际极少数中国士人,比如徐光启、李之藻等,并没有对中国学界整体产生实质性的影响,逻辑学(论辩之学)在与中国初次邂逅中错失了生根繁荣的良机,从这个意义上来说,耶稣会士如利玛窦、傅泛际、南怀仁等对逻辑学引进中国的努力是失败的。第二个阶段是19世纪新教传教士延续耶稣会士的做法,开始致力于将逻辑学引入中国的第二次尝试,但新教传教士们的尝试仍然谈不上成功,因为他们面对清朝历代皇帝反复无常的文化心态,经历了自康熙到雍正年间的历法之争(其实这是绵延百年的礼仪之争的继续)后,艾约瑟、颜永京和傅兰雅的不懈努力最终仍然功亏一篑。

顾有信指出,西方逻辑学传入中国的两次失败,除了中国传统士人和统治者的文化偏见的阻碍之外,究其根源,还由于传教士们所关注的并不是逻辑学作为一门普遍适用之科学在中国语境中的确立,他们关心的核心问题是基督教如何在中国落地生根,吸引信众,而包括逻辑学在内的其他一切学科的传播,只是传教的一种手段。正如本书作者所言:"传教士们的一个实质性工作是,致力于通过介绍来自西方并关于西方的'有用知识'唤起中国人对基督教教义的好奇心。"(原书第90页)对传教任务的过分专注使传教士们忽略了一种新学科传入异域时概念术语的创造,而在新的文化和语言环境中缺乏持续的词汇创新的逻辑学是无法在新环境中被人理解的,因而也不可能得到广泛传播。这使得西方逻辑学难以在中国士人心中产生共鸣,并且一心传教的做法也容易引起明清之际统治阶层和知识阶层的反感和厌恶。

直到1900年左右,中国的国门被西方列强强行打开之际,当时睁眼看世界的有识之士才开始从各个方面反思中国落后的原因,其中严复、梁启超、章太炎等人敏锐地觉察到中国人在逻辑思维方式上的缺陷,开始自觉地将西方逻辑学系统而又全面地引介到中国话语体系之中,逻辑学在中国传播的第三个阶段才使这门学科被国人普遍接受,这导致中国话语体系发生了巨大变化。近代以来对西方逻辑学的引介,一个途径是从欧洲直接引入,另一个更重要的途径是借道日本,从日语翻译作品再转译为中文,以此方式,逻辑学及其概念术语被大规模地移植到中国学术的各个领域之中,引起了中国语言和社会方方面面的变革。其中,严复在这方面的贡献无疑是无人能替代的,因此,本书作者以整整一章的篇幅对他在近代中国逻辑学的引入和传播方面所做的努力予以全面梳理和评价。但是严复在将西方逻辑学译介到中国时的心态和做法却值得我们反思,一方面他认为逻辑学是必要的思维技艺和不可缺少的辩论与论证方法,尤其服膺归纳逻辑的方法,认为这是增加人类知识的必要手段,另一方面在翻译逻辑学作品时,他又很难摆脱中国传统士人对本土文化传统和语言习惯的依赖，使用大量古汉语词汇来对译西方逻辑学的专业术语，同时又极力拒斥日本翻译作品中的逻辑学概念，译文虽然古朴典雅却令人难以理解，因此他的逻辑学翻译作品并没有得到广泛流行。而他不遗余力地鼓吹和宣扬逻辑学的必要性，终究为逻辑学在中国的传播乃至其最终被中国人彻底接受发挥了不可替代的作用。严复这种心理态度和实际做法之间的张力，表现于西方科学和文化尤其是自然科学向中国传播的整个过程之中，直至今日，在我们各个领域里仍有所体现。

顾有信教授的这本著作考证精详，文献征引极为丰富，通过他的考察和阐释，中国思想应该被以国际视角加以审视的特点被清晰地揭示出来，中西文化不仅有相互争执的一面，而且尤其值得我们注意的是，它们之间还存在着相互融合、互为借镜的一面，即中西文化都是普遍性的文化形态，两者间并不存在有些西方人所判定的不可通约性，这既使得中西经典互译得以可能，也使得双方跨文化、跨语际交流得以实现。西方逻辑学传入中国的过程，从受到漠视到被广泛接受，恰恰体现了这一点，即如果我们过于强调中西文化的独特性而有意模糊或忽略两者共有的普遍性，它们之间冲突和对立的一面就会被凸显；当我们发现并强调中西文化之间普适共通的一面，双方的对话和交流就自然而然地走向繁荣，后者又会必然引起我们对自身传统文化的反思与再创造。在与西方逻辑学的互通互融中，中国学界也逐渐发现中国传统逻辑思想的重要性，近代以来先秦名辩学和佛教因明学的价值被重新发现，西方逻辑学在近代中国的传播应该是这方面最重要的刺激因素。这应该是顾有信教授此著给我们提供的思想启发之一。

在翻译本书时，很多朋友提供了无私的帮助。由于顾有信教授所用二手文献极为广博，有些文献查找起来十分困难，在这方面,凭借网络的便利,南京大学的蓝江教授和深圳大学的臧勇博士给了我大量帮助,可以说没有他们,很多文献根本无从查找,我的翻译工作也将困难重重。在个别文句含义的确定上,清华大学张卜天教授数次抽出宝贵的时间为我答疑解惑。在逻辑学专业尤其是《墨子》"墨辩"文本的理解上,我的同事、好朋友张万强博士经常不厌其烦地向我面授机宜。华东师范大学晋荣东教授为我指出了几个术语问题;谢婷博士抽时间帮我校对了逻辑学术语和概念,提出了许多非常中肯的建议。海南师范大学的陈鑫博士在专业术语方面也曾给我指导。我的师兄、华东师范大学刘梁剑教授则从各个层面为我提供助力。在此对他们表示衷心感谢。同时还要感谢卞清波,他在编辑本书的过程中展现出来的耐心、细致和宽容,令我感到我们之间的合作舒心惬意,可以说,这对译者而言是可遇不可求的。

  译事艰难,尽管在我看来已竭尽全力,但书中一定会有疏漏之处,对此我作为译者将承担所有责任,希望有心的读者多多批评指正。

"海外中国研究丛书"书目

1. 中国的现代化 [美]吉尔伯特·罗兹曼 主编 国家社会科学基金"比较现代化"课题组 译 沈宗美 校
2. 寻求富强：严复与西方 [美]本杰明·史华兹 著 叶凤美 译
3. 中国现代思想中的唯科学主义(1900—1950) [美]郭颖颐 著 雷颐 译
4. 台湾：走向工业化社会 [美]吴元黎 著
5. 中国思想传统的现代诠释 余英时 著
6. 胡适与中国的文艺复兴：中国革命中的自由主义,1917—1937 [美]格里德 著 鲁奇 译
7. 德国思想家论中国 [德]夏瑞春 编 陈爱政 等译
8. 摆脱困境：新儒学与中国政治文化的演进 [美]墨子刻 著 颜世安 高华 黄东兰 译
9. 儒家思想新论：创造性转换的自我 [美]杜维明 著 曹幼华 单丁 译 周文彰 等校
10. 洪业：清朝开国史 [美]魏斐德 著 陈苏镇 薄小莹 包伟民 陈晓燕 牛朴 谭天星 译 阎步克 等校
11. 走向21世纪：中国经济的现状、问题和前景 [美]D.H.帕金斯 著 陈志标 编译
12. 中国：传统与变革 [美]费正清 赖肖尔 主编 陈仲丹 潘兴明 庞朝阳 译 吴世民 张子清 洪邮生 校
13. 中华帝国的法律 [美]D.布朗 C.莫里斯 著 朱勇 译 梁治平 校
14. 梁启超与中国思想的过渡(1890—1907) [美]张灏 著 崔志海 葛夫平 译
15. 儒教与道教 [德]马克斯·韦伯 著 洪天富 译
16. 中国政治 [美]詹姆斯·R.汤森 布兰特利·沃马克 著 顾速 董方 译
17. 文化、权力与国家：1900—1942年的华北农村 [美]杜赞奇 著 王福明 译
18. 义和团运动的起源 [美]周锡瑞 著 张俊义 王栋 译
19. 在传统与现代性之间：王韬与晚清革命 [美]柯文 著 雷颐 罗检秋 译
20. 最后的儒家：梁漱溟与中国现代化的两难 [美]艾恺 著 王宗昱 冀建中 译
21. 蒙元入侵前夜的中国日常生活 [法]谢和耐 著 刘东 译
22. 东亚之锋 [美]小R.霍夫亨兹 K.E.柯德尔 著 黎鸣 译
23. 中国社会史 [法]谢和耐 著 黄建华 黄迅余 译
24. 从理学到朴学：中华帝国晚期思想与社会变化面面观 [美]艾尔曼 著 赵刚 译
25. 孔子哲学思微 [美]郝大维 安乐哲 著 蒋弋为 李志林 译
26. 北美中国古典文学研究名家十年文选 乐黛云 陈珏 编选
27. 东亚文明：五个阶段的对话 [美]狄百瑞 著 何兆武 何冰 译
28. 五四运动：现代中国的思想革命 [美]周策纵 著 周子平 等译
29. 近代中国与新世界：康有为变法与大同思想研究 [美]萧公权 著 汪荣祖 译
30. 功利主义儒家：陈亮对朱熹的挑战 [美]田浩 著 姜长苏 译
31. 莱布尼兹和儒学 [美]孟德卫 著 张学智 译
32. 佛教征服中国：佛教在中国中古早期的传播与适应 [荷兰]许理和 著 李四龙 裴勇 等译
33. 新政革命与日本：中国,1898—1912 [美]任达 著 李仲贤 译
34. 经学、政治和宗族：中华帝国晚期常州今文学派研究 [美]艾尔曼 著 赵刚 译
35. 中国制度史研究 [美]杨联陞 著 彭刚 程钢 译

36. 汉代农业:早期中国农业经济的形成　　[美]许倬云 著　程农 张鸣 译　邓正来 校
37. 转变的中国:历史变迁与欧洲经验的局限　　[美]王国斌 著　李伯重 连玲玲 译
38. 欧洲中国古典文学研究名家十年文选乐黛云　陈珏 龚刚 编选
39. 中国农民经济:河北和山东的农民发展,1890—1949　　[美]马若孟 史建云 译
40. 汉哲学思维的文化探源　　[美]郝大维 安乐哲 著　施忠连 译
41. 近代中国之种族观念　　[英]冯客 著　杨立华 译
42. 血路:革命中国中的沈定一(玄庐)传奇　　[美]萧邦奇 著　周武彪 译
43. 历史三调:作为事件、经历和神话的义和团　　[美]柯文 著　杜继东 译
44. 斯文:唐宋思想的转型　　[美]包弼德　刘宁 译
45. 宋代江南经济史研究　　[日]斯波义信 著　方健 何忠礼 译
46. 一个中国村庄:山东台头　杨懋春 著　张雄 沈炜 秦美珠 译
47. 现实主义的限制:革命时代的中国小说　　[美]安敏成 著　姜涛 译
48. 上海罢工:中国工人政治研究　　[美]裴宜理 著　刘平 译
49. 中国转向内在:两宋之际的文化转向　　[美]刘子健 著　赵冬梅 译
50. 孔子:即凡而圣　　[美]赫伯特·芬格莱特 著　彭国翔 张华 译
51. 18世纪中国的官僚制度与荒政　　[法]魏丕信 著　徐建青 译
52. 他山的石头记:宇文所安自选集　　[美]宇文所安 著　田晓菲 编译
53. 危险的愉悦:20世纪上海的娼妓问题与现代性　　[美]贺萧 著　韩敏中 盛宁 译
54. 中国食物　　[美]尤金·N.安德森 著　马嬴 刘东 译　刘东 审校
55. 大分流:欧洲、中国及现代世界经济的发展　　[美]彭慕兰 著　史建云 译
56. 古代中国的思想世界　　[美]本杰明·史华兹 著　程钢 译　刘东 校
57. 内闱:宋代的婚姻和妇女生活　　[美]伊沛霞 著　胡志宏 译
58. 中国北方村落的社会性别与权力　　[加]朱爱岚 著　胡玉坤 译
59. 先贤的民主:杜威、孔子与中国民主之希望　　[美]郝大维 安乐哲 著　何刚强 译
60. 向往心灵转化的庄子:内篇分析　　[美]爱莲心 著　周炽成 译
61. 中国人的幸福观　　[德]鲍吾刚 著　严蓓雯 韩雪临 吴德祖 译
62. 闺塾师:明末清初江南的才女文化　　[美]高彦颐 著　李志生 译
63. 缀珍录:十八世纪及其前后的中国妇女　　[美]曼素恩 著　定宜庄 颜宜葳 译
64. 革命与历史:中国马克思主义历史学的起源,1919—1937　　[美]德里克 著　翁贺凯 译
65. 竞争的话语:明清小说中的正统性、本真性及所生成之意义　　[美]艾梅兰 著　罗琳 译
66. 中国妇女与农村发展:云南禄村六十年的变迁　　[加]宝森 著　胡玉坤 译
67. 中国近代思维的挫折　　[日]岛田虔次 著　甘万萍 译
68. 中国的亚洲内陆边疆　　[美]拉铁摩尔 著　唐晓峰 译
69. 为权力祈祷:佛教与晚明中国士绅社会的形成　　[加]卜正民 著　张华 译
70. 天潢贵胄:宋代宗室史　　[美]贾志扬 著　赵冬梅 译
71. 儒家之道:中国哲学之探讨　　[美]倪德卫 著　[美]万白安 编　周炽成 译
72. 都市里的农家女:性别、流动与社会变迁　　[澳]杰华 著　吴小英 译
73. 另类的现代性:改革开放时代中国性别化的渴望　　[美]罗丽莎 著　黄新 译
74. 近代中国的知识分子与文明　　[日]佐藤慎一 著　刘岳兵 译
75. 繁盛之阴:中国医学史中的性(960—1665)　　[美]费侠莉 著　甄橙 主译　吴朝霞 主校
76. 中国大众宗教　　[美]韦思谛 编　陈仲丹 译
77. 中国诗画语言研究　　[法]程抱一 著　涂卫群 译
78. 中国的思维世界　　[日]沟口雄三 小岛毅 著　孙歌 等译

79. 德国与中华民国　[美]柯伟林 著　陈谦平 陈红民 武菁 申晓云 译　钱乘旦 校
80. 中国近代经济史研究:清末海关财政与通商口岸市场圈　[日]滨下武志 著　高淑娟 孙彬 译
81. 回应革命与改革:皖北李村的社会变迁与延续 韩敏 著　陆益龙 徐新玉 译
82. 中国现代文学与电影中的城市:空间、时间与性别构形　[美]张英进 著　秦立彦 译
83. 现代的诱惑:书写半殖民地中国的现代主义(1917—1937)　[美]史书美 著　何恬 译
84. 开放的帝国:1600年前的中国历史　[美]芮乐伟·韩森 著　梁侃 邹劲风 译
85. 改良与革命:辛亥革命在两湖　[美]周锡瑞 著　杨慎之 译
86. 章学诚的生平及其思想　[美]倪德卫 著　杨立华 译
87. 卫生的现代性:中国通商口岸卫生与疾病的含义　[美]罗芙芸 著　向磊 译
88. 道与庶道:宋代以来的道教、民间信仰和神灵模式　[美]韩明士 著　皮庆生 译
89. 间谍王:戴笠与中国特工　[美]魏斐德 著　梁禾 译
90. 中国的女性与性相:1949年以来的性别话语　[英]艾华 著　施施 译
91. 近代中国的犯罪、惩罚与监狱　[荷]冯客 著　徐有威 等译　潘兴明 校
92. 帝国的隐喻:中国民间宗教　[英]王斯福 著　赵旭东 译
93. 王弼《老子注》研究　[德]瓦格纳 著　杨立华 译
94. 寻求正义:1905—1906年的抵制美货运动　[美]王冠华 著　刘甜甜 译
95. 传统中国日常生活中的协商:中古契约研究　[美]韩森 著　鲁西奇 译
96. 从民族国家拯救历史:民族主义话语与中国现代史研究　[美]杜赞奇 著　王宪明 高继美 李海燕 李点 译
97. 欧几里得在中国:汉译《几何原本》的源流与影响　[荷]安国风 著　纪志刚 郑诚 郑方磊 译
98. 十八世纪中国社会　[美]韩书瑞 罗友枝 著　陈仲丹 译
99. 中国与达尔文　[美]浦嘉珉 著　钟永强 译
100. 私人领域的变形:唐宋诗词中的园林与玩好　[美]杨晓山 著　文韬 译
101. 理解农民中国:社会科学哲学的案例研究　[美]李丹 著　张天虹 张洪云 张胜波 译
102. 山东叛乱:1774年的王伦起义　[美]韩书瑞 著　刘平 唐雁超 译
103. 毁灭的种子:战争与革命中的国民党中国(1937—1949)　[美]易劳逸 著　王建朗 王贤知 贾维 译
104. 缠足:"金莲崇拜"盛极而衰的演变　[美]高彦颐 著　苗延威 译
105. 饕餮之欲:当代中国的食与色　[美]冯珠娣 著　郭乙瑶 马磊 江素侠 译
106. 翻译的传说:中国新女性的形成(1898—1918)　胡缨 著　龙瑜宬 彭珊珊 译
107. 中国的经济革命:二十世纪的乡村工业　[日]顾琳 著　王玉茹 张玮 李进霞 译
108. 礼物、关系学与国家:中国人际关系与主体性建构　杨美慧 著　赵旭东 孙珉 译　张跃宏 译校
109. 朱熹的思维世界　[美]田浩 著
110. 皇帝和祖宗:华南的国家与宗族　[英]科大卫 著　卜永坚 译
111. 明清时代东亚海域的文化交流　[日]松浦章 著　郑洁西 等译
112. 中国美学问题　[美]苏源熙 著　卞东波 译　张强强 朱霞欢 校
113. 清代内河水运史研究　[日]松浦章 著　董科 译
114. 大萧条时期的中国:市场、国家与世界经济　[日]城山智子 著　孟凡礼 尚国敏 译　唐磊 校
115. 美国的中国形象(1931—1949)　[美]T.克里斯托弗·杰斯普森 著　姜智芹 译
116. 技术与性别:晚期帝制中国的权力经纬　[英]白馥兰 著　江湄 邓京力 译

117. 中国善书研究　[日]酒井忠夫 著　刘岳兵 何英莺 孙雪梅 译
118. 千年末世之乱：1813年八卦教起义　[美]韩书瑞 著　陈仲丹 译
119. 西学东渐与中国事情　[日]增田涉 著　由其民 周启乾 译
120. 六朝精神史研究　[日]吉川忠夫 著　王启发 译
121. 矢志不渝：明清时期的贞女现象　[美]卢苇菁 著　秦立彦 译
122. 明代乡村纠纷与秩序：以徽州文书为中心　[日]中岛乐章 著　郭万平 高飞 译
123. 中华帝国晚期的欲望与小说叙述　[美]黄卫总 著　张蕴爽 译
124. 虎、米、丝、泥：帝制晚期华南的环境与经济　[美]马立博 著　王玉茹 关永强 译
125. 一江黑水：中国未来的环境挑战　[美]易明 著　姜智芹 译
126. 《诗经》原意研究　[日]家井真 著　陆越 译
127. 施剑翘复仇案：民国时期公众同情的兴起与影响　[美]林郁沁 著　陈湘静 译
128. 华北的暴力和恐慌：义和团运动前夕基督教传播和社会冲突　[德]狄德满 著　崔华杰 译
129. 铁泪图：19世纪中国对于饥馑的文化反应　[美]艾志端 著　曹曦 译
130. 饶家驹安全区：战时上海的难民　[美]阮玛霞 著　白华山 译
131. 危险的边疆：游牧帝国与中国　[美]巴菲尔德 著　袁剑 译
132. 工程国家：民国时期(1927—1937)的淮河治理及国家建设　[美]戴维·艾伦·佩兹 著　姜智芹 译
133. 历史宝筏：过去、西方与中国妇女问题　[美]季家珍 著　杨可 译
134. 姐妹们与陌生人：上海棉纱厂女工，1919—1949　[美]韩起澜 著　韩慈 译
135. 银线：19世纪的世界与中国　林满红 著　詹庆华 林满红 译
136. 寻求中国民主　[澳]冯兆基 著　刘悦斌 徐硙 译
137. 墨梅　[美]毕嘉珍 著　陆敏珍 译
138. 清代上海沙船航运业史研究　[日]松浦章 著　杨蕾 王亦诤 董科 译
139. 男性特质论：中国的社会与性别　[澳]雷金庆 著　[澳]刘婷 译
140. 重读中国女性生命故事　游鉴明 胡缨 季家珍 主编
141. 跨太平洋位移：20世纪美国文学中的民族志、翻译和文本间旅行　黄运特 著　陈倩 译
142. 认知诸形式：反思人类精神的统一性与多样性　[英]G. E. R. 劳埃德 著　池志培 译
143. 中国乡村的基督教：1860—1900 江西省的冲突与适应　[美]史维东 著　吴薇 译
144. 假想的"满大人"：同情、现代性与中国疼痛　[美]韩瑞 著　袁剑 译
145. 中国的捐纳制度与社会　伍跃 著
146. 文书行政的汉帝国　[日]富谷至 著　刘恒武 孔李波 译
147. 城市里的陌生人：中国流动人口的空间、权力与社会网络的重构　[美]张骊 著　袁长庚 译
148. 性别、政治与民主：近代中国的妇女参政　[澳]李木兰 著　方小平 译
149. 近代日本的中国认识　[日]野村浩一 著　张学锋 译
150. 狮龙共舞：一个英国人笔下的威海卫与中国传统文化　[英]庄士敦 著　刘本森 译　威海市博物馆 郭大松 校
151. 人物、角色与心灵：《牡丹亭》与《桃花扇》中的身份认同　[美]吕立亭 著　白华山 译
152. 中国社会中的宗教与仪式　[美]武雅士 著　彭泽安 邵铁峰 译　郭潇威 校
153. 自贡商人：近代早期中国的企业家　[美]曾小萍 著　董建中 译
154. 大象的退却：一部中国环境史　[英]伊懋可 著　梅雪芹 毛利霞 王玉山 译
155. 明代江南土地制度研究　[日]森正夫 著　伍跃 张学锋 等译　范金民 夏维中 审校
156. 儒学与女性　[美]罗莎莉 著　丁佳伟 曹秀娟 译

157. 行善的艺术:晚明中国的慈善事业　[美]韩德林 著　吴士勇 王桐 史枟豪 译
158. 近代中国的渔业战争和环境变化　[美]穆盛博 著　胡文亮 译
159. 权力关系:宋代中国的家族、地位与国家　[美]柏文莉 著　刘云军 译
160. 权力源自地位:北京大学、知识分子与中国政治文化,1898—1929　[美]魏定熙 著　张蒙 译
161. 工开万物:17世纪中国的知识与技术　[德]薛凤 著　吴秀杰 白岚玲 译
162. 忠贞不贰:辽代的越境之举　[英]史怀梅 著　曹流 译
163. 内藤湖南:政治与汉学(1866—1934)　[美]傅佛果 著　陶德民 何英莺 译
164. 他者中的华人:中国近现代移民史　[美]孔飞力 著　李明欢 译　黄鸣奋 校
165. 古代中国的动物与灵异　[英]胡司德 著　蓝旭 译
166. 两访中国茶乡　[英]罗伯特·福琼 著　敖雪岗 译
167. 缔造选本:《花间集》的文化语境与诗学实践　[美]田安 著　马强才 译
168. 扬州评话探讨　[丹麦]易德波 著　米锋 易德波 译　李今芸 校译
169. 《左传》的书写与解读　李惠仪 著　文韬 许明德 译
170. 以竹为生:一个四川手工造纸村的20世纪社会史　[德]艾约博 著　韩巍 译　吴秀杰 校
171. 东方之旅:1579—1724耶稣会传教团在中国　[美]柏理安 著　毛瑞方 译
172. "地域社会"视野下的明清史研究:以江南和福建为中心　[日]森正夫 著　于志嘉 马一虹 黄东兰 阿风 等译
173. 技术、性别、历史:重新审视帝制中国的大转型　[英]白馥兰 著　吴秀杰 白岚玲 译
174. 中国小说戏曲史　[日]狩野直喜 著　张真 译
175. 历史上的黑暗一页:英国外交文件与英美海军档案中的南京大屠杀　[美]陆束屏 编著/翻译
176. 罗马与中国:比较视野下的古代世界帝国　[奥]沃尔特·施德尔 主编　李平 译
177. 矛与盾的共存:明清时期江西社会研究　[韩]吴金成 著　崔荣根 译　薛戈 校译
178. 唯一的希望:在中国独生子女政策下成年　[美]冯文 著　常姝 译
179. 国之枭雄:曹操传　[澳]张磊夫 著　方笑天 译
180. 汉帝国的日常生活　[英]鲁惟一 著　刘洁 余霄 译
181. 大分流之外:中国和欧洲经济变迁的政治　[美]王国斌 罗森塔尔 著　周琳 译　王国斌 张萌 审校
182. 中正之笔:颜真卿书法与宋代文人政治　[美]倪雅梅 著　杨简茹 译　祝帅 校译
183. 江南三角洲市镇研究　[日]森正夫 编　丁韵 胡婧 等译　范金民 审校
184. 忍辱负重的使命:美国外交官记载的南京大屠杀与劫后的社会状况　[美]陆束屏 编著/翻译
185. 修仙:古代中国的修行与社会记忆　[美]康儒博 著　顾漩 译
186. 烧钱:中国人生活世界中的物质精神　[美]柏桦 著　袁剑 刘玺鸿 译
187. 话语的长城:文化中国历险记　[美]苏源熙 著　盛珂 译
188. 诸葛武侯　[日]内藤湖南 著　张真 译
189. 盟友背信:一战中的中国　[英]吴芳思 克里斯托弗·阿南德尔 著　张宇扬 译
190. 亚里士多德在中国:语言、范畴和翻译　[英]罗伯特·沃迪 著　韩小强 译
191. 马背上的朝廷:巡幸与清朝统治的建构,1680—1785　[美]张勉治 著　董建中 译
192. 申不害:公元前四世纪中国的政治哲学家　[美]顾立雅 著　马腾 译
193. 晋武帝司马炎　[日]福原启郎 著　陆帅 译
194. 唐人如何吟诗:带你走进汉语音韵学　[日]大岛正二 著　柳悦 译

195. 古代中国的宇宙论　[日]浅野裕一 著　吴昊阳 译
196. 中国思想的道家之论：一种哲学解释　[美]陈汉生 著　周景松 谢尔逊 等译　张丰乾 校译
197. 诗歌之力：袁枚女弟子屈秉筠(1767—1810)　[加]孟留喜 著　吴夏平 译
198. 中国逻辑的发现　[德]顾有信 著　陈志伟 译
199. 高丽时代宋商往来研究　[韩]李镇汉 著　李廷青 戴琳剑 译　楼正豪 校
200. 中国近世财政史研究　[日]岩井茂树 著　付勇 译　范金民 审校
201. 北京的人力车夫：1920年代的市民与政治　[美]史谦德 著　周书垚 袁剑 译　周育民 校
202. 魏晋政治社会史研究　[日]福原启郎 著　陆帅 刘萃峰 张紫毫 译
203. 宋帝国的危机与维系：信息、领土与人际网络　[比利时]魏希德 著　刘云军 译
204. 行善的艺术：晚明中国的慈善事业(新译本)　[美]韩德玲 著　曹晔 译

i